WTB Wissenschaftliche Taschenbücher

ROLF BORSDORF / MANFRED SCHOLZ
Spektroskopische Methoden in der organischen Chemie

WERNER HABERDITZL
Magnetochemie

GERHARD HEBER
Mathematische Hilfsmittel der Physik, Teil I und II

A. A. SOKOLOW
Elementarteilchen

HEINZ AHRENS
Varianzanalyse

HANS-JÜRGEN TREDER
Relativität und Kosmos
Raum und Zeit in der Physik, Astronomie und Kosmologie

ALBERT EINSTEIN
Grundzüge der Relativitätstheorie

ALBERT EINSTEIN
Über die spezielle und die allgemeine Relativitätstheorie

GÜNTHER LUDWIG
Wellenmechanik. Einführung und Originaltexte

HARRY PAUL
Lasertheorie, Teil I und II

FRANZ RUDOLF KESSLER
Einführung in die physikalischen Grundlagen der Kernenergiegewinnung

EBERHARD HOFMANN
Eiweiße und Nucleinsäuren als biologische Makromoleküle
Dynamische Biochemie, Teil I

EBERHARD TEUSCHER
Pharmakognosie, Teil I und II

D. TER HAAR
Quantentheorie. Einführung und Originaltexte

Wissenschaftliche Taschenbücher

W. R. Hindmarsh

Atomspektren

Akademie-
Pergamon
Vieweg + Sohn ·

J. H. SANDERS
Die Lichtgeschwindigkeit. Einführung und Originaltexte

JEAN KUNTZMANN
Unendliche Reihen
Mathematische Hilfsmittel der Physik und Chemie
Mit 94 Übungen und 29 Aufgaben

JEAN KUNTZMANN
Systeme von Differentialgleichungen
Mathematische Hilfsmittel der Physik und Chemie
Mit 88 Übungen und 40 Aufgaben

JEAN KUNTZMANN
Komplexe Veränderliche
Mathematische Hilfsmittel der Physik und Chemie
Mit 90 Übungen und 37 Aufgaben

FERDINAND CAP
Einführung in die Plasmaphysik
I. Theoretische Grundlagen
— insgesamt 3 Bände —

J. A. ROSANOW
Wahrscheinlichkeitstheorie

HARRY PFEIFER
Theorie linearer Bauelemente
Elektronik für den Physiker I

HARRY PFEIFER
Die Elektronenröhre
Elektronik für den Physiker II

HARRY PFEIFER
Schaltungen mit Elektronenröhren
Elektronik für den Physiker III

HARRY PFEIFER
Leitungen und Antennen
Elektronik für den Physiker IV

HARRY PFEIFER
Mikrowellenelektronik
Elektronik für den Physiker V

HARRY PFEIFER
Halbleiterelektronik
Elektronik für den Physiker VI

SIEGFRIED HAUPTMANN
Über den Ablauf organisch-chemischer Reaktionen

GERHARD HÜBNER / KLAUS JUNG / ECKART WINKLER
Die Rolle des Wassers in biologischen Systemen

STEPHEN G. BRUSH
Kinetische Theorie, Teil I und II

EBERHARD HOFMANN
Enzyme und energieliefernde Stoffwechselreaktionen
Dynamische Biochemie, Teil II

HERBERT GOERING
Elementare Methoden zur Lösung von Differentialgleichungsproblemen

PETER KRUMBIEGEL
Isotopieeffekte

D. M. BRINK
Kernkräfte. Einführung und Originaltexte

DIETER ONKEN
Steroide
Zur Chemie und Anwendung

HEINZ GEILER
Ökologie der Land- und Süßwassertiere

ARTHUR P. CRACKNELL
Angewandte Gruppentheorie
Einführung und Originaltexte

DIETER KLAUA
Elementare Axiome der Mengenlehre

EBERHARD HOFMANN
Intermediärstoffwechsel
Dynamische Biochemie, Teil III

GÜNTER TEMBROCK
Grundlagen der Tierpsychologie

J. F. VINSON
Optische Kohärenz in der klassischen Theorie und in der Quantentheorie

GÜNTER TEMBROCK
Biokommunikation
Informationsübertragung im biologischen Bereich, Teil I und II

W. R. HINDMARSH
Atomspektren

Vorschau auf die nächsten Bände:

ADOLF ZSCHUNKE
Kernmagnetische Resonanzspektroskopie in der organischen Chemie

JOHN CUNNINGHAM
Vektoren

FERDINAND CAP
Einführung in die Plasmaphysik
III. Magnetohydrodynamik

WTB

BAND 76

W. R. Hindmarsh

Atomspektren

Mit 34 Abbildungen und 49 Tabellen

AKADEMIE-VERLAG · BERLIN

PERGAMON PRESS · OXFORD

VIEWEG + SOHN · BRAUNSCHWEIG

WTB TEXTE

Verantwortlicher Herausgeber dieses Bandes:
Prof. Dr. Klaus Meyer

Übersetzung aus dem Englischen:
Dipl.-Math. Ralf Sube

Übersetzung des Bandes „Atomic Spectra“
aus der Reihe „Selected Readings in Physics“
(herausgegeben von D. ter Haar)

1972

Lizenznummer: 202 · 100/597/72
Herstellung: VEB Druckhaus „Maxim Gorki, 74 Altenburg
Bestellnummer: Akademie-Verlag 7076 · EDV 761 434 1
Pergamon Press 08 0175 945
Vieweg + Sohn 6076
Printed in German Democratic Republic

Inhaltsverzeichnis

Vorwort 13

Teil 1

Kapitel I. Einleitung 17
1.1. Licht und die Struktur der Materie 17
1.2. Gesetzmäßigkeiten in den Atomspektren 18

Kapitel II. Spektrallinien 19
2.1. Das Spektrum des atomaren Wasserstoffs 19
2.2. BOHRsche Theorie des Wasserstoffatoms 20
2.3. Wasserstoffähnliche Ionen 24
2.4. Endliche Masse des Kerns 25
2.5. Spektralserien anderer Elemente als Wasserstoff . . 26
2.6. Doppelnatur der Alkaliatomterme 34

Kapitel III. Spektren von Atomen mit zwei Valenzelektronen 38
3.1. Singulett- und Triplettserien 38
3.2. Andere Kopplungsschemata 48

Kapitel IV. Feinstruktur 49
4.1. Einleitung 49
4.2. Dublettstruktur der alkaliähnlichen Spektren 50
4.3. Triplettstruktur der Erdalkalispektren 58
4.4. Relativistische Effekte in wasserstoffähnlichen Spektren 61
4.5. LAMB-Verschiebung 66

Kapitel V. Hyperfeinstrukturen 71
5.1. Einleitung 71
5.2. Magnetische Hyperfeinstruktur 72
5.3. Hyperfeinstruktur in Einelektronenspektren 73
5.4. Hyperfeinstruktur im Zweielektronenspektrum . . . 80
5.5. Verfeinerungen der Theorie der Hyperfeinstruktur . . 81
5.6. Isotopieverschiebung 82

5.7. Einfache nichtrelativistische Theorie des Kernvolumeneffekts . . . 83
5.8. Relativistische Theorie des Kernvolumeneffekts . . 86
5.9. Weiterentwicklungen der Theorie der Isotopieverschiebung . . . 88

Kapitel VI. Der ZEEMAN-Effekt . . . 90
6.1. Einleitung . . . 90
6.2. Klassische Theorie des ZEEMAN-Effekts . . . 91
6.3. Quantentheorie des ZEEMAN-Effekts . . . 93
6.4. ZEEMAN-Effekt für den Spindrehimpuls Null . . . 94
6.5. ZEEMAN-Effekt für den Bahndrehimpuls Null . . . 95
6.6. ZEEMAN-Effekt für Atome mit Spin- und Bahndrehimpuls . . . 96
6.7. ZEEMAN-Effekt bei Hyperfeinstruktur . . . 99

Kapitel VII. Strahlung der Atome . . . 102
7.1. Einleitung . . . 102
7.2. Quantentheorie der Strahlung . . . 103
7.3. Auswahlregeln . . . 106
7.4. Intensitätsregeln für Multipletts . . . 110
7.5. Intensitätsregeln für die ZEEMAN-Komponenten . . . 113

Kapitel VIII. Breite der Spektrallinien . . . 117
8.1. Einleitung . . . 117
8.2. DOPPLER-Verbreiterung . . . 118
8.3. Natürliche Linienverbreiterung . . . 119
8.4. Stoßverbreiterung . . . 120

Literatur . . . 129

Teil 2

1. Notiz über die Spektrallinien des Wasserstoffs . . . 135
J. J. BALMER

Nachtrag . . . 141

Anmerkung . . . 142

2. Über die Emissionsspektren der chemischen Elemente . 143
J. R. RYDBERG

15. Die Serien von Wellenzahldifferenzen . . . 143
16. Die Wellenzahlserien . . . 149

Anmerkungen . . . 152

3. Über den Aufbau der Atome und Moleküle 154
N. BOHR

Einleitung 154

Teil I. Die Bindung von Elektronen durch positive Kerne 156

§ 1. Allgemeine Betrachtungen 156
§ 2. Emission von Linienspektren 163
§ 3. Allgemeine Betrachtungen (Fortsetzung) 168
§ 4. Absorption von Strahlung 172
§ 5. Der permanente Zustand eines atomaren Systems 178

Literatur 186

4. Allgemeine spektroskopische Gesetze, insbesondere ein magnetooptischer Zerlegungssatz 187
A. SOMMERFELD

1. Die Permanenz der Multiplizitäten 191
2. Das Auswahlprinzip und sein Einfluß auf die Linienstrukturen 199

Anmerkungen 204

5. Zur Systematik der Röntgenspektren 206
G. WENTZEL

1. Einleitung 206
2. Das Niveau- und Linienschema 208
3. Reguläre und irreguläre Dubletts 214
4. Auswahlprinzip 217

Zusammenfassung 226

Anmerkungen 227

6. Theorie des ZEEMAN-Effekts 228
H. A. LORENTZ

Anmerkungen 236

7. Termstruktur und ZEEMAN-Effekt der Multipletts . . . 237
A. LANDÉ

1. Empirische Gesetzmäßigkeiten 237
2. Modellmäßige Betrachtungen 248

Anmerkungen 259

8. Neue Gesetzmäßigkeiten in den Erdalkalispektren . . . 260
H. N. Russell und F. A. Saunders

3. Eigenschaften der neuen Terme 260
4. Interpretation dieser Eigenschaften 266

Anmerkungen 274

9. Über die Spektren von Atomsystemen mit zwei Elektronen 276
W. Heisenberg

1. Berechnung des Spektrums ohne Berücksichtigung der Elektronenmagnete 277
2. Das Spektrum bei Berücksichtigung der Elektronenmagnete 293

Anmerkung 304

10. Beziehung zwischen inneren Quantenzahlen und Intensitäten von Mehrfachlinien 305
H. C. Burger und H. B. Dorgelo

Anmerkungen 316

11. Rotierende Elektronen und die Struktur der Spektren . 317
G. E. Uhlenbeck und S. Goudsmit

Anmerkung 323

12. Über die Theorie der Hyperfeinstrukturen 324
E. Fermi und E. Segrè

1. Einleitung 324
2. Numerische Methoden zur Berechnung der Kopplungskonstanten von Einzelelektronen 328
3. Störeffekte 333
4. Diskussion der experimentell gefundenen Werte . . . 340

Anhang I. Beweis von Gleichung (7) 350

Literatur 354

Anmerkungen 356

13. Isotopieverschiebung und Hyperfeinstruktur 357
G. Racah

Literatur 360

14. Die Isotopieverschiebung in der Hyperfeinstruktur . . 361
G. Breit

Zusammenfassung 372

15. Die elektromagnetische Verschiebung der Energieniveaus 374
H. A. Bethe

16. Berechnung der natürlichen Linienbreite auf Grund der Diracschen Lichttheorie 380
V. Weisskopf und E. Wigner

17. Die Breite der Spektrallinien in Gasen 409
V. Weisskopf

1. Allgemeines 409
2. Linienbreiten am isolierten Atom 414
3. Interatomare Wechselwirkungen 426

Literatur 448

Anmerkung 450

Sachverzeichnis 451

Vorwort

Die in den Spektren einatomiger Gase beobachteten Gesetzmäßigkeiten gehörten zu den bedeutsamsten Ergebnissen, die den Physikern zu Anfang dieses Jahrhunderts das Verständnis der Struktur der Atome ermöglichten und zur Aufdeckung der Prinzipien führten, die das Verhalten der Materie im atomaren Bereich beherrschen. Wer sich näher mit der Literatur über die Atomspektren beschäftigt hat, weiß, welche tiefgründigen Erkenntnisse in den zahlreichen seit 1900 erschienenen Arbeiten auf diesem Gebiet enthalten sind. Ziel des vorliegenden Buches ist es, einige der denkwürdigsten Arbeiten über Atomspektren in leicht faßlicher Form darzustellen und in einer ausführlichen Einleitung zu versuchen, diese Arbeiten im Lichte des heutigen Wissensstandes zu interpretieren und einen Überblick über die hier behandelte Thematik zu vermitteln.

Die Aufgabe, aus der Literatur über Atomspektren etwa 250 Seiten für diesen Band auszuwählen, war nicht leicht. Wir haben unserer Auswahl zum einen das Prinzip zugrunde gelegt, daß die gewählten Arbeiten wichtige Etappen in der Entwicklung unseres Verständnisses der Atomspektren kennzeichnen sollten, und zum anderen, daß sie für Studenten höherer Semester an den britischen Universitäten nicht zu schwer verständlich sein durften. Einige der wesentlichsten Arbeiten auf diesem Gebiet der Physik — z. B. der berühmte Bericht Rydbergs über die Spektralserien — sind zudem recht lang. In solchen Fällen haben wir von der Möglichkeit Gebrauch gemacht, einen Auszug der betreffenden Arbeit wiederzugeben. Obgleich der Aufsatz von Weisskopf und Wigner über die natürliche Linienbreite sowie der von BETHE über die LAMB-Verschiebung der Energieniveaus über den Rahmen der meisten einführenden Physikvorlesungen hinausgehen, glaubten wir, daß ihre außerordentliche Bedeutung ihre Aufnahme rechtfertigt. Andererseits haben wir Arbeiten über die Spektren von Atomen mit mehr als zwei Valenzelektronen nicht aufgenommen; aus Platzgründen mußten ferner Arbeiten über die kontinuierlichen Atomspektren unberücksichtigt bleiben.

Die Bezeichnungen der Quantenzahlen und Energieniveaus in den Originalarbeiten wurden beibehalten. Ihre Änderung hätte bedeutet, den individuellen Charakter vieler dieser Arbeiten zu zerstören. Zu einigen Arbeiten werden Anmerkungen gegeben. Wir hoffen, daß diese u. a. dazu beitragen können, den Leser sicher durch das Labyrinth der in der älteren Literatur benutzten verschiedenen Bezeichnungen zu geleiten.

Die im zweiten Teil abgedruckten Originalarbeiten wurden folgenden Publikationen entnommen: Annalen der Physik, den Kongliga Svenska Vetenskaps Akademiens Handlingar, Philosophical Magazine, Zeitschrift für Physik, Astrophysical Journal, Nature, Memore dell'Academia d'Italia (herausgegeben von der Academia nazionale dei Lincei), Physical Review, Physikalische Zeitschrift und H. A. LORENTZ, Theory of Electrons. Der Herausgeber dankt den Verlagen für die Genehmigung zum Nachdruck bzw. zur Übersetzung der copyrightgeschützten Originalarbeiten. Die noch lebenden Autoren der Arbeiten waren ebenfalls gern bereit, dem Nachdruck zuzustimmen. Die Übersetzung der englischen Ausgabe des vorliegenden Bandes besorgte Herr Dipl.-Math. R. SUBE, dem ich hiermit danken möchte. Die Verantwortung für die Richtigkeit und den Stil der Übersetzung liegt ganz in den Händen des Herausgebers der deutschen Ausgabe, Herrn Prof. Dr. KLAUS MEYER.

W. R. HINDMARSH

Teil 1

KAPITEL I

Einleitung

1.1. Licht und die Struktur der Materie

Es war lange Zeit bekannt, daß das von den Stoffen emittierte Licht Informationen über die Struktur und die inneren Bewegungen der Materie mit sich trägt. So schrieb z. B. NEWTON (1704): „Senden nicht alle festen Körper, wenn man sie auf eine bestimmte Temperatur erhitzt, Licht aus und leuchten? Und entsteht diese Lichtemission nicht infolge der Schwingungsbewegung ihrer Teilchen?" Bereits 1704 war man sich also über die Natur des Zusammenhanges im klaren, der zwischen der Materie und dem von ihr emittierten Licht besteht.

Nachdem MAXWELL (1873) seine elektromagnetische Theorie des Lichtes formuliert hatte, war deutlich geworden, daß die Strahlungsemission der Materie die Folge einer Beschleunigung elektrischer Ladungen sein mußte. Wenn die Atome räumlich ausreichend getrennt sind, wie z. B. in einem Gas, war zu erwarten, daß die bewegliche elektrische Ladung (wir bezeichnen sie heute als Elektron) gewisse Bewegungen innerhalb des Atoms ausführt, die in eine Anzahl von Grundfrequenzen und ihre Oberschwingungen zerlegbar sein mußte. Danach sollte das Spektrum des von einem einatomigen Gas emittierten Lichtes also aus Serien von Spektrallinien bestehen und jede dieser Serien die zur Grundfrequenz ν_0 gehörige Linie sowie eine Folge von Linien mit den harmonischen Frequenzen $n\nu_0$ mit $n = 1$ für die Grundfrequenz und $n = 2, 3, \ldots$ für die Frequenzen der Oberschwingungen enthalten. Experimentell fand man dagegen, daß sich die Spektren einatomiger Gase zwar aus relativ scharfen Linien zusammensetzen, daß die Frequenzen dieser Linien aber in keinem Fall einer oder mehreren Grundfrequenzen mit ihren Harmonischen entsprachen. Die Geschichte der Atomspektroskopie ist die Geschichte der Entdeckung und Interpretation der Gesetzmäßigkeiten in den Atomspektren.

1.2. Gesetzmäßigkeiten in den Atomspektren

In den Atomspektren wurden unzählige Gesetzmäßigkeiten gefunden. Eine erste bemerkenswerte solche Gesetzmäßigkeit war es, daß sich die Spektrallinien zu Serien zusammenfassen ließen. Später beobachtete man verschiedene Arten von Feinstrukturen in den Spektrallinien. Diese Gesetzmäßigkeiten spielten die entscheidende Rolle in dem großen Spektralanalyseprogramm, das in den 20er und 30er Jahren dieses Jahrhunderts abgewickelt wurde. Bei der Anordnung der Quelle in einem Magnetfeld spalten die Spektrallinien nach einer wohldefinierten Struktur auf (ZEEMAN-Effekt), und auch die Intensitäten und Profile der Spektrallinien zeigen einen systematischen Charakter.

In jedem dieser Fälle stellte sich heraus, daß die beobachteten Gesetzmäßigkeiten tiefgründige Symmetrien in den Atomen selbst offenbaren. Die hier nachgedruckten bzw. in der deutschen Übersetzung wiedergegebenen wesentlichen Arbeiten spiegeln die Entwicklung auf diesem Gebiet wider und sollen diese — in Verbindung mit unserem einführenden Beitrag — veranschaulichen.

KAPITEL II

Spektrallinien

2.1. Das Spektrum des atomaren Wasserstoffs

Das augenfälligste Merkmal im optischen Spektrum des Wasserstoffatoms ist eine Serie von Spektrallinien, die bei der mit H_α bezeichneten Linie mit der Wellenlänge $\lambda = 6563$ Å beginnt und sich nach der Seite kürzerer Wellenlängen hin erstreckt. Sie ist nach BALMER benannt worden, der (vgl. Arbeit 1) als erster einen einfachen mathematischen Ausdruck für die Berechnung der beobachteten Wellenlängen angab. Mit der Wellenzahl $\tilde{\nu}$ geschrieben, lautet die Serienformel nach BALMER

$$\frac{1}{\lambda} = \frac{\nu}{c} = \tilde{\nu} = R\left(\frac{1}{4} - \frac{1}{n^2}\right),$$

wobei n eine ganze Zahl $\geqq 3$ und R eine Konstante (heute als RYDBERG-Konstante bekannt) bedeuten, deren zur Zeit bester Wert $R = 109677{,}576\ \mathrm{cm}^{-1}$ ist; λ bezeichnet die Wellenlänge, ν die Frequenz und c die Lichtgeschwindigkeit.

BALMER selbst fand bereits eine naheliegende Verallgemeinerung seines Ausdrucks. Ebenfalls in Wellenzahlen geschrieben, kann man ansetzen

$$\tilde{\nu} = R\left(\frac{1}{m^2} - \frac{1}{n^2}\right).$$

Die Serien, die den Werten $m = 1$ (LYMAN-Serie), $m = 3$ (PASCHEN-Serie), $m = 4$ (BRACKETT-Serie) und $m = 5$ (PFUND-Serie) entsprechen, wurden später sämtlich experimentell beobachtet. Wir erwähnen schließlich die PICKERING-Serie, die in Sternspektren nachgewiesen wurde und deren Frequenzen — wie Rydberg als erster fand — durch die verallgemeinerte Balmersche Formel mit $m = 2$ beschrieben werden können, wenn n nicht nur ganzzahlige, sondern auch halbzahlige Werte annimmt. Man glaubte zunächst, daß die Pickering-Serie von einer speziellen Form des Wasserstoffs emittiert wird, weiß aber heute, daß sie dem ionisierten Helium zugeordnet werden muß.

2.2. Bohrsche Theorie des Wasserstoffatoms

Die Balmersche Serienformel wurde rein empirisch abgeleitet. Eine befriedigende theoretische Interpretation blieb der epochemachenden Arbeit von Niels Bohr (Arbeit 3) vorbehalten. Bei seinen Überlegungen zum Ursprung der Atomspektren und zum Atombau in den Jahren 1912—1915 sah er sich vor eine Vielzahl einander offenbar widersprechender Daten und Gedanken gestellt.

Im Jahre 1911 hatte Rutherford ein Kernmodell des Atoms vorgeschlagen, um die Winkelverteilung der α-Teilchen bei ihrer Streuung an sehr dünnen Metallfolien erklären zu können. Vom Standpunkt der klassischen elektromagnetischen Theorie gab es aber zahlreiche Vorbehalte gegenüber einem solchen Modell. Nach der klassischen Theorie wäre nämlich ein Atom mit Kern einerseits instabil, da die Elektronen bei ihrem Umlauf auf Bahnen um den Kern durch Abstrahlung Energie verlieren und schon nach etwa 10^{-11} s schraubenförmig in den Kern hineinstürzen müßten, wobei sie ein kontinuierliches Spektrum, keinesfalls aber einzelne Spektrallinien emittieren würden, da sich die Umlauffrequenz in dem Maße kontinuierlich ändern müßte, wie sich die Elektronen dem Kern nähern. Selbst wenn das Elektron aber nach einer neuen Theorie trotz seines ständigen Energieverlustes auf einer stabilen Bahn um den Kern kreisen könnte, so müßte andererseits das von einem Atom emittierte Linienspektrum aus einer Grundfrequenz und den

Frequenzen der Oberschwingungen, niemals aber aus den Frequenzen bestehen, wie sie sich aus der BALMERschen Formel ergeben.

Gedankengänge anderer Art hatte MAX PLANCK in die Physik eingeführt. Im Jahre 1900 zeigte er, daß man das kontinuierliche Emissionsspektrum eines schwarzen Körpers verstehen kann, wenn man annimmt, daß die Strahlung in diskreten Energiemengen („Quanten“) emittiert und absorbiert wird. Diese Theorie entwickelte EINSTEIN in seiner 1905 veröffentlichten Arbeit über die Lichtquanten weiter (vgl. TER HAAR, Quantentheorie, WTB 56).

Das Verdienst von NIELS BOHR war es, die Grundgedanken von Kernmodell des Atoms und Quantentheorie miteinander zu verbinden. Dabei führte er eine vollkommen neue Vorstellung über das Verhalten der Materie im atomaren Bereich ein. Wir wollen im folgenden die BOHRsche Theorie des Wasserstoffatoms beschreiben und die wesentlichen Besonderheiten seiner Konzeption herausarbeiten. BOHR nahm an, daß das Wasserstoffatom aus einem Proton — dem Kern — und einem einzigen Elektron besteht, das sich auf Kreisbahnen um den Kern bewegt, und erkannte bereits, daß die Beschränkung auf Kreisbahnen willkürlich ist. Sie wurde dementsprechend später (1916) von SOMMERFELD auch fallengelassen. BOHRS Argumentation umfaßt drei Schritte (vgl. auch TER HAAR, Quantentheorie, WTB 56).

a) *Klassische Mechanik des Wasserstoffatoms*

Nimmt man an, daß die Masse des Protons unendlich groß gegen die des Elektrons ist, so erhält man die Zentripetalbeschleunigung des Elektrons auf seiner Kreisbahn aus der elektrostatischen Kraft zwischen Proton und Elektron nach der Beziehung (im GAUSSschen Maßsystem)

$$\frac{e^2}{r^2} = m_0 r \omega^2, \tag{2.1}$$

wobei e die Ladung des Protons ($-e$ = Ladung des Elektrons), m_0 die Masse des Elektrons und ω seine Winkelgeschwindigkeit auf der Bahn mit dem Radius r bedeuten. Die Energie E des Elektrons ist die Summe seiner kinetischen und potentiellen Energie (letztere für $r \to \infty$ gleich Null gesetzt):

$$E = \frac{1}{2} m_0 r^2 \omega^2 - \frac{e^2}{r} = -\frac{e^2}{2r} = -\frac{1}{2} (e^4 m_0 \omega^2)^{1/3}. \quad (2.2)$$

Es wurde (2.1) benutzt.

b) Begriff der Energieniveaus und von Übergängen zwischen ihnen

BOHR postulierte, daß bestimmte Bahnen stabil sind und daß der von der klassischen Theorie geforderte schraubenförmige Einsturz des Elektrons in den Kern für diese Bahnen nicht erfolgt. Andere Bahnen werden nicht zugelassen. Ein Elektron kann jedoch von einer Bahn höherer Energie (d. h. mit größerem r) unter Strahlungsemission, um die Energiedifferenz abzuführen, auf eine Bahn niedrigerer Energie (mit kleinerem r) übergehen. Die Frequenz ν der emittierten Strahlung genügt der Gleichung

$$E_n - E_m = h\nu = hc\tilde{\nu};$$

dabei sind E_n und E_m die zur n-ten bzw. m-ten stabilen Bahn gehörigen Energien, und h bezeichnet das PLANCKsche Wirkungsquantum.

Damit kann die BALMERsche Serienformel offenbar als Energiedifferenz zwischen jeweils zwei Energieniveaus interpretiert werden, und wir können setzen

$$E_n = -\frac{Rhc}{n^2}, \quad E_m = -\frac{Rhc}{m^2}.$$

Das Minuszeichen wurde geschrieben, weil aus (2.2) folgt, daß alle Energien negativ sind.

c) *Anwendung des Korrespondenzprinzips*

Der dritte und weitsichtigste Schritt Bohrs war die Erkenntnis, daß die Art der Mechanik der Atome — obgleich sich die Gesetze der Mechanik im atomaren Bereich offenbar grundlegend von den Gesetzen unterscheiden müssen, die das Verhalten makroskopischer Systeme beschreiben — wenigstens zum Teil durch die Forderung bestimmt ist, daß mit wachsendem r schließlich ein Wert erreicht werden muß, für den die Gesetze der klassischen Mechanik eine sehr gute Näherung darstellen. Mit wachsendem r sollen also die Gesetze der Atommechanik stetig in die der klassischen Mechanik übergehen. Wenden wir nun, entsprechend dem Vorgehen von Bohr, dieses „Korrespondenzprinzip" auf das Wasserstoffatom an! Wir werden sehen, daß es — zusammen mit dem in *a*) und *b*) Gesagten — ausreicht, um die stabilen Bahnen exakt zu bestimmen.

Nach der klassischen Mechanik wird der schraubenförmige Einsturz des Elektrons bei hinreichend großem r relativ langsam verlaufen. Das Wasserstoffatom emittiert dann also im wesentlichen eine einzige Linie der Frequenz $\omega/2\pi$. Große r-Werte entsprechen offenbar großen Werten von n und m in der Balmerschen Formel. Damit erhalten wir folgende Näherung für die Balmersche Serienformel bei großen n und m:

$$\nu = Rc\,\frac{n^2 - m^2}{n^2 m^2} = \frac{2Rc}{n^3}\,(n - m) \quad \text{für} \quad n - m \ll n,\, m\,.$$

Dieser Ausdruck hat die Form einer Grundfrequenz (für $n - m = 1$) und einer Serie von Oberschwingungen für $n - m = 2, 3, \ldots$ Für die Kreisbahnen hatten wir aber postuliert, daß nach der klassischen Theorie nur die Grundfrequenz auftritt. Somit folgt aus dem Korrespondenzprinzip die Forderung $n - m = 1$. (Läßt man elliptische Bahnen zu, so enthält der klassische Ausdruck

Oberschwingungen, und die Differenz $n - m$ ist nicht mehr beschränkt.) Die klassische Grenze der BALMERschen Serienformel hat also die geforderte Form, und wir können schreiben

$$\frac{\omega}{2\pi} = \frac{2Rc}{n^3}.$$

Verknüpfen wir das noch mit dem oben angegebenen Resultat

$$E_n = -\frac{Rhc}{n^2} = -\frac{1}{2}\,(e^4 m_0 \omega^2)^{1/3},$$

so erhalten wir

$$R = \frac{2\pi^2 e^4 m_0}{ch^3}.$$

Auf rein algebraischem Wege kann man zeigen, daß der Radius r_n der n-ten stabilen Bahn

$$r_n = n^2 \frac{e^2}{2Rhc} = n^2 \frac{h^2}{4\pi^2 m_0 e^2} = n^2 \frac{\hbar^2}{m_0 e^2}$$

ist mit $\hbar = h/2\pi$.

Ferner ist der Drehimpuls L_n der n-ten stabilen Bahn gegeben durch

$$L_n = m_0 r_n^2 \omega_n = n\hbar.$$

Man erhält also das berühmte *Drehimpulspostulat* aus der Anwendung des Korrespondenzprinzips, wie schon BOHR gezeigt hat.

2.3. Wasserstoffähnliche Ionen

Für Ionen mit der Kernladung Ze und nur einem Bahnelektron ähnlich dem Wasserstoffatom kann man leicht zeigen, daß die Energieniveaus die Werte

$$E_n = -\frac{RZ^2hc}{n^2}$$

annehmen, wobei R die gleiche Konstante wie oben ist. Insbesondere gilt für einfachionisiertes Helium $Z = 2$, und man erhält an Stelle der BALMERschen Serienformel

$$\tilde{\nu} = 4R\left(\frac{1}{m^2} - \frac{1}{n^2}\right);$$

die PICKERING-Serie entspricht dem Wert $m = 4$.

2.4. *Endliche Masse des Kerns*

Bisher haben wir die Masse des Kerns als unendlich groß angesehen. Lassen wir diese Vereinfachung fallen, so ist nach der klassischen Mechanik statt m_0 die reduzierte Masse μ des Elektrons einzusetzen. Dabei ist μ gegeben durch

$$\mu = m_0 \frac{M}{m_0 + M},$$

wobei M die Kernmasse ist. Die RYDBERG-Konstante für einen Kern der Masse M ist dann

$$R_M = R_\infty \frac{M}{m_0 + M}$$

mit

$$R_\infty = \frac{2\pi^2 e^4 m_0}{c h^3}.$$

Daraus ergibt sich eine Differenz zwischen der RYDBERG-Konstanten von Wasserstoff und ionisiertem Helium ebenso wie eine Differenz $\nu_2 - \nu_1$ der Frequenzen entsprechender Linien von zwei Isotopen eines wasserstoffähnlichen Atoms mit den Massen M_1 und M_2. Wir erhalten

$$\frac{\nu_2 - \nu_1}{\nu_1} = \frac{R_2 - R_1}{R_1} = \frac{M_2}{M_1}\left(\frac{M_1 + m_0}{M_2 + m_0}\right) - 1$$
$$= m_0\left(\frac{1}{M_1} - \frac{1}{M_2}\right),$$

wobei Terme der Ordnung $(m_0/M)^2$ und höher vernachlässigt wurden. Für die ersten Linien der Balmer-Serie $(m = 2, n = 3)$ ergibt sich nach dieser Beziehung eine Wellenlängendifferenz von 1,79 Å zwischen den Linien von Wasserstoff (Protium) und Deuterium, ein Wert, der experimentell bestätigt worden ist.

Bei Atomen mit mehr als einem Elektron ist der Einfluß der endlichen Masse des Kerns wesentlich komplizierter. Es genügt hier nicht mehr, einfach mit der reduzierten Masse des Elektrons zu rechnen. Hierauf wollen wir aber im vorliegenden Bändchen nicht näher eingehen vgl. Kuhn, 1962).

2.5. Spektralserien anderer Elemente als Wasserstoff

Die Spektrallinien anderer Elemente als Wasserstoff, insbesondere die der Alkali- und Erdalkalimetallspektren, lassen sich oft ebenso leicht zu Serien zusammenfassen. Die Pionierarbeiten auf diesem Gebiet, algebraische Ausdrücke für die Darstellung der Linienfrequenzen zu finden, wurden von Rydberg geleistet (Arbeit 2). Rydberg unterschied drei Typen von Serien: die zweite Nebenserie (oder scharfe Serie, weil sie bei dem damals erreichbaren Auflösungsvermögen der Spektralapparate als scharfe Linien sichtbar waren), die Haupt- oder Prinzipalserie (intensive Linien) und die erste Nebenserie (oder diffuse Serie mit relativ breiten Linien). Eine vierte Serie, als Bergmann- oder Fundamentalserie bezeichnet, wurde erste später entdeckt.

Rydberg fand, daß sich die Wellenzahlen jeder Serie in der Form

$$\tilde{\nu}_n = \tilde{\nu}_\infty - \frac{R}{(n + \sigma)^2}$$

darstellen lassen, wobei $\tilde{\nu}_n$ die Wellenzahl des n-ten Terms der Serie, $\tilde{\nu}_\infty$ die Seriengrenze, nach der die Serie für $n \to \infty$ strebt, σ eine von der Serie abhängige Konstante und R die Rydberg-Konstante bedeuten. Die umfangreiche Arbeit Rydbergs, von der hier als Arbeit 2 ein Auszug nachgedruckt ist gibt in großer Ausführlichkeit numerische Bestätigungen für den obigen Ausdruck. In den folgenden Abschnitten sind die empirischen Beobachtungen der in Rydbergs Arbeit beschriebenen sowie anderer, später gefundener Spektralserien zusammengefaßt.

Wir merken an, daß die scharfe und die diffuse Serie bei $n = 2$ beginnen, während der erste Term der Hauptserie zu $n = 1$, der erste Term der Fundamentalserie zu $n = 3$ gehört.

Als Beispiel betrachten wir die scharfe, Haupt- und diffuse Serie des Lithiums. Rydberg fand folgende numerischen Ausdrücke:

scharfe Serie $$\tilde{\nu}_n^{\mathrm{s}} = 28601{,}6 - \frac{109721{,}6}{(n + 0{,}5951)^2}, \quad n = 2, 3, \ldots$$

Hauptserie $$\tilde{\nu}_n^{\mathrm{p}} = 43487{,}7 - \frac{109721{,}6}{(n + 0{,}9596)^2}, \quad n = 1, 2, \ldots$$

diffuse Serie $$\tilde{\nu}_n^{\mathrm{d}} = 28598{,}5 - \frac{109721{,}6}{(n + 0{,}9974)^2}, \quad n = 2, 3, \ldots$$

Schon Rydberg schlußfolgerte hieraus, daß die Seriengrenzen der scharfen und der diffusen Serie des gleichen Elements miteinander identisch sind: $\tilde{\nu}_\infty^{\mathrm{s}} = \tilde{\nu}_\infty^{\mathrm{d}}$.

Eine andere wichtige Schlußfolgerung lautet

$$\tilde{\nu}_\infty^{\mathrm{p}} = \tilde{\nu}_\infty^{\mathrm{s}} - \tilde{\nu}_1^{\mathrm{s}},$$

$$\tilde{\nu}_1^{\mathrm{p}} = -\tilde{\nu}_1^{\mathrm{s}}.$$

Diese Relationen wurden von Rydberg (1896) und Schuster (ebenfalls 1896) aufgestellt. Damit können wir die Serienformeln folgendermaßen schreiben:

$$\tilde{\nu}_n^{\mathrm{s}} = \frac{R}{(1+\sigma_{\mathrm{p}})^2} - \frac{R}{(n+\sigma_{\mathrm{s}})^2}, \; n = 2, 3, \ldots,$$

$$\tilde{\nu}_n^{\mathrm{p}} = \frac{R}{(1+\sigma_{\mathrm{s}})^2} - \frac{R}{(n+\sigma_{\mathrm{p}})^2}, \; n = 1, 2, \ldots,$$

$$\tilde{\nu}_n^{\mathrm{d}} = \frac{R}{(1+\sigma_{\mathrm{p}})^2} - \frac{R}{(n+\sigma_{\mathrm{d}})^2}, \; n = 2, 3, \ldots$$

Auch die Fundamentalserie läßt sich in dieser Form schreiben:

$$\tilde{\nu}_n^{\mathrm{f}} = \frac{R}{(2+\sigma_{\mathrm{d}})^2} - \frac{R}{(n+\sigma_{\mathrm{f}})^2}, \; n = 3, 4, \ldots$$

Im Jahre 1908 veröffentlichte RITZ (1908) das bekannte nach ihm benannte Kombinationsprinzip. Er erkannte, daß sich die Wellenzahlen der Linien stets als Differenz zweier *Terme* darstellen lassen. Man kann deshalb die Beobachtungen zu bekannten Serien zur Vorhersage neuer, noch unbekannter Spektralserien benutzen, indem man die verschiedenen Kombinationen der gefundenen Terme bildet. Die Anwendung dieses Prinzips ermöglichte es z. B., die PASCHEN-, LYMAN-, BRACKETT- und PFUND-Serie des Wasserstoffspektrums vorherzusagen (in Übereinstimmung mit der Vermutung BALMERS), bevor sie experimentell nachgewiesen wurden. Es lassen sich aber nicht alle Kombinationen von Spektraltermen beobachten, da die Anzahl der möglichen Spektrallinien bestimmten *Auswahlregeln* unterliegt (vgl. Kap. VII).

Wir gehen nun zur Interpretation der Arbeiten von RYDBERG, SCHUSTER, RITZ u. a., in denen sie Ausdrücke für die Frequenzen der Spektrallinien angaben, nach dem heutigen Stand der Erkenntnisse über. BOHR hatte festgestellt, daß die Spektralterme als Energieniveaus der Atome zu deuten sind und daß die Spektrallinien auf Grund von Übergängen zwischen den Energieniveaus emittiert werden. Um zu verstehen, wie die verschiedenen Serien (scharfe Serie, Hauptserie, diffuse Serie usw.) zustande kommen, müssen wir zwei weitere Aspekte des Atombaus in Betracht ziehen.

a) Elliptische Bahnen und Drehimpuls

Wir erwähnten bereits, daß die Beschränkung BOHRS auf Kreisbahnen ungerechtfertigt war. SOMMERFELD (1916) und WILSON (1915) erweiterten die BOHRschen Überlegungen auf elliptische Bahnen, die nach der klassischen Theorie für ein Elektron möglich sind, das sich — wie in den wasserstoffähnlichen Atomen — in einem COULOMB-Feld bewegt. Bei einem solchen System hängt die Energie des Elektrons nur von der großen Halbachse der Ellipse, nicht von deren Exzentrizität ab, so daß für jeden diskreten BOHRschen Energiewert unendlich viele elliptische Bahnen denkbar sind. Wie bereits gesagt, war eine der Folgerungen aus den BOHRschen Überlegungen, daß der Drehimpuls im Falle von Kreisbahnen nur bestimmte Werte $n\hbar$ annehmen kann. Es stellt sich nun heraus, daß diese Quantelung des Drehimpulses eine wesentliche und allgemeine Folgerung der Quantentheorie ist. SOMMERFELD und WILSON wendeten ein allgemeineres Quantenpostulat an und fanden, daß für jeden BOHRschen Energiewert nur elliptische Bahnen mit Drehimpulsen $k\hbar$ mit $k = 1, 2, \ldots, n$ möglich sind. Die Exzentrizität der Ellipse ist gegeben durch

$$\varepsilon = \left(1 - \frac{k^2}{n^2}\right)^{1/2}.$$

Näheres hierzu vgl. TER HAAR (1966).

Eines der grundlegenden Resultate der Quantenmechanik[1]) ist, daß das Quadrat des Drehimpulses beim

[1]) Wir verwenden die Bezeichnung *Quantenmechanik* für die 1925 und später von HEISENBERG, SCHRÖDINGER, DIRAC u. a. entwickelte Theorie.

Umlauf irgendeines Teilchens auf einer Bahn im Zentralfeld (d. h. einem Feld, das nur vom Abstand von einem festen Zentrum abhängt) nur die Werte $l(l+1)\hbar^2$ mit $l = 1, 2, \ldots$ annehmen kann. In der Quantenmechanik ist also im Ausdruck für den Drehimpuls k^2 durch $l(l+1)$ mit $l = k - 1$ ersetzt, und die quantenmechanische Theorie des Wasserstoffatoms ergibt in der nichtrelativistischen Näherung die gleichen Energiewerte wie die BOHRsche Theorie. Man bezeichnet n als Hauptquantenzahl und l als Bahndrehimpulsquantenzahl.

b) Schalenstruktur der Atome mit mehreren Elektronen

Die Schalenstruktur der Atome kommt besonders deutlich in den Röntgenspektren der Elemente zum Ausdruck. Man beobachtet hier ebenfalls Serien, die gleichfalls als Differenzen zwischen Termpaaren interpretiert werden können. Nach MOSELEY (1913, 1914) können die Wellenzahlen der Röntgenlinien eines Elementes der Ordnungszahl Z in der Form

$$\tilde{\nu} = R(Z - a_m)^2 \left(\frac{1}{m^2} - \frac{1}{n^2}\right)$$

geschrieben werden. Dabei sind m und n ganze Zahlen, und a_m ist für gegebenes m eine Konstante. Die Terme sind offenbar vom RYDBERG-Typ. Die Tatsache, daß a_m für alle Elemente gleich ist, bedeutet, daß die Röntgenspektren mit den Elektronen im Atominneren, dagegen nicht mit den äußeren Elektronen, die die optischen Spektren verursachen, im Zusammenhang stehen und daß die Anordnung der inneren Elektronen in allen Atomen ähnlich ist. In der Tat fordert das PAULIsche Ausschließungsprinzip (1925), daß auf einer Schale mit gegebenem n maximal $2n^2$ Elektronen untergebracht werden können. So hat z. B. das Natriumatom ($Z = 11$) zwei Elektronen in der Schale mit $n = 1$, acht in der Schale mit $n = 2$ und ein Elektron — das Valenzelektron — in der Schale mit $n = 3$. Die Übergänge des Valenzelektrons sind verantwortlich für die von RYDBERG klassifizierten optischen Spektren.

c) Die Rydbergschen Formeln

Wir können nunmehr die Herkunft der Spektralserien beschreiben. Das Valenzelektron hält sich meist außerhalb des von den anderen Elektronen gebildeten Atomrumpfes auf und bewegt sich damit überwiegend in einem COULOMB-Feld. Wenn es sich ausschließlich im COULOMB-Feld bewegen würde, so wären die Energieniveaus des Atoms identisch mit denen des Wasserstoffatoms. Abweichungen von diesen Werten entstehen dadurch, daß die Bahn des Valenzelektrons zum Teil innerhalb des Atomrumpfes verläuft, wobei es sich in einem wesentlich stärkeren, nicht-COULOMBschen Feld bewegt. Die Größe dieser Abweichungen von den wasserstoffähnlichen Niveaus wächst mit zunehmendem Einfluß der Zeit, während der sich das Elektron im nicht-COULOMBschen Feld befindet, d. h. mit wachsender Exzentrizität der Bahn. Für gegebenes n hat die Bahn mit der größeren Exzentrizität, also mit dem kleineren l-Wert, die größere negative Energie. (Es sei daran erinnert, daß die Energien aller gebundenen Niveaus negativ sind.) In der Sprache der Quantenmechanik können wir das folgendermaßen ausdrücken: Die Wahrscheinlichkeit dafür, das Elektron in einem Gebiet großer Abweichung vom COULOMB-Feld einer einzelnen Kernladung anzutreffen, nimmt bei gegebenem n mit kleiner werdendem l zu.

In der RYDBERGschen Serienformel bedeutet n einfach eine Zahl, die ein bestimmtes Glied einer Termserie kennzeichnet (Laufterm). Mit dem Obengesagten können wir es jetzt offenbar als Hauptquantenzahl interpretieren. Dazu brauchen wir uns nur zu erinnern, daß der kleinste n-Wert der dem Valenzelektron zugeordneten Hauptquantenzahl entspricht, wenn sich das Atom auf seinem niedrigsten Energieniveau befindet. Das ist 2 für Lithium, 3 für Natrium, 4 für Kalium usw. Im folgenden werden wir n nur noch in dieser Bedeutung gebrauchen. Damit ergeben sich stets negative σ-Werte, da die Energieniveaus sämtlich unterhalb der entsprechenden wasserstoffähnlichen Energieniveaus liegen. Wir schreiben die RYDBERGsche Serienformel für einen Spektralterm deshalb in der Form

$$T = \frac{R}{[n - \alpha(l)]^2} \, [\text{cm}^{-1}],$$

was dem Energieniveau

$$E = -\frac{Rhc}{[n - \alpha(l)]^2} = -\frac{R_E}{[n - \alpha(l)]^2} \, [\text{erg}]$$

entspricht. Dabei ist $R_E = Rhc$ die in Energieeinheiten ausgedrückte RYDBERG-Konstante. $\alpha(l)$ heißt Quantendefekt, und es ist mitunter zweckmäßig, die Größe $n^* = n - \alpha(l)$ als effektive Quantenzahl zu bezeichnen. In Abb. 1 ist ein vereinfachtes Termschema des Natriums wiedergegeben, für das $\alpha(l) = 1{,}36$ bei $l = 0$ (scharfe oder S-Terme), $\alpha(l) = 0{,}85$ bei $l = 1$ (Haupt- oder P-Terme), $\alpha(l) = 0{,}01$ bei $l = 2$ (diffuse oder D-Terme) und $\alpha(l) = 0{,}00$ bei $l = 3$ (Fundamental- oder F-Terme) gilt. Das bestätigt unsere allgemeinen Überlegungen über die l-Abhängigkeit von E bei gegebenem n. Ungeklärt bleibt aber die erstaunliche Tatsache, daß α in recht guter Näherung unabhängig von n ist.

Die fundamentale Ursache hierfür ist, daß das Verhalten des Elektrons innerhalb des Atomrumpfes und damit die Form der radialen Wellenfunktion innerhalb des Rumpfes für gegebenes l unabhängig von n ist. Physikalisch kann man das einfach damit begründen, daß die potentielle und die kinetische Energie innerhalb des Atomrumpfes infolge des schnell ansteigenden Kernfeldes so schnell zunehmen, daß die Verhältnisse außerhalb des Atomrumpfes bei festem Bahndrehimpuls so gut wie

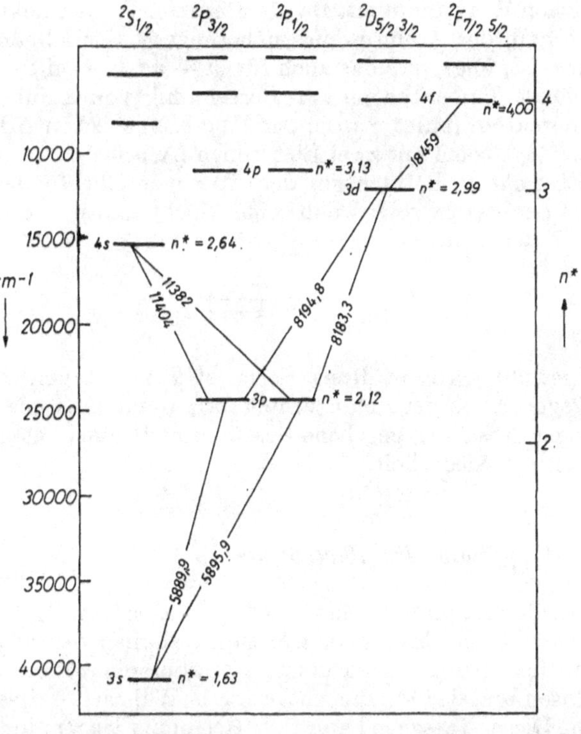

Abb. 1. Vereinfachtes Termschema von Natrium

keinen Einfluß auf die innerhalb des Atomrumpfes haben. Außerdem müssen wir die wesentliche Annahme machen, daß sich das Valenzelektron effektiv in einem stationären Quantenzustand befindet, d. h. keine Energie mit dem Atomrumpf austauscht. n^* ist dann so zu wählen, daß die Wellenfunktion im Rumpfinneren stetig in die Coulomb-Wellenfunktion übergeht (bei nichtganzzahliger Quantenzahl n^*). Die Coulomb-Wellenfunktionen $P(r)$ haben die grundlegende Eigenschaft, daß $\{1/P(r)\}\,\mathrm{d}P(r)/\mathrm{d}r$ für n^* und $n^* + p$ bei p beliebig ganzzahlig den gleichen Wert annimmt. Da die Form der Wellenfunktion innerhalb des Atomrumpfes näherungsweise unabhängig von n ist, folgt, daß das auch für $n - n^* = \alpha$ gilt.

Einige Bemerkungen zur Berechnung von α für das Heliumatom findet man in der HEISENBERGschen Arbeit über die Atome mit zwei Elektronen (Arbeit 9).

Eine nähere Betrachtung der experimentell gefundenen Energieniveaus zeigt, daß eine Spektralserie exakter durch den Ausdruck

$$T = \frac{R}{[n - \alpha(l) - \beta(n, l) T]^2}$$

dargestellt wird; in dieser Form ist T zuerst von RITZ angegeben worden. Man erhält ihn, wenn man die im vorigen Abschnitt gegebene Begründung in einer besseren Näherung wiederholt.

2.6. Doppelnatur der Alkaliatomterme

Mit den handelsüblichen, niedrig auflösenden Spektrographen beobachtet man alle Spektrallinien der alkaliähnlichen Atome als Dubletts, obwohl die Terme der diffusen und der Fundamentalserie in Wahrheit Tripletts sind. Dieser Tatsache kann man Rechnung tragen, indem man jedem Term — mit Ausnahme der scharfen Terme, die Singuletterme sind — eine Dublettnatur zuschreibt. Die Gesetzmäßigkeiten der Multiplettstruktur der Spektren wurden von SOMMERFELD in seiner Arbeit 4 sehr ausführlich betrachtet. SOMMERFELD führte eine „innere" Quantenzahl ein, um die verschiedenen Zustände der Multipletts zu unterscheiden, und nahm an, daß diese mit einer Eigenschaft der Elektronen auf den inneren Schalen (den Rumpfelektronen) in Zusammenhang gebracht werden kann. In Wahrheit kann die Dublettstruktur der Alkalimetallterme nur mit dem Begriff des Elektronenspins erklärt werden.

Im Jahre 1926 sprachen Uhlenbeck und Goudsmit (Arbeit 11) die Vermutung aus, daß das Elektron einen inneren Spindrehimpuls besitzt, der in bezug auf den Bahndrehimpuls, der ihm auf Grund seiner Bewegung um den Kern zukommt, eine von zwei Orientierungen besitzen kann. In der Sprache der Quantenmechanik sagen wir, das Elektron habe die Spinquantenzahl $s = 1/2$. Eines der Ergebnisse der Quantentheorie des Drehimpulses ist, daß das Quadrat des Drehimpulses irgendeines Teilchens, das sich in einem Zentralfeld bewegt (d. h. dessen Drehimpuls nach der klassischen Betrachtungsweise erhalten bleibt), nur die Werte $\boldsymbol{J}^2 = j(j+1)\hbar^2$ mit $j = 0, 1/2, 1, 3/2, \ldots$ annehmen kann, während gleichzeitig die Drehimpulskomponente in einer festen Richtung (man wählt sie üblicherweise als z-Richtung in einem kartesischen Rechtssystem) einen der Werte $J_z = m_j\hbar$ mit $m_j = j, j-1, \ldots, -j$ annimmt. Es stellt sich heraus, daß das Quadrat des Bahndrehimpulses nur die Werte $\boldsymbol{L}^2 = l(l+1)\hbar^2$ mit ganzzahligem l annehmen kann, während der innere oder Spindrehimpuls für das Elektron einen einzigen Wert $\boldsymbol{S}^2 = 1/2(1/2+1)\hbar^2$ annimmt.

Im alkaliähnlichen Atom stehen Bahn- und Spindrehimpuls in schwacher Wechselwirkung, weil jedem von ihnen ein magnetisches Moment entspricht; die Wechselwirkungsenergie hängt vom Winkel zwischen den beiden Drehimpulsvektoren ab. Man muß deshalb die beiden Drehimpulse zu einem Gesamtdrehimpuls zusammenfassen, der seinerseits dann einen der nach der Quantentheorie möglichen Werte annehmen muß. Ferner muß auch die z-Komponente des Gesamtdrehimpulses einen quantentheoretisch erlaubten Wert annehmen und außerdem gleich der Summe der z-Komponenten von Bahn- und Spindrehimpuls sein. Damit ergibt sich für das Elektron

$$J_z = L_z + S_z = (m_l \pm 1/2)\hbar,$$

wobei

$$m_l = l, l-1, \ldots, -l,$$

$$m_s = \pm 1/2$$

die z-Komponenten von $\boldsymbol{L}$ und $\boldsymbol{S}$ in Einheiten $\hbar$ sind, und

$$\boldsymbol{J}^2 = j(j+1)\hbar^2$$

mit

$$j = l \pm 1/2 .$$

Die beiden möglichen j-Werte für gegebenes l entsprechen zwei möglichen Winkeln zwischen Spin- und Bahndrehimpulsvektor. Deshalb ist in der Tat jeder Term ein Dubletterm, ausgenommen die scharfen Terme, für die $l = 0$ ist. Diese haben nur den einen Wert $j = 1/2$ der Drehimpulsquantenzahl.

Man bezeichnet die beiden möglichen Orientierungen des Spins in bezug auf den Bahndrehimpulsvektor oft als „parallele" bzw. „antiparallele" Spinorientierung. Abb. 2 zeigt, daß diese Beschreibung nicht exakt ist.

Die Gesamtdrehimpulsquantenzahl j entspricht sehr weitgehend der inneren Quantenzahl von Sommerfeld, obgleich beide numerisch nicht immer gleich sind (vgl.

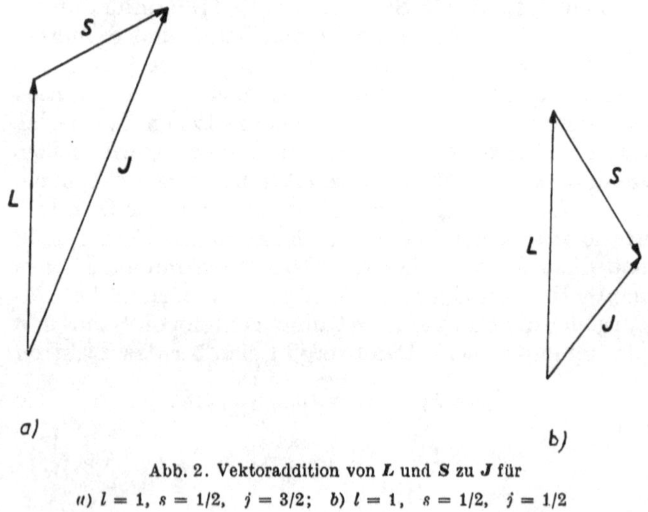

Abb. 2. Vektoraddition von $\boldsymbol{L}$ und $\boldsymbol{S}$ zu $\boldsymbol{J}$ für
a) $l = 1$, $s = 1/2$, $j = 3/2$; b) $l = 1$, $s = 1/2$, $j = 1/2$

Anmerkung [c] zu Arbeit 5 und Anmerkung [a] zu Arbeit 7).

Die qualitative Beschreibung der Spektren der alkaliähnlichen Atome wird durch die Einführung von Auswahlregeln vervollständigt, die die möglichen Übergänge zwischen den Energieniveaus auf solche mit $\Delta l = \pm 1$ und $\Delta j = \pm 1, 0$ beschränken. Diese Regeln wurden zunächst empirisch gefunden und mit Hilfe des Korrespondenzprinzips verstanden. Wir werden sie ausführlicher in Kap. VII diskutieren (vgl. auch die Arbeit 4 von SOMMERFELD und die Arbeit 5 von WENTZEL).

KAPITEL III

Spektren von Atomen mit zwei Valenzelektronen

3.1. Singulett- und Triplettserien

Die Erdalkalimetalle besitzen zwei Elektronen in der Valenzschale. Ihre Spektren lassen sich in etwa der gleichen Weise zu Serien zusammenfassen wie die der Alkalimetalle, und ihre Energieniveaus können durch Ausdrücke vom RYDBERGschen Typ dargestellt werden. Die hauptsächliche Besonderheit besteht darin, daß die Terme, die sich aus der Spektralanalyse der Erdalkalimetalle ergeben, nicht Dubletts wie im Fall der alkaliähnlichen Atome, sondern entweder Singuletts oder Tripletts sind. Bei den leichten Elementen sind die Strahlungsübergänge zwischen den Singulett- und den Triplettermen sehr schwach, bei den schwereren Elementen können sie mit beträchtlicher Stärke in Erscheinung treten.

Die auffälligsten Termserien entstehen bei der Anregung nur eines der beiden Valenzelektronen. Wir wollen uns deshalb im wesentlichen auf die Diskussion dieser Terme beschränken, obgleich die Untersuchung von Termen unter Anregung beider Valenzelektronen historisch bei der Erklärung vieler in diesem Kapitel betrachteter Begriffe eine sehr wesentliche Rolle gespielt hat (Arbeit 8).

Zu gegebenem n und l gehören für das betrachtete Elektron im allgemeinen sowohl ein Singulett- wie auch ein Tripletterm, beide besitzen aber oft sehr unterschiedliche Energien. Insbesondere ist der Abstand zwischen entsprechenden Singulett- und Triplettniveaus häufig sehr viel größer als der zwischen den drei Niveaus eines Tripletts. Das ist deutlich aus dem in Abb. 3 dargestellten Termschema des Magnesiums ersichtlich. Bedeutsam ist auch, daß nur der Singulettzustand auftritt, wenn sich beide Elektronen auf dem niedrigstmöglichen Energieniveau befinden.

Einige der allgemeinen Eigenschaften der Zweielektronenspektren wurden erstmals von HEISENBERG theoretisch erklärt, speziell mit Bezug auf das Helium (Arbeit 9). Zur vollständigen Erklärung muß das PAULIsche Ausschließungsprinzip (PAULI, 1925) sowie das von RUSSELL und SAUNDERS angegebene Kopplungsschema

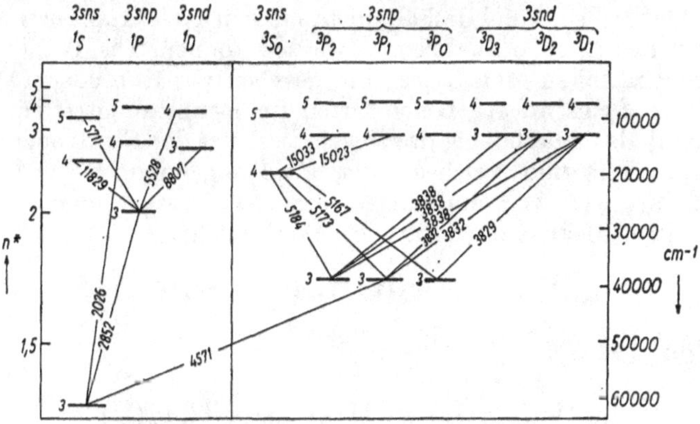

Abb. 3. Vereinfachtes Termschema von Magnesium

für den Spin- und Bahndrehimpuls der beiden Elektronen (Arbeit 8) herangezogen werden. Wie stets spiegeln die beobachteten Gesetzmäßigkeiten in den Spektren tiefgründige Symmetrien des Atombaus wider. Zur theoretischen Beschreibung der allgemeinen Eigenschaften der Zweielektronenspektren sind vier Schritte erforderlich.

a) Identität der Elektronen

In einer ersten, sehr groben Näherung der Theorie der Zweielektronenspektren vernachlässigen wir zunächst alle Wechselwirkungen zwischen den Elektronen, ebenso die Spin-Bahn-Wechselwirkung bei jedem von ihnen. Dann ist die Wellenfunktion ψ des Elektronenpaares das Produkt der beiden Einelektronen-Wellenfunktionen $\psi_a(1)$ und $\psi_b(2)$:

$$\psi_{ab}(1, 2) = \psi_a(1)\,\psi_b(2);$$

dabei bezeichnen 1, 2 das erste bzw. zweite Elektron und die Indizes a, b die beiden Energiezustände. Außerdem müssen wir berücksichtigen, daß die beiden Elektronen identisch sind und deshalb nicht eindeutig als erstes bzw. zweites Elektron bezeichnet werden können. Die Wahrscheinlichkeit dafür, sie mit gegebener z-Komponente ihrer Spins an gegebenen Orten im Raum anzutreffen, muß also unabhängig davon sein, welches der Elektronen als erstes und welches als zweites angenommen wird, d. h., $|\psi(1, 2)|^2$ muß ungeändert bleiben, wenn man die beiden Elektronen vertauscht. Daraus folgt

$$\psi_{ab}(1, 2) = \pm\psi_{ab}(2, 1) \text{ oder } \pm i\psi_{ab}(2, 1),$$

und wir können schreiben

$$\psi_{ab}(1, 2) = \frac{1}{\sqrt{2}}\,[\psi_a(1)\,\psi_b(2) \pm \psi_a(2)\,\psi_b(1)].$$

Wellenfunktionen mit dem Pluszeichen heißen symmetrisch, solche mit dem Minuszeichen antisymmetrisch. $1/\sqrt{2}$ ist ein Normierungsfaktor, der sicherstellt, daß ψ_{ab} normiert ist, wenn es ψ_a und ψ_b einzeln sind.

Wir haben nun noch zu beachten, daß ψ_a und ψ_b selbst jeweils Produkte einer orts- und einer spinabhängigen Funktion sind. Die vollständige Unabhängigkeit der Orts- und Spinkoordinaten voneinander gewährleistet, daß dies der Fall ist. Die Funktionen

$$\psi_a = u_a(\boldsymbol{r})\,\chi_+,\ \psi_{a'} = u_a(\boldsymbol{r})\,\chi_-$$

stellen die beiden möglichen Spinzustände (z-Komponente des Spins $+\hbar/2$ bzw. $-\hbar/2$) für das Elektron im räumlichen, durch die Quantenzahlen n, l und m_l bestimmten Zustand a dar; $\boldsymbol{r}$ bezeichnet die Ortskoordinaten. Die Spinwellenfunktionen sind rein formal durch die Symbole χ_+ und χ_- dargestellt. Damit ergeben sich für zwei Elektronen in gegebenen räumlichen Zuständen a und b im allgemeinen folgende 8 möglichen Wellenfunktionen:

$$\frac{1}{\sqrt{2}}\left[u_a(\boldsymbol{r}_1)\, u_b(\boldsymbol{r}_2)\, \chi_+(1)\, \chi_+(2) \pm u_a(\boldsymbol{r}_2)\, u_b(\boldsymbol{r}_1)\, \chi_+(2)\, \chi_+(1)\right],$$

$$\frac{1}{\sqrt{2}}\left[u_a(\boldsymbol{r}_1)\, u_b(\boldsymbol{r}_2)\, \chi_-(1)\, \chi_-(2) \pm u_a(\boldsymbol{r}_2)\, u_b(\boldsymbol{r}_1)\, \chi_-(2)\, \chi_-(1)\right],$$

$$\frac{1}{\sqrt{2}}\left[u_a(\boldsymbol{r}_1)\, u_b(\boldsymbol{r}_2)\, \chi_+(1)\, \chi_-(2) \pm u_a(\boldsymbol{r}_2)\, u_b(\boldsymbol{r}_1)\, \chi_+(2)\, \chi_-(1)\right],$$

$$\frac{1}{\sqrt{2}}\left[u_a(\boldsymbol{r}_1)\, u_b(\boldsymbol{r}_2)\, \chi_-(1)\, \chi_+(2) \pm u_a(\boldsymbol{r}_2)\, u_b(\boldsymbol{r}_1)\, \chi_-(2)\, \chi_+(1)\right].$$

An Stelle der letzten 4 Funktionen benutzt man gewöhnlich ihre Linearkombinationen (3.3) und (3.4), so daß wir folgende 8 unabhängigen Wellenfunktionen erhalten:

$$\frac{1}{\sqrt{2}}\left[u_a(\boldsymbol{r}_1)\, u_b(\boldsymbol{r}_2) \pm u_a(\boldsymbol{r}_2)\, u_b(\boldsymbol{r}_1)\right]\left[\chi_+(1)\, \chi_+(2)\right], \tag{3.1}$$

$$\frac{1}{\sqrt{2}}\left[u_a(\boldsymbol{r}_1)\, u_b(\boldsymbol{r}_2) \pm u_a(\boldsymbol{r}_2)\, u_b(\boldsymbol{r}_1)\right]\left[\chi_-(1)\, \chi_-(2)\right], \tag{3.2}$$

$$\frac{1}{\sqrt{2}}\left[u_a(\boldsymbol{r}_1)\, u_b(\boldsymbol{r}_2) \pm u_a(\boldsymbol{r}_2)\, u_b(\boldsymbol{r}_1)\right]\left[\chi_+(1)\, \chi_-(2) + \chi_+(2)\, \chi_-(1)\right], \tag{3.3}$$

$$\frac{1}{\sqrt{2}}\left[u_a(\boldsymbol{r}_1)\, u_b(\boldsymbol{r}_2) \pm u_a(\boldsymbol{r}_2)\, u_b(\boldsymbol{r}_1)\right]\left[\chi_+(1)\, \chi_-(2) - \chi_+(2)\, \chi_-(1)\right]. \tag{3.4}$$

Hiervon sind die Funktionen (3.1), (3.2) und (3.3) mit dem Pluszeichen sowie (3.4) mit dem Minuszeichen symmetrisch, die restlichen 4 antisymmetrisch.

b) Paulisches Ausschließungsprinzip (Pauli, 1925)

Befinden sich beide Elektronen im gleichen Zustand, d. h. gilt $a = b$, so bleiben von den 8 möglichen Wellenfunktionen nur die 4 mit dem positiven Vorzeichen übrig. Davon sind die Funktionen (3.1), (3.2) und (3.3) symmetrisch, (3.4) antisymmetrisch. Wie wir bereits erwähnten, beobachtet man, daß nur der Singulettzustand auftritt, wenn beide Elektronen den niedrigsten Energiezustand besetzen, einem Spezialfall von $a = b$. Diesen wird man naturgemäß mit dem einen antisymmetrischen Zustand in Verbindung bringen.

Ein solches Vorgehen stellt einen Sonderfall des PAULIschen Ausschließungsprinzips dar, das in einer seiner Formen besagt, daß bei Vielelektronensystemen nur die antisymmetrischen Zustände realisiert sind. Wie wir diesem Sonderfall ebenfalls entnehmen können, ist das gleichbedeutend mit der alternativen Aussage, daß zwei Elektronen in einem Vielelektronensystem nicht die gleichen Quantenzahlen n, l, m_l, m_s haben können.

Im allgemeineren Fall $a \neq b$ führt die Beschränkung auf antisymmetrische Wellenfunktionen auf die 4 Funktionen

$$\frac{1}{\sqrt{2}} [u_a(\boldsymbol{r}_1)\, u_b(\boldsymbol{r}_2) - u_a(\boldsymbol{r}_2)\, u_b(\boldsymbol{r}_1)]\, [\chi_+(1)\, \chi_+(2)], \tag{3.5}$$

$$\frac{1}{\sqrt{2}} [u_a(\boldsymbol{r}_1)\, u_b(\boldsymbol{r}_2) - u_a(\boldsymbol{r}_2)\, u_b(\boldsymbol{r}_1)]\, [\chi_+(1)\, \chi_-(2) + \chi_+(2)\, \chi_-(1)], \tag{3.6}$$

$$\frac{1}{\sqrt{2}} [u_a(\boldsymbol{r}_1)\, u_b(\boldsymbol{r}_2) - u_a(\boldsymbol{r}_2)\, u_b(\boldsymbol{r}_1)]\, [\chi_-(1)\, \chi_-(2)], \tag{3.7}$$

$$\frac{1}{\sqrt{2}}\,[u_a(\boldsymbol{r}_1)\,u_b(\boldsymbol{r}_2) + u_a(\boldsymbol{r}_2)\,u_b(\boldsymbol{r}_1)]\,[\chi_+(1)\,\chi_-(2) - \chi_+(2)\,\chi_-(1)]\,. \tag{3.8}$$

Man kann zeigen, daß (3.5), (3.6) und (3.7) dem Triplettzustand und (3.8) dem Singulettzustand entsprechen. Grob gesagt, zeigen für (3.5), (3.6) und (3.7) beide Spins in die gleiche Richtung, während sie bei (3.8) entgegengesetzt gerichtet sind. Wir bezeichnen die Quadrate der Gesamtbahn- und -spindrehimpulse mit $L(L+1)\hbar^2$ bzw. $S(S+1)\hbar^2$ und die z-Komponenten der Bahn- und Spindrehimpulse mit $M_L\hbar$ bzw. $M_S\hbar$.[1] Alle Funktionen (3.5)—(3.8) gehören zu gleichen Werten der Quantenzahlen L und M_L. Für (3.5) ist $S = 1$, $M_S = 1$, für (3.6) $S = 1$, $M_S = 0$, für (3.7) $S = 1$, $M_S = -1$ und für (3.8) $S = 0$, $M_S = 0$.

c) Russell-Saunderssches Kopplungsschema

In der Näherung, bei der alle Wechselwirkungen zwischen den Elektronen vernachlässigt werden, entsprechen die Wellenfunktionen (3.5)—(3.8) dem gleichen Energieeigenwert. (3.5)—(3.8) stellen damit Zustände mit den wohldefinierten Quantenzahlen L, S, M_L, M_S dar, die dem klassischen Fall entsprechen, daß die Beträge von Bahn- und Spindrehimpuls und ihre z-Komponenten sämtlich einzeln erhalten bleiben.

Um weiterzukommen, müssen wir nun in gewissem Maße die Wechselwirkungen zwischen den Elektronen mit in unsere Betrachtungen einbeziehen.

Die Näherung, mit der wir uns in diesem Abschnitt befassen werden, führt zu dem bekannten „Russell-Saunders-" oder LS-Kopplungsschema (Arbeit 8); hier-

---

[1]) Wir wollen alle Quantenzahlen bezüglich eines einzelnen Elektrons mit kleinen und solche, die sich auf den Zustand eines Atoms beziehen, mit großen Buchstaben bezeichnen.

bei wird die Spin-Bahn-Wechselwirkung gegenüber der elektrostatischen Wechselwirkung vernachlässigt. Das besagt, daß die Energieniveaus, die zu den Wellenfunktionen (3.5)—(3.7) oder irgendwelchen Linearkombinationen von ihnen gehören, im wesentlichen die gleiche Energie haben, da sie sich nur im spinabhängigen Anteil der Wellenfunktion unterscheiden, der die Energie nur über die schwache Spin-Bahn-Wechselwirkung, eine magnetische Wechselwirkung, beeinflussen kann. Dagegen unterscheidet sich die Wellenfunktion (3.8) von den drei übrigen im ortsabhängigen Faktor; deshalb kann die elektrostatische Wechselwirkung e^2/r_{12} mit r_{12} als dem Abstand der beiden Elektronen zu einer großen Energiedifferenz zwischen den Niveaus führen, die zu den Funktionen (3.5)—(3.7) einerseits und der Funktion (3.8) andererseits gehören. Deshalb haben die Zustände mit $S = 0$ und $S = 1$ verschiedene Energien.

Die relativ kleine Spin-Bahn-Wechselwirkung koppelt den Spin- und den Bahndrehimpuls zu einem Gesamtdrehimpuls mit dem Quadrat $J(J + 1)\hbar^2$. Nach den Regeln für die Addition der Drehimpulse kann J die Werte $L + S, L + S - 1, \ldots, |L - S|$ annehmen. Deshalb gibt es für $S = 1$ im allgemeinen drei mögliche Werte für J, nämlich $J = L + 1, L, L - 1$, und der Zustand ist ein Triplettzustand, während für $S = 0$ nur $J = L$ sein kann, der Zustand also ein Singulettzustand sein muß. Die drei Triplettniveaus haben infolge der Spin-Bahn-Wechselwirkung unterschiedliche Energien (vgl. Kap. IV). Die in Frage kommenden Wellenfunktionen für die Tripletts sind Linearkombinationen von (3.5) bis (3.7) und analogen Funktionen für die verschiedenen M_L-Werte; für die Singuletts sind es Linearkombinationen von Funktionen analog (3.8) für die verschiedenen M_L-Werte, die so zu wählen sind, daß sie den richtigen Werten von J und M_J (wobei $M_J\hbar$ die z-Komponente des Gesamtdrehimpulses ist) entsprechen.

Der Drehimpuls eines Elektronenpaares kann also mit Hilfe einer Gesamtspinquantenzahl S und einer Gesamtbahnquantenzahl L beschrieben werden. Das klassische Analogon hierzu ist offenbar, daß Spin- und Bahndrehimpuls einzeln erhalten bleiben, d. h., daß die Spin- und die Bahnbewegung kein Drehmoment aufeinander ausüben. Das ist aber gerade die Annahme der vernachlässigbaren Spin-Bahn-Wechselwirkung, die dem Kopplungsschema von Russell-Saunders zugrunde liegt. Seinen Gültigkeitsbereich werden wir in Kap. IV, in dem wir die Spin-Bahn-Wechselwirkung näher betrachten, sowie in Kap. VII, in dem die Auswahlregeln behandelt werden, im einzelnen diskutieren.

d) *Elektrostatische Wechselwirkung*

Schließlich benötigen wir noch ein Verfahren, mit dem wir den Einfluß der elektrostatischen Wechselwirkung zwischen den beiden Elektronen quantitativ berechnen können, damit wir sicher sein können, daß sie tatsächlich die Ursache für den großen Energieunterschied zwischen den Singulett- und Triplettzuständen im Zweielektronenspektrum ist. Heisenberg (Arbeit 9) hat gezeigt, wie man solche Berechnungen mit Hilfe der Störungstheorie der Quantenmechanik durchführen kann. Ein wesentliches Ergebnis dieser Theorie (vgl. z. B. Dawydow, 1965) ist die Tatsache, daß man die Energieniveaus E des Problems, wenn man die Hamilton-Funktion in der Form

$$H = H^0 + H'$$

schreibt, wobei H^0 die Hamilton-Funktion eines Problems mit bekannter Lösung bezeichnet, als Lösung der Säkulargleichung

$$\begin{vmatrix} H'_{11} + E_1^0 - E & H'_{12} & H'_{13} & \cdots \\ H'_{21} & H'_{22} + E_2^0 - E & H'_{23} & \cdots \\ H'_{31} & H'_{32} & H'_{33} + E_3^0 - E & \cdots \\ \cdots & \cdots & \cdots & \cdots \end{vmatrix} = 0$$

erhält mit $H'_{ij} = \int \psi_i^{0*} H' \psi_i^0 \, d\tau$; ψ_i^0 bedeutet die i-te Eigenfunktion des ungestörten Problems mit der HAMILTON-Funktion H^0 und $d\tau$ das Volumenelement. E_i^0 ist der zu ψ_i^0 gehörige ungestörte Energiewert. In unserem Fall gilt $H' = e^2/r_{12}$, wobei r_{12} der Abstand der beiden Elektronen ist.

Um dies auf unser Problem anwenden zu können, setzen wir voraus, daß H_{ij} verschwindet, wenn sich i und j auf Zustände verschiedener Elektronenkonfigurationen beziehen. Eine Elektronenkonfiguration ist durch die n- und l-Werte der Elektronen bestimmt. Das ist oft eine sehr gute Näherung. Die Determinante zerfällt dann in ein Produkt von Determinanten der Ordnung $4(2L + 1)$, für jede Elektronenkonfiguration eine, da zu jeder Konfiguration die vier Zustände (3.5)—(3.8) für jeden der $2L + 1$ Werte von M_L gehören. (Dabei wird angenommen, daß nur ein Elektron angeregt ist.) Die Wellenfunktionen (3.5)—(3.7) unterscheiden sich aber nur in ihren spinabhängigen — und von r_{12} unabhängigen — Anteilen. Damit erhalten wir für jede Konfiguration effektiv nur eine Determinante der Ordnung $2(2L + 1) \times 2(2L + 1)$. Weiter läßt sich zeigen, daß H_{ij} verschwindet, wenn sich i und j nur in M_L voneinander unterscheiden. Daraus folgt, daß diese Determinante weiter in 2×2 Determinanten — eine für jeden M_L-Wert — zerfallen muß. Wenn wir den räumlichen Singulettzustand (3.8) mit dem Index s am HAMILTON-Operator und die räumlichen Triplettzustände (3.5)—(3.7) mit dem Index t kennzeichnen, so erhalten wir für ein typisches Glied dieses Produktes

$$H_{ss} = \frac{1}{2} \int [u_a(\boldsymbol{r}_1) \, u_b(\boldsymbol{r}_2) + u_a(\boldsymbol{r}_2) \, u_b(\boldsymbol{r}_1)]^* \, \frac{e^2}{r_{12}}$$

$$\times \, [u_a(\boldsymbol{r}_1) \, u_b(\boldsymbol{r}_2) + u_a(\boldsymbol{r}_2) \, u_b(\boldsymbol{r}_1)] \, d\tau_1 \, d\tau_2$$

$$= \frac{1}{2} \int u_a^*(\boldsymbol{r}_1) \, u_b^*(\boldsymbol{r}_2) \, \frac{e^2}{r_{12}} \, u_a(\boldsymbol{r}_1) \, u_b(\boldsymbol{r}_2) \, d\tau_1 \, d\tau_2$$

$$+ \frac{1}{2} \int u_a^*(\boldsymbol{r}_2)\, u_b^*(\boldsymbol{r}_1)\, \frac{e^2}{r_{12}}\, u_a(\boldsymbol{r}_2)\, u_b(\boldsymbol{r}_1)\, \mathrm{d}\tau_1\, \mathrm{d}\tau_2$$

$$+ \frac{1}{2} \int u_a^*(\boldsymbol{r}_1)\, u_b^*(\boldsymbol{r}_2)\, \frac{e^2}{r_{12}}\, u_a(\boldsymbol{r}_2)\, u_b(\boldsymbol{r}_1)\, \mathrm{d}\tau_1\, \mathrm{d}\tau_2$$

$$+ \frac{1}{2}\, u_a^*(\boldsymbol{r}_2)\, u_b^*(\boldsymbol{r}_1)\, \frac{e^2}{r_{12}}\, u_a(\boldsymbol{r}_1)\, u_b(\boldsymbol{r}_2)\, \mathrm{d}\tau_1\, \mathrm{d}\tau_2$$

$$= J + K,$$

wobei wir J gleich den beiden ersten Integralen und K gleich den beiden letzten Integralen gesetzt haben, in die H_{ss} zerfällt. Wie man leicht sieht, gilt

$$H_{\mathrm{tt}} = J - K.$$

Nunmehr bestimmen wir die Nichtdiagonalelemente der Determinante:

$$H_{\mathrm{st}} = \frac{1}{2} \int [u_a(\boldsymbol{r}_1)\, u_b(\boldsymbol{r}_2) + u_a(\boldsymbol{r}_2)\, u_b(\boldsymbol{r}_1)]^*\, \frac{e^2}{r_{12}}$$

$$\times\, [u_a(\boldsymbol{r}_1)\, u_b(\boldsymbol{r}_2) - u_a(\boldsymbol{r}_2)\, u_b(\boldsymbol{r}_1)]\, \mathrm{d}\tau_1\, \mathrm{d}\tau_2$$

$$= J + K - K - J = 0.$$

Analog ergibt sich auch $H_{\mathrm{ts}} = 0$. Damit reduziert sich die Säkulargleichung auf

$$\begin{vmatrix} J + K + E^0 - E & 0 \\ 0 & J - K + E^0 - E \end{vmatrix} = 0,$$

wobei wir $E_{\mathrm{s}}^0 = E_{\mathrm{t}}^0 = E^0$ gesetzt haben, da die ungestörten Singulett- und Triplettniveaus gleich sind. Die Lösungen dieser Gleichung sind

$$E = E^0 + (J \pm K);$$

das Pluszeichen gehört zum Singulettzustand, das Minuszeichen zum Triplettzustand. K ist stets positiv, so daß der Triplettzustand im Energieniveauschema in jedem Fall unter dem Singulettzustand liegt. Die numerische Berechnung der Integrale J und K ist nicht einfach; derartige Rechnungen hat HEISENBERG in seiner Arbeit 9 beschrieben. Wie die Symmetrie des Problems erwarten läßt, erhält man, daß sowohl J wie auch K unabhängig von M_L sind. Daraus folgt, daß bei Vernachlässigung der Spin-Bahn-Wechselwirkung die $3(2L + 1)$ entarteten Triplettzustände die gleiche Energie $E = E^0 + J - K$ besitzen und auch die $(2L + 1)$ entarteten Singulettzustände mit der Energie $E = E^0 + J + K$ zusammenfallen.

3.2. Andere Kopplungsschemata

Wird die Spin-Bahn-Wechselwirkung mit der elektrostatischen Wechselwirkung zwischen den beiden Elektronen vergleichbar, so kann man die Näherung der LS-Kopplung nicht mehr anwenden. Eine Diskussion der Spektren bei derart komplizierten Verhältnissen in den Atomen ginge über den Rahmen dieses Bandes hinaus. Wir beschränken uns deshalb auf die Bemerkung, daß sich die Verhältnisse in extremen Fällen, wenn die Spin-Bahn-Wechselwirkung groß gegen die elektrostatische Wechselwirkung wird, wieder vereinfachen. Dabei addieren sich der Spin- und der Bahndrehimpuls jedes Elektrons zu einem wohlbestimmten Gesamtdrehimpuls für jedes Elektron, das damit durch die Quantenzahl $j_i = l_i \pm 1/2$ beschrieben werden kann, wobei i das i-te Elektron bezeichnet. Die Gesamtdrehimpulse der verschiedenen Elektronen lassen sich dann mit Hilfe der kleinen elektrostatischen Wechselwirkung weiter zu einem Gesamtdrehimpuls für die Atome koppeln, und diese werden durch die Quantenzahl J beschrieben. Dieses Kopplungsschema ist als jj-Kopplung bekannt. Sie tritt häufig bei schweren Elementen in Erscheinung, es gibt aber nur sehr wenige Fälle, in denen das jj-Kopplungsschema eine gute Näherung darstellt.

KAPITEL IV

Feinstruktur

4.1. Einleitung

Wir haben bereits darauf hingewiesen, daß die Spektrallinien der Alkalimetalle als Dubletts und Tripletts in Erscheinung treten und daß man dies berücksichtigen kann, indem man den Termen eine Dublettnatur zuschreibt. Das ist ein Beispiel für eine Feinstruktur, eine Ausdrucksweise, mit der man Strukturen bezeichnet, die von Wechselwirkungen innerhalb des Atoms ohne Beteiligung des Kerns (mit Ausnahme der elektrostatischen Wechselwirkung zwischen den Elektronen und dem Kern als Punktladung) bedingt sind und nicht allein auf die elektrostatische Wechselwirkung zwischen mehreren Elektronen zurückgeführt werden können. Derartige Strukturen können sich über einen Bereich von Bruchteilen einer Wellenzahl bis zu einigen hundert Wellenzahlen erstrecken. Der größte Feinstruktureffekt wird oft durch die Spin-Bahn-Wechselwirkung hervorgerufen, deren Mechanismus wir bereits beschrieben haben. Wir werden in den Abschnitten 4.2. und 4.3. über die Dublett- und Triplettfeinstruktur auf ihn zurückkommen. Danach werden wir näher auf die Feinstruktur im Wasserstoffspektrum und im Spektrum des ionisierten Heliums eingehen. Das wird uns schließlich dazu führen, den Einfluß der relativistischen Massenzunahme mit der Geschwindigkeit und der Wechselwirkung zwischen Elektron und Vakuumstrahlungsfeld auf die Feinstruktur der Atomspektren zu untersuchen.

4.2. *Dublettstruktur der alkaliähnlichen Spektren*

Wir sahen bereits, daß die Terme der alkaliähnlichen Atome Dubletterme sind (mit Ausnahme der scharfen, die wegen $l = 0$ Singuletterme sein müssen); diese Struktur hatten wir der Wechselwirkung zwischen den dem Spin- und Bahndrehimpuls des Elektrons zugeordneten magnetischen Dipolen zugeschrieben. Wir wenden uns nun der quantitativen Rechtfertigung dieser Annahme über den Ursprung der Dublettstruktur zu.

Zunächst sei auf einige allgemeine Eigenschaften der Dublettaufspaltung der Terme hingewiesen. Einmal liegt bei gegebenem l der Zustand mit dem größeren j-Wert im Energieniveauschema stets höher, wenn wir uns bei unseren Betrachtungen auf Fälle beschränken, bei denen die Aufspaltung größer als etwa 3 cm^{-1} ist. Die Termordnung wird häufig umgekehrt, wenn die Aufspaltung klein ist; das ist aber wahrscheinlich anderen Wechselwirkungen zuzuschreiben als der Spin-Bahn-Kopplung. Andererseits nimmt die Größe der Aufspaltung mit wachsender Ordnungszahl Z und mit dem Ionisierungsgrad schnell zu, mit zunehmender Hauptquantenzahl n und Bahndrehimpulsquantenzahl l ab.

Aus den experimentell beobachteten Werten der Dublettaufspaltung lassen sich drei quantitative Gesetzmäßigkeiten ablesen.

a) Abhängigkeit von der effektiven Quantenzahl n^*

Vergleicht man die Werte der Dublettaufspaltung der Hauptterme ($l = 1$), z. B. von Kalium, so findet man die Relation

$$\Delta\tilde{\nu} \propto \frac{1}{n^{*3}}, \tag{4.1}$$

die wir in Abb. 4 dargestellt haben. Diese Beziehung ist nicht immer erfüllt. Die Abbildung zeigt z. B., daß der 7P-Term des Natriums merklich davon abweicht. Gl. (4.1) stellt aber eine sehr gute Näherung dar, solange

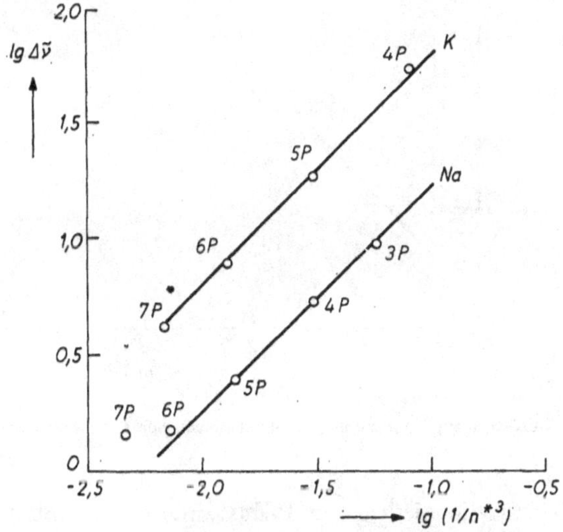

Abb. 4. Dublettaufspaltung $\Delta\tilde{\nu}$ in Abhängigkeit von der effektiven Quantenzahl n^*

die Dublettaufspaltung hinreichend groß (größer als etwa $2\,\mathrm{cm}^{-1}$) ist. Abweichungen von ihr sind dem Einfluß anderer Wechselwirkungen zuzuschreiben (z. B. der Wechselwirkung zwischen den magnetischen Momenten von Valenz- und Rumpfelektronen).

b) Abhängigkeit von der Ordnungszahl Z

Ze ist die Ladung des Kerns, die aber vom Valenzelektron nur gesehen wird, wenn es in den Atomrumpf eingedrungen ist. In Abb. 5 ist $n^{*3}\Delta\tilde{\nu}$ in Ahbängigkeit

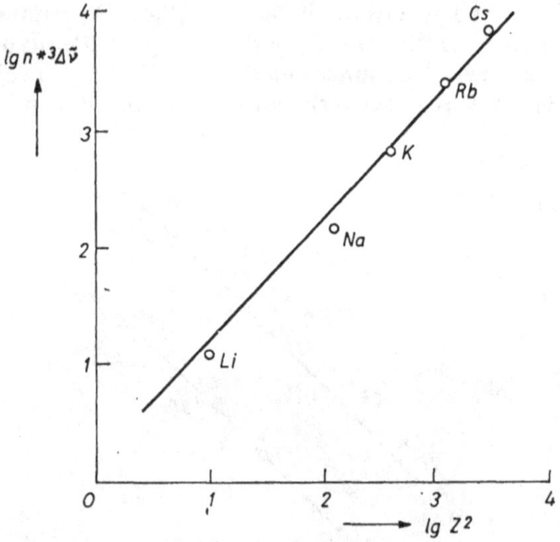

Abb. 5. Dublettaufspaltung $\Delta\tilde{\nu}$ in Abhängigkeit von der Kernladungszahl Z

von Z^2 für die niedrigsten P-Zustände der Alkaliatome in doppeltlogarithmischem Maßstab wiedergegeben. Wir stellen deutlich ein gesetzmäßiges Verhalten fest, denn es gilt näherungsweise

$$n^{*3}\Delta\tilde{\nu} \propto Z^2. \tag{4.2}$$

c) Abhängigkeit vom Ionisierungsgrad $Z_0 - 1$

$Z_0 e$ ist die effektive Ladung des Kerns, gesehen von einem Elektron außerhalb des Atomrumpfes. Es ist $Z_0 = 1$ für neutrale Atome, $Z_0 = 2$ für einfach ionisierte Atome usw. Auch hierfür ist es nicht schwer, eine näherungsweise gültige Gesetzmäßigkeit herzuleiten. In Abb. 6 ist $n^{*3}\Delta\tilde{\nu}/Z^2$ in Abhängigkeit von Z_0^2 für die 3P-Terme der isoelektronischen Reihe der alkaliähnlichen Atome, be-

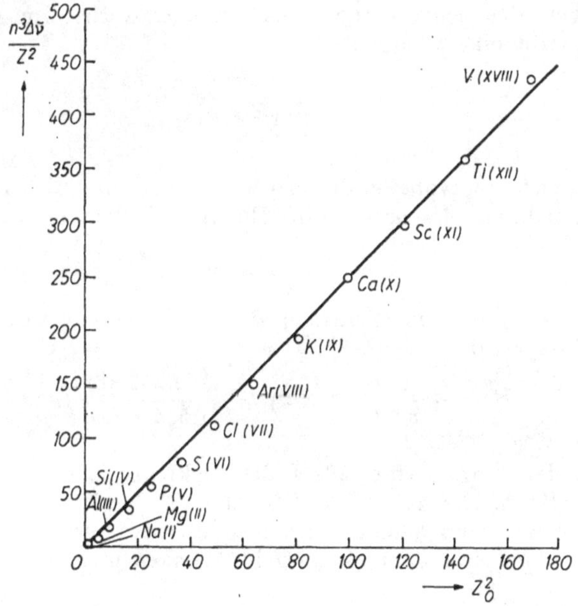

Abb. 6. Dublettaufspaltung $\Delta\tilde{\nu}$ in Abhängigkeit von der effektiven Kernladung Z_0 außerhalb des Atomrumpfes

ginnend beim neutralen Natrium ($Z_0 = 1$) bis zum 11mal ionisierten Titan ($Z_0 = 12$), dargestellt. Wie man sieht, gilt über diesen sehr weiten Bereich in guter Näherung ebenfalls eine Relation

$$\frac{n^{*3}\Delta\tilde{\nu}}{Z^2} \propto Z_0^2. \tag{4.3}$$

Wir wollen nun die Spin-Bahn-Wechselwirkung quantitativ beschreiben, um zu versuchen, diese Gesetzmäßigkeiten in den beobachteten Spektren theoretisch zu erfassen.

Das Elektron besitzt ein magnetisches Dipolmoment $\mu_s = -(e/m_0c)\mathbf{S}$ (vgl. Kap. VI); demzufolge ist es wegen der scheinbaren Rotation des Kerns um das Elektron einem Magnetfeld

$$\boldsymbol{B} = \frac{1}{c} [\boldsymbol{E} \times \boldsymbol{v}]$$

unterworfen, wobei $\boldsymbol{E}$ das elektrische Feld des Elektrons und $\boldsymbol{v}$ die Geschwindigkeit des Elektrons bedeuten. Wegen

$$\boldsymbol{E} = -\operatorname{grad} \varphi$$

[$\varphi = \varphi(r)$ ist das (Zentral-) Potential des elektrischen Feldes] wird

$$\boldsymbol{B} = -\frac{1}{c r} \frac{\mathrm{d}\varphi}{\mathrm{d}r} [\boldsymbol{r} \times \boldsymbol{v}] = -\frac{1}{m_0 c} \frac{1}{r} \frac{\mathrm{d}\varphi}{\mathrm{d}r} \boldsymbol{L}$$

mit dem Bahndrehimpuls $\boldsymbol{L}$ des Elektrons in bezug auf den Kern. Der HAMILTON-Operator H' der Wechselwirkung zwischen dem inneren magnetischen Moment des Elektrons und dem Magnetfeld, dem es unterliegt, ist

$$H' = -(\mu_s \cdot \boldsymbol{B}) = -\frac{e}{m_0^2 c^2} \frac{1}{r} \frac{\mathrm{d}\varphi}{\mathrm{d}r} (\boldsymbol{L} \cdot \boldsymbol{S}) = 2\xi(r)\,(\boldsymbol{L} \cdot \boldsymbol{S}).$$

Führt man diese Rechnung unter Berücksichtigung der speziellen Relativitätstheorie durch, so tritt noch ein Faktor 1/2 auf (THOMAS, 1926). Wir schreiben deshalb

$$H' = \xi(r)\,(\boldsymbol{L} \cdot \boldsymbol{S});$$

H' ist der kleine additive Zusatzterm zum HAMILTON-Operator infolge der Spin-Bahn-Wechselwirkung, mit dem wir jetzt die Säkulargleichung zu lösen haben. Da bei diesem Einelektronenproblem $\boldsymbol{L}$ und $\boldsymbol{S}$ beide wohldefiniert sind (d. h. in der Sprache der klassischen Physik erhalten bleiben), kann man leicht zeigen, daß alle Nichtdiagonalelemente der Determinante verschwinden, wenn die Wechselwirkung zwischen verschiedenen Elektronenkonfigurationen vernachlässigt wird. Damit erhalten wir die Wechselwirkungsenergie E' wegen

$$(\boldsymbol{L}\cdot\boldsymbol{S}) = \frac{1}{2}(\boldsymbol{J}^2 - \boldsymbol{L}^2 - \boldsymbol{S}^2) = \frac{1}{2}\hbar^2[j(j+1) - l(l+1) - s(s+1)]$$

zu

$$E' = \frac{1}{2}\hbar^2[j(j+1) - l(l+1) - s(s+1)]\int u^*_{nlm_l}\xi(r)\,u_{nlm_l}\,\mathrm{d}\tau; \tag{4.4}$$

dabei ist u_{nlm_l} der ortsabhängige Anteil der Wellenfunktion des Zustandes. Der spinabhängige Anteil hat keinen Einfluß, da $\xi(r)$ unabhängig von der Spinkoordinate ist.

Mit $s = 1/2$, $j = l \pm 1/2$ erhalten wir für die Dublettaufspaltung sofort

$$\Delta E' = \frac{1}{2}\hbar^2(2l+1)\int u^*_{nlm_l}\,\xi(r)\,u_{nlm_l}\,\mathrm{d}\tau.$$

Für die weiteren Rechnungen muß

$$\xi(r) = -\frac{e}{2m_0^2c^2}\frac{1}{r}\frac{\mathrm{d}\varphi}{\mathrm{d}r}$$

bekannt sein.

Wenn, wie im Fall der wasserstoffähnlichen Atome, $\varphi = +Ze/r$ ist, ergibt sich

$$\xi(r) = \frac{Ze^2}{2m_0^2c^2}\frac{1}{r^3}.$$

Die Wellenfunktionen sind dann ebenfalls wasserstoffähnlich, und wir erhalten nach einigen Rechnungen

$$\frac{Ze^2}{2m_0^2c^2}\int u^*_{nlm_l}\frac{1}{r^3}u_{nlm_l}\,\mathrm{d}\tau = -\frac{Ze^2}{2m_0^2c^2}\overline{\left(\frac{1}{r^3}\right)} = \frac{Ze^2}{2m_0^2c^2}\frac{1}{a_0{}^3}\frac{Z^3}{n^3l(l+1/2)(l+1)}, \tag{4.5}$$

wobei a_0 der Radius der ersten BOHRschen Wasserstoffbahn ist. Damit wird

$$E' = \frac{1}{2}\,\hbar^2[j(j+1) - l(l+1) - s(s+1)]$$

$$\times \frac{Ze^2}{2m_0^2c^2}\,\frac{1}{a_0^3}\,\frac{Z^3}{n^3 l(l+1/2)(l+1)}, \qquad (4.6a)$$

$$\Delta E' = \frac{e^2\hbar^2}{2m_0^2c^2}\,\frac{Z^4}{a_0^3}\,\frac{1}{n^3 l(l+1)} = \frac{R_E\alpha^2 Z^4}{n^3 l(l+1)}; \qquad (4.6)$$

$\alpha = e^2/\hbar c$ ist die sogenannte Feinstrukturkonstante, eine dimensionslose Größe mit dem Näherungswert 1/137.

Für die alkaliähnlichen Atome hat $\varphi(r)$ nicht mehr eine so einfache Form. In der einfachsten Näherung setzt man an

$$\varphi(r) = \begin{cases} Ze/r \text{ für } r < r_0, \\ Z_0 e/r \text{ für } r > r_0, \end{cases}$$

wobei r_0 in grober Näherung der Radius des Atomrumpfes ist. Da u_{nlm_l} für $r > r_0$ bei $\varphi(r) = Ze/r$ und für $r < r_0$ bei $\varphi(r) = Z_0 e/r$ klein ist, erhalten wir für das quantenmechanische Mittel von $\xi(r)$ im Gebiet $r < r_0$

$$\overline{[\xi(r)]}_{r<r_0} \approx \frac{Ze^2}{2m_0^2c^2}\,\frac{1}{a_0^3}\,\frac{Z^3}{n^3 l(l+1/2)(l+1)}$$

und im Gebiet $r > r_0$

$$\overline{[\xi(r)]}_{r>r_0} \approx \frac{Z_0 e^2}{2m_0^2c^2}\,\frac{1}{a_0^3}\,\frac{Z^3}{n^{*3} l(l+1/2)(l+1)}.$$

In den äußeren Gebieten wird die Wellenfunktion also ziemlich gut durch eine wasserstoffähnliche Wellenfunktion mit der effektiven Quantenzahl n^* an Stelle der eigentlich zu verwendenden Hauptquantenzahl n dargestellt. Um das Gesamtmittel zu berechnen, müssen wir den beiden Gebieten $r < r_0$ und $r > r_0$ nur noch geeignete Gewichte, d. h. die relativen Wahrscheinlichkeiten, mit denen sich das Valenzelektron in diesen Gebieten aufhält, zuordnen. Das geschieht am einfachsten, indem wir von dem Begriff der Elektronenbahnen Gebrauch machen. Die Elektronenbahn ist jeweils angenähert eine vollständige Ellipse im äußeren und im inneren Gebiet. (Das ist im wesentlichen die gleiche Näherung, wie wir sie für die Wellenfunktionen benutzt haben.) Dann ist die Zeit $t_{r<r_0}$, während der sich das Elektron im inneren Gebiet aufhält, gerade gleich der Zeit, die es benötigt, um die elliptische Ergänzungsbahn im Feld $\varphi(r) = Ze/r$ vollständig zu durchlaufen:

$$t_{r<r_0} = \frac{2\pi n^3 \hbar^3}{m_0 e^4 Z^2}.$$

Analog ergibt sich

$$t_{r>r_0} = \frac{2\pi n^{*3} \hbar^3}{m_0 e^4 Z_0^2}.$$

Wegen $Z \gg Z_0$ für alle Elemente bis auf die leichtesten wird $t_{r>r_0} \approx t$, d. h. gleich der gesamten für einen vollständigen Bahnumlauf benötigten Zeit. Wir können deshalb schreiben

$$\overline{\xi(r)} = \frac{t_{r<r_0}}{t} \overline{[\xi(r)]}_{r<r_0} + \frac{t_{r>r_0}}{t} \overline{[\xi(r)]}_{r>r_0}$$

$$= \frac{e^2}{2m_0^2c^2} \frac{1}{a_0^3} \frac{Z^2 Z_0^2}{n^{*3} l(l+1/2)(l+1)},$$

wobei wir wieder die Bedingung $Z \gg Z_0$ benutzt haben.

Damit ergibt sich für die Energie der Spin-Bahn-Wechselwirkung

$$E' = \frac{1}{2} a[j(j+1) - l(l+1) - s(s+1)]$$

mit

$$a = \frac{e^2\hbar^2}{2m_0^2c^2}\,\frac{1}{a_0^3}\,\frac{Z^2Z_0^2}{n^{*3}l(l+1/2)(l+1)}; \tag{4.7a}$$

hierbei ist a der sogenannte Feinstruktur-Aufspaltungsfaktor. Für die Dublettaufspaltung erhalten wir in Energieeinheiten

$$\Delta E' = \frac{R_E\alpha^2Z^2Z_0^2}{n^{*3}l(l+1)}. \tag{4.7}$$

Diese Beziehung gibt die experimentell gefundenen Gesetzmäßigkeiten in den Spektren wieder, die in den Relationen (4.1), (4.2) und (4.3) zum Ausdruck kamen. Gl. (4.7) steht auch in gutem quantitativem Einklang mit der gemessenen Aufspaltung. Die Übereinstimmung wird noch etwas besser, wenn man $Z - \mu$ an Stelle von Z schreibt, wobei μ z. B. für die alkaliähnlichen P-Terme etwa 3 ist. Gl. (4.7) wurde zuerst von LANDÉ (1924) hergeleitet, der zahlreiche der tiefgründigen Symmetrien der Atome aufdecken konnte, die sich in den Gesetzmäßigkeiten ihrer Spektren niederschlagen. Eine sorgfältigere quantenmechanische Behandlung unter Zugrundelegung im wesentlichen der gleichen physikalischen Überlegungen führt zu einem Ausdruck für $\Delta E'$ ähnlich (4.5), multipliziert mit einigen Korrektionsfaktoren (vgl. z. B. CASIMIR, 1936, sowie die Arbeit 12 von FERMI und SEGRÈ).

4.3. Triplettstruktur der Erdalkalispektren

Die augenfälligste Gesetzmäßigkeit bei der Triplettaufspaltung der Terme von Atomen mit zwei Valenzelektronen ist in der LANDÉschen Intervallregel zusammengefaßt (Arbeit 7). Sie besagt, daß der Energieunterschied $\Delta E_{JJ'}$ zweier Niveaus eines Multipletts mit den

Gesamtdrehimpulsen J und J' ($J' < J$) gegeben ist durch

$$\Delta E'_{JJ'} = \frac{1}{2} A [J(J-1) - J'(J'-1)], \qquad (4.8)$$

wobei A für ein gegebenes Multiplett eine Konstante ist. Die Regel wird häufig in dem Spezialfall $J' = J - 1$ angewendet und lautet dann

$$\Delta E'_{J-1,J} = AJ.$$

Den Bereich, in dem sie bei den niedrigsten Triplett-P-Termen der Zweielektronenspektren erfüllt ist, erkennt man am besten bei einem Vergleich der experimentell beobachteten Verhältnisse $\Delta E'_{1,2}/\Delta E'_{0,1}$ mit dem von ihr vorausgesagten Wert 2:

He	Be	Mg	Ca	Sr	Ba	Ra
0,08	3,46	2,03	2,03	2,11	2,37	2,92

Wie wir sehen, ist die Übereinstimmung für die Elemente mittlerer Massenzahl recht gut, wird aber für die leichten und schweren Elemente schlechter.

Die Intervallregel gilt verschiedentlich auch in Fällen, in denen die Multiplizität größer als 3 ist. (Die Multiplizität einer Konfiguration mit p Valenzelektronen in der LS-Kopplung ist maximal gleich $p + 1$. Zu diesem Ergebnis gelangt man leicht, indem man die Regeln für die Kombination der Drehimpulse anwendet.) Dies wird in Abb. 7 veranschaulicht, in der wir $\Delta E'_{J-1,J}$ als Funktion von J' für das $3d^4 4p^6F$-Multiplett von V I wiedergegeben haben.

Die markante Gesetzmäßigkeit, die die Intervallregel ausdrückt, spiegelt zwei physikalische Eigenschaften der Atomzustände wider, für die sie gilt: *1.* den Zusammenhang mit der Russell-Saunders-Kopplung, d. h. mit den Zuständen, für die die elektrostatische Wechselwirkung zwischen den Elektronen groß gegen jede andere Wechselwirkung ist (natürlich ausgenommen die elektrostatische Wechselwirkung zwischen den Elektronen und dem Kern); unter diesen Bedingungen haben Gesamtbahn- und Gesamtspinquantenzahl L und S wohldefinierte Werte; 2. die Tatsache, daß die nächstwichtige Wechselwirkung (die die Multiplettaufspaltung verursacht) proportional dem Skalarprodukt $(\boldsymbol{L} \cdot \boldsymbol{S})$ von Bahn-

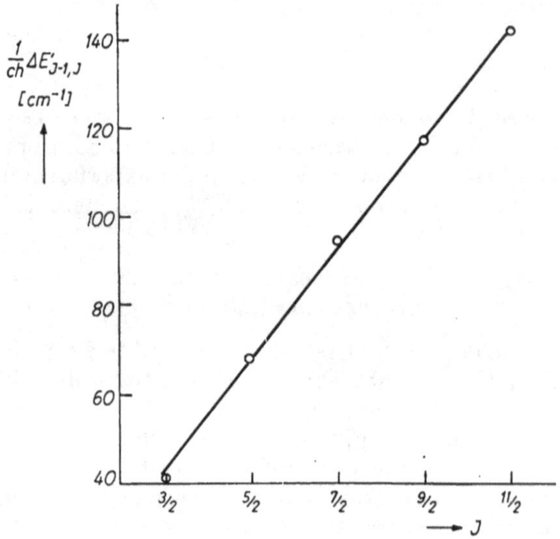

Abb. 7. LANDÉsche Intervallregel für das Multiplett $3d^4 4p\,^6F$ von V I

und Spindrehimpuls ist. Letzteres gilt, wie wir bereits sahen, für die Spin-Bahn-Wechselwirkung, deren formale Behandlung nicht wesentlich verschieden vom Einelektronenfall ist. Wenn diese Bedingungen erfüllt sind, können wir für den HAMILTON-Operator der Spin-Bahn-Wechselwirkung schreiben

$$H' = A(\boldsymbol{L} \cdot \boldsymbol{S}) = \frac{1}{2} A(\boldsymbol{J}^2 - \boldsymbol{L}^2 - \boldsymbol{S}^2)$$

und erhalten, wenn wir die Störungstheorie genauso wie im Einelektronenfall anwenden,

$$E' = \frac{1}{2} A[J(J+1) - L(L+1) - S(S+1)]$$

und

$$\Delta E'_{JJ'} = \frac{1}{2} A[J(J+1) - J'(J'+1)],$$

also gerade die LANDÉsche Intervallregel.

Die LANDÉsche Intervallregel versagt, wenn entweder die Kopplung nicht vom LS-Typ ist oder wenn die für die Multiplettaufspaltung verantwortliche Wechselwirkung nicht proportional $(\boldsymbol{L} \cdot \boldsymbol{S})$ ist. Die Abweichung bei den schweren Erdalkalielementen ist auf die erstgenannte Ursache zurückzuführen, die bei den leichten auf die zweitgenannte.

Die numerische Berechnung der Konstanten A ist nicht ganz einfach, kann aber auf ähnliche Weise wie im Dublettfall erfolgen.

4.4. *Relativistische Effekte in wasserstoffähnlichen Spektren*

Die wasserstoffähnlichen Atome unterscheiden sich von allen übrigen dadurch, daß sich das Elektron in einem streng COULOMBschen elektrischen Feld Ze/r^2 bewegt. Das hat zur Folge, daß die Energie E der Niveaus in einer ersten Näherung unabhängig von l ist und nur von der Hauptquantenzahl n abhängt. SOMMERFELD (1916) erkannte, daß eine Korrektion erforderlich ist, um die relativistische Massenänderung des Elektrons mit seiner veränderlichen Geschwindigkeit auf der elliptischen Bahn zu berücksichtigen. Er berechnete diese Korrektion aus der Dynamik der Elektronenbahn. Wir werden den relativistischen Effekt als Störung betrachten und benutzen die quantenmechanische Störungstheorie zur Berechnung der modifizierten Energieniveaus. Aus der speziellen Relativitätstheorie ergibt sich für die kinetische Energie eines Elektrons mit der Ruhmasse E_0 und dem (linearen) Impuls p

$$T = (m_0^2 c^4 + p^2 c^2)^{1/2} - m_0 c^2$$

$$= \frac{p^2}{2m_0} - \frac{p^4}{8m_0^3 c^2} + \dots$$

Wir brechen die Entwicklung nach dem zweiten Term ab. Dann entspricht der erste Term dem nichtrelativistischen HAMILTON-Operator, und der Störungsterm ist

$$H'' = -\frac{p^4}{8m_0^3 c^2}.$$

Das ungestörte Problem liefert

$$\frac{p^2}{2m_0} = E^0 - V(r),$$

wobei E^0 die ungestörte Energie und $V(r)$ die potentielle Energie des Elektrons bedeuten. Damit können wir in H''

$$p^4 = 4m_0^2 [E^0 - V(r)]^2$$

setzen und erhalten

$$H'' = -\frac{1}{2m_0 c^2} [E^0 - V(r)]^2.$$

In der Säkulargleichung sind die Nichtdiagonalelemente für Zustände mit verschiedenem l exakt gleich Null, und die Nichtdiagonalelemente für Zustände mit verschiedenem n, die energetisch hinreichend weit getrennt sind, können vernachlässigt werden. Damit ergibt sich für die zusätzliche Energie E_i'' im i-ten Zustand

$$E_i'' = -\frac{1}{2m_0 c^2} \int u_{nlm_l}^* [E_i^0 - V(r)]^2 \, u_{nlm_l} \, \mathrm{d}\tau$$

$$= -\frac{1}{2m_0c^2}\int u^*_{nlm_l}\left((E_i^0)^2 + 2E_i^0\,\frac{Ze^2}{r} + \frac{Z^2e^4}{r^2}\right)u_{nlm_l}\,\mathrm{d}\tau$$

$$= -\frac{1}{2m_0c^2}\left[(E_i^0)^2 + 2E_i^0Ze^2\,\overline{\left(\frac{1}{r}\right)} + Z^2e^4\,\overline{\left(\frac{1}{r^2}\right)}\right];$$

der Strich bezeichnet das quantenmechanische Mittel. Wegen

$$E_i^0 = -\frac{m_0e^4Z^2}{2\hbar^2n^2},$$

$$\overline{\left(\frac{1}{r}\right)} = \frac{Z}{a_0n},\quad \overline{\left(\frac{1}{r^2}\right)} = \frac{Z^2}{a_0^2n^3(l+1/2)}$$

wird schließlich

$$E''_{nl} = -\frac{R_EZ^2}{n^2}\,\frac{Z^2\alpha^2}{n}\left(\frac{1}{l+1/2} - \frac{3}{4n}\right). \qquad (4.9)$$

Das ist identisch mit dem von Sommerfeld erhaltenen Ausdruck, es ist lediglich dessen azimutale Quantenzahl k durch $l+1/2$ ersetzt. Es stellte sich jedoch heraus (vgl. Series, 1957, wo die älteren und neueren Messungen diskutiert werden), daß sich eine Übereinstimmung mit der experimentell beobachteten Feinstruktur der H_α-Linie und der Linie des ionisierten Heliums bei $\lambda = 4686$ Å nur erreichen läßt, wenn man Übergänge mit $\Delta k = 0$ zuläßt. Das steht aber im direkten Widerspruch zur eindeutigen Anwendung des Korrespondenzprinzips (vgl. Kap. VII).

Man kam der Lösung dieses Problems näher, als der Elektronenspin in die Theorie eingeführt wurde. Goudsmit und Uhlenbeck erkannten qualitativ (Arbeit 11), wie man durch andere Bezeichnung der Sommerfeldschen Niveaus die experimentellen Werte erklären konnte, ohne das Korrespondenzprinzip zu verletzen. Quantitativ erhält man unter Benutzung von Gl. (4.6a) für den Beitrag E' der Spin-Bahn-Wechselwirkung zur Energie der wasserstoffähnlichen Atome

$$E'_{njl} = \frac{R_E Z^2}{n^2} \frac{Z^2 \alpha^2}{n} \left[\frac{j(j+1) + l(l+1) - 3/4}{l(l+1)(2l+1)} \right].$$

Für $j = l + 1/2$ folgt daraus

$$E'_{nj} = \frac{R_E Z^2}{n^2} \frac{Z^2 \alpha^2}{n} \left[\frac{1}{j(2j+1)} \right]$$

und für $j = l - 1/2$

$$E'_{nj} = - \frac{R_E Z^2}{n^2} \frac{Z^2 \alpha^2}{n} \left[\frac{1}{(j+1)(2j+1)} \right].$$

Addiert man diese beiden Werte zu den E''_{nl}-Werten für $j = l \pm 1/2$, so ergibt sich

$$E' + E'' = - \frac{R_E Z^2}{n^2} \frac{Z^2 \alpha^2}{n} \left[\frac{1}{j + 1/2} - \frac{3}{4n} \right].$$

Dieser Ausdruck ist unabhängig von l. Für die Gesamtenergie des wasserstoffähnlichen Atoms erhalten wir schließlich

$$E = E^0 + E' + E''$$

$$= - \frac{R_E Z^2}{n^2} \left[1 + \frac{Z^2 \alpha^2}{n} \left(\frac{1}{j + 1/2} - \frac{3}{4n} \right) \right]. \qquad (4.10)$$

Gl. (4.10) ist identisch mit Gl. (4.9), wenn man dort j an Stelle von l einsetzt. Da für j die Auswahlregel $\Delta j = \pm 1, 0$ lautet, erklärt Gl. (4.10) die älteren Beobachtungen über die H_α-Linie und die Linie des ionisierten Heliums.

Korrekt kann man die relativistischen Effekte in die Atomtheorie einführen, indem man die quantenmechanischen Gleichungen so ansetzt, daß sie dem speziellen Relativitätsprinzip genügen. Diesen Weg ging DIRAC

(1928) und fand, daß in der Theorie nicht nur die relativistische Massenänderung mit der Geschwindigkeit, sondern auch der Spindrehimpuls und das magnetische Moment des Elektrons und damit die Spin-Bahn-Wechselwirkung auf natürliche Weise berücksichtigt sind. In der

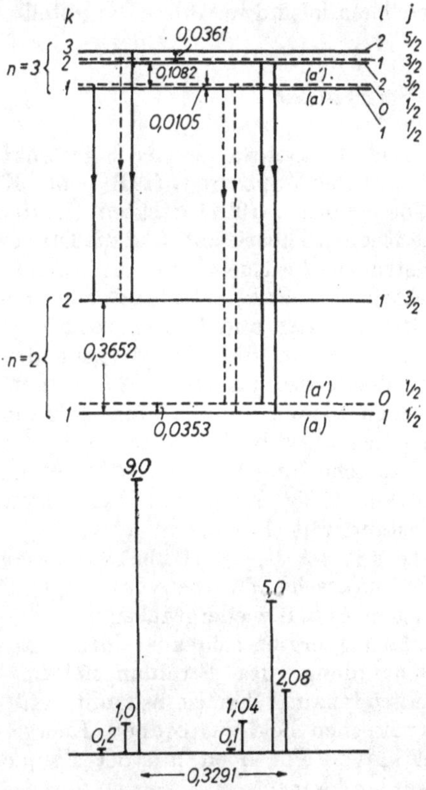

Abb. 8. Feinstruktur der H_α-Linie des Wasserstoffs

– – – Niveaus mit Lamb-Verschiebung; ——— Diracsche Niveaus; nach Sommerfeld erlaubte Übergänge sind durch vertikale ausgezogene Linien dargestellt, Übergänge, die nach Sommerfeld verboten, nach Dirac aber erlaubt sind, durch vertikale gestrichelte Linien

Diracschen Theorie ergibt sich die Gleichung (4.10) in der ersten Näherung, und der exakte Ausdruck von Dirac ist in der Tat identisch mit dem exakten Ausdruck Sommerfelds, wenn man bei Sommerfeld $j + 1/2$ an Stelle von k einsetzt.

Die Energieniveaus für $n = 1$ und $n = 2$ nach der Diracschen Theorie sind in Abb. 8 dargestellt.

4.5. Lamb-Verschiebung

Sehr genaue Beobachtungen der Feinstruktur in den wasserstoffähnlichen Spektren (z. B. von Kuhn und Series, 1950; Series, 1954) deckten Unstimmigkeiten mit der Diracschen Theorie auf. Daß die Diracsche Theorie die Feinstruktur der Energieniveaus in den wasserstoffähnlichen Atomen nicht korrekt beschreibt, wurde definitiv erstmals von Lamb und Retherford (1947) experimentell nachgewiesen, die die Struktur des Energieniveaus des Wasserstoffatoms für $n = 2$ mit Hilfe von Hochfrequenzmethoden untersuchten. Allerdings hatten frühere Arbeiten über die Struktur der H_α-Linie bereits auf diese Tatsache hingewiesen (Houston und Hsieh, 1934; Houston, 1937). Lamb und Retherford zeigten, daß der Zustand mit $l = 1, j = (1/2)$ $(^2P_{1/2})$ nicht mit dem Zustand mit $l = 0, j = (1/2)$ $(^2S_{1/2})$ zusammenfällt, wie es die Diracsche Theorie voraussagt. Diese Verschiebung ist in Abb. 8 wiedergegeben.

Ihre Erklärung ergibt sich aus einer quantentheoretischen Behandlung des Strahlungsfeldes. Von der Quantenelektrodynamik her ist bekannt, daß die einem elektromagnetischen Feld zugeordnete Energie W durch die Anzahl n_ν von Photonen mit der Frequenz ν ausgedrückt werden kann:

$$W = \sum_\nu (n_\nu + 1/2) h\nu .$$

Infolgedessen hat das elektromagnetische Feld auch im

Vakuum, wo keine Photonen existieren, eine „Nullpunkts"energie $\sum (1/2) h\nu$.

Zur Berechnung der Felder, die von diesen Nullpunktsschwankungen erzeugt werden, erinnern wir uns, daß die Anzahl der Schwingungen vom Typ stehender Wellen in einem bestimmten Volumen V im Frequenzbereich von ν bis $\nu + \mathrm{d}\nu$ gleich $(8\pi/c^3)\nu^2\,\mathrm{d}\nu\, V$ ist. Damit folgt für die elektromagnetische Energie

$$\frac{8\pi}{c^3}\nu^2\,\mathrm{d}\nu\, V \cdot \frac{1}{2}h\nu = \frac{1}{8\pi}\int\left(\overline{E_\nu^2} + \overline{B_\nu^2}\right)\mathrm{d}\tau = \frac{1}{8\pi}E_\nu^2 V,$$

wobei E_ν die Amplitude der Komponente des elektrischen Feldes mit der Frequenz ν und $\overline{E_\nu^2}$ ihr mittleres Quadrat ist. Wir erhalten

$$E_\nu^2 = \frac{32\pi^2}{c^3}h\nu^3\,\mathrm{d}\nu.$$

Nunmehr ist der Einfluß der dieser Nullpunktsenergie entsprechenden elektrischen und magnetischen Felder auf das Elektron im Wasserstoffatom zu untersuchen.

Dieser Effekt wurde auf Anregung von Kramers (1938) erstmals von Bethe (Arbeit 15) berechnet. Wir geben hier die stark vereinfachte Behandlung nach Welton (1948) wieder, die sich sehr eng an die physikalischen Gedankengänge des vorigen Abschnitts anschließt.

Die schwankenden elektrischen und magnetischen Felder bewirken Schwankungen des Aufenthaltsortes des Elektrons. Bezeichnen wir die Abweichungen des Elektrons von dem Ort (x, y, z), den es auf seiner Bohr-Sommerfeldschen Bahn einnehmen würde, mit Δs, so erhalten wir nach dem Satz von Taylor für die Änderung seiner potentiellen Energie

$$\Delta V = \Delta x\,\frac{\partial V}{\partial x} + \Delta y\,\frac{\partial V}{\partial y} + \Delta z\,\frac{\partial V}{\partial z} + \frac{1}{2}(\Delta x)^2\frac{\partial^2 V}{\partial x^2} + \frac{1}{2}(\Delta y)^2\frac{\partial^2 V}{\partial y^2} + \frac{1}{2}(\Delta z)^2\frac{\partial^2 V}{\partial z^2} + \cdots$$

Da die Schwankungen isotrop sind, ergibt sich für die Mittelwerte

$$\overline{\Delta x} = \overline{\Delta y} = \overline{\Delta z} = 0,$$

$$\overline{(\Delta x)^2} = \overline{(\Delta y)^2} = \overline{(\Delta z)^2} = \frac{1}{3}\,\overline{(\Delta s)^2},$$

und es folgt

$$\overline{\Delta V} = \frac{1}{6}\,\overline{(\Delta s)^2}\left[\frac{\partial^2 V}{\partial x^2} + \frac{\partial^2 V}{\partial y^2} + \frac{\partial^2 V}{\partial z^2}\right] = \frac{1}{6}\,\overline{(\Delta s)^2}\,\nabla^2 V.$$

Wir sehen jetzt $\overline{\Delta V}$ als Störung an; dann beträgt die Energieänderung, wie man sofort sieht,

$$E''' = \int u^*_{nlm_l}\,\overline{\Delta V}\,u_{nlm_l}\,d\tau = \frac{1}{6}\,\overline{(\Delta s)^2}\int u^*_{nlm_l}\nabla^2 V\,u_{nlm_l}\,d\tau.$$

Außer für $r = 0$, wo es unendlich groß wird, gilt $\nabla^2 V = 0$, und wegen

$$\int \nabla^2 V\,d\tau = \int (\operatorname{grad} V \cdot d\mathbf{S}) = 4\pi Z e^2,$$

wobei $d\mathbf{S}$ das (vektorielle) Flächenelement einer beliebigen, geschlossenen Fläche um den Kern bedeutet und $V = -Ze^2/r^2$ gesetzt wurde, ergibt sich

$$\int u^*_{nlm_l}\nabla^2 V\,u_{nlm_l}\,d\tau = 4\pi Z e^2\,|u_{nlm_l}(0)|^2.$$

Es ist aber $|u_{nlm_l}(0)|^2 = 0$, bis auf die Zustände mit $l = 0$, und $|u_{n00}(0)|^2 = Z^3/\pi n^3 a_0^3$. Somit ist die Entartung der $^2S_{1/2}$- und $^2P_{1/2}$-Zustände aufgehoben und der $^2S_{1/2}$-Zustand im Energieniveauschema angehoben. Für die S-Zustände erhalten wir deshalb

$$E''' = \frac{1}{6}\,\overline{(\Delta s)^2}\,\frac{4Z^4 e^2}{n^3 a_0^3}. \tag{4.11}$$

Für die Berechnung von $\overline{(\Delta s)^2}$ benutzen wir die Bewegungsgleichung des Elektrons im elektrischen Feld.

(Der Effekt des magnetischen Feldes ist wesentlich kleiner.) Wenn wir mit s_ν die dem Feld E_ν entsprechende Verschiebung, die die Schwankungen im Frequenzbereich von ν bis $\nu + \mathrm{d}\nu$ beschreibt, bezeichnen, so gilt die Gleichung

$$\ddot{s}_\nu = \frac{e E_\nu}{m_0} \mathrm{e}^{2\pi i \nu t}$$

mit der Lösung

$$s_\nu = -\frac{e}{m_0} \frac{E_\nu}{4\pi^2 \nu^2} \mathrm{e}^{2\pi i \nu t}$$

und damit

$$\overline{s_\nu^2} = \frac{e^2}{m_0^2} \frac{E_\nu^2}{32\pi^4 \nu^4} = \frac{e^2 h}{\pi^2 m_0^2 c^3} \frac{\mathrm{d}\nu}{\nu}. \tag{4.12}$$

Integrieren wir über alle Frequenzen, so erhalten wir wegen $\overline{(\Delta s)^2} = \sum \overline{s_\nu^2}$

$$E''' = \frac{2 Z^4 e^4 h}{32\pi^2 m_0^2 c^3} \frac{1}{a_0^3 n^3} \int \frac{\mathrm{d}\nu}{\nu} = \frac{8 Z^4}{3\pi} \frac{R_E \alpha^3}{n^3} \int \frac{\mathrm{d}\nu}{\nu}. \tag{4.13}$$

Das Integral divergiert sowohl an der unteren Grenze $\nu = 0$ wie auch an der oberen Grenze $\nu = \infty$. Als untere Grenze kann man vernünftigerweise $\nu_0 = Z^2 e^2 / h a_0^3 n^3$, die Umlauffrequenz des Elektrons auf seiner Bahn, annehmen, da es auf kleinere Frequenzen nicht reagieren wird. Als obere Grenze wählte BETHE den Wert $m_0 c^2/h$, das ist die Frequenz, bei der die relativistischen Effekte wesentlich werden. Mit diesen Grenzen ergibt sich

$$E''' = \frac{8 Z^4}{3\pi} \frac{R_E \alpha^3}{n^3} \ln \frac{n^3}{Z^2 \alpha^2}. \tag{4.14}$$

Dieser Ausdruck liefert für den 2S-Zustand des Wasserstoffs den Wert 0,053 cm^{-1} oder 1600 MHz. Als experimenteller Wert ergab sich bei der direkten Messung des Übergangs $2^2\mathrm{P}_{1/2} \rightarrow 2^2\mathrm{S}_{1/2}$ ein Wert von (1057,77

$\pm$ 0,10) MHz. Exaktere und verfeinerte Berechnungen, bei denen weitere, kleinere Effekte berücksichtigt wurden, führten auf einen Wert von (1057,19 $\pm$ 0,16) MHz. Die Übereinstimmung zwischen Theorie und Experiment ist also außerordentlich gut, und schon die groben Rechnungen, die wir hier wiedergegeben haben, ergaben die richtige Größenordnung. Der Einfluß dieser Verschiebung des $2^2S_{1/2}$-Zustandes auf die Feinstruktur der H_α-Linie zeigt sich in der Verschiebung der Komponente (a) in Abb. 8, S. 65, in die gestrichelt eingezeichnete Lage (a').

KAPITEL V

Hyperfeinstrukturen

5.1. Einleitung

In den Atomspektren werden noch andere Strukturen beobachtet, die sich mit unseren bisherigen Überlegungen — Berücksichtigung der elektromagnetischen Wechselwirkung der Elektronen miteinander und mit dem Strahlungsfeld sowie der elektrostatischen Wechselwirkung zwischen den Elektronen und einem als punktförmig angenommenen Kern — nicht erklären lassen.

Derartige Strukturen sind allgemein unter der Bezeichnung *Hyperfeinstruktur* bekannt. Um sie beschreiben zu können, muß man berücksichtigen, daß der Kern ein magnetisches und ein elektrisches Moment (zusätzlich zu seinem elektrischen Monopol, der Kernladung) sowie endliches Volumen besitzt. Wir wollen uns hier auf die Berücksichtigung des magnetischen Dipolmoments des Kerns sowie seines endlichen Volumens, über das sich die Kernladung verteilt, beschränken. Von den Momenten höherer Ordnung und der Verteilung des Dipolmoments und der Momente höherer Ordnung auf endliches Volumen werden nur unbedeutendere Effekte verursacht. Nebenher sei übrigens bemerkt, daß es bisher nicht gelungen ist, einen elektrischen Dipol des Kerns zu beobachten. In der Tat hat nämlich das elektrische Dipolmoment für jedes quantenmechanische System mit definierter Parität den Erwartungswert Null. Bezeichnen wir die Wellenfunktion des Systems mit ψ, so ist der Erwartungswert der z-Komponente des elektrischen Dipolmoments gleich $\int \psi^* \sum q_i z \psi \, d\tau$, wobei q_i die Ladung des i-ten Teilchens bedeutet; das Integral ist aber Null, da für Zustände mit definierter Parität $\psi^*(x, y, z)\, \psi(x, y, z) = \psi^*(-x, -y, -z)\, \psi(-x, -y, -z)$ und $\sum q_i z = -\sum (-q_i z)$ gilt.

5.2. Magnetische Hyperfeinstruktur

PAULI (1924) war der erste, der vermutete, daß viele Hyperfeinstrukturen auf die Wechselwirkung der Elektronen mit dem magnetischen Dipolmoment des Kerns zurückgeführt werden müssen. Die erste befriedigende Interpretation der Hyperfeinstruktur auf dieser Grundlage gelang GOUDSMIT und BACK (1927) am Wismutspektrum. Die quantitative Theorie wurde von GOUDSMIT (1933), FERMI und SEGRÈ (Arbeit 12) entwickelt.

Experimentell findet man, daß die magnetische Hyperfeinstrukturaufspaltung für Niveaus, die mit einem unpaaren s-Elektron im Zusammenhang stehen, gewöhnlich groß ist. Das erklärt sich auf einfache Weise: Für s-Elektronen ist die Größe r^{-p} $(p > 1)$ maximal, so daß die s-Elektronen bei jeder Wechselwirkung, die mit wachsendem Abstand r zwischen Elektron und Kern steiler als mit r^{-1} abnimmt, den größten Effekt liefern müssen. Andererseits kann ein paares s-Elektron keinen Effekt beitragen, da sich die magnetischen Momente der beiden Elektronen des Paares gegenseitig aufheben.

Die Beobachtungen zeigen ferner, daß die Hyperfeinstrukturniveaus eines gegebenen Terms der LANDÉschen Intervallregel genügen: Jedem Hyperfeinstrukturniveau läßt sich eine Quantenzahl F so zuordnen, daß sie beim Übergang zum nächsten Niveau um 1 zunimmt und der Abstand zweier aufeinanderfolgender Niveaus gleich $\Delta E_{F-1,F} = AF$ wird, wobei A für gegebenes Hyperfeinstrukturmultiplett eine Konstante ist. Das bedeutet, daß der Drehimpuls des Elektrons (beschrieben durch die Quantenzahl J) und des Kerns (beschrieben durch die Quantenzahl I) einzeln erhalten bleiben und daß die Wechselwirkung zwischen beiden den Winkel nur über den Faktor $(\boldsymbol{I} \cdot \boldsymbol{J})$ einbezieht. $\boldsymbol{I}$ und $\boldsymbol{J}$ addieren sich zu einem Gesamtdrehimpuls $\boldsymbol{F}$, wobei $\boldsymbol{F}^2$ die Werte $F(F+1)\hbar^2$ mit $F = I + J, I + J - 1, \ldots, |I - J|$ annehmen kann.

Die folgenden einfachen Betrachtungen zur Theorie der magnetischen Hyperfeinstruktur umreißen ihre wesentlichen physikalischen Besonderheiten.

5.3. Hyperfeinstruktur in Einelektronenspektren

Die Wechselwirkung setzt sich hierbei im allgemeinen aus zwei Komponenten zusammen: der Wechselwirkung zwischen dem magnetischen Dipolmoment des Kerns und dem Bahnmoment der Valenzelektronen und der Wechselwirkung des Kernmoments mit dem Spinmoment des Elektrons.

a) Wechselwirkung mit dem Bahnmoment

Da der HAMILTON-Operator der Wechselwirkung des magnetischen Moments μ_I des Kerns mit dem Magnetfeld $\boldsymbol{B}$, das infolge der Bahnbewegung des Valenzelektrons erzeugt wird,

$$H' = -(\mu_I \cdot \boldsymbol{B})$$

ist, liefert die Störungstheorie erster Ordnung für die Energieverschiebung

$$E_l' = -\left(\mu_I \cdot \int \psi^* \boldsymbol{B} \psi \, \mathrm{d}\tau\right);$$

dabei bedeutet ψ die Wellenfunktion für den Elektronenzustand des Atoms. Das Magnetfeld $\boldsymbol{B}$ des Kerns ergibt sich aus

$$\boldsymbol{B} = -\frac{e}{c} \frac{[\boldsymbol{r} \times \boldsymbol{v}]}{r^3} = -\frac{e}{m_0 c} \frac{1}{r^3} \boldsymbol{L},$$

wobei $\boldsymbol{v}$ die Bahngeschwindigkeit des Elektrons und $\boldsymbol{r}$ sein Ortsvektor in bezug auf den Kern als Ursprung ist. Damit wird

$$E_l' = \frac{e}{m_0 c}\left(\mu_I \cdot \int \psi^* \frac{1}{r^3} \boldsymbol{L} \psi \, \mathrm{d}\tau\right) = \frac{e}{m_0 c} (\mu_I \cdot \overline{\boldsymbol{L}}) \overline{\left(\frac{1}{r^3}\right)}; \quad (5.1)$$

der Strich bezeichnet hier das zeitliche Mittel. Das letzte Gleichheitszeichen gilt, weil $\boldsymbol{L}$ nur von den Winkelkoordinaten und r^{-3} nur vom Radius abhängt. Wegen des relativ großen Drehmoments, das Spin- und Bahnbewegung aufeinander ausüben, präzessiert der Bahndrehimpuls $\boldsymbol{L}$ relativ schnell um die Richtung des Gesamtdrehimpulses $\boldsymbol{J}$ des Elektrons, während $\boldsymbol{J}$ nur verhältnismäßig langsam um $\boldsymbol{F}$ präzessiert, da das entsprechende Drehmoment beträchtlich kleiner ist: Die Feinstruktur ist groß im Vergleich zur Hyperfeinstruktur. Hiermit erhalten wir

$$\overline{\boldsymbol{L}} = \frac{(\boldsymbol{J}\cdot\boldsymbol{L})}{\boldsymbol{J}^2}\,\boldsymbol{J}. \tag{5.2}$$

Die Vektorgleichung, die zu dieser letzten Beziehung führt, kann unmittelbar aus dem *Vektorkopplungsmodell* des Atoms abgelesen werden, das in Abb. 9 veranschau-

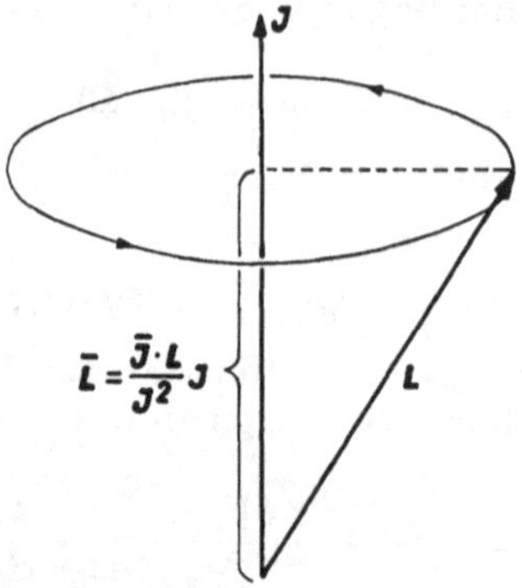

Abb. 9. Mittelwert des um $\boldsymbol{J}$ präzessierenden Vektors $\boldsymbol{L}$

licht ist. Sie ergibt sich außerdem sofort aus der Quantentheorie des Drehimpulses (Näheres hierzu s. POWELL und CRASEMAN, 1961). Schreiben wir das magnetische Moment des Kerns in der Form

$$\mu_I = \frac{e}{2Mc} g_I \boldsymbol{I}$$

mit M der Masse des Protons ($e\hbar/2Mc = \mu_{\mathrm{N}}$ ist das *Kernmagneton*, das dem Bohrschen Magneton $e\hbar/2m_0c = \mu_{\mathrm{B}}$ entspricht), I dem Drehimpuls des Kerns und g_I einem Zahlenfaktor der Größenordnung 1, dem sogenannten *Kern-g-Faktor*, so wird schließlich wegen $\boldsymbol{J} = \boldsymbol{L} + \boldsymbol{S}$

$$\begin{aligned} E_i' &= \frac{2\mu_{\mathrm{B}}\mu_{\mathrm{N}}g_I}{\hbar^2} \frac{(\boldsymbol{J}\cdot\boldsymbol{L})}{\boldsymbol{J}^2} (\boldsymbol{I}\cdot\boldsymbol{J}) \overline{\left(\frac{1}{r^3}\right)} \\ &= \frac{2\mu_{\mathrm{B}}\mu_{\mathrm{N}}g_I}{\hbar^2} \frac{(\boldsymbol{I}\cdot\boldsymbol{J})}{\boldsymbol{J}^2} \left(\boldsymbol{L}^2 + (\boldsymbol{L}\cdot\boldsymbol{S})\right) \overline{\left(\frac{1}{r^3}\right)}. \end{aligned} \tag{5.3}$$

b) Wechselwirkung mit dem Spinmoment des Elektrons

Der quantenmechanische Ausdruck für die Wechselwirkungsenergie zwischen zwei magnetischen Dipolen mit den Momenten μ_I und μ_s (magnetisches Moment des Kerns und vom Spin hervorgerufenes magnetisches Moment des Elektrons) ist

$$E_s' = \int \psi^* \left[\frac{(\mu_I\cdot\mu_s)}{r^3} - \frac{3(\mu_I\cdot\boldsymbol{r})(\mu_s\cdot\boldsymbol{r})}{r^5}\right] \psi \,\mathrm{d}\tau .$$

Der Mittelwert von $(\mu_I\cdot\boldsymbol{r})(\mu_s\cdot\boldsymbol{r})$ wurde von Pauling und Goudsmit (1930) unter Zugrundelegung des Vektorkopplungsmodells berechnet. Wir gehen hier etwas anders vor und werden von der Quantentheorie des Drehimpulses ausgehen. Zunächst bemerken wir, daß

$$\overline{\left(\frac{(\mu_I \cdot \mu_s)}{r^3}\right)} = -\frac{2\mu_B\mu_N g_I}{\hbar^2}\,\frac{(\boldsymbol{J}\cdot\boldsymbol{S})}{\boldsymbol{J}^2}\,(\boldsymbol{I}\cdot\boldsymbol{J})\,\overline{\left(\frac{1}{r^3}\right)}$$

ist. Man kann diese Beziehung auf ähnliche Weise erhalten wie Gl. (5.2). Aus den gleichen Gründen kann im Ausdruck für E_s', der Mittelwerte von Drehimpulsoperatoren enthält, das Produkt $(\boldsymbol{I}\cdot\boldsymbol{r})$ durch $(\boldsymbol{I}\cdot\boldsymbol{J})\,(\boldsymbol{J}\cdot\boldsymbol{r})/\boldsymbol{J}^2$ ersetzt werden. Setzen wir schließlich noch $\boldsymbol{J} = \boldsymbol{L} + \boldsymbol{S}$ und berücksichtigen $(\boldsymbol{L}\cdot\boldsymbol{r}) = 0$, so wird

$$\begin{aligned}
&\left[\frac{(\mu_I \cdot \mu_s)}{r^3} - \frac{3\,(\mu_I\cdot\boldsymbol{r})\,(\mu_s\cdot\boldsymbol{r})}{r^5}\right]_{\text{Mittel}} \\
&= \frac{2\mu_B\mu_N g_I}{\hbar^2}\,\frac{(\boldsymbol{I}\cdot\boldsymbol{J})}{\boldsymbol{J}^2}\left[-\frac{(\boldsymbol{J}\cdot\boldsymbol{S})}{r^3} + \frac{3\,(\boldsymbol{J}\cdot\boldsymbol{r})\,(\boldsymbol{S}\cdot\boldsymbol{r})}{r^5}\right]_{\text{Mittel}} \\
&= \frac{2\mu_B\mu_N g_I}{\hbar^2}\,\frac{(\boldsymbol{I}\cdot\boldsymbol{J})}{\boldsymbol{J}^2}\left[-\frac{(\boldsymbol{L}\cdot\boldsymbol{S})}{r^3} - \frac{\boldsymbol{S}^2}{r^3} + \frac{3\,(\boldsymbol{S}\cdot\boldsymbol{r})^2}{r^5}\right]_{\text{Mittel}}
\end{aligned} \tag{5.4}$$

Wenn $\boldsymbol{S}$ den Spinoperator eines Einzelelektrons bezeichnet, kann man zeigen (den Beweis gibt Slater, 1960), daß für zwei beliebige Vektoroperatoren $\boldsymbol{F}$ und $\boldsymbol{G}$, die mit $\boldsymbol{S}$ kommutieren, die Beziehung

$$(\boldsymbol{S}\cdot\boldsymbol{F})\,(\boldsymbol{S}\cdot\boldsymbol{G}) = \frac{1}{4}\,\hbar^2(\boldsymbol{F}\cdot\boldsymbol{G}) + \frac{1}{2}\,i\hbar\,(\boldsymbol{S}\cdot[\boldsymbol{F}\times\boldsymbol{G}])$$

gilt. Mit $\boldsymbol{F} = \boldsymbol{G} = \boldsymbol{r}$ (und $\boldsymbol{r}$ kommutiert mit $\boldsymbol{S}$, da Orts- und Spinkoordinaten völlig unabhängig voneinander sind) erhalten wir damit wegen $[\boldsymbol{r}\times\boldsymbol{r}] = 0$ und $\boldsymbol{S}^2 = (3/4)\,\hbar^2$

$$(\boldsymbol{S}\cdot\boldsymbol{r})^2 = \frac{1}{4}\,\hbar^2\boldsymbol{r}^2 = \frac{1}{3}\,\boldsymbol{S}^2\boldsymbol{r}^2.$$

Infolgedessen heben sich die beiden letzten Terme in Gl. (5.4) gegeneinander weg, und wir erhalten schließlich

$$E_s' = -\frac{2\mu_B\mu_N g_I}{\hbar^2}\,\frac{(\boldsymbol{I}\cdot\boldsymbol{J})\,(\boldsymbol{L}\cdot\boldsymbol{S})}{\boldsymbol{J}^2}\,\overline{\left(\frac{1}{r^3}\right)}. \tag{5.5}$$

c) Die Gesamtwechselwirkung

Wir können nun die gesamte magnetische Hyperfeinstrukturenergie $E'_{\text{hfs}} = E_l' + E_s'$ anschreiben:

$$E'_{\text{hfs}} = \frac{2\mu_B\mu_N g_I}{\hbar^2}\,(\boldsymbol{I}\cdot\boldsymbol{J})\,\frac{\boldsymbol{L}^2}{\boldsymbol{J}^2}\,\overline{\left(\frac{1}{r^3}\right)}$$

$$= \frac{2\mu_B\mu_N g_I}{\hbar^2}\,\frac{l(l+1)}{j(j+1)}\,(\boldsymbol{I}\cdot\boldsymbol{J})\,\overline{\left(\frac{1}{r^3}\right)}. \tag{5.6}$$

Wie wir sehen, ist die Wechselwirkung in der Tat proportional $(\boldsymbol{I}\cdot\boldsymbol{J})$, und wir haben damit eine befriedigende Erklärung dafür gegeben, daß die LANDÉsche Intervallregel für die Hyperfeinstruktur erfüllt ist. Quantitativ kann man die Größe des Effekts bestimmen, wenn man den Kern-g-Faktor g_I, der das magnetische Dipolmoment des Kerns liefert, kennt und $\overline{r^{-3}}$ abschätzen kann. Umgekehrt kann natürlich auch g_I aus Hyperfeinstrukturmessungen bestimmt werden, und historisch war dies lange Zeit sogar das einzige Verfahren, um die magnetischen Kernmomente zu ermitteln.

Für das Wasserstoffatom ist

$$\overline{r^{-3}} = \frac{Z^3}{a_0^3 n^3 l(l+1/2)\,(l+1)};$$

für die alkaliähnlichen Atome hatten wir bereits im Abschnitt 4.2. eine einfache Begründung gegeben, weshalb wir für sie

$$\overline{r^{-3}} = \frac{Z Z_0^2}{a_0^3 n^{*3} l(l + 1/2)(l + 1)} \tag{5.7}$$

setzen können.

d) Die Wechselwirkung für s-Elektronen

Im Fall $l = 0$ stoßen wir auf Schwierigkeiten, weil $\overline{r^{-3}}$ nicht mehr definiert werden kann [die Gleichung (5.7) liefert den Wert ∞] und wegen des Faktors l verschwindet in der Gleichung (5.6) für E'_{hfs} der Zähler in (5.6). Diese Schwierigkeiten lassen sich nur überwinden, wenn man das Verhalten des Ausdrucks für die Wechselwirkung und des Integrals [Gl. (5.7)] in der Umgebung des Ursprungs ($r = 0$) unter Verwendung der relativistischen Wellenfunktionen näher untersucht. Führt man das aus wie im Anhang 1 zur Arbeit 12 von FERMI und SEGRÈ, so erhält man, daß man in erster Näherung in Gl. (5.6) für E'_{hfs} einfach $l = 0$ setzen darf, nachdem man für $\overline{r^{-3}}$ den Wert nach (5.7) eingesetzt hat. Damit ergibt sich

$$E'_{\text{hfs}} = \frac{2\mu_{\text{B}}\mu_{\text{N}} g_I}{\hbar^2} (\boldsymbol{I} \cdot \boldsymbol{J}) \frac{8 Z Z_0^2}{a_0^3 n^{*3}} \tag{5.8}$$

für die s-Elektronen, für die $l = 0$, $j = s = 1/2$ gilt. Schließlich führen wir noch den Gesamtdrehimpuls $\boldsymbol{F}$ der Elektronen und des Kerns,

$$\boldsymbol{F} = \boldsymbol{J} + \boldsymbol{I},$$

ein und erhalten

$$2(\boldsymbol{I} \cdot \boldsymbol{J}) = \boldsymbol{F}^2 - \boldsymbol{J}^2 - \boldsymbol{I}^2 = \hbar^2[F(F + 1) - J(J + 1) - I(I + 1)],$$

da in unserer Näherung die Wechselwirkung so klein ist, daß $\boldsymbol{J}$ und $\boldsymbol{I}$ jedes für sich erhalten bleiben. Damit ergibt sich für die alkaliähnlichen Atome

$$E'_{\text{hfs}} = \frac{1}{2} A_{\text{hfs}} \left[F(F+1) - J(J+1) - I(I+1)\right]$$

mit

$$\begin{aligned} A_{\text{hfs}} &= 2\mu_{\text{B}}\mu_{\text{N}} g_I \frac{Z Z_0^2}{a_0^3 n^{*3}(l+1/2)\, j(j+1)} \\ &= g_I \frac{m_0}{M} \frac{R_E \alpha^2 Z Z_0^2}{n^{*3}(l+1/2)\, j(j+1)} \end{aligned} \tag{5.9}$$

für $l > 0$ bzw.

$$A_{\text{hfs}} = \frac{8}{3} g_I \frac{m_0}{M} \frac{R_E \alpha^2 Z Z_0^2}{n^{*3}} \tag{5.10}$$

für $l = 0$. Diese Beziehungen sind zunächst in Einheiten der Energie geschrieben. Da die einzige dimensionsbehaftete Größe aber R_E ist, sind die Einheiten von E'_{hfs} stets die von R.

Interessant ist ein Vergleich des Hyperfeinstruktur-Aufspaltungsfaktors mit dem in Kap. IV diskutierten und durch Gl. (4.7a) gegebenen Feinstruktur-Aufspaltungsfaktor a. Das Verhältnis

$$\frac{A_{\text{hfs}}}{a} = g_I \frac{m_0}{M} \frac{1}{Z} \frac{l(l+1)}{j(j+1)} \tag{5.11}$$

der beiden Aufspaltungsfaktoren hat die Größenordnung m_0/MZ. Die Hyperfeinstruktur ist also mehr als 2000mal kleiner als die Feinstruktur (da das magnetische Moment des Kerns etwa 2000mal kleiner ist als das des Elektrons) und wächst weniger schnell mit der Kernladungszahl Z als die Feinstruktur (da das magnetische Feld, das vom Kern auf das Elektron wirkt, größenordnungsmäßig gleich dem Z-fachen des vom Elektron auf den Kern wirkenden Magnetfeldes ist). Der Ausdruck für die Alkalimetallspektren ergibt recht gute Übereinstimmung mit dem Experiment (bis auf etwa 10%), wenn man die in 5.5. genannten Verfeinerungen der Theorie berücksichtigt.

5.4. *Hyperfeinstruktur im Zweielektronenspektrum*

Wir wollen lediglich den Fall betrachten, daß die Näherung der RUSSELL-SAUNDERS-Kopplung gilt und mindestens eines der Elektronen ein s-Elektron ist.

Zunächst seien jetzt beide Elektronen s-Elektronen mit den Aufspaltungsfaktoren A_{s_1} bzw. A_{s_2}. Dann wird die Gesamtwechselwirkung E'_{hfs} gegeben durch

$$\hbar^2 E'_{\text{hfs}} = A_{s_1}(\boldsymbol{I} \cdot \boldsymbol{S}_1) + A_{s_2}(\boldsymbol{I} \cdot \boldsymbol{S}_2).$$

Die Mittelwerte werden nach den oben verwendeten Methoden abgeschätzt, wobei daran zu erinnern ist, daß $\boldsymbol{S}_1$ und $\boldsymbol{S}_2$ relativ schnell um $\boldsymbol{S}$ präzessieren, $\boldsymbol{S}$ etwas langsamer um $\boldsymbol{J}$ und $\boldsymbol{J}$ sehr langsam um $\boldsymbol{F}$. Daraus folgt mit $\boldsymbol{S} = \boldsymbol{S}_1 + \boldsymbol{S}_2$ und $\boldsymbol{J} = \boldsymbol{S}$

$$\overline{(\boldsymbol{I} \cdot \boldsymbol{S}_1)} = \overline{(\boldsymbol{I} \cdot \boldsymbol{S})}\, \frac{(\boldsymbol{S} \cdot \boldsymbol{S}_1)}{\boldsymbol{S}^2} = (\boldsymbol{I} \cdot \boldsymbol{J})\, \frac{(\boldsymbol{J} \cdot \boldsymbol{S})}{\boldsymbol{J}^2}\, \frac{(\boldsymbol{S} \cdot \boldsymbol{S}_1)}{\boldsymbol{S}^2}$$
$$= \frac{1}{2}\,(\boldsymbol{I} \cdot \boldsymbol{J})$$

und analog

$$\overline{(\boldsymbol{I} \cdot \boldsymbol{S}_2)} = \frac{1}{2}\,(\boldsymbol{I} \cdot \boldsymbol{J});$$

dabei wurde für die S-Zustände $s_1 = s_2$ gesetzt. Für die ^{1}S-Zustände gilt $\boldsymbol{J} = 0$ und $(\boldsymbol{I} \cdot \boldsymbol{J}) = 0$. Damit wird für die ^{1}S-Zustände $E'_{\text{hfs}} = 0$, während für die ^{3}S-Zustände

$$E'_{\text{hfs}} = \frac{1}{\hbar^2}\,\frac{1}{2}\,(A_{s_1} + A_{s_2})\,(\boldsymbol{I} \cdot \boldsymbol{J})$$
$$= \frac{1}{2}\,(A_{s_1} + A_{s_2})\frac{1}{2}\,[F(F+1) - J(J+1) - I(I+1)]$$

wird. Daraus ergibt sich der Hyperfeinstruktur-Aufspaltungsfaktor der ³S-Zustände zu

$$A(^3\mathrm{S}) = \frac{1}{2}(A_{s_1} + A_{s_2}). \tag{5.12}$$

Wir betrachten nunmehr den Fall, daß sich nur eines der Elektronen im s-Zustand befindet. Dann können wir den Beitrag des anderen Elektrons zur Hyperfeinstrukturwechselwirkung vernachlässigen und erhalten

$$h^2 E'_{\mathrm{hfs}} = A_{s_1}\overline{(\boldsymbol{I}\cdot\boldsymbol{S}_1)}$$

mit

$$\overline{(\boldsymbol{I}\cdot\boldsymbol{S}_1)} = (\boldsymbol{I}\cdot\boldsymbol{J})\,\frac{(\boldsymbol{S}\cdot\boldsymbol{S}_1)}{\boldsymbol{S}^2}\,\frac{(\boldsymbol{J}\cdot\boldsymbol{S})}{\boldsymbol{J}^2}$$

$$= \frac{J(J+1) + S(S+1) - L(L+1)}{4J(J+1)}\,(\boldsymbol{I}\cdot\boldsymbol{J}).$$

Bezeichnen wir die Symbole S, P, D, ... kurz mit X, so ergibt sich für den Aufspaltungsfaktor

$$\left.\begin{aligned} A(^3\mathrm{X}_{L+1}) &= \frac{A_{s_1}}{2L+1}, \quad A(^3\mathrm{X}_L) = \frac{A_{s_1}}{2L(L+1)},\\ A(^3\mathrm{X}_{L-1}) &= -\frac{A_{s_1}}{2L}, \quad A(^1\mathrm{X}_L) = 0. \end{aligned}\right\} \tag{5.13}$$

Die letzte Beziehung folgt nicht, weil sich die Wechselwirkungen der beiden Elektronen gegenseitig aufheben, sondern weil die Kopplung zwischen ihnen so wirkt, daß das einzelne s-Elektron gerade so präzessiert, daß sich seine Hyperfeinstrukturwechselwirkung zu Null ausmittelt.

5.5. Verfeinerungen der Theorie der Hyperfeinstruktur

In der Arbeit 12 wird die Hyperfeinstrukturwechselwirkung unter Benutzung der relativistischen Theorie des Elektrons von Dirac behandelt. Dabei gelten die gleichen wesentlichen physikalischen Besonderheiten der Theorie, wie oben beschrieben. Da es kaum möglich erscheint, die Darstellung von FERMI und SEGRÈ zu verbessern, wollen wir sie nicht ausführlicher diskutieren.

Weitere relativistische Korrektionen sind von BREIT (1930) und RACAH (1931) eingeführt worden, während ROSENTHAL und BREIT (1932) sowie BOHR und WEISSKOPF (1950) die Gleichung (5.8) modifizierten, indem sie die Verteilung der Kernladung bzw. des magnetischen Moments des Kerns über ein endliches Volumen berücksichtigten.

FERMI und SEGRÈ erörtern sehr ausführlich die Möglichkeit, daß die Quantenzahlen der Atomzustände nicht wohldefiniert sind und die wahren Wellenfunktionen Linearkombinationen von zwei oder mehr Wellenfunktionen der LS-Zustände darstellen. Dieser Effekt kann zu starken Anomalien in den Hyperfeinstrukturbildern führen. Es gelang FERMI und SEGRÈ damit, verschiedene experimentell gefundene Resultate zu erklären, die bis dahin rätselhaft geblieben waren.

5.6. *Isotopieverschiebung*

Auf den Einfluß der Mitbewegung des Kerns auf die Energieniveaus des Atoms und deren Abhängigkeit von der Kernmasse, die daraus folgt, waren wir bereits in Abschnitt 2.4. kurz eingegangen. Bei den schweren Elementen beobachtet man einen größeren Effekt, auf Grund dessen die verschiedenen Isotope eines Elements Spektrallinien mit etwas unterschiedlichen Frequenzen emittieren.

Die elektrische Ladung des Kerns verteilt sich über ein endliches Volumen, das wir uns in erster Näherung als Kugel vorstellen können. Ihr Radius konnte aus Streuexperimenten schneller Elektronen an verschiedenen Kernen zu

$$r_0 = 1{,}2 \cdot 10^{-13} A^{1/3} \,[\mathrm{cm}] \tag{5.14}$$

bestimmt werden, wobei A die Massenzahl des Kerns bedeutet. Infolgedessen unterscheidet sich das Potential, in dem sich die Atomelektronen bewegen, von dem des punktförmig angenommenen Kerns in einem Maße, das von r_0 und damit von A abhängt, und verschiedene Isotope ein und desselben Elementes, deren Massenzahlen A ja voneinander verschieden sind, müssen unterschiedliche Energieniveaus besitzen. Eine einfache Theorie dieses Effekts unter Verwendung nichtrelativistischer Wellenfunktionen wurde erstmals von Bartlett (1931) gegeben. Später benutzten Racah (Arbeit 13), Rosenthal und Breit (1932) relativistische Wellenfunktionen.

5.7. *Einfache nichtrelativistische Theorie des Kernvolumeneffekts*

Die potentielle Energie V eines Elektrons außerhalb der gleichförmig über eine Kugel vom Radius r_0 verteilten Kernladung Ze ist gleich $-Ze^2/r$, wobei r den Abstand des Elektrons vom Kernmittelpunkt bezeichnet. Bedeutet $\varrho(r)$ die Kernladungsdichte im Abstand r — dabei sei $\varrho(r)$ nur für $r < r_0$ wesentlich von Null verschieden —, so ergibt sich die potentielle Energie des Elektrons im Abstand r sofort zu

$$V(r) = -e\left[\frac{1}{r_0}\int_0^{r_0}\varrho(r'')\cdot 4\pi r''^2 \mathrm{d}r'' + \int_r^{r_0}\left\{\int_0^{r'}\varrho(r'')\cdot 4\pi r''^2 \mathrm{d}r''\right\}\frac{\mathrm{d}r'}{r'^2}\right]$$

$$= -e\left[\frac{1}{r_0}\,q(r_0) + \int_r^{r_0} q(r')\,\frac{\mathrm{d}r'}{r'^2}\right]$$

mit

$$q(r) = \int_0^{r}\varrho(r'')\cdot 4\pi r''^2 \mathrm{d}r''$$

als Kernladung innerhalb der Kugel vom Radius r, d. h. $q(r_0) = Ze$. Wäre die gesamte Ladung des Kerns im Punkt $r = 0$ konzentriert, so hätte die potentielle Energie des Elektrons den Wert

$$V_0(r) = -\frac{Ze^2}{r} = -e\,\frac{q(r_0)}{r}.$$

Nach der Störungstheorie erster Ordnung erhalten wir daraus infolge des endlichen Volumens der Kernladung die Energieänderung

$$E'_{\text{is}} = \int_0^{r_0} \psi^*(r)\,[V(r) - V_0(r)]\,\psi(r) \cdot 4\pi r^2\,\mathrm{d}r$$
$$= 4\pi\,|\psi(0)|^2 \int_0^{r_0} [V(r) - V_0(r)]\,r^2\,\mathrm{d}r,$$

da für $0 < r < r_0$ in guter Näherung $\psi(r) = \psi(0)$ gilt. Das zeigt unmittelbar, daß — zumindest in der nichtrelativistischen Näherung — nur die s-Elektronen einen von Null verschiedenen Beitrag zu E_{is} liefern, da außer für die s-Elektronen, für die in der oben für alkaliähnliche Atome verwendeten Näherung

$$|\psi(0)|^2 = \frac{Z Z_0^2}{\pi a_0^3} \qquad (5.15)$$

ist, $\psi(0) = 0$ gilt. Damit wird

$$-\frac{E'_{\text{is}}}{4\pi e\,|\psi(0)|^2} = \int_0^{r_0} \frac{1}{r_0}\,q(r_0)\,r^2\,\mathrm{d}r + \int_0^{r_0} \left\{ \int_r^{r_0} q(r')\,\frac{\mathrm{d}r'}{r'^2} \right\} r^2\,\mathrm{d}r$$
$$- \int_0^{r_0} \frac{q(r_0)}{r}\,r^2\,\mathrm{d}r.$$

Das erste und letzte Integral dieser Gleichung ergeben $(1/3)\,r_0^2\,q(r_0)$ bzw. $(1/2)\,r_0^2\,q(r_0)$. Das zweite kann partiell integriert werden und liefert nach zweimaliger partieller Integration

$$\frac{1}{3}\int_0^{r_0} q(r)\, r\, \mathrm{d}r = \frac{1}{6}\left[r_0^2\, q(r_0) - \int_0^{r_0} r^2\, \mathrm{d}q(r)\right].$$

Wir erhalten also

$$E'_{\mathrm{is}} = \frac{8\pi^2}{3}\, e\, |\psi(0)|^2 \int_0^{r_0} \varrho(r)\, r^4\, \mathrm{d}r, \qquad (5.16)$$

d. h., die Isotopieverschiebung hängt vom zweiten Moment der Kernladungsverteilung ab.

Wir betrachten noch den Fall einer gleichförmigen Verteilung der Kernladung, $\varrho(r) = 3Ze/4\pi r_0^3$. Dann ergibt sich

$$E'_{\mathrm{is}} = \frac{2}{5}\,\pi Z e^2 r_0^2\, |\psi(0)|^2.$$

Uns interessiert die Energieänderung $\Delta E'_{\mathrm{is}}$ beim Übergang von einem Isotop eines Elements zu einem anderen. Diese Änderung wird, wenn Δr_0 die Änderung von r_0 bedeutet,

$$\Delta E'_{\mathrm{is}} = \frac{4}{5}\,\pi Z e^2\, |\psi(0)|^2\, r_0^2\, \frac{\Delta r_0}{r_0}, \qquad (5.17)$$

was sich auch in der allgemeineren Form

$$\Delta E'_{\mathrm{is}} = \frac{\pi a_0^3}{Z}\, |\psi(0)|^2\, C\left(Z, r_0, \frac{\Delta r_0}{r_0}\right) \qquad (5.18)$$

schreiben läßt. Dabei stellt $(\pi a_0^3/Z)\, |\psi(0)|^2$ einen Faktor dar, der nur von den Elektronenwellenfunktionen abhängt, während C allein von den Eigenschaften des Kerns abhängig ist. Bei gleichförmiger Verteilung der elektrischen Ladung im Kern ist

$$C = \frac{4}{5}\,\frac{Z^2 e^2}{a_0^3}\, r_0^2\, \frac{\Delta r_0}{r_0} = \frac{2}{5}\, R_E \left(\frac{2 Z r_0}{a_0}\right)^2 \frac{\Delta r_0}{r_0}. \qquad (5.19)$$

Ein numerischer Vergleich der hiernach berechneten Werte mit den experimentell erhaltenen zeigt, daß die theoretischen Werte um den Faktor 10 gegenüber den Beobachtungen zu klein sind. In der Tat ist die Verwendung nichtrelativistischer Wellenfunktionen eine ziemlich schlechte Näherung, da gerade in der Umgebung von $r = 0$ die relativistischen Korrektionen am bedeutsamsten sind.

5.8. *Relativistische Theorie des Kernvolumeneffekts*

Von RACAH (Arbeit 13), ROSENTHAL und BREIT (1932) wird eine Theorie der Isotopieverschiebung beschrieben, die mit den großen Komponenten der DIRACschen Wellenfunktionen in Verbindung mit der Störungstheorie erster Ordnung arbeitet. Dabei bleibt gültig, daß sich die Isotopieverschiebung aus einem Elektronen- und einem Kernanteil zusammensetzt, der Kernanteil erweist sich aber als abhängig vom 2ϱ-ten Moment der Kernladungsverteilung mit $\varrho = (1 - Z^2\alpha^2)^{1/2}$. (Dieser Wert von ϱ wurde erst vor relativ kurzer Zeit gefunden; vgl. z. B. BODMER, 1953.) Für gleichförmige Ladungsverteilung erhält man nach der relativistischen Theorie an Stelle von Gl. (5.19) für C den Wert

$$C = \frac{12 R_E(\varrho + 1)}{(2\varrho + 1)(2\varrho + 3)[\Gamma(2\varrho + 1)]^2} \left(\frac{2 Z r_0}{a_0}\right)^{2\varrho} \frac{\Delta r_0}{r_0}; \quad (5.20)$$

dabei ist $\varrho = (1 - Z^2\alpha^2)^{1/2}$ nicht mit der elektrischen Ladungsdichte $\varrho(r)$ des Kerns zu verwechseln, und Γ bedeutet die Gammafunktion. Für $\varrho = 1$ reduziert sich Gl. (5.20) auf Gl. (5.19). Bei $Z = 80$ (Quecksilber) ist $\varrho = 0{,}81$, und der relativistische Wert von C ist um den Faktor 9,2 größer als der nichtrelativistische; hierin rührt der Anteil 4,4 von dem Faktor $(2 Z r_0/a_0)^{2\varrho}$ und der Anteil 2,1 von den restlichen Faktoren in C her.

RACAH fand jedoch, daß man mit diesem Ausdruck Isotopieverschiebungen erhält, die um den Faktor 100 größer sind als die für Quecksilber beobachteten, wenn man die nach der Methode von THOMAS und FERMI bestimmten Werte für $|\psi(0)|^2$ einsetzt. Diese Abweichung ist zum Teil darauf zurückzuführen, daß RACAH einen um etwa den Faktor 10 zu großen Wert für $\Delta r_0/r_0$ verwendete, zum Teil darauf, daß auch sein Wert von $|\psi(0)|^2$ zu groß war. Wie sich zeigt, ist der Ausdruck von GOUDSMIT [Gl. (5.15)] für $|\psi(0)|^2$ insgesamt sehr viel zuverlässiger als alle Werte numerischer Rechnungen. Als noch besser erwies sich inzwischen der als Ausdruck von GOUDSMIT-FERMI-SEGRÈ (vgl. Arbeit 12) bekannt gewordene modifizierte Wert

$$|\psi(0)|^2 = \frac{Z Z_0^2}{\pi a_0^3}\left(1 + \frac{\mathrm{d}n^*}{\mathrm{d}n}\right). \qquad (5.21)$$

Verwendet man diese Werte und identifiziert die für die betreffenden Spektrallinien verantwortliche Elektronenkonfiguration richtig, so stehen Theorie und Beobachtung größenordnungsmäßig in guter Übereinstimmung. Das hat BREIT (1932), der die im Jahre 1932 zur Verfügung stehenden Werte ausführlich diskutierte, sehr früh erkannt.

Im allgemeinen sind die nach der relativistischen Theorie vorausgesagten Isotopieverschiebungen etwas größer als die experimentell beobachteten, und die experimentell ermittelten C ändern sich nicht stetig mit Z und unterliegen selbst für die Isotope ein und desselben Elementes starken Schwankungen. Aus dem Experiment weiß man heute auch, daß die Spektrallinien eines Isotops ungerader Massenzahl nicht exakt in der Mitte zwischen den Linien der benachbarten Isotope gerader Massenzahl liegen, sondern etwas „versetzt" angeordnet sind und stets näher an die Linie des Isotops mit der niedrigeren geraden Massenzahl gerückt erscheinen. Eine befriedigende Erklärung für diese Erscheinung steht noch aus. Im folgenden Abschnitt werden wir noch kurz skizzieren, wie sich die Theorie weiterentwickelt hat.

5.9. *Weiterentwicklungen der Theorie der Isotopieverschiebung*

a) Elektronenanteil

Die Störungstheorie erster Ordnung ist keine besonders gute Näherung für die Berechnung der Isotopieverschiebungen, da die Störung in dem Gebiet, in dem sie auftritt, relativ groß ist. In den Behandlungen von BROCH (1945) und BODMER (1953) wird die Störungstheorie nicht verwendet. Es ergeben sich leichte Änderungen von Gl. (5.18), die in C eingehen.

Als weitere Verbesserung wurde eine bessere Näherung für $|\psi(0)|^2$ benutzt als die durch Gl. (5.21) gegebene. CRAWFORD und SCHAWLOW (1949) sowie HUMBACH (1955) schätzten den Einfluß der Abschirmung der Elektronen in abgeschlossenen Schalen durch das optische Elektron ab. Derartige Rechnungen sind sehr schwierig, und die erhaltenen Effekte scheinen nicht mehr als etwa 10% auszumachen.

b) Kernanteil

Es ist heute erwiesen, daß die beobachteten Unregelmäßigkeiten im Verlaufe von C wesentlich auf die Abweichung der Kernladungsverteilung von der Kugelsymmetrie sowie darauf zurückzuführen sind, daß diese Deformation des Kerns von Isotop zu Isotop verschieden sein kann. Dieser Gedanke wurde von BRIX und KOPFERMANN (1944) erstmals ausgesprochen und von WILETS, HILL und FORD (1953) weiterentwickelt. Solche Abweichungen von der Kugelsymmetrie lassen sich auch anderweitig messen (aus der COULOMB-Anregung der Kerne), und es wurde möglich, einige dieser Daten mit den Ergebnissen der Isotopieverschiebungsmessungen zu korrelieren. Näheres dazu findet man z. B. bei Kuhn (1962).

Eine genauere Erklärung dafür, warum die beobachteten Isotopieverschiebungen gegenüber den theoretisch vorausgesagten im allgemeinen zu klein sind, ist noch nicht bekannt. Es scheint aber klar zu sein, daß die Hinzunahme von zwei Neutronen zu einem Kern, um das nächstschwere geradzahlige Isotop zu erhalten, nicht notwendig zu einer völligen Umverteilung der Kernladung führt und daß sich mit dieser Hypothese die beobachteten Werte erklären lassen.

KAPITEL VI

Der Zeeman-Effekt

6.1. Einleitung

Die Aufspaltung der Spektrallinien, die man beobachten kann, wenn man die Lichtquelle in ein Magnetfeld bringt, bildete eine der fruchtbarsten Quellen für unsere Erkenntnisse über die Struktur der Atome. Schon im Jahre 1862 hatte FARADAY versucht, den Effekt nachzuweisen, wegen des zu kleinen Auflösungsvermögens seines Spektroskops blieb ihm aber der Erfolg versagt. So gelang es erst ZEEMAN (1897), mit einer verfeinerten Apparatur die später nach ihm benannte Erscheinung zu entdecken, während LORENTZ (Arbeit 6) sie mit Hilfe der Strahlung des als einfacher harmonischer Oszillator betrachteten Elektrons interpretierte. Die Theorie von LORENTZ sagt vorher, daß alle Spektrallinien in drei Komponenten aufspalten, deren eine der ungestörten Frequenz entspricht. Sie liefert auch die relative Intensität und die Polarisation jeder Komponente. Bei Anwendung schwacher Magnetfelder zeigen aber nur die wenigsten Spektrallinien (hauptsächlich Singulettlinien) dieses Verhalten, erst bei sehr starken Feldern (10000 G für Wasserstoff und sehr viel stärkeren Feldern in anderen Fällen) führt der ZEEMAN-Effekt tatsächlich auf LORENTZ-Tripletts. Die Interpretation der beobachteten ZEEMAN-Effekte haben wir in erster Linie LANDÉ (Arbeit 7) zu verdanken, der in dieser und anderen Arbeiten im wesentlichen die korrekten Regeln für die Quantelung und Addition der Drehimpulse angab, bevor die Matrizen- und die Wellenmechanik entwickelt waren. Wir erinnern daran, daß die BOHRsche Theorie für die Quantelung des Drehimpulses nicht die richtigen Regeln ergibt.

6.2. Klassische Theorie des Zeeman-Effekts

Die Arbeit von LORENTZ (Arbeit 6) braucht hier nicht näher diskutiert zu werden. Wir beschränken uns auf die Bemerkung, daß seine Ergebnisse immer gelten, wenn das Elektron bei abwesendem Magnetfeld eine periodische Bewegung ausführt, und nicht nur dann, wenn die Bewegung einfach harmonisch ist. Das gewährleistet, daß die klassische Theorie der Quantentheorie des ZEEMAN-Effekts so gut entspricht und ist eine unmittelbare und naheliegende Folgerung aus dem Satz von LARMOR (1897), der besagt, daß man die Bewegung eines geladenen Teilchens in einem Magnetfeld $\boldsymbol{B}$ bestimmen kann, indem man dieser Bewegung in Abwesenheit des Magnetfeldes eine gleichförmige Rotation mit der Winkelgeschwindigkeit $\omega_L = -(e/2m_0c)\,\boldsymbol{B}$ überlagert (wenn man quadratische Glieder in $\boldsymbol{B}$ vernachlässigt). Zum Beweis nehmen wir an, daß $\boldsymbol{r}$ der Ort des Teilchens im Laborkoordinatensystem und $\boldsymbol{r}'$ sein Ort in einem mit der Winkelgeschwindigkeit ω_L rotierenden System ist. Dann sind Ort, Geschwindigkeit und Beschleunigung im rotierenden und im ruhenden System durch die Gleichungen

$$\boldsymbol{r} = \boldsymbol{r}',$$

$$\dot{\boldsymbol{r}} = \dot{\boldsymbol{r}}' + [\omega_L \times \boldsymbol{r}'],$$

$$\ddot{\boldsymbol{r}} = \ddot{\boldsymbol{r}}' + 2[\dot{\boldsymbol{r}}' \times \omega_L] + [\omega_L \times [\omega_L \times \boldsymbol{r}']]$$

miteinander verknüpft. In der letzten Gleichung bedeutet das zweite Glied auf der rechten Seite die CORIOLIS-Beschleunigung, das dritte die Zentrifugalbeschleunigung. Die Bewegungsgleichung des Elektrons kann nun in der Form

$$m_0\ddot{\boldsymbol{r}} = m_0\boldsymbol{f}_0 - \frac{e}{c}\,[\dot{\boldsymbol{r}} \times \boldsymbol{B}]$$

geschrieben werden, wobei $m_0\boldsymbol{f}_0$ die Kraft darstellt, die alle nichtmagnetischen Felder ausüben, die also die Bewegung in Abwesenheit des Magnetfeldes charakterisiert. Transformieren wir die Bewegungsgleichung auf das rotierende System, so erhalten wir mit $\omega_L = -(e/2m_0c)\boldsymbol{B}$ und unter Vernachlässigung der quadratischen Glieder in $\boldsymbol{B}$

$$\ddot{\boldsymbol{r}}' - \frac{e}{2m_0c}[2\dot{\boldsymbol{r}}' \times \boldsymbol{B}] = \boldsymbol{f}_0 - \frac{e}{m_0c}[\dot{\boldsymbol{r}}' \times \boldsymbol{B}].$$

Damit ist der Satz bewiesen. Für Atome haben die Glieder in $\boldsymbol{B}^2$ die Größenordnung $(e^2a_0^2/m_0^2c^2)\boldsymbol{B}^2$, die in $\boldsymbol{B}$ sind von der Größenordnung $(e/m_0c)(e^2/m_0a_0)^{1/2}\boldsymbol{B}$. Die Größenordnungen werden gleich für $B = 2 \cdot 10^9$ G, so daß unsere Vernachlässigung der Terme in $\boldsymbol{B}^2$ unter den Bedingungen, wie sie normalerweise im Laboratorium auftreten, gerechtfertigt ist.

Bedeutet ν eine der Frequenzen für die ungestörte Bewegung, so erhalten wir nach dem Einschalten des Magnetfeldes $\boldsymbol{B}$ die beiden Frequenzen $\nu \pm \omega_L/2\pi$ für die Komponenten der ungestörten Bewegung in der Ebene senkrecht zu $\boldsymbol{B}$, für die Komponente der Bewegung in Richtung von $\boldsymbol{B}$ bleibt die ungestörte Frequenz ν unverändert. Außerdem sehen wir sofort, daß die mit der Frequenz ν in eine Richtung senkrecht zu $\boldsymbol{B}$ emittierte Strahlung parallel zu $\boldsymbol{B}$ linear polarisiert ist (π-Komponente), während die Strahlung mit den Frequenzen $\nu \pm \omega_L/2\pi$ senkrecht zu $\boldsymbol{B}$ polarisiert ist (σ-Komponente).[1]) Für den Fall der Emission parallel zu $\boldsymbol{B}$ sind die beiden σ-Komponenten in entgegengesetzten Richtungen zirkular polarisiert, und die π-Komponente fehlt. Andere Emissionsrichtungen lassen sich leicht behandeln. Das sind gerade die Ergebnisse von LORENTZ. Wir erkennen aber jetzt, daß sie gleichermaßen für die BOHR-SOMMERFELDschen Elektronenbahnen gelten.

---

[1]) Die Buchstaben π und σ stehen für die Anfangsbuchstaben der deutschen Wörter „parallel" und „senkrecht".

6.3. Quantentheorie des Zeeman-Effekts

Um die Bewegung eines Elektrons im Magnetfeld quantenmechanisch untersuchen zu können, müssen wir die HAMILTON-Funktion eines geladenen Teilchens im Magnetfeld aufschreiben und die entsprechende SCHRÖDINGER-Gleichung lösen. LANDÉ, dessen Arbeit vor der Entdeckung der Quantenmechanik durch SCHRÖDINGER und HEISENBERG erschien, konnte diesen Weg nicht einschlagen, und wir wollen diese Seite des Problems umgehen, indem wir voraussetzen, daß ein Elektron, das sich auf einer ebenen Bahn um einen Kern bewegt, äquivalent einem magnetischen Dipol ist. Das der Bahnbewegung des Elektrons zugeordnete Dipolmoment ist nach der klassischen Elektrodynamik gegeben durch

$$\mu_{\mathrm{L}} = -\frac{e}{c t_0} \boldsymbol{A};$$

dabei ist t_0 die Umlaufzeit des Elektrons und $\boldsymbol{A}$ die (vektorielle) Fläche der Bahn. Bewegt sich das Elektron im Zentralfeld, so bleibt sein Drehimpuls erhalten, und es ist

$$\boldsymbol{L} = 2 m_0 \frac{\mathrm{d}\boldsymbol{A}}{\mathrm{d}t}$$

und damit

$$\frac{\boldsymbol{A}}{t_0} = \frac{1}{2} \frac{\boldsymbol{L}}{m_0}$$

und

$$\mu_{\mathrm{L}} = -\frac{e}{2 m_0 c} \boldsymbol{L}.$$

Dieser magnetische Dipol steht mit dem Magnetfeld $\boldsymbol{B}$ in Wechselwirkung, und die Wechselwirkungsenergie ist $-(\mu_{\mathrm{L}} \cdot \boldsymbol{B}) = (e/2m_0c)\,(\boldsymbol{L} \cdot \boldsymbol{B})$. Wir nehmen nun an, daß der quantenmechanische Operator, der das Produkt

$(\boldsymbol{L} \cdot \boldsymbol{B})$ darstellt, einfach gleich dem Skalarprodukt von $\boldsymbol{B}$ mit dem $\boldsymbol{L}$ darstellenden Operator, also gleich $(\boldsymbol{B} \cdot \boldsymbol{L})$ ist, wobei jetzt $\boldsymbol{L}$ den quantenmechanischen Operator des Bahndrehimpulses bezeichnet.[1]) Um die Aufspaltung der Spektrallinien infolge der Wechselwirkung des äußeren Magnetfeldes mit dem Bahndrehimpuls zu berechnen, verwenden wir den Operator $(e/2m_0c)\,(\boldsymbol{B} \cdot \boldsymbol{L})$ in Verbindung mit der Störungstheorie. Die Wechselwirkung mit dem Spindrehimpuls des Elektrons werden wir später betrachten.

6.4. Zeeman-Effekt für den Spindrehimpuls Null

In diesem Fall liefert die Störungstheorie erster Ordnung für die Wechselwirkungsenergie

$$E_Z' = \left(\boldsymbol{B} \cdot \int \psi^* \frac{e}{2m_0c} \boldsymbol{L}\,\psi\,\mathrm{d}\tau\right),$$

wofür man zeigen kann, daß das der exakte Wert ist. Wir wählen nun das Koordinatensystem so, daß $\boldsymbol{B}$ in die Richtung der z-Achse zeigt, d. h. $\boldsymbol{B} = \boldsymbol{B}_z$. Dann wird

$$E_Z' = \frac{e}{2m_0c} B_z \int \psi^* L_z \psi\,\mathrm{d}\tau = \frac{e}{2m_0c} B_z M_L \hbar,$$

da beim Spin Null $J = L$ ist und die Quantenzahl $M_J = M_L$ die z-Komponente des Bahndrehimpulses charakterisiert. Verknüpfen wir dieses Ergebnis für die Aufspaltung der Energieniveaus mit der Auswahlregel $\Delta M_L = \pm 1, 0$ für die Änderung von M_L bei einem Strahlungsübergang zwischen zwei Energieniveaus, so folgt, daß jede Spektrallinie in drei Komponenten mit den

---

[1]) Eine ähnliche Annahme hatten wir bei der Behandlung der Feinstruktur und der Hyperfeinstruktur gemacht (vgl. Kap. IV und V).

Kreisfrequenzen $\omega_0, \omega_0 \pm (e/2m_0c)B_z$ aufspaltet, wobei ω_0 die Kreisfrequenz ist, die der Linie bei abgeschaltetem Magnetfeld entspricht. Das Korrespondenzprinzip fordert — und eine exaktere Anwendung der Quantenmechanik bestätigt das —, daß $\Delta M_L = 0$ die π-Komponente und $\Delta M_L = \pm 1$ die beiden σ-Komponenten liefert. Damit erhalten wir das gleiche Resultat wie mit der klassischen Theorie: Für den Spin Null führen klassische und Quantentheorie auf dasselbe Resultat.

6.5. Zeeman-Effekt für den Bahndrehimpuls Null

In Kap. III hatten wir bereits benutzt, daß dem Spindrehimpuls des Elektrons ein magnetisches Moment $\mu_s = -(e/m_0c)\boldsymbol{S}$ zugeordnet ist, wobei $\boldsymbol{S}$ den Spindrehimpuls bezeichnet. Wir vermerken nun die sehr wichtige Tatsache, daß $(\mu_s/\boldsymbol{S}) = 2(\mu_L/\boldsymbol{L})$ ist, eine Eigenschaft des Elektronenspins, die nach der klassischen Betrachtungsweise nicht erklärt werden kann, sich aber aus der relativistischen Quantentheorie von DIRAC ganz natürlich ergibt. Eine analoge Rechnung wie im vorangehenden Abschnitt liefert für die Energie der Wechselwirkung eines Atoms mit Spindrehimpuls allein (z. B. alle S-Zustände)

$$E_Z' = \frac{e}{m_0c} B_z M_S \hbar ;$$

dabei ist M_S die z-Komponente des Spindrehimpulses, der in diesem Fall gleich dem Gesamtdrehimpuls ist. Der Abstand zwischen zwei benachbarten ZEEMAN-Niveaus ist hier also doppelt so groß wie dann, wenn das Atom nur einen Bahndrehimpuls besitzt.

Übergänge zwischen Zuständen mit dem Bahndrehimpuls Null sind verboten (vgl. Kap. VII), wenn nur ein einzelnes Elektron an dem Übergang beteiligt ist.

6.6. *Zeeman-Effekt für Atome mit Spin- und Bahndrehimpuls*

a) Schwaches Magnetfeld

Wenn das Magnetfeld hinreichend schwach ist, bleiben Spin- und Bahndrehimpuls eines Atoms mit einem Elektron bzw. eines Mehrelektronenatoms mit Russell-Saunders-Kopplung auch im Magnetfeld noch jeder einzeln erhalten. Das gilt aber nur, solange die magnetische Energie klein gegen die Energie der Spin-Bahn-Kopplung ist, d.h., solange die Zeeman-Aufspaltung klein gegen die Feinstrukturaufspaltung der Spektrallinien ist. In diesem Fall sind die Quantenzahlen L, S, J wohldefiniert. In dem von Landé verwendeten Vektorkopplungsmodell präzessieren die Vektoren $\boldsymbol{L}$ und $\boldsymbol{S}$ relativ schnell um $\boldsymbol{J}$, aber $\boldsymbol{J}$ nur sehr langsam um die Richtung des Magnetfeldes $\boldsymbol{B}$. Quantenmechanisch erhalten wir für die Wechselwirkungsenergie des Atoms mit dem Magnetfeld

$$\begin{aligned} E_Z' &= -\left(\boldsymbol{B} \cdot \int \psi^* (\boldsymbol{\mu}_L + \boldsymbol{\mu}_s)\, \psi \, \mathrm{d}\tau\right) \\ &= \frac{e}{2 m_0 c} \left(\boldsymbol{B} \cdot \int \psi^* (\boldsymbol{L} + 2\boldsymbol{S})\, \psi \mathrm{d}\tau\right). \end{aligned} \qquad (6.1)$$

Nach Gl. (5.2) sind die zeitlichen Mittelwerte von $(\boldsymbol{B} \cdot \boldsymbol{L})$ und $(\boldsymbol{B} \cdot \boldsymbol{S})$ für $\boldsymbol{B} = \boldsymbol{B}_z$ gegeben durch

$$\begin{aligned} \overline{(\boldsymbol{B} \cdot \boldsymbol{L})} &= \frac{(\boldsymbol{J} \cdot \boldsymbol{L})}{\boldsymbol{J}^2} (\boldsymbol{B} \cdot \boldsymbol{J}) = \frac{\boldsymbol{J}^2 + \boldsymbol{L}^2 - \boldsymbol{S}^2}{2\boldsymbol{J}^2} (\boldsymbol{B} \cdot \boldsymbol{J}) \\ &= B_z \frac{J(J+1) + L(L+1) - S(S+1)}{2J(J+1)} M_J \hbar, \\ \overline{(\boldsymbol{B} \cdot \boldsymbol{S})} &= \frac{(\boldsymbol{J} \cdot \boldsymbol{S})}{\boldsymbol{J}^2} (\boldsymbol{B} \cdot \boldsymbol{J}) \\ &= B_z \frac{J(J+1) + S(S+1) - L(L+1)}{2J(J+1)} M_J \hbar, \end{aligned}$$

wobei M_J die z-Komponente des den Atomelektronen zugeordneten Gesamtdrehimpulses ist. Damit folgt

$$E_Z' = \frac{e}{2m_0c} B_z \left[1 + \frac{J(J+1) + S(S+1) - L(L+1)}{2J(J+1)}\right]$$
$$\times\ M_J \hbar = g \mu_B M_J B_z \tag{6.2}$$

mit

$$g = 1 + \frac{J(J+1) + S(S+1) - L(L+1)}{2J(J+1)} \tag{6.3}$$

dem LANDÉschen g-Faktor und $\mu_B = e\hbar/2m_0c$ der atomaren Einheit des magnetischen Moments, dem BOHRschen Magneton.

Aus (6.3) erhalten wir $g = 1$ für $S = 0$ und $g = 2$ für $L = 0$, und (6.2) liefert wieder die gleichen Werte wie in den Abschnitten 6.4. und 6.5. Schließlich sei erwähnt, daß g stets gleich 1 wäre, d. h., daß immer der gleiche normale ZEEMAN-Effekt auftreten würde, wenn $(\mu_s/\boldsymbol{S})$ gleich $(\mu_L/\boldsymbol{L})$ und nicht gleich $2(\mu_L/\boldsymbol{L})$ wäre.

In der Arbeit von LANDÉ ist veranschaulicht, inwiefern die Gleichung (6.2) in Verbindung mit der Auswahlregel $\Delta M_J = \pm 1, 0$ ZEEMAN-Aufspaltungen ergibt, die mit den experimentell beobachteten im Einklang stehen. $\Delta M_J = 0$ liefert die π-Komponenten und $\Delta M_J = \pm 1$ die σ-Komponenten.

b) Starkes Magnetfeld

Wenn das Magnetfeld so stark ist, daß seine Wechselwirkung mit dem magnetischen Moment des Atoms groß gegen die Spin-Bahn-Wechselwirkung wird, so bleiben Bahn- und Spindrehimpuls auch nicht mehr näherungsweise erhalten, und L und S sind nicht mehr wohldefinierte Quantenzahlen. Dann präzessieren Bahn- und Spindrehimpuls (in der Sprache des Vektorkopplungsmodells) unabhängig voneinander um die Richtung des Magnetfeldes $\boldsymbol{B}$, und der quantenmechanische Ausdruck für die Wechselwirkungsenergie bleibt zwar noch Gl. (6.1), die zeitlichen Mittelwerte von $(\boldsymbol{B}\cdot\boldsymbol{L})$ und $(\boldsymbol{B}\cdot\boldsymbol{S})$ werden aber jetzt

$$\overline{(\boldsymbol{B}\cdot\boldsymbol{L})} = B_z L_z = B_z M_L \hbar\,,$$

$$\overline{(\boldsymbol{B}\cdot\boldsymbol{S})} = B_z S_z = B_z M_s \hbar\,,$$

da $\boldsymbol{L}$ und $\boldsymbol{S}$ durch das Magnetfeld effektiv entkoppelt sind. Damit erhalten wir

$$E_Z' = \mu_B (M_L + 2M_s) B_z. \tag{6.4}$$

Den Einfluß der Rest-Spin-Bahn-Kopplung kann man abschätzen, indem man sie als kleine zusätzliche Störung betrachtet. Sie liefert eine zusätzliche Energie

$$\overline{\xi(r)\,(\boldsymbol{L}\cdot\boldsymbol{S})} = \overline{\xi(r)}\,\hbar^2 M_L M_S. \tag{6.5}$$

Wenn wir diesen Beitrag zur Wechselwirkungsenergie zunächst vernachlässigen und die Auswahlregeln $\Delta M_S = 0$ und $\Delta M_L = \pm 1, 0$ anwenden, erhalten wir aus (6.4), daß im sehr starken Magnetfeld jede Spektrallinie in drei Komponenten aufspaltet, deren Abstand gleich dem nach der klassischen Theorie ist, da $\Delta(M_L + 2M_S) = \pm 1, 0$ gilt. Berücksichtigen wir die Spin-Bahn-Kopplung, so ergeben sich die Zeemanschen Kreisfrequenzen zu ω_0 und $\omega_0 \pm (\mu_B B_z + \overline{\xi(r)}\,\hbar^2 M_S)/\hbar$, wobei ω_0 die ungestörte Kreisfrequenz bedeutet. Damit haben wir die in Abschnitt 6.1. erwähnte allgemeine Beobachtung bestätigt, daß der Zeeman-Effekt in starken Magnetfeldern in jedem Fall klassisch wird.

Auf mittlere Feldstärken wollen wir nicht näher eingehen (vgl. hierzu z. B. Kuhn, 1962) und nur erwähnen, daß das Vektorkopplungsmodell dann für die Bestimmung der Wechselwirkungsenergien nicht mehr benutzt werden kann.

6.7. Zeeman-Effekt bei Hyperfeinstruktur

Bisher haben wir den Einfluß des magnetischen Moments des Kerns auf die ZEEMAN-Aufspaltung der Spektrallinien außer acht gelassen. Das ist oft eine gute Näherung: Im Fall der Na-D-Linien wird z. B. die Hyperfeinstruktur in jedem Fall durch die Breite der Spektrallinien vollständig verdeckt, wenn man gewöhnliche Lichtquellen verwendet. Trotzdem ist der ZEEMAN-Effekt beim Auftreten von Hyperfeinstrukturen sehr eingehend untersucht worden und hat wesentlich zu unseren Erkenntnissen über Kernspin und magnetisches Moment des Kerns beigetragen, bevor die verschiedenen Hochfrequenz- und Mikrowellenmethoden entwickelt waren. Noch heute stellt er eines der schönsten Beispiele für die Veranschaulichung der Quantentheorie des Drehimpulses dar.

a) Schwaches Magnetfeld

Wenn das Magnetfeld so schwach ist, daß der ZEEMAN-Effekt klein gegen die Hyperfeinstrukturaufspaltung bleibt, so bleiben Drehimpuls $\boldsymbol{J}$ der Elektronen und Spindrehimpuls $\boldsymbol{I}$ des Kerns in guter Näherung jeder einzeln erhalten, und $\boldsymbol{J}$ und $\boldsymbol{I}$ sind ebenso wie der Gesamtdrehimpuls $\boldsymbol{F}$ wohldefinierte Quantenzahlen. In diesem Abschnitt sind unter „schwachen" Magnetfeldern sehr viel schwächere Felder zu verstehen als in Abschnitt 6.6*a*, da die Hyperfeinstruktur wesentlich kleiner ist als die Feinstruktur. So wird z. B. die ZEEMAN-Aufspaltung zwischen den äußeren Komponenten der NaD-Linie der Wellenlänge $\lambda = 5890$ Å bereits gleich der Hyperfeinstrukturaufspaltung dieser Linie, wenn das Magnetfeld etwa 1000 G beträgt.

Für derartige sehr schwache Felder erhält man

$$E_{\mathrm{Z}}' = -\left(\boldsymbol{B} \cdot \int \psi^* (\mu_J + \mu_I)\, \psi \,\mathrm{d}\tau\right)$$

mit

$$\mu_J = -\frac{g_J \mu_B}{\hbar} \boldsymbol{J}$$

[aus Gl. (6.2)] und

$$\mu_I = -\frac{g_I \mu_N}{\hbar} \boldsymbol{I};$$

dabei ist $\mu_N = e\hbar/2Mc$ das Kernmagneton. Wenn wir analog wie oben vorgehen, ergibt sich für den zeitlichen Mittelwert von $(\boldsymbol{B} \cdot \boldsymbol{J})$

$$\overline{(\boldsymbol{B} \cdot \boldsymbol{J})} = (\boldsymbol{B} \cdot \boldsymbol{F}) \frac{(\boldsymbol{J} \cdot \boldsymbol{F})}{\boldsymbol{F}^2}$$

$$= B_z M_F \hbar \frac{F(F+1) + J(J+1) - I(I+1)}{2F(F+1)};$$

es wurde wiederum $\boldsymbol{B} = \boldsymbol{B}_z$ angenommen. Da μ_I im allgemeinen einige 2000mal kleiner ist als μ_J, können wir es gegen μ_J vernachlässigen und erhalten für schwache Felder

$$E_Z' = g_F \mu_B M_F B_z \tag{6.6}$$

mit

$$g_F = g_J \frac{F(F+1) + J(J+1) - I(I+1)}{2F(F+1)}; \tag{6.7}$$

$M_F \hbar$ ist die z-Komponente des Gesamtdrehimpulses $\boldsymbol{F}$. M_F kann die Werte $F, F-1, \ldots, -F$ annehmen und genügt der Auswahlregel $\Delta M_F = \pm 1, 0$. Wir sehen, daß der Kernspin I unmittelbar aus der ZEEMAN-Aufspaltung bestimmt werden kann.

b) Starkes Magnetfeld

Auch für den Fall, daß die ZEEMAN-Aufspaltung groß gegen die Hyperfeinstrukturaufspaltung, aber noch klein gegen die Feinstrukturaufspaltung ist, läßt sich eine einfache Rechnung durchführen. Dabei sind die Quantenzahlen M_J und M_I (die die z-Komponente des Kernspins bestimmt) wohldefiniert, nicht aber J und I. Wir sehen sofort, daß in diesem Fall

$$E_Z' = g_J \mu_B M_J B_z + A_{hfs} M_J M_I + g_I \mu_N M_I B_z \quad (6.8)$$

wird, wobei die Terme der rechten Seite nach fallender Größe geordnet sind. Das letzte Glied ist meist vernachlässigbar klein. Die Auswahlregel für M_I bei elektrischer Dipolstrahlung ist $\Delta M_I = 0$.

Für mittlere Feldstärken sind kompliziertere Rechnungen erorderlich.

KAPITEL VII

Strahlung der Atome

7.1. Einleitung

Die BOHRsche Theorie des Wasserstoffatoms vermag den Strahlungsprozeß, bei dem das Elektron von einem erlaubten Energieniveau auf ein anderes erlaubtes Energieniveau übergeht und bei dem die Energiedifferenz durch die Emission bzw. Absorption eines Strahlungsquants zu erklären ist, nicht genauer zu beschreiben. Man erkannte schnell, daß nicht alle möglichen Übergänge zwischen den Energieniveaus tatsächlich stattfinden, und führte sogenannte *Auswahlregeln* ein, die gewisse erlaubte Übergänge spezifizieren. Wir haben hier schon mehrfach auf sie zurückgegriffen. Eine der ersten Arbeiten, in denen sie systematisch dargestellt sind, ist die Arbeit 5 über die Röntgenspektren der Atome von WENTZEL. Regeln für die relativen Intensitäten der Linien von Multipletts werden in der Arbeit 10 und anderen Arbeiten (DORGELO, 1925; ORNSTEIN und BURGER, 1926) behandelt.

Vor der Entdeckung der Quantenmechanik stand als einzige theoretische Grundlage zum Verständnis der Auswahl- und Intensitätsregeln das Korrespondenzprinzip zur Verfügung, das besagt, daß für große Quantenzahlen die Intensitäten der Spektrallinien mit Hilfe der klassischen elektromagnetischen Theorie bestimmt werden müssen. Danach ergibt sich die Intensität einer Spektrallinie gegebener Frequenz proportional dem Quadrat des Betrages der Amplitude, mit der diese Frequenz in der FOURIER-Zerlegung der Bewegung des Elektrons im Atom erscheint. (Das setzt voraus, daß sich das Atom wie ein Punktdipol verhält.) Eine auf diese Weise erhaltene Auswahlregel haben wir bereits im Abschnitt 2.2*a*.

erwähnt, wo wir zeigten, daß im Fall von *Kreisbahnen* Übergänge nur zwischen solchen Energieniveaus möglich sind, deren Hauptquantenzahlen sich um 1 unterscheiden. Diese Beschränkung ist beim Wasserstoffspektrum nicht sofort klar, da auch elliptische Bahnen vorkommen.

In diesem Kapitel werden wir die Auswahl- und Intensitätsregeln für die Atomspektren zusammenstellen und zeigen, wie sie sich aus der Quantentheorie der Strahlung herleiten lassen; gleichzeitig wollen wir in einigen Fällen, wo sie besonders einleuchtend sind, Folgerungen aus dem Korrespondenzprinzip heranziehen. Es ist interessant zu erwähnen, daß alle Auswahl- und Intensitätsregeln für die alkaliähnlichen und auch komplexeren Spektren im Fall der Russell-Saunders-Kopplung lange bekannt und mit Hilfe des Korrespondenzprinzips interpretiert waren, bevor die Quantenmechanik entdeckt wurde. Das große Leistungsvermögen des Korrespondenzprinzips wird durch die Arbeit 10 von Burger und Dorgelo gut veranschaulicht.

7.2. *Quantentheorie der Strahlung*

Als fundamentales Resultat liefert die Quantentheorie der Strahlung für die Wahrscheinlichkeit eines spontanen Übergangs vom Zustand p mit der Energie E_p zu einem Zustand p' mit der Energie $E_{p'}$ folgende Beziehung:

$$W_{p'p}(\boldsymbol{k}, x)\,\mathrm{d}\Omega = \frac{e^2\hbar\,\omega_{pp'}}{2\pi m_0^2 c^3}\,|D_{p'p}(\boldsymbol{k}, x)|^2\,\mathrm{d}\Omega. \qquad (7.1)$$

Dabei bezeichnet $W_{p'p}(\boldsymbol{k}, x)\,\mathrm{d}\Omega$ die Wahrscheinlichkeit pro Zeiteinheit dafür, daß ein in x-Richtung polarisiertes Photon mit dem Kreiswellenzahlvektor $\boldsymbol{k}$ in das Winkelelement $\mathrm{d}\Omega$ emittiert wird; $\omega_{p'p} = (E_p - E_{p'})/\hbar$ ist die Kreisfrequenz des Photons, und $D_{p'p}(\boldsymbol{k}, x)$ ist gegeben durch

$$D_{p'p}(\boldsymbol{k}, x) = \int \psi_{p'}^* \sum_j \mathrm{e}^{i(\boldsymbol{k}\cdot\boldsymbol{r}_j)}\,\frac{\partial\hat{\psi}_p}{\partial x_j}\,\mathrm{d}\tau, \qquad (7.2)$$

wobei $\boldsymbol{r}_j$ den Radiusvektor des j-ten Elektrons im Atom bedeutet.

Wir setzen in (7.2) $e^{i(\boldsymbol{k}\cdot\boldsymbol{r}_j)} = 1$, d. h., wir vernachlässigen alle Strahlungskomponenten bis auf die elektrische Dipolstrahlung. Dann ist $D_{p'p}(\boldsymbol{k}, x)$ unabhängig von $\boldsymbol{k}$ und stellt die x-Komponente eines Vektors

$$\boldsymbol{D}_{p'p} = \int \psi_{p'}^{*} \sum_j \operatorname{grad}_j \psi_p \, \mathrm{d}\tau \tag{7.3}$$

dar. Man kann zeigen, daß

$$\int \psi_{p'}^{*} \sum_j \operatorname{grad}_j \psi_p \, \mathrm{d}\tau = \frac{m_0}{\hbar} \omega_{pp'} \int \psi_{p'}^{*} \cdot \sum_j \boldsymbol{r}_j \psi_p \, \mathrm{d}\tau \tag{7.4}$$

ist. (Der Beweis ist in den meisten Lehrbüchern der Quantenmechanik angeführt; vgl. z. B. BETHE und SALPETER, 1957.) Damit erhalten wir für die in Richtung des Einheitsvektors $\hat{\boldsymbol{n}}$ polarisierte elektrische Dipolstrahlung

$$W_{p'p}(\boldsymbol{\Omega}, \hat{\boldsymbol{n}}) \, \mathrm{d}\Omega = \frac{e^2}{2\hbar c^3} \omega_{pp'}^3 \left|(\boldsymbol{n} \cdot \int \psi_{p'}^{*} \sum \boldsymbol{r}_j \psi_p \, \mathrm{d}\tau)\right|^2 \mathrm{d}\Omega, \tag{7.5}$$

und ihre Intensität (d. h. die pro Zeiteinheit in die Raumwinkeleinheit emittierte Energie) wird

$$I_{p'p}(\boldsymbol{\Omega}, \hat{\boldsymbol{n}}) = \frac{e^2}{2\pi c^3} \omega_{pp'}^4 \left|(\hat{\boldsymbol{n}} \cdot \boldsymbol{r}_{p'p})\right|^2, \tag{7.6}$$

wobei wir zur Abkürzung

$$\boldsymbol{r}_{p'p} = \int \psi_{p'}^{*} \sum_j \boldsymbol{r}_j \psi_p \mathrm{d}\tau = \langle p' \sum_j \boldsymbol{r}_j p \rangle$$

geschrieben haben. Der letzte Ausdruck entspricht der Schreibweise von DIRAC.

Nach der klassischen Theorie ist die Strahlungsintensität eines Elektrons, das eine einfache harmonische, durch $\sqrt{2}\,\boldsymbol{r}\cos\omega t$ beschriebene Schwingung ausführt,

$$I(\Omega, \hat{\boldsymbol{n}}) = \frac{e^2}{4\pi c^3}\,\omega^4 (\hat{\boldsymbol{n}} \cdot \boldsymbol{r})^2,$$

wobei $\boldsymbol{r}$ die mittlere quadratische Verschiebung des Elektrons aus seiner Gleichgewichtslage bezeichnet. Klassischer und quantenmechanischer Ausdruck sind also sehr ähnlich und entsprechen einander sogar exakt, wenn wir $\boldsymbol{r}^2$ mit $2\,|\boldsymbol{r}_{p'p}|^2$ gleichsetzen. (Der Faktor 2 tritt auf, weil eine klassische FOURIER-Komponente zwei Matrixelementen entspricht; vgl. z. B. HEITLER, 1936.)

Die gesamte Strahlungsenergie pro Zeiteinheit wird

$$I_{p'p} = \frac{4}{3}\,\frac{e^2\,\omega_{pp'}^4}{c^3}\,|\boldsymbol{r}_{p'p}|^2, \tag{7.7}$$

und für die Gesamtwahrscheinlichkeit für den Übergang aus dem Zustand p in den Zustand p' erhalten wir

$$A_{p'p} = \frac{4}{3}\,\frac{e^2\,\omega_{pp'}^3}{\hbar\,c^3}\,|\boldsymbol{r}_{p'p}|^2. \tag{7.8}$$

Es ist üblich, über die Beziehung

$$f_{pp'} = \frac{2\,m_0\,\omega_{pp'}}{\hbar}\,|x_{p'p}|^2 \tag{7.9}$$

eine neue Größe, die sogenannte Oszillatorstärke für Absorption, einzuführen, die physikalisch ein Maß für die Absorptionsrate der Energie aus dem Strahlungsfeld, bezogen auf die Absorptionsrate für ein klassisches, elastisch gebundenes Elektron, darstellt. $f_{pp'}$ ist also dimensionslos. (Für eine vollständigere Diskussion der Oszillatorstärke vgl. BETHE und SALPETER, 1957.) In Gl. (7.9) bezeichnet p' den Anfangs- und p den Endzustand, da wir einen Absorptionsübergang betrachten. Bei $E_p > E_{p'}$ stellt der Übergang tatsächlich eine Absorption dar, und $f_{pp'}$ ist positiv; andernfalls, bei $E_p < E_{p'}$, bedeutet der Übergang eine Emission, und $f_{pp'}$ ist negativ. Die Oszillatorstärke ist wichtig wegen der für sie bestehenden *Summenregel*, die besagt, daß für ein Atom mit insgesamt Z Elektronen

$$\sum_p f_{pp'} = Z$$

gilt, wenn man über alle möglichen Endzustände des Atoms einschließlich derjenigen summiert, die das positive Energiekontinuum ausmachen. Wenn man, wie z. B. bei den alkaliähnlichen Atomen, das optische Spektrum in guter Näherung einem einzigen der Z Elektronen (dem Valenzelektron) zuschreiben kann, so gilt hierfür

$$\sum_p f_{pp'} = 1 .$$

Analog erhält man für die erdalkaliähnlichen Atome

$$\sum_p f_{pp'} = 2 .$$

7.3. *Auswahlregeln*

a) Auswahlregeln für M_L, M_S, M_J

In einem System mit den wohldefinierten Quantenzahlen n, M_L und M_S (z. B. einem Atom im starken Magnetfeld) kann man die Wellenfunktionen in guter Näherung als Produkt einer ortsabhängigen Funktion u_{nLM_L} und einer spinabhängigen Funktion χ_{M_S} schreiben. Da χ_{M_S} völlig unabhängig von den Ortskoordinaten ist, muß offenbar $\boldsymbol{r}_{p'p}$ für $M_S' \neq M_S$ verschwinden. Damit erhalten wir als Auswahlregel

$$\Delta M_S = 0 .$$

Sie ist darauf zurückzuführen, daß das zum Elektronenspin gehörige rein magnetische Dipolmoment nicht mit dem Feld der elektrischen Dipolstrahlung wechselwirken kann.

Quantenmechanisch kann man zeigen, daß die Wellenfunktion u_{nLM_L}, in Kugelkoordinaten (r, ϑ, φ) ausgedrückt, stets den Faktor $e^{-iM_L\varphi}$ enthält. Für ein Einzelelektron können wir schreiben

$$\begin{aligned} \boldsymbol{r} &= \boldsymbol{i}x + \boldsymbol{j}y + \boldsymbol{k}z \\ &= \frac{1}{2}\boldsymbol{i}[(x+iy)+(x-iy)] - \frac{1}{2}i\boldsymbol{j}[(x+iy) \\ &\quad -(x-iy)] + \boldsymbol{k}z \\ &= \frac{1}{2}\boldsymbol{i}r\sin\vartheta(e^{i\varphi}+e^{-i\varphi}) - \frac{1}{2}i\boldsymbol{j}r\sin\vartheta\,(e^{i\varphi}-e^{-i\varphi}) \\ &\quad + \boldsymbol{k}r\cos\vartheta, \end{aligned}$$

wobei $\boldsymbol{i}, \boldsymbol{j}, \boldsymbol{k}$ die Einheitsvektoren in der x-, y- bzw. z-Richtung bezeichnen. Infolgedessen enthält $\boldsymbol{r}_{p'p}$ stets den Faktor

$$\begin{aligned} \int_0^{2\pi} & e^{iM_L'\varphi}\Big[\frac{1}{2}\boldsymbol{i}r\sin\vartheta\,(e^{i\varphi}+e^{-i\varphi}) \\ & - \frac{1}{2}i\boldsymbol{j}r\sin\vartheta\,(e^{i\varphi}-e^{-i\varphi}) + \boldsymbol{k}r\cos\vartheta\Big]\, e^{-iM_L\varphi}\,d\varphi. \end{aligned}$$

Die Untersuchung des Integrals ergibt, daß das Glied in $\boldsymbol{k}$ für $M_L' \neq M_L$ verschwindet und die anderen Glieder Null werden, wenn $M_L' \neq M_L \pm 1$ ist. Damit erhalten wir die Auswahlregel

$$\Delta M_L = \pm 1, 0.$$

Wird das strahlende System aus einer Richtung senkrecht zur z-Achse gesehen, so stellt das Glied in $\boldsymbol{k}$ parallel zur

z-Achse polarisierte Strahlung dar, während die Glieder in $e^{\pm i\varphi}$ senkrecht zur z-Achse polarisierte Strahlung beschreiben. Diese Auswahl- und Polarisationsregeln entsprechen genau dem, was das Korrespondenzprinzip fordert, um die Quantentheorie des ZEEMAN-Effekts (vgl. Kap. VI) mit der klassischen Theorie in Einklang zu bringen.

Bei einem System, in dem M_J, nicht aber M_L oder M_S wohldefiniert ist (z. B. ein Atom im schwachen Magnetfeld), ist die Wellenfunktion u_{nLJM_L} eine Linearkombination von Funktionen $u_{nLM_L}\chi_{M_S}$ mit $M_L + M_S = M_J$. Unter Verwendung der Ergebnisse des vorangehenden Abschnitts sehen wir sofort, daß die Auswahlregel

$$\Delta M_J = \pm 1, 0$$

gelten muß, wobei $\Delta M_J = 0$ einer Polarisation parallel zur z-Achse und $\Delta M_J = \pm 1$ Polarisation senkrecht dazu entspricht, wenn das System aus einer Richtung senkrecht zur z-Achse gesehen wird.

b) *Auswahlregeln für L und J*

Quantenmechanische Rechnungen analog wie im vorangehenden Abschnitt ergeben, daß für Übergänge, an denen nur ein Elektron beteiligt ist, folgende Auswahlregeln gelten:

$$\Delta L = \pm 1,$$

$$\Delta J = \pm 1, 0 \quad \text{(wobei } J = J' = 0 \text{ verboten ist).}$$

Ist mehr als ein Elektron an dem Übergang beteiligt, so ist auch

$$\Delta L = 0$$

erlaubt.

Frühe Diskussionen dieser Auswahlregeln findet man bei SOMMERFELD (Arbeit 4), der sie zur Erklärung der Multiplettspektren heranzog, und WENTZEL (Arbeit 5) zur Interpretation der Röntgenspektren. Für eine ausführlichere Herleitung der Auswahlregeln aus dem Korrespondenzprinzip sei auf das Buch von SOMMERFELD (1934) verwiesen.

Man kann diese Auswahlregeln auch als Folge der Erhaltung von Drehimpuls und Parität verstehen. Wir wollen uns dabei aber auf den Fall beschränken, daß nur ein Elektron an dem Übergang beteiligt ist.

Haben die Wellenfunktionen des Anfangs- und des Endzustandes ψ_p und $\psi_{p'}$ des Atoms definierte Parität (d. h. bleiben sie entweder unverändert oder ändern sie nur ihr Vorzeichen, wenn die Koordinaten x, y, z durch $-x$, $-y$, $-z$ ersetzt werden) und besitzt das Übergangsintegral

$$\int \psi_{p'}^* \sum_j \boldsymbol{r}_j \psi_p \,\mathrm{d}\tau$$

einen von Null verschiedenen Wert, so müssen ψ_p und $\psi_{p'}$ offenbar entgegengesetzte Parität haben. Die Parität einer Atomwellenfunktion muß sich also bei einem elektrischen Dipolübergang ändern. Eine genauere Untersuchung der Wellenfunktion von Atomen mit wohldefiniertem Bahndrehimpuls des am Übergang beteiligten Elektrons zeigt, daß Zustände mit ungeradem L ungerade und solche mit geradem L gerade Parität besitzen. Daraus folgt, daß ΔL eine ungerade Zahl sein muß. Eine weitere Einschränkung ergibt sich aus der Erhaltung des Drehimpulses; der Drehimpuls des Atoms vor der Ausstrahlung muß ja gleich seinem Drehimpuls nach der Ausstrahlung plus dem Drehimpuls des emittierten Photons sein. Nach der klassischen elektromagnetischen Theorie besitzt die elektromagnetische Strahlung einen Drehimpuls, und in der Quantenelektrodynamik wird gezeigt, daß das Photon eines elektrischen Dipolübergangs den Drehimpuls 1 in Einheiten von $\hbar$ besitzt.

Nehmen wir geeignete relative Richtungen der Gesamtdrehimpulse $\boldsymbol{J}$ und $\boldsymbol{J}'$ von Anfangs- und Endzustand des Atoms sowie des Drehimpulses des Photons an, so bleibt der Drehimpuls für $\Delta J = 0, \pm 1$ erhalten (wobei der Übergang $J = 0 \rightarrow J = 0$ wiederum verboten ist). Daraus folgt in Verbindung mit der oben diskutierten Paritätsregel die Auswahlregel $\Delta L = \pm 1$, da $\boldsymbol{J} = \boldsymbol{L} + \boldsymbol{S}$ und $\boldsymbol{S}^2 = (3/4)\hbar^2$ sind.

c) Auswahlregel für S

Wenn die Näherung der LS-Kopplung die beiden an einem Übergang beteiligten Zustände exakt beschreibt, gilt offenbar $\Delta S = 0$; denn die elektrische Dipolstrahlung kann nicht unmittelbar mit dem magnetischen Dipolmoment, das dem Elektronenspin zugeordnet ist, wechselwirken. Ist die Spin-Bahn-Wechselwirkung hinreichend groß, so daß das LS-Kopplungsschema teilweise versagt, so bleiben Spin- und Bahndrehimpuls nicht mehr jeder einzeln erhalten, und L und S sind keine wohldefinierten Quantenzahlen mehr. In diesem Fall kann die Beimischung von Zuständen mit unterschiedlichem S zum Versagen der Auswahlregel $\Delta S = 0$ führen, obgleich dem Zustand überwiegend ein gegebenes S entspricht. Solche Übergänge zwischen Zuständen unterschiedlicher Multiplizität werden oft als Interkombinationslinien bezeichnet. Sie sind in vielen Spektren leicht zu beobachten; ein besonders gut bekanntes Beispiel ist die Quecksilberlinie mit $\lambda = 2537$ Å, die dem Übergang $6^1S_0 \rightarrow 6^3P_1$ entspricht.

7.4. Intensitätsregeln für Multipletts

Eine sehr auffällige Gesetzmäßigkeit in den Alkalimetallspektren ist die Tatsache, daß die Dublettkomponenten der scharfen und der Hauptserie Intensitäten im

Verhältnis 2 : 1 haben. (Im Fall der Hauptserie muß man besondere Sorgfalt darauf verwenden, die Selbstabsorption in der Lichtquelle zu vermeiden; die Messungen werden am günstigsten in Absorption durchgeführt.) Das gleiche Intensitätsverhältnis beobachtet man auch bei der diffusen Serie, wenn die ^{2}D-Terme unaufgelöst bleiben, so daß die Linien als Dubletts erscheinen.

Diese Gesetzmäßigkeit läßt sich unschwer erklären. Wir betrachten ein Dublett der Hauptserie in einem Alkalimetallspektrum. Die Übergänge mögen z.B. von den Zuständen $n^2\mathrm{P}_{3/2}$ und $n^2\mathrm{P}_{1/2}$ auf den Grundzustand erfolgen. Die beiden P-Zustände unterscheiden sich nur in der Orientierung des Elektronenspins in bezug auf den Bahndrehimpuls. Der Einfluß auf die Energien der Zustände ist klein. Da dem Elektronenspin ein magnetisches Dipolmoment zugeordnet ist, kann er keinen unmittelbaren Einfluß auf die Übergangswahrscheinlichkeiten für die elektrische Dipolstrahlung haben. Die relativen Intensitäten der beiden Dublettlinien stellen deshalb einfach das Verhältnis der Anzahl der Atome in den Zuständen $n\mathrm{P}_{3/2}$ bzw. $n\mathrm{P}_{1/2}$ dar, und dieses ist unter den meisten Anregungsbedingungen einfach gleich dem Verhältnis der statistischen Gewichte $2J + 1$ der beiden Zustände, d. h. gleich 2 : 1.

Eine Verallgemeinerung dieser Betrachtungen führt zu der experimentell von ORNSTEIN gefundenen Summenregel (BURGER und DORGELO, Arbeit 10). Diese Regel ergibt sich auch aus einfachen Symmetriebetrachtungen in der Quantentheorie. Die von einem Atom, das sich anfangs in einem durch die Quantenzahlen n, L, J, M_J definierten Zustand befindet, in einer Spektrallinie emittierte Strahlung muß in Abwesenheit eines äußeren Feldes unabhängig von der Orientierung des Drehimpulses im Anfangszustand sein. Infolgedessen ist

$$\sum_{M_J'} |\langle n' L' J' M_J' \,|\boldsymbol{r}|\, n L J M_J\rangle|^2$$

unabhängig von M_J. Die Strahlung eines Atoms im Anfangszustand n, L, J, M_J muß außerdem unabhängig von der Orientierung des Bahndrehimpulses in bezug auf den Spindrehimpuls sein, wenn die Spin-Bahn-Wechselwirkung so klein ist, daß das Spinmoment nicht merklich mit dem Feld der elektrischen Dipolstrahlung wechselwirkt. Deshalb hängt

$$\sum_{J'} \sum_{M_J'} |\langle n' L' J' M_J' | \boldsymbol{r} | n L J M_J \rangle|^2$$

für gegebenes Multiplett nicht von J ab. Damit erhalten wir für die Intensität einer Spektrallinie infolge eines Übergangs zwischen den beiden Termen $|nLJ\rangle = |p\rangle$ und $|n' L' J'\rangle = |p'\rangle$

$$I_{p'p} \propto \sum_{M_J} \sum_{M_J'} |\langle n' L' J' M_J' | \boldsymbol{r} | n L J M_J \rangle|^2$$

$$\propto (2J + 1) \sum_{M_J'} |\langle n' L' J' M_J' | \boldsymbol{r} | n L J M_J \rangle|^2 ;$$

denn die Summe über M_J' ist unabhängig von M_J, und es gibt $2J + 1$ mögliche Werte für M_J. Schließlich folgt, daß die Summe aller Intensitäten eines Multipletts mit gegebenem Anfangswert für J proportional

$$(2J + 1) \sum_{J'} \sum_{M_J'} |\langle n' L' J' M_J' | \boldsymbol{r} | n L J M_J \rangle|^2 \propto (2J + 1)$$

ist, da die Doppelsumme weder von J noch von M_J abhängt. In $|\langle p' | \boldsymbol{r} | p \rangle|^2$ sind Anfangs- und Endzustand miteinander vertauschbar. Das bedeutet aber, daß auch die Summe der Intensitäten aller Linien, die auf ein bestimmtes Endniveau mit gegebenem J führen, proportional $2J + 1$ sind, wenn auch mit einer anderen Proportionalitätskonstanten.

Mit Hilfe der Summenregeln lassen sich die Intensitätsverhältnisse nur für einfache Multipletts vollständig bestimmen. In komplizierteren Fällen muß man die Abhängigkeit der Matrixelemente von J und J' explizit berücksichtigen. Derartige, ziemlich komplizierte Ausdrücke findet man z. B. bei KUHN (1962). Die vollständigen Intensitätsregeln für LS-Multipletts wurden zunächst unter Anwendung des Korrespondenzprinzips berechnet; ihre Herleitung ist bei SOMMERFELD (1934) dargestellt. Ihre quantenmechanische Berechnung stammt von DIRAC (1926). Diese Regeln gelten unter der Voraussetzung, daß L und S wohldefiniert sind, hängen aber im Unterschied zur LANDÉschen Intervallregel nicht von der Art der Restkopplung zwischen $\boldsymbol{L}$ und $\boldsymbol{S}$ ab. Im letzten Teil der Arbeit 10 wird, ausgehend von den Fällen, daß die Summenregeln die vollständige Lösung für die Intensitätsverhältnisse liefern, der frühe Versuch einer Verallgemeinerung auf kompliziertere Fälle unternommen. Die dort angegebenen allgemeinen Ausdrücke sind nicht exakt, ergeben aber oft numerische Werte, die den wahren Werten sehr nahekommen.

Die relativen Intensitäten der Linien von Hyperfeinstrukturmultipletts lassen sich genauso berechnen wie die der Multipletts. Man erhält die gleichen Resultate, wenn man F, J, I an Stelle der Quantenzahlen J, L, S einsetzt.

7.5. Intensitätsregeln für die Zeeman-Komponenten

Wie die Relationen für die Intensitäten der Multipletts wurden auch die relativen Intensitäten der ZEEMAN-Komponenten (abgesehen von den normalen Tripletts) zunächst empirisch bestimmt (ORNSTEIN und BURGER, 1924), später mit Hilfe des Korrespondenzprinzips berechnet (HÖNL, 1925) und schließlich quantenmechanisch hergeleitet (siehe z. B. CONDON und SHORTLEY, 1935).

Als fundamentale Regel gilt, daß

$$\sum_{M_J'} |\langle n'L'J'M_J' | \boldsymbol{r} | nLJM_J\rangle|^2$$

unabhängig von M_J ist; bei der Anwendung auf die Intensitäten der ZEEMAN-Komponenten ist aber Vorsicht geboten. Bei Übergängen mit $\Delta M_J = 0$ (π-Komponenten) haben wir es mit der Komponente des schwingenden Dipols in Richtung der z-Achse zu tun, gemittelt über die gesamte Atomkonfiguration, so daß $(\hat{\boldsymbol{n}} \cdot \boldsymbol{r})^2_{\text{Mittel}} \propto \sin^2 \gamma$ ist, wobei γ den Winkel zwischen der Beobachtungsrichtung und der z-Achse bezeichnet. [$\hat{\boldsymbol{n}}$ ist der Einheitsvektor in Richtung des Polarisationsvektors; vgl. Gl. (7.6), Abschnitt 7.3*a*. und Abb. 10.] Die gesamte Emission

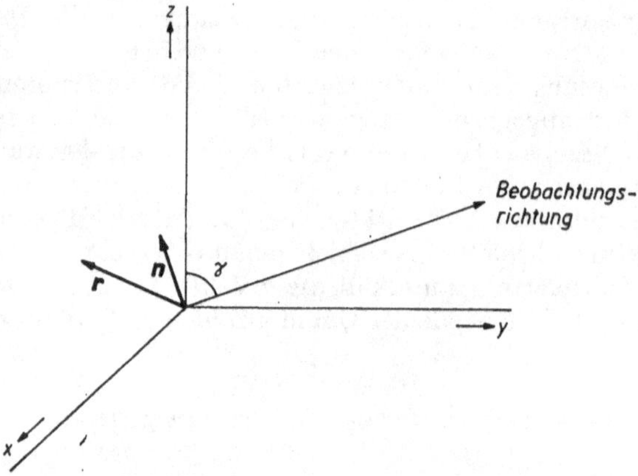

Abb. 10

für die π-Komponente ist deshalb proportional $\int \sin^2 \gamma \, d\Omega = \int \sin^2 \gamma \cdot 2\pi \sin \gamma d\gamma = 8\pi/3$. Im Fall von σ-Übergängen haben wir es andererseits mit der Komponente des schwingenden Dipols in der x, y-Ebene zu tun. Diese kann in zwei entgegengesetzt zirkular polarisierte Bewegungen aufgelöst werden, von denen jede eine σ-Komponente mit der Amplitude $1/\sqrt{2}$ liefert. Damit wird für jede σ-Komponente $(\hat{\boldsymbol{n}} \cdot \boldsymbol{r})^2 \propto (1/2)(1 + \cos^2 \gamma)$, und die Gesamtemission für die σ-Komponente,

$$\frac{1}{2}\int(1+\cos^2\gamma)\,\mathrm{d}\Omega = \frac{1}{2}\int(1+\cos^2\gamma) \times 2\pi\sin\gamma\,\mathrm{d}\gamma = \frac{8}{3}\pi,$$

ist dieselbe wie für die π-Komponente. In der Querrichtung $(\gamma = \pi/2)$ dagegen ist die Intensität I_π der π-Komponente proportional $\sin^2\gamma = 1$, die Intensität I_σ der σ-Komponente aber proportional $(1/2)(1+\cos^2\gamma) = 1/2$. Wir erhalten also

$$I_\pi \propto |\langle n' L' J' M_J' | \boldsymbol{r} | n L J M_J\rangle|^2,$$

$$I_\sigma \propto \frac{1}{2}\,|\langle n' L' J' M_J' | \boldsymbol{r} | n L J M_J\rangle|^2.$$

Bei der Berechnung der Summe über M_J' müssen die σ-Komponenten das Gewicht 2 erhalten, so daß die Summenregel für die Intensitäten der ZEEMAN-Komponenten bei transversaler Beobachtung ergibt, daß

$$\sum_{M_J'}\{I_\pi(M_J', M_J) + 2I_\sigma(M_J', M_J)\}$$

unabhängig von M_J ist.

Eine weitere Regel können wir erhalten, wenn wir beachten, daß die Gesamtstrahlung einer Spektrallinie unpolarisiert sein muß, wenn das Magnetfeld abgeschaltet ist. Das liefert

$$\sum_{M_J', M_J} I_\pi(M_J', M_J) = \sum_{M_J', M_J} I_\sigma(M_J', M_J).$$

Diese beiden Regeln reichen bereits aus, um die relativen Intensitäten der ZEEMAN-Komponenten im allgemeinen Fall zu bestimmen, wenn zusätzlich vorausgesetzt wird, daß die Aufspaltung symmetrisch ist. Das gilt, solange die Feldstärke so gewählt wird, daß die

Zeeman-Wechselwirkung entweder klein oder groß gegen alle anderen Wechselwirkungen im Atom ist. Die angegebenen Ausdrücke beziehen sich explizit auf den Fall, daß der Zeeman-Effekt zwar groß gegen die Hyperfeinstruktureffekte, aber immer noch klein gegen die Feinstruktur und alle anderen Wechselwirkungen ist. Dann gilt

$$\begin{aligned}
&\text{für } J \to J\,;\, M_J \to M_J \pm 1: && I_\sigma = A\,(J \pm M_J + 1)(J \mp M_J),\\
&\qquad M_J \to M_J: && I_\pi = 4 A M_J^2;\\
&\text{für } J \to J+1\,;\, M_J \to M_J \pm 1: && I_\sigma = B\,(J \pm M_J + 1)\\
& && \quad \times (J \pm M_J + 2),\\
&\qquad M_J \to M_J: && I_\pi = 4B\,(J + M_J + 1)\\
& && \quad \times (J - M_J + 1).
\end{aligned} \tag{7.10}$$

Für $J \to J - 1$ erhält man das gleiche Resultat wie für $J \to J + 1$ mit $J - 1$ an Stelle von J. Es sei noch einmal betont, daß diese Ausdrücke — unter der Voraussetzung symmetrischer Aufspaltung der Linien — völlig unabhängig von den Kopplungsbedingungen innerhalb des Atoms sind.

Wenn die Zeeman-Wechselwirkung mit einer der anderen Wechselwirkungen im Atom größenordnungsmäßig vergleichbar wird, wird die Symmetrie der Zeeman-Aufspaltung aufgehoben, und die Intensitäten lassen sich nicht mehr durch Gl. (7.10) beschreiben, obgleich noch Summenregeln des oben diskutierten Typs gültig bleiben.

KAPITEL VIII

Breite der Spektrallinien

8.1. Einleitung

Daß die Spektrallinien strenggenommen nicht scharf sind, sondern eine endliche Breite besitzen, war lange Zeit bekannt. Die drei Hauptursachen für diese Linienverbreiterung sind: die natürliche Breite der Energieniveaus der Atome, die sich aus ihrer endlichen Lebensdauer und der daraus folgenden Unsicherheit der Energiewerte ergibt; die DOPPLER-Breite auf Grund des DOPPLER-Effekts, der die scheinbare Strahlungsfrequenz der sich mit zufälligen thermischen Geschwindigkeiten bewegenden Atome modifiziert; die Stoß- oder Druckverbreiterung, die sich aus den Modifikationen der Strahlung auf Grund von Stößen zwischen den strahlenden Atomen und ihren Nachbarn herleitet.

Wir wollen hier einige Ergebnisse der FOURIERschen Theorie vorausschicken, um das Verständnis der Arbeit 16 von WEISSKOPF und WIGNER sowie der Arbeit 17 von WEISSKOPF zu erleichtern. Es werde vorausgesetzt, daß sich jedes beliebige Linienprofil aus dem kontinuierlichen Bereich der FOURIER-Komponenten, deren komplexe Amplituden mit $G(\omega)$ bezeichnet werden sollen, konstruieren läßt. Dann ist das Intensitätsprofil $I(\omega) = |G(\omega)|^2$, und die zeitliche Änderung der Störung, die dieses Profil beschreibt, ergibt sich aus (Re bedeutet den Realteil der komplexen Größe)

$$a(t) = \int_0^\infty \mathrm{Re}\,[G(\omega)\,\mathrm{e}^{i\omega t}]\,\mathrm{d}\omega$$

$$= \frac{1}{2}\int_0^\infty [G(\omega)\,\mathrm{e}^{i\omega t} + G^*(\omega)\,\mathrm{e}^{-i\omega t}]\,\mathrm{d}\omega\,.$$

Für reelles $a(t)$ kann man zeigen, daß $G(\omega) = G^*(-\omega)$ gilt. Damit folgt

$$a(t) = \frac{1}{2} \int_{-\infty}^{+\infty} G(\omega)\, \mathrm{e}^{i\omega t}\, \mathrm{d}\omega,$$

und der FOURIERsche Integralsatz liefert

$$G(\omega) = \frac{1}{\pi} \int_{-\infty}^{+\infty} a(t)\, \mathrm{e}^{-i\omega t}\, \mathrm{d}t.$$

Eine weitere nützliche Beziehung ist

$$I(\omega) = |G(\omega)|^2 = \frac{1}{\pi^2} \int_{-\infty}^{+\infty} a(t)\, \mathrm{e}^{-i\omega t}\, \mathrm{d}t \int_{-\infty}^{+\infty} a(t)\, \mathrm{e}^{i\omega t} \mathrm{d}t$$

$$= \frac{1}{\pi^2} \int_{-\infty}^{+\infty} \int_{-\infty}^{+\infty} a(t')\, \mathrm{e}^{-i\omega t'}\, a(t'')\, \mathrm{e}^{i\omega t''}\, \mathrm{d}t'\, \mathrm{d}t'',$$

wobei wieder $a(t)$ als reell vorausgesetzt wurde und wir die Integrationsvariablen t' und t'' eingeführt haben. Wir setzen nun $t'' - t' = t$ und erhalten

$$I(\omega) = \frac{1}{\pi^2} \int_{-\infty}^{+\infty} \int_{-\infty}^{+\infty} a(t')\, a(t'+t)\, \mathrm{e}^{i\omega t}\, \mathrm{d}t\, \mathrm{d}t'$$

$$= \frac{1}{\pi^2} \int_{-\infty}^{+\infty} \varphi(t)\, \mathrm{e}^{i\omega t}\, \mathrm{d}t;$$

dabei ist

$$\varphi(t) = \int_{-\infty}^{+\infty} a(t')\, a(t'+t)\, \mathrm{d}t'$$

die Autokorrelationsfunktion von $a(t)$. Das Intensitätsprofil ist also gleich der komplexen FOURIER-Transformierten der Autokorrelationsfunktion der Störung.

8.2. Doppler-Verbreiterung

Die DOPPLER-Verbreiterung kann leicht für den Fall eines Gases berechnet werden, wo die einzige Bewegung die ungeordnete Bewegung der Atome auf Grund der thermischen Energie des Gases ist. Die Arbeit 17 von WEISSKOPF ist eine der vielen, in denen dieser Fall behandelt wird. Wenn das Gas turbulent ist, wie man es oft in Sternatmosphären antrifft, oder eine andere Art einer Massenbewegung vorhanden ist, wie sie z. B. im Plasma vorliegt, das im Labor erzeugt wurde, so treten zusätzliche Beiträge zur DOPPLER-Breite der Linien auf. Manchmal ist es möglich, zwischen der Verbreiterung infolge der ungeordneten Wärmebewegung der Atome und derjenigen zu unterscheiden, die sich aus einer Massenbewegung ergibt, wenn man die Linienbreiten der im Gas vorhandenen Elemente verschiedener Massenzahlen A untersucht. Die durch die ungeordnete Wärmebewegung hervorgerufene DOPPLER-Breite ist nämlich proportional $A^{-1/2}$, die DOPPLER-Breite auf Grund der Massenbewegung dagegen muß unabhängig von A sein, da ja die Massenbewegung aller Atome des Gases mit der gleichen Geschwindigkeit erfolgt.

8.3. Natürliche Linienverbreiterung

Die klassische Theorie der natürlichen Linienverbreiterung ist in der Arbeit 17 dargelegt. Die quantenmechanische Theorie wird ausführlich in der Arbeit 16 wiedergegeben, eine Zusammenfassung der wesentlichen Ergebnisse findet man ebenfalls in der Arbeit 17. Nach der klassischen Theorie kann man diese Erscheinung auf Grund der Strahlungsdämpfung des Elektronenoszillators verstehen. Dabei ergibt sich die Halbwertsbreite der Linien zu $2/\tau$, wenn τ die Zeit bezeichnet, während der die Schwingungsamplitude auf den e-ten Teil ihres Anfangswertes abgefallen ist. In der Quantenmechanik geht man davon aus, daß die Energie eines angeregten Atomzustandes der Lebensdauer τ infolge der HEISENBERGschen Unschärferelation nicht besser als $\Delta E \approx h/\tau$ bestimmt werden kann. Die Breite der Spektrallinie wird dann $\Delta\nu \approx \Delta E/h \approx 1/\tau$, und die Übereinstimmung zwischen klassischer und Quantentheorie ist hergestellt.

Ein augenfälliges Beispiel für die natürliche Linienverbreiterung, das Auftreten der sehr breiten sogenannten „Präionisations"-Linien[1]), wird von WEISSKOPF und WIGNER nicht diskutiert. Wenn z. B. in einem Atom mit zwei Elektronen in der Valenzschale beide Elektronen angeregt sind, so ist es gut denkbar, daß die Anregungsenergie größer ist als die Energie, die zur Ionisierung des Atoms erforderlich ist. (Derartige Zustände werden von RUSSELL und SAUNDERS in der Arbeit 8 diskutiert.) Unter diesen Bedingungen kann das angeregte Atom strahlungslos in den ionisierten Zustand übergehen, wenn dabei die Auswahlregeln nicht verletzt werden. Die Wahrscheinlichkeit für einen solchen Übergang ist in einigen Fällen sehr groß, entsprechend auch die Breite des angeregten Zustandes. Deshalb sind alle Spektrallinien, an denen ein derartiger Zustand beteiligt ist, verbreitert. Die Bedeutung dieses Effekts für die optischen Spektren wurde von SHENSTONE (1930) erkannt und ist erst in jüngster Zeit von GARTON und Mitarb. (1963) ausführlich untersucht worden. Die auftretenden Linienformen unterscheiden sich von denen aus der Theorie von WEISSKOPF und WIGNER, da beim Präionisationsübergang der Endzustand in einem Kontinuum liegt. Das Linienprofil wurde theoretisch von FANO (1961) untersucht.

8.4. Stoßverbreiterung

a) Stoßnäherung

In der Arbeit 17 beschreibt WEISSKOPF drei verschiedene, von Wechselwirkungen hervorgerufene Typen der Verbreiterung. Der erste, die *Stoßdämpfung*, entsteht infolge von Phasensprüngen der Strahlung, wenn das

---

[1]) *Anm. d. dtsch. Red.*: Der Vorgang der Präionisation wird auch als Autoionisation bezeichnet.

strahlende (oder absorbierende) Atom mit anderen Atomen des Gases zusammenstößt. Dabei wird das strahlende Atom als klassischer Elektronenoszillator angesehen, die interatomare Wechselwirkung, die für die Phasensprünge verantwortlich gemacht wird, aber quantentheoretisch behandelt. Es werden nur Phasensprünge größer als 1 rad berücksichtigt und die Strahlungsausbrüche außerhalb solcher Phasensprünge als völlig inkohärent angenommen. Die beim Stoß emittierte Strahlung wird vernachlässigt. Eine FOURIER-Analyse solcher inkohärenter Strahlungsausbrüche mit der ungestörten Frequenz liefert natürlich ein ähnliches Resultat wie das von LORENTZ (1906) unter der Voraussetzung erhaltene, daß die Stöße zur völligen Auslöschung der Strahlung führen:

$$I(\omega) = \frac{\gamma}{\pi} \frac{1}{(\omega - \omega_0)^2 + \gamma^2};$$

dabei ist γ die Stoßdämpfungskonstante, $\gamma = 1/\bar{\tau}$, wobei $\bar{\tau}$ die mittlere effektive Stoßzeit ist. Die Gesamtintensität der Linie ist willkürlich auf 1 normiert. Be-

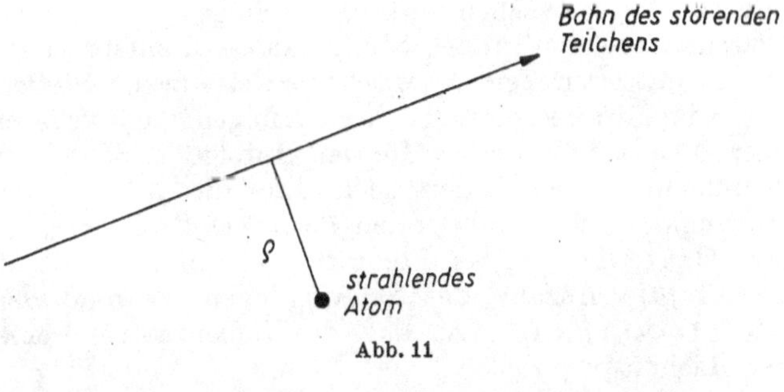

Abb. 11

zeichnen wir mit ϱ_0 den Wert des Stoßparameters ϱ (siehe Abb. 11) für einen Stoß, der zum kritischen Phasensprung $\eta = 1$ führt, so erhalten wir

$$\gamma = \pi \varrho_0^2 \bar{v} N;$$

$\bar{v}$ bedeutet die mittlere Relativgeschwindigkeit der strahlenden und störenden Atome, N die Anzahldichte der störenden Atome. Man kann leicht zeigen, daß

$$\varrho_0 = \left[\sqrt{\pi} \frac{\Gamma\left[\frac{1}{2}(p-1)\right]}{\Gamma\left[\frac{1}{2}p\right]} \frac{C_p}{\bar{v}} \right]^{1/(p-1)}$$

ist, wenn die Frequenzänderung der Spektrallinie infolge eines störenden Atoms im Abstand r durch

$$\Delta\omega = \frac{C_p}{r^p}, p > 1$$

gegeben ist.

In der Theorie von WEISSKOPF werden alle Stöße vernachlässigt, die zu Phasensprüngen kleiner als 1 rad führen. Man sieht leicht, daß solche Phasensprünge die Frequenz der Linie verschieben. Im Mittel wird zwischen zwei Stößen „mit großer Phasenänderung" (starken Stößen) eine Anzahl von Stößen „mit kleiner Phasenänderung" (schwachen Stößen) erfolgen, da kleine Phasenänderungen großen Stoßparametern entsprechen. In der mittleren Zeit $\bar{\tau}$ zwischen zwei starken Stößen mögen im Mittel n schwache Stöße erfolgen, die jeweils zu einer Phasenänderung ε führen. Infolge der kleinen Phasenänderungen ändert sich also die Anzahl der Schwingungen während der Zeit $\bar{\tau}$ von $\bar{\tau}\,\omega_0/2\pi$ in $\bar{\tau}\,\omega_0/2\pi + n\varepsilon/2\pi$. Die zentrale Frequenz der Linie ist somit $\omega = (2\pi/\bar{\tau}) \times$ Anzahl der Schwingungen während der Zeit $\bar{\tau} = \omega_0 + n\varepsilon/\bar{\tau}$, so daß das Linienzentrum eine Verschiebung

$$\beta = \frac{n\varepsilon}{\bar{\tau}}$$

erfährt. Folglich hängt das Verhältnis β/γ von der gesamten Phasenänderung $n\varepsilon$ auf Grund der schwachen

Stöße zwischen zwei starken Stößen ab. Diese Überlegungen sind auf LINDHOLM (1945) und FOLEY (1946) zurückzuführen. Es ist nicht unbedingt erforderlich, die willkürliche Einteilung in starke und schwache Stöße einzuführen, die WEISSKOPFsche Wahl von $\eta < 1$ für Stöße, die nur eine kleine Verbreiterung der Linien hervorrufen (im wesentlichen, weil derartige Stöße die Kohärenz des Wellenzuges nicht stören), aber zu ihrer Verschiebung beitragen, erweist sich aber näherungsweise als richtig. Die Linien behalten das LORENTZ-Profil bei, sind aber um die Größe β verschoben, wobei die Verschiebung β für $p > 3$ durch

$$\beta = \gamma \tan \frac{\pi}{p-1}$$

gegeben ist.

WEISSKOPF betrachtet außerdem (Abschnitt 4 der Arbeit 17) allgemein den Einfluß der beim Stoß emittierten Strahlung auf das Linienprofil, der in der Stoßnäherung vernachlässigt wird. Ein Stoß mit dem Stoßparameter ϱ hat die Dauer $\Delta\tau \approx \varrho/\bar{v}$, und die Frequenz der während des Stoßes emittierten Strahlung ist um den Betrag $\Delta\omega \approx C_p/\varrho^p$ verschoben. Diese Strahlung hat einen Anteil von etwa $\Delta\tau/\bar{\tau} \approx \gamma\varrho/\bar{v}$ an der Gesamtstrahlung des Atoms. Ihre Frequenz streut um $\approx 1/\Delta\tau$, so daß ihre Intensität pro Einheitsfrequenzintervall $\approx \gamma(\varrho/\bar{v})^2$ wird. Das haben wir mit der Intensität $\approx \gamma/\pi\,(\Delta\omega)^2$ pro Einheitsfrequenzintervall bei der um $\Delta\omega$ gegen das Linienzentrum verschobenen Frequenz zu vergleichen, die der zwischen den Stößen emittierten Strahlung entspricht. Die Bedingung dafür, daß der zweite Beitrag überwiegt, ist also

$$\frac{\gamma}{\pi(\Delta\omega)^2} \gg \gamma \left(\frac{\varrho}{\bar{v}}\right)^2.$$

Wegen $\Delta\omega \approx C_p/\varrho^p$ erhalten wir damit als Bedingung für die Gültigkeit der Stoßnäherung die Beziehung

$$\Delta\omega \ll \frac{\bar{v}^{p/(p-1)}}{C_p^{1/(p-1)}}$$

Wie man hieraus ersieht, beschreibt die Stoßnäherung offenbar das Zentrum eines Linienprofils, während für die dem Vorzeichen von C_p entsprechenden Flügel (d. h. den violetten Flügel für positives C_p und den roten Flügel für negatives C_p) ein Beitrag auf Grund der Strahlung während des Stoßes zu erwarten ist. Bei hinreichend geringer Dichte der störenden Atome kann das beobachtete Profil vollständig innerhalb des kritischen $\Delta\omega$-Wertes liegen, also mit Hilfe der Stoßnäherung beschrieben werden. Das ist gewöhnlich der Fall, wenn die Verbreiterung durch „Fremd"gase bei Drücken unterhalb etwa 1 atm verursacht wird.

Die Quantentheorie der Stoßverbreiterung in der Stoßnäherung ist in jüngster Zeit wieder stark bearbeitet worden (Griem, 1964), obgleich bereits Weisskopf selbst eine einfache Fassung skizziert hat. Es wurden zahlreiche Fälle der Stoßverbreiterung durch geladene Teilchen ausführlich durchgerechnet, wobei der Einfluß von Elektronen mit Hilfe der Stoßnäherung behandelt werden kann. Solche Verbreiterungen spielen bei den Spektrallinien von Sternen und Plasmen eine wesentliche Rolle. Analoge Rechnungen für die Linienverbreiterung infolge von Stößen mit neutralen Störteilchen sind noch nicht bekannt geworden. Neuere experimentelle Arbeiten (Hindmarsh, 1963; Behmenburg, 1964) zeigen aber, daß bei der theoretischen Berechnung der Linienverbreiterung durch „Fremdgase" die kurzreichweitigen Abstoßungskräfte der Atome sowie die längerreichweitigen van-der-Waals-Kräfte berücksichtigt werden müssen.

b) Statische Näherung

In der Stoßnäherung wird ein Teil der Strahlung (der während der Stöße emittierte) vernachlässigt, der restliche Teil mittels einer Fourier-Analyse aber korrekt behandelt. Die statische oder statistische Näherung berücksichtigt dagegen zwar die gesamte emittierte Strahlung, es wird aber keine FOURIER-Analyse durchgeführt. Sie stellt vermutlich eine gute Näherung für langsam bewegte Störteilchen dar. Man nimmt an, daß das Linienprofil $I(\omega)$ proportional der Wahrscheinlichkeit $H(\omega)$ dafür ist, daß sich das strahlende Atom im Feld der störenden Atome befindet und dabei die Frequenz der Strahlung um den Betrag $\omega - \omega_0 = \Delta\omega$ gegenüber der ungestörten Frequenz ω_0 verschoben ist. Hierbei wird vorausgesetzt, daß das FRANCK-CONDON-Prinzip gilt (siehe z. B. KUHN, 1962). Diese Näherung der Stoßverbreiterung wurde von HOLTSMARK ursprünglich zur Beschreibung der Verbreiterung der Wasserstofflinien infolge von Ionenstößen entwickelt. Die Arbeit von HOLTSMARK wird bei WEISSKOPF (Arbeit 17, Abschnitt III.6) kurz behandelt. Die statische Linienverbreiterung infolge der VAN DER WAALSschen Wechselwirkung hat KUHN (1937) untersucht. Er diskutiert die Relation zwischen Stoßnäherung und statischer Näherung und gibt eine einfache Darstellung, die zu einem Ausdruck für den Verlauf des Linienprofils in großem Abstand vom Zentrum führt. In diesem Bereich wird der Verlauf des Profils durch Stöße mit sehr kleinem Stoßparameter erklärt, für die man die Möglichkeit von Mehrfachstößen vernachlässigen kann. Die Wahrscheinlichkeit dafür, daß sich ein störendes Teilchen im Abstandsintervall $r, r + \mathrm{d}r$ vom strahlenden Atom aufhält, ist proportional $4\pi r^2\,\mathrm{d}r$. Damit ergibt sich bei $\Delta\omega = C_p/r^p$

$$I(\Delta\omega)\,\mathrm{d}\omega \propto 4\pi r^2\,\mathrm{d}r \propto \frac{1}{p}\,C_p^{3/p}\,\Delta\omega^{-(p+3)/p}\,\mathrm{d}\omega\,.$$

Die statische Näherung ist anwendbar, wenn $\Delta\omega$ groß gegen die Stoßverbreiterung der Linie ist. Unter gewissen Bedingungen läßt sich das gesamte Linienprofil mit Hilfe der statischen Theorie in guter Näherung beschreiben.

Die Verbreiterung der Wasserstofflinien infolge von Ionenstößen hat GRIEM (1964) sehr ausführlich theoretisch untersucht.

c) *Resonanzverbreiterung*

Dieser Effekt, von manchen Autoren auch als „Selbstverbreiterung“ oder „Kopplungsverbreiterung“ bezeichnet, entsteht infolge der Wechselwirkung eines Atoms in einem angeregten (gewöhnlich einem Resonanz-) Zustand mit einem Atom der gleichen Sorte im Grundzustand. Eine solche Wechselwirkung resultiert aus dem möglichen Energieaustausch zwischen dem Atom im angeregten Zustand und dem Atom im Grundzustand und kann analog wie der Energieaustausch zwischen zwei gekoppelten klassischen Oszillatoren behandelt werden. Dabei sind die Elektronenoszillatoren durch das elektromagnetische Feld gekoppelt, und es sind zwei verschiedene Arten von Wechselwirkungen möglich. Einmal kann das angeregte Atom über das Induktionsfeld Energie mit dem nichtangeregten Atom austauschen, d. h. über die Komponente des Feldes des HERTZschen Oszillators proportional r^{-3}, wenn r den Abstand vom Oszillator bezeichnet. Andererseits kann der Energieaustausch der beiden Atome auch über das Strahlungsfeld erfolgen, das für den HERTZschen Dipol proportional r^{-1} ist. In der Sprache der Quantenmechanik ist der zweitgenannte Prozeß von der tatsächlichen Emission und nachfolgenden Absorption eines Photons begleitet, während das Photon im ersten Fall als „virtuell“ bezeichnet wird, da es unabhängig nicht existiert.

Der zweitgenannte Prozeß, die tatsächliche Emission und Reabsorption von Strahlung, führt zur Erscheinung der sogenannten Selbstabsorption. Dabei wird z. B. in einer Gasentladung eine Spektrallinie emittiert und sogleich zum Teil wieder absorbiert, bevor sie das Plasma verlassen hat. Das ist am wahrscheinlichsten, wenn der untere Zustand des Übergangs, der der Linie entspricht, der Grundzustand ist und die Strahlungsquanten während ihres Durchgangs durch das Gas mit recht vielen Atomen im Grundzustand zusammenstoßen; man beobachtet

Selbstabsorption aber auch, wenn der untere Zustand des Übergangs genügend stark besetzt ist. Die Reabsorption ist für die intensiveren Teile des Linienprofils stärker, so daß dessen Maximum abgeflacht wird. Das führt zu einer scheinbaren Verbreiterung der Linie (vgl. Abb. 12). Unter

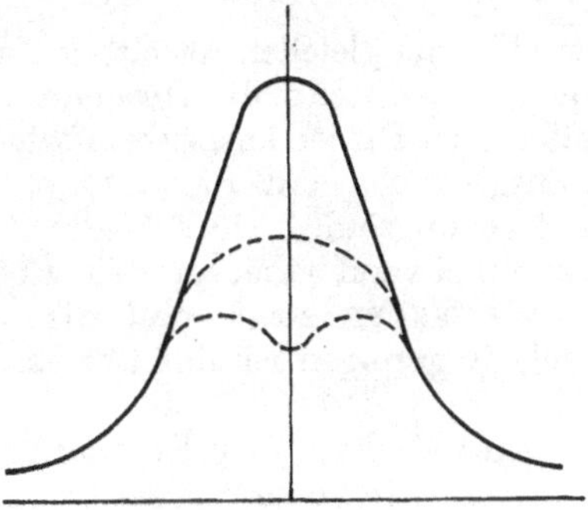

Abb. 12. Einfluß der Selbstabsorption auf das Linienprofil

bestimmten Bedingungen tritt sogar ein Intensitätsminimum auf (Abb. 12). Man spricht dann von einer Selbstumkehr der Linie.

Der erstgenannte Prozeß, bei dem ein angeregtes und ein nichtangeregtes Atom Energie austauschen können (dem Energieaustausch über das Induktionsfeld) und bei dem keine tatsächliche Strahlung auftritt, führt zu der Erscheinung, die heute meist als Resonanzverbreiterung bezeichnet wird. Weisskopf untersucht die Resonanzverbreiterung in seinem Übersichtsbericht unter zwei Gesichtspunkten. Im Abschnitt III.2 der Arbeit 17 betrachtet er sie als eine Art Stoßdämpfung mit einem Wechselwirkungspotential der Form C_p/r^3. Wenn man für C_p den Wert annimmt, den man aus der klassischen Theorie der gekoppelten schwingenden Dipole erhält,

$$C_p = \frac{1}{4} \frac{e^2}{m_0 \omega_0} f,$$

wobei f die Oszillatorstärke des Übergangs ist, so ergibt sich folgender Ausdruck für die Dämpfungskonstante (N ist die Anzahldichte der Atome im Grundzustand):

$$\gamma = \frac{\pi e^2}{2 m_0 \omega_0} f N .$$

Im Abschnitt III.5 der gleichen Arbeit, den wir hier nicht mit abgedruckt haben, wird die Resonanzverbreiterung auf der Grundlage der Dispersionstheorie behandelt. Dabei wird davon ausgegangen, daß die LORENZ-LORENTZsche Theorie des Brechungsindex eines Mediums die kollektiven Effekte auf Grund einer großen Molekülzahl berücksichtigt. WEISSKOPF zeigt, daß diese kollektiven Effekte nur relativ geringen Einfluß auf das Linienprofil haben.

Ein wesentliches Merkmal der Resonanzverbreiterung ist, daß statische und Stoßnäherung ein Profil der gleichen Form und im wesentlichen auch der gleichen Breite ergeben, nämlich das LORENTZ-Profil.

Neuere theoretische Arbeiten über die Resonanzverbreiterung (z. B. BYRON und FOLEY, 1964; GRIEM, 1964) haben die obengenannten Schlußfolgerungen bestätigt. Der Zahlenfaktor im Ausdruck für die Dämpfungskonstante wird noch diskutiert. Die experimentell gefundenen Werte stehen im allgemeinen mit der hier wiedergegebenen theoretischen Interpretation in Übereinstimmung. In einer ihrer jüngsten Untersuchungen haben KUHN und VAUGHAN (1964) versucht, den Zahlenfaktor im Ausdruck für die Dämpfungskonstante bis auf einige Prozent genau zu bestimmen.

Literatur

BARTLETT, J. H. (1931): Nature [London] **128** (1931) 408.

BEHMENBURG, W. (1964): J. Quantum Spectr. Rad. Transfer **4** (1964) 177.

BETHE, H. A., und E. E. SALPETER (1957): Quantum Mechanics of One- and Two-Electron Systems, in: FLÜGGE, S., ed.: Handbuch der Physik, Bd. 35. Springer-Verlag, Berlin—Göttingen—Heidelberg 1957, S. 337.

BODMER, A. R. (1953): Proc. phys. Soc. **A66** (1953) 1041.

BOHR, A., und V. WEISSKOPF (1950): Phys. Rev. **77** (1950) 94.

BREIT, G. (1930): Phys. Rev. **35** (1930) 1447.

BRIX, P., und H. KOPFERMANN (1944): Z. Phys. **126** (1944) 344.

BROCH, E. K. (1945): Arch. Math. Naturvid. **48** (1945) 25.

BYRON, F. W., und H. M. FOLEY (1964): Phys. Rev. **134** (1964) A625.

CASIMIR, H. B. G. (1936): On the Interaction between Atomic Nuclei and Electrons. De Erven F. Bohn N. V., Haarlem 1936.

CONDON, E. U., und G. H. SHORTLEY (1935): The Theory of Atomic Spectra. Cambridge University Press, London 1935.

CRAWFORD, M. F., und A. L. SCHAWLOW (1949): Phys. Rev. **76** (1949) 1310.

DAVYDOV, A. S. (1965): Quantum Mechanics. Pergamon Press, Oxford 1965 (Dtsch. Übers.: DAWYDOW, A. S.: Quantenmechanik. VEB Deutscher Verlag der Wissenschaften, Berlin 1967).

DIRAC, P. A. M. (1926): Proc. roy. Soc. [London] **A111** (1926) 281.

DIRAC, P. A. M. (1928): Proc. roy. Soc. [London] **A117** (1928) 610.

DORGELO, H. B. (1925): Phys. Z. **26** (1925) 756.

FANO, U. (1961): Phys. Rev. **124** (1961) 1866.

FOLEY, H. M. (1946): Phys. Rev. **69** (1946) 616.

GARTON, W. R. S. (1963): J. Quantum Spectr. Rad. Transfer 2 (1963) 335.
GOUDSMIT, S. (1933): Phys. Rev. **43** (1933) 636.
GOUDSMIT, S., und E. BACK (1927): Z. Phys. **43** (1927) 321.
GRIEM, H. R. (1964): Plasma Spectroscopy. McGraw-Hill Book Co. Inc., New York 1964, Kap. 4.
HEITLER, W. (1936): Quantum Theory of Radiation. Oxford University Press, London 1936, S. 106.
HINDMARSH, W. R. (1963): Phys. Letters **7** (1963) 115.
HÖNL, H. (1925): Z. Phys. **31** (1925) 340.
HOUSTON, W. V. (1937): Phys. Rev. **51** (1937) 446.
HOUSTON, W. V., und Y. M. HSIEH (1934): Phys. Rev. **45** (1934) 263.
HUMBACH, W. (1955): Z. Phys. **141** (1955) 59.
KRAMERS, H. A. (1938): Nuovo Cim. **15** (1938) 108.
KUHN, H. G. (1934): Philos. Mag. (7) **18** (1934) 987.
KUHN, H. G. (1937): Proc. roy. Soc. [London] **A158** (1937) 212.
KUHN, H. G. (1962): Atomic Spectra. Longmans, London 1962.
KUHN, H. G., und G. W. SERIES (1950): Proc. roy. Soc. [London] **A202** (1950) 127.
KUHN, H. G., und J. M. VAUGHAN (1964): Proc. roy. Soc. [London] **A277** (1964) 297.
LAMB, W. E., und E. C. RETHERFORD (1947): Phys. Rev. **72** (1947) 241.
LANDÉ, A. (1924): Z. Phys. **25** (1924) 46.
LARMOR, J. J. (1918): Philos. Mag. **44** (1918) 503.
LINDHOLM, E. (1945): Ark. Mat. Astron. Fys. **32A** (1945), Nr. 17.
LORENTZ, H. A. (1906): Amsterdam Proc. **8** (1906) 591.
MAXWELL, J. C. (1873): Treatise on Electricity and Magnetism, Dover Reprint. Dover, New York 1954, Bd. 2, Kap. XX.
MOSELEY, H. G. J. (1913): Philos. Mag. **26** (1913) 1024.
MOSELEY, H. G. J. (1914): Philos. Mag. **27** (1914) 703.
NEWTON, I. (1704): Opticks, Dover Reprint. Dover, New York 1952, S. 340.
ORNSTEIN, L. S., und H. C. BURGER (1924): Z. Phys. **28** (1924) 135; **29** (1924) 241.
ORNSTEIN, L. S., und H. C. BURGER (1926): Z. Phys. **40** (1926) 403.
PAULI, W. (1924): Naturwiss. **12** (1924) 741.
PAULI, W. (1925): Z. Phys. **31** (1925) 765.
PAULING, L., und S. A. GOUDSMIT (1930): The Structure of Line Spectra. McGraw-Hill Book Co. Inc., New York 1930, S. 206.

Powell, J. L., und B. Craseman (1961): Quantum Mechanics. McGraw-Hill Book Co. Inc., New York 1961, S. 369–372.

Racah, G. (1931): Z. Phys. **76** (1931) 431.

Ritz, W. (1908): Astrophys. J. **28** (1908) 237.

Rosenthal, J. E., und G. Breit (1932): Phys. Rev. **41** (1932) 459; **42** (1932) 384.

Rydberg, J. R. (1896): Astrophys. J. **4** (1896) 91.

Schuster, A. (1896): Nature [London] **55** (1896) 180, 200 und 223.

Series, G. W. (1954): Proc. roy. Soc. [London] **A226** (1954) 377.

Series, G. W. (1957): The Spectrum of Atomic Hydrogen. Oxford University Press, London 1957.

Shenstone, A. G. (1930): Phys. Rev. **37** (1930) 1701; **38** (1930) 873.

Slater, J. C. (1960): Quantum Theory of Atomic Structure. McGraw-Hill Book Co. Inc., New York 1960, Bd. 2, S. 261.

Sommerfeld, A. (1916): Ann. Physik **51** (1916) 1.

Sommerfeld, A. (1934): Atomic Structure and Spectral Lines, 3. Aufl. Methuen, London 1934, S. 626 (Dtsch. Original: Atombau und Spektrallinien. Verlag Vieweg & Sohn, Braunschweig 1919 und 1957).

ter Haar, D. (1967): Old Quantum Theory (Selected Readings in Physics). Pergamon Press, Oxford 1967 (Dtsch. Übers.: Quantentheorie, WTB-Texte Bd. 56. Akademie-Verlag, Berlin 1969).

Thomas, L. H. (1926): Nature [London] **117** (1926) 514.

Welton, T. A. (1948)) Phys. Rev. **74** (1948) 1157.

Wilets, L., L. Hill und K. Ford (1953): Phys. Rev. **91** (1953) 1488.

Wilson, W. (1915): Philos. Mag. **29** (1915) 795.

Zeeman, P. (1897): Philos. Mag. **5** (1897) 43 und 226.

Teil 2

1. Notiz über die Spektrallinien des Wasserstoffs*)

von

J. J. BALMER

Ausgehend von den Messungen von H. W. VOGEL und HUGGINS über die ultravioletten Linien des Wasserstoffspektrums, habe ich versucht, eine Gleichung aufzusuchen, welche die Wellenlängen der verschiedenen Linien in befriedigender Weise ausdrückt, ich wurde dazu durch die Aufmunterung von Hrn. Prof. E. HAGENBACH ermutigt. Die sehr genauen Messungen ANGSTRÖMS der vier Wasserstofflinien ermöglichten es, für deren Wellenlängen einen gemeinschaftlichen Faktor aufzusuchen, der zu den Wellenlängen in möglichst einfachen Zahlenverhältnissen stand. So gelangte ich denn allmählich zu einer Formel, welche wenigstens für diese vier Linien als Ausdruck eines Gesetzes gelten kann, durch welches deren Wellenlängen mit einer überraschenden Genauigkeit dargestellt werden. Der gemeinschaftliche Faktor für diese Formel ist, wie er sich aus den ANGSTRÖMschen Bestimmungen ableitet:

$$h = 3645{,}6 \, \frac{\mathrm{mm}}{10^7}\,. \quad ^{(a)1)}$$

Man könnte diese Zahl die *Grundzahl* des Wasserstoffs nennen; und wenn es gelingen sollte, auch für andere Elemente die entsprechenden Grundzahlen ihrer Spektrallinien zu finden, so wäre die Vermutung gestattet, daß

---

*) Ann. Physik Chem. N. F. **25** (1885) 80–87, aus: Verhandl. naturforsch. Ges. Basel **7**, 548, mitgeteilt vom Verfasser.

[1]) Mit Buchstaben bezeichnete Anmerkungen im Teil 2 stammen vom Herausgeber der englischen Ausgabe und befinden sich am Ende der jeweiligen Originalarbeit.

zwischen diesen Grundzahlen und den entsprechenden Atomgewichten bestimmte, wieder durch irgendeine Funktion ausdrückbare Beziehungen stattfinden.

Die Wellenlängen der vier ersten Wasserstofflinien ergeben sich nun dadurch, daß die Grundzahl $h = 3645{,}6$ der Reihe nach mit den Koeffizienten $^9/_5$; $^4/_3$; $^{25}/_{21}$ und $^9/_8$ multipliziert wird. Scheinbar bilden diese vier Koeffizienten keine gesetzmäßige Reihe; sobald man aber den zweiten und den vierten durch vier erweitert, stellt sich die Gesetzmäßigkeit her, und die Koeffizienten erhalten zum Zähler die Zahlen 3^2, 4^2, 5^2, 6^2 und zum Nenner eine je um vier kleinere Zahl.

Es ist mir aus verschiedenen Gründen wahrscheinlich, daß die vier eben genannten Koeffizienten zwei Reihen angehören, so daß die zweite Reihe die Glieder der ersten Reihe noch einmal aufnimmt; und so komme ich dazu, die Formel für die Koeffizienten allgemeiner so dazustellen: $m^2/(m^2 - n^2)$, wobei m und n stets ganze Zahlen sind.

Für $n = 1$ erhält man die Reihe $^4/_3$, $^9/_8$, $^{16}/_{15}$, $^{25}/_{24}$ usw., für $n = 2$ die Reihe $^9/_5$; $^{16}/_{12}$; $^{25}/_{21}$; $^{36}/_{32}$; $^{49}/_{45}$; $^{64}/_{60}$; $^{81}/_{77}$; $^{100}/_{96}$ usw. In dieser zweiten Reihe ist je das zweite Glied schon in der ersten Reihe, aber hier in gekürzter Form vorhanden.

Führt man mit diesen Koeffizienten und der Grundzahl 3645,6 die Berechnung der Wellenlängen aus, so erhält man folgende Zahlen in 10^{-7} mm für dieselben.

Es wird nach der Formel

	Ångström hat	Differenz
H_α (C-Linie) $= {}^9/_5\ h = 6562{,}08$	6562,10	+0,02
H_β (F-Linie) $= {}^4/_3\ h = 4860{,}8$	4860,74	−0,06
H_γ (vor G) $= {}^{25}/_{21}\ h = 4340$	4340,1	+0,1
H_δ (h-Linie) $= {}^9/_8\ h = 4101{,}3$	4101,2	−0,1

Die Abweichung der Formel von der Ångströmschen Beobachtung beträgt also im ungünstigsten Falle noch nicht $^1/_{40000}$ der Wellenlänge, eine Abweichung, welche ganz wohl noch innerhalb der Grenzen der möglichen Beobachtungsfehler liegen dürfte und eher ein glänzendes Zeugnis für die große Gewissenhaftigkeit und Sorgfalt ist, mit welcher ANGSTRÖM bei seinen Operationen zu Werke gegangen sein muß.

Nach der Formel erhielte man für eine fünfte Wasserstofflinie $^{49}/_{45} \cdot 3645{,}6 = 3969{,}65 \cdot 10^{-7}$ mm. Von einer solchen fünften Linie, die noch innerhalb des sichtbaren Teiles des Spektrums, ganz nahe vor H_I (welches nach ANGSTRÖM die Wellenlänge 3968,1 hat) liegen müßte, war mir nichts bekannt; und ich mußte entweder annehmen, daß die Temperaturverhältnisse zur Entwicklung dieser Linie nicht günstig genug seien oder daß dennoch die Formel keine allgemeine Geltung besitze.

Auf meine Erkundigung teilte mir Hr. Prof. HAGENBACH mit, es existiere noch eine größere Anzahl, namentlich von den Herren VOGEL und HUGGINS gemessener Wasserstofflinien im violetten und ultravioletten Teile des Wasserstoffspektrums und des Spektrums weißer Sterne; er war so freundlich, selbst eine Vergleichung der betreffenden Wellenlängenbestimmungen mit meiner Formel durchzuführen und mir das Ergebnis mitzuteilen.

Obgleich die Formel im allgemeinen etwas größere Zahlen ergibt, als die Veröffentlichungen VOGELS und HUGGINS sie enthalten, so ist der Unterschied zwischen den berechneten und den beobachteten Wellenlängen so klein, daß die Übereinstimmung im höchsten Grade überraschen muß. Vergleichungen der Wellenlängebestimmungen verschiedener Forscher zeigen im allgemeinen keine vollkommen genaue Übereinstimmung; doch lassen sich die Beobachtungen des einen auf die des anderen durch eine kleine Reduktion in ganz befriedigender Weise zurückführen.

Auf umstehender Tabelle sind diese Messungen zusammengestellt und die Ergebnisse der Wellenlängen nach der Formel damit verglichen worden. Die Angaben von VOGEL und HUGGINS fallen dabei immer noch etwas

Tabelle der Wellenlänge für die Wasserstofflinien in 10^{-7} mm

FRAUNHOFERS Bezeichnung:	H_α $= {}^9/_5\,h$ C	H_β $= {}^4/_3\,h$ F	H_γ $= {}^{25}/_{21}\,h$ vor G	H_δ $= {}^9/_8\,h$ h	H_ε $= {}^{49}/_{45}\,h$ nahe vor H_I	H_ζ $= {}^{16}/_{15}\,h$ Ultraviolett	H_η $= {}^{81}/_{77}\,h$	H_ϑ $= {}^{25}/_{24}\,h$	H_ι $= {}^{121}/_{117}\,h$	Mittelwerte der Grundzahl h
Beobachter:										
VAN DER WILLIGEN[1])	6565,6	4863,94	4342,80	4103,8	(H_I = 3971,3)	–	–	–	–	h = 3647,821
ÅNGSTRÖM	6562,10	4860,74	4340,10	4101,2	(H_I = 3968,1)	–	–	–	–	h = 3645,589
MENDENHALL	6561,62	4860,16	–	–	–	–	–	–	–	h = 3645,232
MASCART	6560,7	4859,8	–	–	(H_I = 3967,2)	–	–	–	–	h = 3644,842
DITSCHEINER	6559,5	4859,74	4338,60	4100,0	(H_I = 3966,8)	–	–	–	–	h = 3644,460
HUGGINS	–	für die ultravioletten H-Linien weißer Sterne				3887,5	3834	3795	3767,5	h = 3643,846
VOGEL	–	–	–	–	3969	3887	3834	3795	6769	h = 3644,379

Formel: $H = \frac{m^2}{m^2-2^2}\,h$	$m=3$	$m=4$	$m=5$	$m=6$	$m=7$	$m=8$	$m=9$	$m=10$	$m=11$
h = 3645,6	6562,08	4860,8	4340	4101,3	3969,65	3888,64	3834,98	3797,5	3770,2
h = 3645	6561	4860	4339,283	4100,625	3969	3888	3834,35	3796,875	3769,615

[1]) Wenn man diesen, durchschnittlich um $^1/_{1500}$ höher stehenden Werten nur $^1/_3$ so viel Gewicht beilegt wie den übrigen Beobachtungen, so erhält man als genauen Mittelwert für h: 3645.

kleiner aus, als wenn man die Grundzahl für Wasserstoff auf $3645 \cdot 10^{-7}$ mm reduziert.

Aus diesen Vergleichungen ergibt sich zunächst, daß die Formel auch für die fünfte, nahe vor der ersten FRAUNHOFERschen H-Linie (welche dem Calcium zugehört) liegende Wasserstofflinie zutrifft. Ferner zeigt sich, daß die VOGELschen Wasserstofflinien und die ihnen entsprechenden HUGGINSschen Linien weißer Sterne durch die Formel sehr befriedigend dargestellt werden. Man dürfte fast als sicher voraussetzen, daß auch die nachfolgenden Linien weißer Sterne, welche HUGGINS noch weiter im ultravioletten Teil des Spektrums gefunden hat, mit durch die Formel ausgedrückt werden. Eine Kenntnis der betreffenden Wellenlängebestimmungen fehlt mir. Nach der Formel ergeben sich mittelst der Grundzahl 3645,6 folgende Bestimmungen für die neunte und die folgenden bis zur fünfzehnten Wasserstofflinie:

$^{121}/_{117} \cdot h = 3770{,}24$	$^{225}/_{221} \cdot h = 3711{,}58$
$^{36}/_{35} \cdot h = 3749{,}76$	$^{64}/_{63} \cdot h = 3703{,}46$
$^{169}/_{165} \cdot h = 3733{,}98$	$^{289}/_{285} \cdot h = 3696{,}76$
$^{49}/_{48} \cdot h = 3721{,}55$	

Ob die Wasserstofflinien der weißen Sterne auch noch so weit der Formel Recht geben oder ob allmählich andere Zahlenverhältnisse an ihre Stelle treten, kann nur durch die Tatsachen selbst entschieden werden.

Ich knüpfe an das Gesagte noch einige Fragen und Folgerungen.

Sollte die obige Formel bloß für das einzige chemische Element des Wasserstoffs Geltung haben und sich nicht auch in den Spektrallinien anderer einfacher Stoffe mit einer diesen Stoffen eigentümlichen Grundzahl wiederfinden? Wenn nicht, so dürfte man vielleicht annehmen, daß die dem Wasserstoff zukommende Formel ein besonderer Fall einer allgemeineren Formel sei, welche für gewisse Bedingungen eben in die Formel für die Wasserstofflinien übergehe.

Von Wasserstofflinien, welche der Formel für $n = 3$, 4, ... entsprächen und welche man als Linien dritter, vierter Ordnung usw. bezeichnen könnte, finden sich in den bis jetzt bekannt gewordenen Spektren keine vor; sie müßten sich etwa unter ganz neuen Temperatur- und Druckverhältnissen entwickeln, um wahrnehmbar zu werden.

Ist die Formel für $n = 2$ für sämtliche Hauptlinien des Wasserstoffspektrums richtig, so ginge aus derselben hervor, daß diese Spektrallinien sich nach der ultravioletten Seite hin der Wellenlänge 3645,6 immer mehr und in immer dichterer Folge nähern, aber diese Grenze nicht überschreiten können, während die C-Linie auch zugleich die äußerste mögliche Linie nach der roten Seite hin darstellt. Nur wenn noch Linien höherer Ordnungen vorkämen, würden sich auch noch weitere Linien nach der infraroten Seite hin ergeben.

Mit dem aus sehr zahlreichen Linien bestehenden „Zweiten Wasserstoffspektrum", welches Hr. Hasselberg in den „Mémoires de l'Académie des sciences de St.-Pétersbourg", Jahrg. 1882, veröffentlichte, steht die Formel in keinem irgendwie nachweisbaren Zusammenhang. Es möchte also der Wasserstoff unter gewissen Verhältnissen des Druckes und der Temperatur sich so verändern, daß das Gesetz der Bildung der Spektrallinien ein vollständig anderes würde.

Das Auffinden einer Grundzahl für andere chemische Elemente, Sauerstoff oder Kohlenstoff usw., vermittelst welcher sich aus der Formel deren Hauptspektrallinien ergäben, ist mit großen Schwierigkeiten verbunden. Nur die allergenausten und zuverlässigsten Wellenlängebestimmungen der hervorragendsten Linien eines Stoffes könnten zur Feststellung eines gemeinschaftlichen größten Maßes dieser Wellenlängen führen, und ohne ein solches Maß scheint alle Mühe des Probierens und Suchens umsonst. Vielleicht findet sich in einer anderen graphischen Konstruktion der Spektraltableaus das Mittel, auf dem Wege solcher Untersuchungen weiterzukommen.

Nachtrag

Aus einer mir durch gütige Vermittelung des Hrn. Prof. HAGENBACH zugekommenen Notiz des Hrn. HUGGINS vom 14. Sept. 1884 ergibt sich, daß allerdings auch noch weitere Wasserstofflinien sich im Spektrum weißer Sterne finden, über welche Hr. HUGGINS[1]) berichtet. Auch diese entsprechen sämtlich der Formel $m^2/(m^2 - 4) \cdot h_1$, wenn schon eine kleine, mit dem Koeffizienten m wachsende Differenz zwischen den beobachteten und den nach der Formel berechneten Wellenlängen sich kundgibt. Hr. Prof. HAGENBACH machte mich zuerst auf diesen letzteren Umstand aufmerksam. Er findet bei einer Vergleichung der mit $h = 3645$ berechneten und der von Hrn. HUGGINS beobachteten Wellenlängen folgende Differenzen.

		Nach der Formel berechnet	Von HUGGINS beobachtet	Differenz (B. – HUGGINS)
H_γ	m = 5	4339,3	4340,1	−0,8
h	6	4100,6	4101,2	−0,6
H_I	7	3969,0	3968,1	+0,9
H_α	8	3888,0	3887,5	+0,5
H_β	9	3834,3	3834,0	+0,4
H_γ	10	3796,9	3795,0	+1,9
H_δ	11	3769,6	3767,5	+2,1
H_ε	12	3749,1	3745,5	+3,6
H_ξ	13	3733,3	3730,0	+3,3
H_η	14	3720,9	3717,5	+3,4
H_ϑ	15	3711,0	3707,5	+3,5
H_ι	16	3702,9	3699,0	+3,9

Wenn man die Linien H_α und H_β noch dazu nimmt, so sind es im ganzen 14 Linien, welche durch die vorgeschlagene Formel sich darstellen lassen, wenn man dem m die Werte aller ganzen Zahlen von 3 bis 16 gibt. Ob nun

[1]) HUGGINS: Philos. Trans. 171 (1880) 669.

die obigen Differenzen zeigen, daß die Formel nur annäherungsweise das Gesetz gibt, oder ob dieselben aus Beobachtungsfehlern sich erklären lassen, ist schwer zu beurteilen. Die Messungen von HUGGINS sind mit äußerster Sorgfalt angestellt, doch mag die Schwierigkeit der Herstellung absolut gleicher Bedingungen bei der photographischen Aufnahme der Vergleichsspektren und der Sternspektren, von der Hr. HUGGINS auf S. 675 spricht, vielleicht die Abweichung erklären. — Der Umstand, daß die von HUGGINS gemessenen Wellenlängen sich auf Luft beziehen, ist nicht von Belang, denn wenn man mit den nach der CAUCHYschen Dispersionsformel aus den LORENZschen Beobachtungen abgeleiteten Brechungsverhältnissen die Wellenlängen auf das Vakuum reduziert, so ergibt sich eine ganz unbedeutende Vergrößerung, z. B. bei der Linie H_ι von 3699,0 auf 3700,1.

Hr. HUGGINS zitiert in einer Anmerkung seiner Abhandlung die ihm von einem seiner Freunde mitgeteilte Berechnung der sogenannten harmonischen Verhältnisse der Schwingungszahlen der Wasserstofflinien. Dabei ist es notwendig, für dieselben (drei) getrennte Serien solcher harmonischen Reihen anzunehmen, zugleich wird der gemeinschaftliche Faktor für jede Serie ziemlich klein, und die ganzzahligen Koeffizienten bilden keine gesetzmäßigen Reihen. Beides macht es mir zweifelhaft, ob dieser Versuch, so interessant er an sich ist, wirklich einen inneren Zusammenhang der Erscheinungen anzugeben hat.

Basel, 30. Januar 1885

Anmerkung

(*a*) In dieser Arbeit bedeutet $h = 4/R$, wobei R die RYDBERG-Konstante in $Å^{-1}$ ist.

2. Über die Emissionsspektren der chemischen Elemente*)

von

J. R. Rydberg

15. Die Serien von Wellenzahldifferenzen

Da sich die Zahlen $n^{(a)}$ nur um einen konstanten Faktor von den Schwingungszahlen unterscheiden (s. oben), können wir sie an Stelle der Schwingungszahlen benutzen, ohne die Form der Funktionen zu verändern. Wir sehen dann unmittelbar, daß wir eine beträchtliche Verbesserung erreicht haben, wenn wir sie in der gleichen Weise wie die entsprechenden Wellenlängen in Serien anordnen. Vom Beginn meiner Arbeiten an, deren Ziel es war, die Linien zu Serien zu ordnen, hatte ich immer die Differenzen aufeinanderfolgender Linien berechnet, um herauszufinden, ob sie sich mit zunehmender Ordnungszahl der Linien gesetzmäßig verändern. Jetzt rechnete ich auf die gleiche Weise, während aber früher weder für das gleiche noch für analoge Elemente eine Beziehung zwischen diesen Differenzen in den verschiedenen Serien zu erkennen war, ergab sich sofort eine Gesetzmäßigkeit, mit deren Hilfe sich entsprechende Linien verschiedener Elemente auffinden lassen. Um das zu sehen, braucht man nur Tab. I[b] (Kap. VI) zu betrachten, in der die Wellenzahlserien der Alkalimetalle wiedergegeben sind. Wir finden z. B., daß die Differenzen dieser Zahlen für die Li- und Na-Serien exakt übereinstimmen:

Scharfe Serie			Diffuse Serie		
Li	Na		Li	Na	
	Serie 1	Serie 2		Serie 1	Serie 2
3 290,2	3 165,6	3 159,0	5 338,3	5 386,7	5 386,8
1 694,5	1 647,0	1 655,6	2476,7	2 484,9	2 477,0
			1 349,5	1 357,9	1 363,9

*) Kgl. Svenska Vetensk. Akad. Handl. **23** (1889), Nr. 11, Abschnitte 15 und 16.

Nóch augenfälliger ist die Analogie für die Gruppe der Elemente Mg, Zn, Cd und Hg, für die die ersten beiden Differenzen folgende Werte haben:

1. scharfe Serie			
Mg	Zn	Cd	Hg
10679,5	11764,0	11090,7	11616,1
4017,2	4312,5	4115,3	4256,3

1. diffuse Serie			
Mg	Zn	Cd	Hg
6241,8	5812,3	5871,1	5800,8
2775,3	2636,4	2632,7	2631,8

Die Wellenzahldifferenzen entsprechender Linien sind also für Elemente derselben Gruppe stets gleich. Um diese Beziehungen näher zu untersuchen, habe ich die betreffenden, mit Δn bezeichneten Differenzen für alle mir bekannten Serien berechnet. Man sieht, daß alle möglichen Zahlen auftreten, daß aber die Δn-Werte einer Serie sämtlich entweder größer oder kleiner als die der entsprechenden Terme einer anderen Serie sind. Das erkennt man am besten an Hand der folgenden Tabelle, in der wir die Δn-Werte für aufeinanderfolgende Linien der meisten über einen genügend weiten Bereich bekannten Serien wiedergegeben haben. Die Serien sind nach abnehmenden Δn im zweiten Term geordnet, da der erste Term nicht für alle Serien bekannt ist. Die Bezeichnung der Serien ist in Kap. V(c) beschrieben.

Eine genauere Betrachtung der Tabelle zeigt, daß die Terme in allen Serien mit wachsender Ordnungszahl sehr schnell abnehmen, während die Δn-Werte einer gegebenen Serie und auch verschiedener Serien dichter liegen. Vergleichen wir die Serien termweise, so finden wir, wie wir bereits festgestellt hatten, daß die Differenz stets in der gleichen Richtung liegt. Gehen wir nämlich von dem

Δn-Werte

Serie	Ordnung der Differenz 1	2	3	4	5	6	7	8
$Li[P_{12}]$	16026,8	5542,4	2556,6	1364,4	824,6	533,8	369,5	258,9
$Na[D_1]$	–	5386,7	2484,9	1357,9	813,9	523,5	–	–
$Ca[D_1]$	–	4996,7	2323,9	1246,3	723,4	–	–	–
$Na[P_1]$	13314,9	4751,4	2280,2	1233,5	–	–	–	–
$Tl[S_2]$	12278,3	4395,1	2089,6	1213,0	732,4	465,6	350,1	250,2
$K[P_1]$	11685,9	4303,8	2050,3	1158,0	723,0	451,8	322,5	245,5
$Mg[S_1]$	10679,5	4017,2	1957,5	1116,5	685,6	–	–	–
$Ca[S_1]$	8943,7	3507,8	1759,3	1015,0	620,6	–	–	–
$Na[S_1]$	7484,8	3165,6	1647,0	962,6	600,1	407,6	–	–
$K[D_1]$	–	2842,7	1507,5	881,2	550,5	385,8	256,9	–
$Mg[D_1]$	6241,8	2775,3	1476,7	868,4	561,4	–	–	–
$Zn[D_1]$	5812,3	2636,4	1416,8	862,7	–	–	–	–

Wert 16026,8 in der ersten Spalte abwärts, dann ebenso die zweite und alle folgenden Spalten, so erhalten wir eine einzige Folge von abnehmenden Zahlen. Es gibt allerdings ein paar Ausnahmen, insbesondere den Wert 723,4 in der $Ca[D_1]$-Serie, der kleiner als die folgende Zahl 732,4 ist, sowie die Zahlen 561,4 (offenbar zu groß) und 256,9 (offenbar zu klein). Diese Anomalien werden jeweils im letzten Term der Serie beobachtet, der stets etwas unsicher ist, und liegen innerhalb der Meßfehlergrenzen. Sie sind vermutlich auf Grund von Meßungenauigkeiten entstanden. An Stelle von 256,9 erscheint in der parallelen $K[D_2]$-Serie z. B. die Zahl 266,9, obgleich beide Werte gleich sein sollten und der letztgenannte Wert exakt mit dem Δn-Wert der benachbarten Serie übereinstimmt. Um eine Vorstellung vom Einfluß der Beobachtungsfehler zu geben, sei die Serie $Zn[D_1]$ angeführt, wie wir sie in der Tabelle nach den Beobachtungen von Hartley und Adeney wiedergegeben haben und wie sie Liveing und Dewar angeben:

Hartley und Adeney	5812,3	2636,4	1416,8	862,7
Liveing und Dewar	5792,1	2621,9	1409,4	830,6
Abweichung	20,2	14,5	7,4	32,1

Die Abweichung ist offenbar beim letzten Term am größten, und zwar zweifellos deshalb, weil die schwächsten Linien weniger genau gemessen worden sind als die übrigen. Mit diesen Beispielen vor Augen brauchen wir uns vor den wenigen vorhandenen Anomalien nicht zu scheuen und können feststellen, daß die Tabellenwerte folgendes Gesetz erhärten:

Ordnet man die Folge der Δn-Werte bekannter Wellenzahlserien der Größe irgendeines Terms nach, so befinden sich alle übrigen Terme der Serie in der gleichen Reihenfolge. Das gilt auch, wenn eine Serie gegenüber den anderen in der Ordnungszahl jedes Terms um eine feste ganze Zahl nach oben oder nach unten verschoben ist.

Man kann dieses Gesetz auch folgendermaßen formulieren:

Alle Differenzen entsprechender Terme von irgend zwei Folgen von Δn-Werten haben das gleiche Vorzeichen.

Denkt man sich die Folgen von Δn-Werten graphisch mit der Ordnungszahl m der Terme als Abszisse und den Δn-Werten als Ordinate aufgetragen und verbindet die dabei erhaltenen Punkte durch stetige Kurven, so bedeutet die im obigen Gesetz ausgedrückte Eigenschaft einfach, daß sich die so entstehenden Kurven im Endlichen nicht schneiden; denn andernfalls wären die Terme einer Serie auf der einen Seite des Schnittpunkts größer, auf der anderen Seite aber kleiner als die entsprechenden Terme der anderen Serie, und das widerspricht dem oben formulierten Gesetz. Eine Verschiebung der Serie, wie oben beschrieben, entspricht geometrisch einer Translation der Kurven um ein ganzzahliges Vielfaches von m parallel zur Abszissenachse. Nach einer solchen Parallelverschiebung haben verschiedene Kurven wiederum keinen Schnittpunkt. Wenn das aber für alle Kurven gilt, ist es wahrscheinlich, daß sie sich auch bei der Translation nicht schneiden werden und daß, falls zwei Kurven einen Schnittpunkt haben, die beiden Kurven vollständig zusammenfallen müssen. In Abb. 2.1 sind z. B.

zwei verschiedene Lagen (*a* und *b*) für die Kurve der Serie Zn[D_1] dargestellt, die sich um eine Einheit in *m* unterscheiden. Nehmen wir an, daß die Kurve durch eine Translation parallel zur *m*-Achse in ihre zweite Lage gelangt ist, so muß sie nach der Tabelle durch alle anderen Kurven, von denen drei in Abb. 2.1 eingezeichnet sind, hindurchgegangen sein. Ein Blick auf die Kurven zeigt

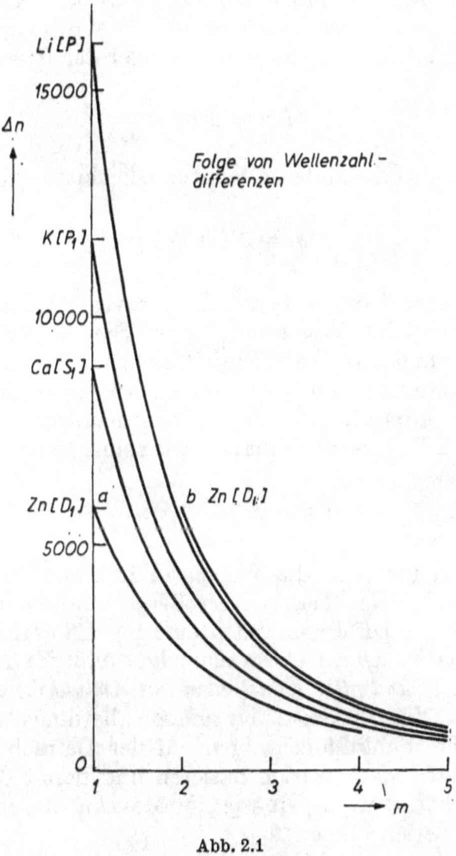

Abb. 2.1

aber, wie plausibel die Annahme ist, daß alle Kurven durch Translationen parallel zur m-Achse zur Deckung gebracht werden können, da — soweit man es aus dem Diagramm entnehmen kann — die Differenz der Abszissenwerte zweier Kurven für alle Ordinatenwerte konstant ist. Sollte diese Annahme entgegen unserer Erwartung nicht streng richtig sein, so stellt sie zumindest eine befriedigende Näherung dar.

Wir wollen deshalb annehmen, daß alle Kurven die gleiche Form haben und sich nur in ihrer Lage unterscheiden. Ist die Gleichung irgendeiner der Kurven

$$\Delta n = F(m),$$

so haben also die anderen Kurven Gleichungen der Form

$$\Delta n = F(m + \mu),$$

wobei μ eine Konstante ist, die für verschiedene Serien unterschiedliche Werte annimmt. Sie bezeichnet die Strecke, um die die betreffende Kurve verschoben werden muß, damit sie mit der oben zuerst angegebenen zur Deckung kommt. Als allgemeinen Ausdruck für eine Folge von Differenzen erhalten wir somit

$$\Delta n = F(m + \mu). \tag{5}$$

Dabei bedeuten Δn die Wellenzahldifferenz zweier aufeinanderfolgender Terme einer Serie von Linien, m die Ordnung der Differenz und μ eine für die Serie charakteristische Konstante. Daraus folgt, daß *die Form der Funktion F und aller Konstanten mit Ausnahme von μ für alle Serien die gleiche ist*. Wir müssen allerdings beachten, daß unsere Schlußfolgerungen auf der Betrachtung der Eigenschaften von Serien basieren und damit derselben Unsicherheit unterliegen wie die Messungen der Linien, die diese Serien bilden.

16. Die Wellenzahlserien

Wir können uns nun ohne weitere Schwierigkeiten wieder den Originalserien zuwenden, die die Wellenzahlen der Spektrallinien bilden. Die Wellenzahlen n nehmen stets mit der Ordnungszahl der Linien zu, und es gilt allgemein

$$n_m = n_{m+1} - \Delta n;$$

n_m ist die Wellenzahl der m-ten Linie der Serie. Setzen wir den Wert für Δn aus Gl. (5) ein und schreiben die folgenden Terme der Serie mit auf, so erhalten wir die Gleichungen

$$\begin{aligned} n_m &= n_{m+1} - F(m + \mu), \\ n_{m+1} &= n_{m+2} - F(m + 1 + \mu), \\ n_{m+2} &= n_{m+3} - F(m + 2 + \mu), \\ &\ldots\ldots\ldots\ldots\ldots \end{aligned}$$

Wir hatten bereits im Abschnitt 13[d], in dem wir die Serien von n untersuchten, angenommen, daß n für $m \to \infty$ gegen einen endlichen Grenzwert strebt, den wir mit n_0 bezeichnen wollen; die Form der Δn-Serien und der entsprechenden Kurven zwingt uns nun weiter zu der Annahme, daß der Grenzwert von Δn bzw. von $F(m + \mu)$ für $m \to \infty$ gleich Null ist. Addieren wir die obigen Gleichungen auf beiden Seiten, so ergibt sich damit

$$n_m = n_0 - \sum_m^{\infty} F(m + \mu), \tag{6}$$

wobei die Summe stets endlich ist, wenn das für n_0 gilt.

Für eine andere Serie erhalten wir analog

$$n'_m = n'_0 - \sum_m^{\infty} F(m + \mu');$$

dabei sind n'_0 und μ' die n_0 und μ in der vorangehenden Gleichung entsprechenden Konstanten, und n'_m bezeichnet den m-ten Term der Serie. Die Summen in beiden Gleichungen haben dieselbe Anzahl Glieder, und wir wissen aus unserer oben angeführten Diskussion, daß sich jeder Term der einen Summe nur um den μ-Wert vom entsprechenden Term der anderen Summe unterscheidet. Die eine Summe geht also in die andere über, wenn wir μ durch μ' ersetzen, d. h., die Summen stellen einfach zwei verschiedene Werte derselben Funktion von μ dar. Schreiben wir

$$\sum_m^\infty F(m + \mu) = f(m + \mu),$$

so erhalten wir für die Wellenzahlen einer Serie von Spektrallinien die Gleichung

$$n = n_0 - f(m + \mu), \tag{7}$$

wobei n die Wellenzahl irgendeiner Linie, m ihre Ordnungszahl und n_0, μ zwei charakteristische Konstanten der Serie bedeuten, während die Form der Funktion und aller eingehenden weiteren Konstanten für alle Serien die gleiche ist.

Die Form der Kurven für die Serien von n zeigt, daß sie vermutlich zwei Asymptoten, die eine parallel zur m-Achse, wie bereits beschrieben (die Gerade $n = n_0$), die andere parallel zur n-Achse, besitzen. Damit erhalten wir $m \to \infty$ für $n = n_0$ oder

$$f(m + \mu) = 0 \text{ für } m \to \infty.$$

Die Asymptote parallel zur n-Achse muß die Form

$$m + \mu + C = 0$$

haben, wobei C eine Konstante ist, die — entsprechend den vorangehenden Diskussionen — unabhängig von der Serie den gleichen Wert besitzt. Da der Absolutwert von μ unbestimmt ist, kann man die Konstante C in n einbeziehen und erhält für die Asymptote parallel zur n-Achse die Gleichung

$$m + \mu = 0,$$

woraus

$$f(m + \mu) \to \infty \quad \text{für} \quad m + \mu = 0$$

folgt.

Die einfachste Funktion, die dieser Bedingung genügt, ist

$$f(m + \mu) = \frac{C_0}{m + \mu};$$

C_0 wäre dabei eine allen Serien gemeinsame Konstante. Die sich daraus ergebende Gleichung für n,

$$n = n_0 - \frac{C_0}{m + \mu}, \tag{8}$$

ist gerade die Gleichung (2) des Abschnitts 13,

$$(n - n_0)(m + \mu_1) = C_1,$$

wenn man $\mu_1 = \mu$ und $C_1 = - C_0$ setzt. Wir haben diese Formel bereits untersucht; sie erfüllt die Bedingung, daß sie stets die gleiche Konstante C_1 liefern muß, nicht. Man sieht das leicht ein, wenn man z. B. die Werte für diese Konstante in den als Beispiel angeführten Serien des Abschnitts 13 vergleicht. Die große Diskrepanz zwischen Theorie und Beobachtung hat erwiesen, daß diese Formel nicht richtig sein kann.

Die nächsteinfache Formel ist

$$n = n_0 - \frac{N_0}{(m + \mu)^2} \tag{9}$$

mit $N_0 = \text{const}$. Ich war gerade dabei, diese Gleichung näher zu prüfen, als mir Herrn Balmers Berechnungen des Wasserstoffspektrums in die Hände kamen, und untersuchte deshalb gleich anschließend dessen Formel

$$H = \frac{h m^2}{m^2 - 4},$$

in der H die Wellenlänge, m die Ordnungszahl der Linie und h eine Konstante bedeuten. Setzt man an Stelle der Wellenlängen die Wellenzahlen ein, indem man $H = 10^8/n$, $h = 10^8/n_0$ setzt, so erhält man

$$n = n_0 \frac{m^2 - 4}{m^2}$$

oder

$$n = n_0 - \frac{4 n_0}{m^2}.$$

Das ist augenscheinlich dieselbe Gleichung wie (9), wenn man $N_0 = 4 n_0$, $\mu = 0$ setzt, und zeigt, daß die BALMERsche Formel ein Spezialfall von Gl. (9) ist. Da die BALMERsche Formel das elementare Wasserstoffspektrum bekanntlich recht befriedigend beschreibt, haben wir allen Grund, a priori anzunehmen, daß unsere Gleichung (9) geeigneter ist als die vorher angegebene Gleichung (8).

Anmerkungen

([a]) n bedeutet die Wellenzahl, die mit der Schwingungszahl oder Frequenz ν durch die Beziehung $n = \nu/c$ verknüpft ist. Im Teil 1 haben wir die Wellenzahl mit $\tilde{\nu}$ bezeichnet.

([b]) Die Tabelle I ist hier nicht wiedergegeben. Sie enthält die Wellenzahlen der Spektrallinieu der Elemente. Neuere Daten dieser Art findet man leicht in den Termtabellen (z. B. MOORE, CH.: Atomic Energy Levels, Bd. 1—4. National Bureau of Standards. Washington). In vielen Büchern über Atomspektren (z. B. KUHN, 1962, Literatur zum Teil 1) sind vereinfachte Termtabellen für einige Elemente abgedruckt.

(c) Die Bezeichnung von Rydberg für die Serien ist heute nicht mehr gebräuchlich. Für die angegebenen Serien werden jetzt folgende Bezeichnungen verwendet (wo Rydberg die Feinstrukturkomponenten nicht unterschieden hat, sind die entsprechenden unteren Indizes weggelassen):

Bezeichnung von Rydberg	Moderne Bezeichnung
$Li[P_{12}]$	Li: $2^2S_{1/2}$–n^2P
$Na[D_1]$	Na: $3^2P_{3/2}$–n^2D
$Ca[D_1]$	Ca: 4^3P_2–n^3D
$Na[P_1]$	Na: $3^2S_{1/2}$–$n^2P_{3/2}$
$Tl[S_2]$	Tl: $6^2P_{1/2}$–$n^2S_{1/2}$
$K[P_1]$	K: $4^2S_{1/2}$–$n^2P_{3/2}$
$Mg[S_1]$	Mg: 3^3P_2–n^3S_1
$Ca[S_1]$	Ca: 4^3P_2–n^3S_1
$Na[S_1]$	Na: $3^2P_{3/2}$–$n^2S_{1/2}$
$K[D_1]$	K: $4^2P_{3/2}$–n^2D
$Mg[D_1]$	Mg: 3^3P_2–n^3D
$Zn[D_1]$	Zn: 4^3P_2–n^3D

Die Zahl, mit der Rydberg in seiner Arbeit die Glieder einer Serie bezeichnet hat, ist nicht die Hauptquantenzahl, wie in der modernen Bezeichnung der Terme, sondern dient nur der Kennzeichnung.

(d) Den Abschnitt 13 haben wir in diesem Auszug nicht mit übersetzt, die angeführte Stelle bedarf keiner näheren Erklärung.

3. Über den Aufbau der Atome und Moleküle*)

von

N. Bohr

Einleitung

Um die Resultate seiner Streuexperimente von α-Strahlung an Stoffen zu erklären, gab Prof. Rutherford [1] eine Theorie über den Aufbau der Atome. Danach bestehen die Atome aus einem positiv geladenen Kern, umgeben von einem System von Elektronen, die durch Anziehungskräfte des Kerns zusammengehalten werden; die negative Gesamtladung der Elektronen ist gleich der positiven Ladung des Kerns. Weiterhin wird angenommen, daß im Kern der wesentliche Teil der Masse des Atoms vereinigt ist und daß die linearen Abmessungen des Kerns klein gegen die des gesamten Atoms sind. Die Anzahl der Elektronen im Atom ergibt sich angenähert gleich der Hälfte des Atomgewichts. Diesem Atommodell wird großes Interesse entgegengebracht; denn die Annahme der Existenz von Kernen solcher Art scheint — wie Rutherford gezeigt hat — notwendig zu sein, wenn man die experimentellen Beobachtungen der Weitwinkelstreuung von α-Strahlung erklären will [2].

Beim Versuch, einige Eigenschaften der Stoffe auf der Grundlage dieses Atommodells zu erklären, stößt man jedoch auf ernsthafte Schwierigkeiten, die sich aus der scheinbaren Instabilität des Elektronensystems ergeben und die bei den früher betrachteten Atommodellen, z. B. dem Modell von Sir J. J. Thomson [3], tunlichst umgangen wurden. Nach der Theorie von Thomson besteht das Atom aus einer Wolke gleichförmig verteilter positiver elektrischer Ladung, in der sich die Elektronen auf Kreisbahnen bewegen.

---

*) Philos. Mag. 26 (1913) 1.

Der prinzipielle Unterschied zwischen den von THOMSON und RUTHERFORD vorgeschlagenen Atommodellen besteht darin, daß beim THOMSONschen Atommodell die auf die Elektronen wirkenden Kräfte gewisse Konfigurationen und Bewegungen der Elektronen zulassen, für die das System im stabilen Gleichgewicht bleibt, während solche Konfigurationen für das RUTHERFORDsche Atommodell scheinbar nicht existieren. Man erkennt die Natur dieses Unterschiedes vielleicht am deutlichsten, wenn man sich klar macht, daß es unter den charakteristischen Größen des ersten Atoms eine gibt — den Radius der positiven Wolke —, die die Dimension einer Länge hat und von der gleichen Größenordnung ist wie die lineare Ausdehnung des Atoms, während eine solche Größe für das zweite Atom, das durch die Ladungen und Massen der Elektronen und des positiven Kerns charakterisiert wird, fehlt, es aber auch nicht durch die letztgenannten Größen allein bestimmt werden kann.

Allerdings hat die Betrachtungsweise eines Problems dieser Art in letzter Zeit wesentliche Veränderungen erfahren, die auf die Entwicklung der Theorie der Energiestrahlung sowie die unmittelbare Bestätigung der neu in diese Theorie eingeführten Annahmen durch Experimente zu den verschiedensten Erscheinungen, wie der spezifischen Wärme, dem Photoeffekt, der Röntgenstrahlung usw., zurückzuführen sind. Die Diskussion dieser Fragen scheint allgemein zu einer Anerkennung der Unzulänglichkeit der klassischen Elektrodynamik für die Beschreibung des Verhaltens von Systemen atomarer Dimensionen geführt zu haben [4]. Wie man die Bewegungsgesetze der Elektronen auch modifizieren mag, man kommt nicht daran vorbei, eine der klassischen Elektrodynamik fremde Größe — nämlich die PLANCKsche Konstante oder, wie sie oft bezeichnet wird, das elementare Wirkungsquantum — in die betreffenden Gesetze einzuführen. Tut man das, so ändert sich die Frage nach der stabilen Konfiguration der Elektronen im Atom wesentlich, da die PLANCKsche Konstante eine Dimension und Größe hat, die sie — in

Verbindung mit der Masse und Ladung der Teilchen — befähigt, eine Länge der geforderten Größenordnung zu bestimmen.

In dieser Arbeit werden wir den Versuch unternehmen, zu zeigen, daß die Anwendung der obigen Überlegungen zum Atommodell von RUTHERFORD die Grundlage für eine Theorie des Atombaus schafft. Wir werden ferner zeigen, daß man, hiervon ausgehend, zu einer Theorie des Aufbaus der Moleküle gelangen kann.

Im vorliegenden ersten Teil werden wir den Mechanismus der Elektronenbindung durch einen positiven Kern in Beziehung zur PLANCKschen Theorie diskutieren. Wir werden zeigen, daß dies von einem Standpunkt aus möglich ist, der das Gesetz für das Linienspektrum des Wasserstoffs in einfacher Weise erklärt. Ferner werden wir eine prinzipielle Hypothese begründen, auf der die Betrachtungen der folgenden Teile basieren.

Ich möchte an dieser Stelle Herrn Prof. RUTHERFORD für sein freundliches und förderndes Interesse an dieser Arbeit meinen Dank aussprechen.

Teil I. Die Bindung von Elektronen durch positive Kerne

§ 1. Allgemeine Betrachtungen

Die Unzulänglichkeit der klassischen Elektrodynamik bei der Beschreibung der Eigenschaften der Atome in einem Atommodell wie dem von RUTHERFORD wird besonders deutlich, wenn man ein einfaches System, bestehend aus einem positiv geladenen Kern sehr kleiner Abmessungen und einem Elektron, das geschlossene Bahnen um den Kern beschreibt, betrachtet. Der Einfachheit halber werde angenommen, daß die Masse des Elektrons vernachlässigbar klein gegen die Kernmasse und die Geschwindigkeit des Elektrons klein gegen die Lichtgeschwindigkeit ist.

Es sei zunächst keine Energiestrahlung vorhanden.

Dann wird das Elektron stationäre elliptische Bahnen um den Kern beschreiben. Die Umlauffrequenz ω und die große Achse $2a$ der Bahn hängen von der Energie W ab, die dem System übertragen werden muß, damit sich das Elektron unendlich weit vom Kern entfernt. Bezeichnen wir mit $-e$ und E die Ladung des Elektrons bzw. Kerns und mit m die Masse des Elektrons, so erhalten wir

$$\omega = \frac{2^{1/2}}{\pi} \frac{W^{3/2}}{e E m^{1/2}}, \quad 2a = \frac{eE}{W}. \tag{1}$$

Man kann ferner leicht zeigen, daß der Mittelwert der kinetischen Energie des Elektrons, genommen für einen Bahnumlauf, gleich W ist. Wir sehen, daß kein Wert von ω und a für das gegebene System charakteristisch sein kann, wenn W nicht vorgegeben ist.

Berücksichtigen wir jetzt die Energiestrahlung, die auf die übliche Weise aus der Beschleunigung des Elektrons berechnet werden kann, so wird das Elektron keine stationären Bahnen mehr beschreiben. Vielmehr wird W ständig zunehmen, und das Elektron wird immer engere Bahnen mit ständig größerer Umlauffrequenz um den Kern beschreiben und sich ihm mehr und mehr nähern; dabei gewinnt es im Mittel kinetische Energie, während das Gesamtsystem gleichzeitig Energie verliert. Dieser Prozeß setzt sich fort, bis die Ausdehnungen der Bahn und des Elektrons bzw. Kerns die gleiche Größenordnung erreicht haben. Eine einfache Rechnung zeigt, daß die während des Prozesses abgestrahlte Energie ungeheuer groß gegen die Energie sein muß, die bei den gewöhnlichen molekularen Prozessen ausgestrahlt wird.

Das Verhalten eines solchen Systems ist offenbar sehr verschieden von dem, das wir an den in der Natur auftretenden atomaren Systemen beobachten. Einerseits scheinen die wirklichen Atome in ihrem permanenten Zustand absolut feste Ausdehnung und Frequenzen zu besitzen. Andererseits scheinen bei jedem molekularen Prozeß die Systeme am Ende, nachdem eine gewisse, für das betreffende System charakteristische Energie ausgestrahlt worden ist, wieder in einen stabilen Gleichgewichtszustand überzugehen, in dem die Teilchen Abstände der gleichen Größenordnung haben wie vorher.

Entscheidend für die Plancksche Theorie der Strahlung ist nun, daß die Energieausstrahlung eines atomaren Systems nicht in der kontinuierlichen Weise vor sich geht, wie sie sich aus der gewöhnlichen Elektrodynamik ergibt, sondern im Gegensatz dazu in deutlich voneinander getrennten Emissionen erfolgt. Dabei ist die abgestrahlte Energie eines atomaren Oszillators der Frequenz ν bei einer Einzelemission gleich $\tau h\nu$, worin τ eine ganze Zahl und h eine universelle Konstante bedeuten [5].

Zu unserem einfachen Fall eines Elektrons und eines positiven Kerns zurückkehrend, wollen wir jetzt annehmen, daß sich das Elektron zu Beginn der Wechselwirkung in großem Abstand vom Kern befindet und keine merkliche Geschwindigkeit in bezug auf den Kern besitzt. Weiterhin werde vorausgesetzt, daß das Elektron nach der Wechselwirkung den Kern auf einer stationären Bahn umläuft, die wir aus später zu erklärenden Gründen als kreisförmig annehmen wollen. Die letztgenannte Annahme wird keinen Einfluß auf unsere Rechnungen für Systeme mit einem einzigen Elektron haben.

Während der Bindung des Elektrons werde nun eine homogene Strahlung mit der Frequenz ν ausgestrahlt, wobei ν gleich der halben Umlauffrequenz des Elektrons auf seiner endgültigen Bahn ist. Dann haben wir nach der Planckschen Theorie zu erwarten, daß die bei diesem Prozeß abgestrahlte Energie gleich $\tau h\nu$ ist, mit h gleich der Planckschen Konstante und τ ganzzahlig. Wenn wir annehmen, daß die emittierte Strahlung homogen ist, so versteht sich die zweite Voraussetzung über die Frequenz von selbst, da die Umlauffrequenz des Elektrons am Beginn der Emission Null ist. Die Frage der strengen Gültigkeit beider Voraussetzungen und der Anwendbarkeit der Planckschen Theorie werden wir im § 3 diskutieren.

Mit

$$W = \tau h \frac{1}{2} \omega \tag{2}$$

ergibt sich mit Hilfe von Gl. (1)

$$\left.\begin{aligned} W &= \frac{2\pi^2 m e^2 E^2}{\tau^2 h^2}, \quad \omega = \frac{4\pi^2 m e^2 E^2}{\tau^3 h^3}, \\ 2a &= \frac{\tau^2 h^2}{2\pi^2 m e E}. \end{aligned}\right\} \tag{3}$$

Setzen wir hierin für τ verschiedene Werte ein, so erhalten wir eine Folge von Werten für W, ω und a, die einer Folge von Konfigurationen des Systems entsprechen. Auf Grund unserer obigen Betrachtungen führt das zu dem Schluß, daß zu diesen Konfigurationen Zustände des Systems gehören müssen, für die keine Energieausstrahlung erfolgt, d. h. die stationär sind, solange das System nicht von außen gestört wird. Wie wir sehen, nimmt W seinen größten Wert für den kleinsten τ-Wert $\tau = 1$ an. Dieser Fall entspricht also dem stabilsten Zustand des Systems, d. h. einer Bindung des Elektrons, für deren Auftrennung die größte Energie erforderlich ist.

Setzen wir in (3) $\tau = 1$ und $E = e$ ein und benutzen die experimentell beobachteten Werte

$$e = 4{,}7 \cdot 10^{-10},\ e/m = 5{,}31 \cdot 10^{17},\ h = 6{,}5 \cdot 10^{-27},$$

so erhalten wir

$$2a = 1{,}1 \cdot 10^{-8}\ \text{cm},\ \omega = 6{,}2 \cdot 10^{15}\ \text{s}^{-1},\ W/e = 13\ \text{V}.$$

Wir sehen, daß diese Werte in der gleichen Größenordnung liegen wie die linearen Abmessungen des Atoms, die optischen Frequenzen und die Ionisierungsspannungen.

Die allgemeine Bedeutung der Planckschen Theorie für die Diskussion des Verhaltens atomarer Systeme wurde zuerst von Einstein hervorgehoben [6]. Stark, Nernst und Sommerfeld haben die Einsteinschen Betrachtungen weiterentwickelt und auf eine Reihe von Erscheinungen angewandt. Die Übereinstimmung hinsichtlich der Größenordnung der beobachteten und mit ähnlichen Betrachtungen, wie oben durchgeführt, berechneten Werte für die Frequenzen und die Ausdehnung der Atome war Gegenstand zahlreicher Diskussionen. Darauf hat zuerst Haas [7] in seinem Versuch hingewiesen, die Bedeutung und den Wert der Planckschen Konstante mit Hilfe der linearen Abmessungen und Frequenz eines Wasserstoffatoms auf der Grundlage des Atommodells von J. J. Thomson zu erklären.

Systeme der hier betrachteten Art, wobei die Kräfte zwischen den Teilchen umgekehrt quadratisch mit dem Abstand abnehmen, diskutiert J. W. Nicholson [8] mit Bezug auf die Plancksche Theorie. Dieser Autor hat in einer Reihe von Arbeiten gezeigt, daß es möglich scheint, Linien bisher unbekannten Ursprungs in den Spektren stellarer Nebel und die Linie der Sonnenkorona zu erklären, indem man annimmt, daß in diesen Himmelskörpern gewisse hypothetische Elemente genau angebbarer Zusammensetzung vorhanden sind. Die Atome dieser Elemente sollen einfach aus einem Ring aus mehreren Elektronen bestehen, die einen positiven Kern mit vernachlässigbar kleinen Abmessungen umgeben. Nicholson vergleicht die Verhältnisse der den betreffenden Linien entsprechenden Frequenzen mit denen der verschiedenen Schwingungstypen des Elektronenrings. Dabei erhält er eine Beziehung zur Planckschen Theorie, mit der man die Wellenlängenverhältnisse verschiedener Liniengruppen des Koronaspektrums mit großer Genauigkeit erklären kann, wenn man annimmt, daß das Verhältnis der Energie des Systems zur Rotationsfrequenz des Rings gleich einem ganzzahligen Vielfachen der Planckschen Konstante ist. Die von Nicholson als Energie bezeichnete Größe entspricht dem zweifachen Wert der von uns oben eingeführten Größe W. In seiner letzten Arbeit hielt es NICHOLSON für erforderlich, der Theorie eine kompliziertere Form zu geben, wobei aber das Energie/Frequenz-Verhältnis noch durch eine einfache Funktion ganzer Zahlen dargestellt wird.

Die hervorragende Übereinstimmung zwischen den berechneten und beobachteten Werten der Wellenlängenverhältnisse scheint stark für die Richtigkeit der Begründung der Rechnungen von NICHOLSON zu sprechen. Es lassen sich jedoch ernsthafte Einwände gegen diese Theorie erheben, die eng mit dem Problem der Homogenität der emittierten Strahlung im Zusammenhang stehen. In NICHOLSONS Rechnungen wird die Frequenz der Linien eines Linienspektrums gleich der Schwingungsfrequenz eines mechanischen Systems in einem vorgegebenen Gleichgewichtszustand gesetzt. Da auf eine Beziehung aus der PLANCKschen Theorie zurückgegriffen wird, sollte man erwarten, daß die Strahlung in Quanten emittiert wird; Systeme wie die betrachteten, für die die Frequenz eine Funktion der Energie ist, können aber nicht endliche Beträge einer homogenen Strahlung emittieren, weil sich die Energie und damit die Frequenz des Systems ändert, sobald die Ausstrahlung begonnen hat. Außerdem sind die Systeme nach den Rechnungen von NICHOLSON für eine Reihe von Schwingungstypen instabil. Neben solchen Einwänden, die man als rein formal ansehen kann (vgl. den Schluß der vorliegenden Arbeit), müssen wir aber auch darauf hinweisen, daß die Theorie in der vorliegenden Form offenbar nicht imstande ist, die bekannten Gesetze von BALMER und RYDBERG, die die Frequenzen der Linien in den Linienspektren der gewöhnlichen Elemente verknüpfen, zu erklären.

Es soll nun versucht werden, zu zeigen, daß die erwähnten Schwierigkeiten verschwinden, wenn wir die Strahlung von dem in der vorliegenden Arbeit eingenommenen Standpunkt aus betrachten. Bevor wir fortfahren, wird es nützlich sein, noch einmal kurz die Überlegungen darzulegen, die uns zu Gl. (3) geführt haben. Die wesentlichen Voraussetzungen waren:

1. daß das dynamische Gleichgewicht der Systeme im stationären Zustand mit Hilfe der gewöhnlichen Mechanik diskutiert werden kann, während ihr Übergang zwischen verschiedenen stationären Zuständen nicht auf dieser Grundlage behandelt werden kann;

2. daß der letztgenannte Prozeß von der Emission einer *homogenen* Strahlung begleitet wird, für die die Beziehung zwischen der Frequenz und der emittierten Strahlung von der PLANCKschen Theorie geliefert wird.

Die Voraussetzung *1* ergibt sich von selbst, da bekanntlich die gewöhnliche Mechanik nicht absolut, sondern nur für die Berechnung gewisser Mittelwerte der Bewegung der Elektronen gelten kann. Andererseits braucht bei der Berechnung des dynamischen Gleichgewichts im stationären Zustand, in dem keine gegenseitige Verschiebung der Teilchen erfolgt, nicht zwischen den tatsächlichen Bewegungen und ihren Mittelwerten unterschieden zu werden. Die Voraussetzung *2* steht im offensichtlichen Gegensatz zu den Überlegungen der gewöhnlichen Elektrodynamik, erscheint aber zur Erklärung der experimentellen Tatsachen unbedingt erforderlich.

In unseren Rechnungen haben wir außerdem von den spezielleren Voraussetzungen Gebrauch gemacht, daß die verschiedenen stationären Zustände der Emission einer unterschiedlichen Anzahl von PLANCKschen Energiequanten entsprechen und daß die Frequenz der emittierten Strahlung beim Übergang des Systems aus einem Zustand, in dem noch keine Energie ausgestrahlt wird, in einen der stationären Zustände gleich der halben Umlauffrequenz des Elektrons im letztgenannten Zustand ist. Man kann jedoch (vgl. § 3) dieselben Ausdrücke (3) für die stationären Zustände auch erhalten, wenn man von Voraussetzungen etwas anderer Form ausgeht. Wir wollen deshalb die Diskussion der spezielleren Voraussetzungen zunächst zurückstellen und zeigen, wie man mit Hilfe der oben angegebenen beiden prinzipiellen Voraussetzungen und von Gl. (3) für die stationären Zustände das Linienspektrum des Wasserstoffs erklären kann.

§ 2. Emission von Linienspektren

Das Wasserstoffspektrum. Allgemeine Überlegungen haben gezeigt, daß das Wasserstoffatom einfach aus einem einzigen Elektron besteht, das um einen positiven Kern der Ladung e kreist [9].[1]) Die erneute Bildung des Wasserstoffatoms nach Entfernung des Elektrons in großen Abstand vom Kern — z. B. durch elektrische Entladung in einer Vakuumröhre — entspricht also der Bindung eines Elektrons durch einen positiv geladenen Kern, wie wir sie in § 1 betrachtet haben. Setzen wir in (3) $E = e$, so erhalten wir für die gesamte bei der Bildung eines der stationären Zustände ausgestrahlte Energie

$$W_\tau = \frac{2\pi^2 m e^4}{h^2 \tau^2}.$$

Die Energie, die beim Übergang des Systems vom Zustand mit $\tau = \tau_1$ in einen Zustand mit $\tau = \tau_2$ emittiert wird, ist somit

$$W_{\tau_2} - W_{\tau_1} = \frac{2\pi^2 m e^4}{h^2}\left(\frac{1}{\tau_2^2} - \frac{1}{\tau_1^2}\right).$$

Setzen wir nun voraus, daß diese Strahlung homogen und die emittierte Energie gleich $h\nu$ sind, wobei ν die Frequenz der emittierten Strahlung bedeutet, so ergibt sich

$$W_{\tau_2} - W_{\tau_1} = h\nu$$

und daraus

$$h\nu = \frac{2\pi^2 m e^4}{h^3}\left(\frac{1}{\tau_2^2} - \frac{1}{\tau_1^2}\right). \tag{4}$$

---

[1]) Die Schlußfolgerung in [9] wird stark durch den Umstand gestützt, daß der Wasserstoff bei den Experimenten von Sir J. J. THOMSON [10] über die positiven Strahlen als einziges Element niemals mit einer positiven Ladung vorkam, die dem Verlust von mehr als einem Elektron entspricht.

Wie wir sehen, erklärt dieser Ausdruck das Gesetz, das die Linien im Wasserstoffspektrum verknüpft. Setzen wir $\tau_2 = 2$ und lassen τ_1 variieren, so erhalten wir die gewöhnliche Balmer-Serie. Für $\tau_2 = 3$ ergibt sich die von Paschen [11] im Ultraroten beobachtete und zuvor von Ritz vermutete Serie. Die Werte $\tau_2 = 1$ und $\tau_2 = 4, 5, \ldots$ entsprechen Serien im extremen Ultraviolett bzw. extremen Ultrarot, die bisher noch nicht beobachtet worden sind, deren Existenz wir aber erwarten können.

Die Übereinstimmung ist sowohl quantitativ als auch qualitativ. Mit

$$e = 4{,}7 \cdot 10^{-10},\ e/m = 5{,}31 \cdot 10^{17},\ h = 6{,}5 \cdot 10^{-27}$$

erhalten wir

$$\frac{2\pi^2 m e^4}{h^3} = 3{,}1 \cdot 10^{15}.$$

Der beobachtete Wert für den Faktor vor der Klammer in Gl. (4) ist

$$3{,}290 \cdot 10^{15}.$$

Die Übereinstimmung zwischen den theoretischen und den beobachteten Werten liegt innerhalb der Meßfehlergrenzen für die Konstanten im Ausdruck für den theoretischen Wert. Wir werden im § 3 auf die mögliche Bedeutung dieser Übereinstimmung zurückkommen.

Es sei bemerkt, daß sich die Tatsache, daß in den Experimenten mit Vakuumröhren mehr als 12 Linien der Balmer-Serie bisher nicht beobachtet werden konnten, gerade mit unserer Theorie erklären läßt. Nach Gl. (3) ist der Durchmesser der Elektronenbahn in den verschiedenen stationären Zuständen proportional τ^2. Für $\tau = 12$ wird dieser Durchmesser gleich $1{,}6 \cdot 10^{-6}$ cm oder gleich dem mittleren Abstand der Moleküle in einem Gas bei einem Druck von etwa 7 Torr; für $\tau = 33$ ist er bereits gleich $1{,}2 \cdot 10^{-5}$ cm, was dem mittleren Abstand der Gasmoleküle bei einem Druck von 0,02 Torr entspricht. Folglich ist es nach unserer Theorie eine notwendige Bedingung für das Auftreten sehr vieler Linien, daß das Gas sehr stark verdünnt ist; um gleichzeitig eine für die Beobachtung ausreichende Intensität der Linien zu erhalten, muß der gasgefüllte Raum sehr groß sein. Wenn also die Theorie richtig ist, können wir niemals erwarten, in Experimenten mit Vakuumröhren Linien zu beobachten, die sehr hohen Werten des Laufterms in der BALMER-Serie des Wasserstoff-Emissionsspektrums entsprechen; solche Linien werden höchstens zu beobachten sein, wenn man das Absorptionsspektrum dieser Gase untersucht (siehe § 4).

Wir stellen fest, daß wir auf diese Weise nicht die anderen Serien von Linien erhalten können, die allgemein ebenfalls dem Wasserstoff zugeschrieben werden, z. B. die zuerst von PICKERING [12] im Spektrum von ζ Puppis beobachtete Serie oder die Seriengruppe, die kürzlich FOWLER [13] bei seinen Experimenten mit Vakuumröhren, die mit einem Wasserstoff–Helium-Gemisch gefüllt waren, gefunden hat. Wir werden jedoch sehen, daß wir mit Hilfe unserer Theorie eine ganz natürliche Erklärung für das Auftreten dieser Serien geben können, wenn wir sie dem Helium zuschreiben.

Ein neutrales Heliumatom besteht nach der Theorie von RUTHERFORD aus einem positiv geladenen Kern mit der Ladung $2e$ und zwei Elektronen. Betrachten wir die Bindung nur eines Elektrons durch den Heliumkern, so erhalten wir, wenn wir in den Gleichungen (3) von § 1 $E = 2e$ setzen und auf die gleiche Weise wie oben vorgehen,

$$\nu = \frac{8\pi^2 m e^4}{h^3}\left(\frac{1}{\tau_2^{\,2}} - \frac{1}{\tau_1^{\,2}}\right)$$

$$= \frac{2\pi^2 m e^4}{h^3}\left(\frac{1}{\left(\frac{1}{2}\,\tau^2\right)^2} - \frac{1}{\left(\frac{1}{2}\,\tau_1\right)^2}\right).$$

Setzen wir hierin $\tau_2 = 1$ oder $\tau_2 = 2$, so ergeben sich Serien von Linien im extremen Ultraviolett. Für $\tau_2 = 3$, erhalten wir mit τ_1 als Laufterm eine Serie, die die beiden von Fowler beobachteten und als erste bzw. zweite Hauptserie des Wasserstoffspektrums bezeichneten Serien umfaßt. $\tau_2 = 4$ ergibt die von Pickering beobachtete Serie im Spektrum von ζ Puppis. Jede zweite Linie dieser Serie ist identisch mit einer Linie der Balmer-Serie des Wasserstoffspektrums; das Vorhandensein von Wasserstoff in diesem Stern kann erklären, daß diese Linien eine größere Intensität haben als die restlichen Linien der Serie. Diese Serie hat auch Fowler in seinen Experimenten beobachtet und in seiner Arbeit als scharfe Serie des Wasserstoffspektrums bezeichnet. Setzen wir schließlich in der obigen Formel $\tau_2 = 5, 6, \ldots$, so erhalten wir Serien, deren starke Linien im Infraroten zu erwarten sind.

Daß das betrachtete Spektrum in den gewöhnlichen Heliumröhren nicht beobachtet wird, dürfte darauf zurückzuführen sein, daß die Ionisierung des Heliums in solchen Röhren nicht so vollständig ist wie bei dem betrachteten Stern und in den Experimenten von Fowler, bei denen eine starke Entladung durch ein Wasserstoff–Helium-Gemisch geschickt wurde. Damit das Spektrum erscheint, müssen sich die Heliumatome nach unserer Theorie in einem Zustand befinden, in dem sie beide Elektronen verloren haben. Dabei müssen wir annehmen, daß die Energie zur Abtrennung des zweiten Elektrons vom Heliumatom sehr viel größer als die zur Abtrennung des ersten Elektrons erforderliche ist. Außerdem ist aus Experimenten mit positiven Strahlen bekannt, daß Wasserstoffatome eine negative Ladung tragen können; die Abwesenheit von Wasserstoff in den Experimenten von Fowler konnte deshalb dazu führen, daß von einigen der Heliumatome mehr Elektronen abgetrennt waren als dann, wenn nur Helium vorhanden gewesen wäre.

Spektren anderer Stoffe. Bei Systemen mit mehreren

Elektronen haben wir — in Übereinstimmung mit den experimentell beobachteten Werten — kompliziertere Gesetze für die Linienspektren zu erwarten als die oben betrachteten. Ich werde versuchen zu zeigen, daß unser obiger Standpunkt zumindest ein gewisses Verständnis der beobachteten Gesetze ermöglicht.

Nach der RYDBERGschen Theorie — mit der Verallgemeinerung von RITZ [14] — kann man die Frequenz der Spektrallinien eines Elements durch

$$\nu = F_r(\tau_1) - F_s(\tau_2)$$

ausdrücken, wobei τ_1 und τ_2 ganze Zahlen bedeuten und $F_1, F_2, F_3, \ldots$ Funktionen von τ angenähert der Form

$$\frac{K}{(\tau + a_1)^2}, \frac{K}{(\tau + a_2)^2}, \ldots$$

sind; K ist eine universelle Konstante identisch gleich dem Faktor vor der Klammer in Gl. (4) für das Wasserstoffspektrum. Die verschiedenen Serien ergeben sich, wenn wir τ_1 oder τ_2 festhalten und den anderen Term variieren.

Daß die Frequenzen als Differenzen zweier Funktionen von ganzen Zahlen geschrieben werden können, legt es nahe, die Herkunft der Spektrallinien ähnlich zu deuten wie im Falle des Wasserstoffs, d. h., sie auf eine Strahlung zurückzuführen, die beim Übergang des Systems zwischen zwei verschiedenen stationären Zuständen emittiert wird. Eine genauere Diskussion für Systeme mit mehr als einem Elektron kann sehr kompliziert werden, da es sehr zahlreiche verschiedene Elektronenkonfigurationen gibt, die man als stationäre Zustände ansehen kann. Dies kann die verschiedenen Seriengruppen in den Linienspektren der betrachteten Substanz erklären. Ich will hier nur versuchen, zu zeigen, wie man mit Hilfe unserer Theorie erklären kann, daß die Konstante K in der RYDBERGschen Formel für alle Stoffe dieselbe ist.

Wir wollen annehmen, daß das Spektrum der während der Bindung eines Elektrons emittierten Strahlung entspricht sowie daß das System, das dieses Elektron enthält, neutral ist. Dann ist die Kraft, die auf das Elektron ausgeübt wird, wenn es sich in großer Entfernung vom Kern und von den bereits gebundenen Elektronen aufhält, nahezu die gleiche wie bei der Bindung eines Elektrons durch den Wasserstoffkern. Die Energie eines stationären Zustandes wird also für große τ fast exakt gleich der durch die Gleichung (3) des § 1 gegebenen sein, wenn man dort $E = e$ setzt. Damit erhalten wir für große τ

$$\lim \left(\tau^2 F_1(\tau)\right) = \lim \left(\tau^2 F_2(\tau)\right) = \cdots = \frac{2\pi^2 m e^4}{h^3}$$

in Übereinstimmung mit der Theorie von RYDBERG.

§ 3. Allgemeine Betrachtungen (Fortsetzung)

Wir kehren nun zur Diskussion der speziellen Voraussetzungen zurück, die wir bei der Herleitung der Gleichungen (3) für die stationären Zustände eines Systems aus einem um einen Kern kreisenden Elektron benutzt hatten.

Wir hatten einerseits vorausgesetzt, daß die verschiedenen stationären Zustände der Emission unterschiedlich vieler Energiequanten entsprechen. Für Systeme, bei denen die Frequenz eine Funktion der Energie ist, muß man diese Voraussetzung jedoch als unwahrscheinlich ansehen, da sich die Frequenz ändern wird, sobald ein Energiequantum ausgestrahlt worden ist. Wir wollen jetzt zeigen, daß wir diese Voraussetzung fallenlassen können, wobei Gl. (2) gültig und die formale Analogie mit der PLANCKschen Theorie erhalten bleibt.

Zunächst werden wir sehen, daß es nicht notwendig war anzunehmen, daß in jedem Fall eine Strahlung emittiert wird, die mehr als einem Energiequant $h\nu$ entspricht, um das Gesetz der Spektralserien mit Hilfe der Gleichungen (3) die stationären Zustände zu erklären. Man kann weitere Informationen über die Frequenz der emittierten Strahlung gewinnen, wenn man die Rechnungen über die Energieausstrahlung im Bereich langsamer Schwingungen auf der Grundlage der obigen Annahmen mit solchen auf der Grundlage der gewöhnlichen Mechanik vergleicht. Bekanntlich stehen die letztgenannten Rechnungen in diesem Bereich in gutem Einklang mit den Experimenten über die Energieausstrahlung.

Das Verhältnis der emittierten Gesamtenergie zur Umlauffrequenz des Elektrons für die verschiedenen stationären Zustände sei jetzt an Stelle von Gl. (2) durch die Relation $W = f(\tau)\, h\omega$ gegeben. Wenn wir gleichermaßen vorgehen wie oben, erhalten wir dann an Stelle von Gl. (3)

$$W = \frac{\pi^2 m e^2 E^2}{2h^2 f^2(\tau)}, \quad \omega = \frac{\pi^2 m e^2 E^2}{2h^3 f^3(\tau)}.$$

Wenn wir wie oben annehmen, daß die beim Übergang des Systems vom Zustand mit $\tau = \tau_1$ in den Zustand mit $\tau = \tau_2$ emittierte Energie gleich $h\nu$ ist, so ergibt sich an Stelle von Gl. (4)

$$\nu = \frac{\pi^2 m e^2 E^2}{2h^3} \left(\frac{1}{f^2(\tau_2)} - \frac{1}{f^2(\tau_1)} \right).$$

Daraus folgt, daß wir $f(\tau) = c\tau$ setzen müssen, um einen Ausdruck gleicher Form wie für die BALMER-Serie zu erhalten.

Zur Bestimmung von c betrachten wir einen Übergang des Systems zwischen zwei aufeinanderfolgenden stationären Zuständen mit $\tau = N$ bzw. $\tau = N - 1$; für $f(\tau) = c\tau$ ergibt sich dann für die Frequenz der emittierten Strahlung

$$\nu = \frac{\pi^2 m e^2 E^2}{2c^2 h^3} \frac{2N - 1}{N^2 (N - 1)^2}.$$

Die Umlauffrequenz des Elektrons vor bzw. nach der Emission ist

$$\omega_N = \frac{\pi^2 m e^2 E^2}{2c^3 h^3 N^3}, \quad \omega_{N-1} = \frac{\pi^2 m e^2 E^2}{2c^3 h^3 (N-1)^3}.$$

Für große N wird das Verhältnis der Frequenzen vor und nach der Emission angenähert 1; nach der gewöhnlichen Elektrodynamik muß dann auch das Verhältnis der Strahlungs- zur Umlauffrequenz etwa 1 sein. Diese Bedingung wird nur für $c = 1/2$ erfüllt. Mit $f(\tau) = (1/2)\tau$ erhalten wir aber gerade wieder die Gleichung (2) und damit die Gleichungen (3) für die stationären Zustände.

Betrachten wir nun den Übergang des Systems zwischen zwei Zuständen mit $\tau = N$ und $\tau = N - n$, wobei n klein gegen N sei, so erhalten wir in der gleichen Näherung wie oben mit $f(\tau) = (1/2)\tau$

$$\nu = n\omega.$$

Die Möglichkeit dafür, daß eine Strahlung mit einer solchen Frequenz emittiert wird, läßt sich ebenfalls in Analogie zur gewöhnlichen Elektrodynamik erklären, da ein Elektron, das einen Kern auf einer elliptischen Bahn umläuft, eine Strahlung emittieren wird, die man nach dem Satz von Fourier in homogene Komponenten mit den Frequenzen $n\omega$ zerlegen kann, wobei ω die Umlauffrequenz des Elektrons bezeichnet.

Das führt uns zu der Annahme, daß wir Gl. (2) nicht so zu interpretieren haben, daß die verschiedenen stationären Zustände einer Emission von unterschiedlich vielen Energiequanten entsprechen, sondern daß die Frequenz der beim Übergang des Systems aus einem Zustand, in dem noch keine Energie ausgestrahlt wird, in einen der verschiedenen stationären Zustände emittierten Energie gleich unterschiedlichen Vielfachen von $(1/2)\omega$ ist, wobei ω die Umlauffrequenz des Elektrons im betrachteten Zustand bedeutet. Mit dieser Annahme ergeben sich genau dieselben Ausdrücke für die stationären Zustände wie zuvor und damit mit Hilfe der prinzipiellen Voraussetzungen in § 1 das gleiche Gesetz für das Wasserstoffspektrum. Folglich haben wir unsere Vorbetrachtungen in § 1 nur als einfache Darstellung der Resultate der Theorie anzusehen.

Bevor wir die Diskussion abbrechen, wollen wir uns noch kurz der Bedeutung der Übereinstimmung von beobachteten und berechneten Werten der Konstante in den Gleichungen (4) für die BALMER-Serie des Wasserstoffspektrums zuwenden. Aus den obigen Betrachtungen folgt, daß wir, ausgehend vom Gesetz des Wasserstoffspektrums unter der Voraussetzung, daß die verschiedenen Linien einer homogenen Strahlung beim Übergang zwischen verschiedenen stationären Zuständen entsprechen, zu genau demselben Ausdruck für die fragliche Konstante wie dem Ausdruck (4) gelangen, wenn wir allein annehmen, daß *1.* die Strahlung in Quanten $h\nu$ emittiert wird und *2.* die Frequenz der Strahlung beim Übergang des Systems zwischen aufeinanderfolgenden stationären Zuständen im Bereich langsamer Schwingungen gleich der Umlauffrequenz des Elektrons ist.

Da alle bei dieser letzteren Darstellung der Theorie verwendeten Annahmen eine Art qualitativen Charakter tragen, ist es — falls die Betrachtungsweise überhaupt vernünftig ist — gerechtfertigt zu erwarten, daß die berechneten und die beobachteten Werte der Konstanten absolut und nicht nur angenähert übereinstimmen. Deshalb kann die Gl. (4) für die Diskussion der Ergebnisse experimenteller Bestimmungen der Konstanten e, m und h von Bedeutung sein.

Während sich die in der vorliegenden Arbeit durchgeführten Rechnungen mechanisch offensichtlich nicht begründen lassen, kann man die Ergebnisse unserer Rechnungen in § 1 sehr einfach auch in der Sprache der gewöhnlichen Mechanik interpretieren. Bezeichnet M den Drehimpuls des Elektrons in bezug auf den Kern, so gilt für eine Kreisbahn offenbar $\pi M = T/\omega$, wobei ω die Umlauffrequenz und T die kinetische Energie des

Elektrons bedeuten; für Kreisbahnen ist ferner $T = W$, und wir erhalten aus (2)

$$M = \tau M_0$$

mit

$$M_0 = \frac{h}{2\pi} = 1{,}04 \cdot 10^{-27}.$$

Nehmen wir also an, daß das Elektron in den stationären Zuständen auf einer Kreisbahn um den Kern umläuft, so läßt sich das Ergebnis unserer Rechnung in § 1 durch folgende einfache Bedingung ausdrücken: Der Drehimpuls des Elektrons in bezug auf den Kern in einem stationären Zustand des Systems ist gleich einem ganzzahligen Vielfachen einer universellen Größe, die nicht von der Ladung des Kerns abhängt. Auf die mögliche Bedeutung des Drehimpulses für die Diskussion atomarer Systeme unter Zugrundelegung der Planckschen Theorie wurde von Nicholson [8] hingewiesen.

Die Vielzahl der verschiedenen stationären Zustände kann nur bei Untersuchungen über die Strahlungsemission und -absorption beobachtet werden. Denn bei den meisten anderen physikalischen Erscheinungen beobachtet man die Atome der Materie nur in einem einzigen bestimmten Zustand — ihrem Zustand bei niedrigen Temperaturen. Aus den bisherigen Betrachtungen ergibt sich unmittelbar, daß der „permanente" Zustand derjenige unter den stationären Zuständen ist, bei dessen Bildung die größte Energiemenge emittiert wird. Nach Gl. (3) ist das aber der Zustand mit $\tau = 1$.

§ 4. Absorption von Strahlung

Um das Kirchhoffsche Gesetz der Temperaturstrahlung erklären zu können, müssen wir Voraussetzungen hinsichtlich des Absorptionsmechanismus der Strahlung machen, die unseren Annahmen bei den Betrachtungen zur Strahlungsemission entsprechen. Wir müssen also annehmen, daß ein System, das aus einem Kern und einem um diesen kreisenden Elektron besteht, unter gewissen Bedingungen eine Strahlung mit einer Frequenz absorbieren kann, die gleich der Frequenz der homogenen Strahlung beim Übergang des Systems zwischen zwei stationären Zuständen ist. Wir wollen die Strahlung betrachten, die beim Übergang des Systems zwischen den beiden stationären Zuständen A_1, A_2 mit den τ-Werten τ_1 bzw. τ_2, $\tau_1 > \tau_2$, emittiert wird. Da für die Emission der betreffenden Strahlung notwendig war, daß sich das System im Zustand A_1 befindet, müssen wir jetzt annehmen, daß die notwendige Bedingung für die Absorption der Strahlung ist, daß sich das System im Zustand A_2 befindet.

Diese Betrachtungen scheinen im Einklang mit den Experimenten zur Absorption in Gasen zu stehen. Zum Beispiel ist unter normalen Bedingungen in Wasserstoffgas keine Absorption einer Strahlung mit einer Frequenz festzustellen, die dem Linienspektrum dieses Gases entspricht; man beobachtet eine Absorption erst, wenn sich das Wasserstoffgas in einem leuchtenden Zustand befindet. Das ist nach dem Obengesagten aber auch zu erwarten. In § 2 hatten wir angenommen, daß die betrachtete Strahlung beim Übergang des Systems zwischen stationären Zuständen mit $\tau \geqq 2$ emittiert wird. Unter normalen Bedingungen entspricht der Zustand der Atome im Wasserstoffgas aber dem Wert $\tau = 1$; außerdem sind Wasserstoffatome unter normalen Bedingungen zu Molekülen, d. h. zu Systemen vereinigt, in denen die Elektronen Frequenzen ungleich denen in den Atomen besitzen (vgl. Teil III). Andererseits läßt sich aus der Tatsache, daß gewisse Stoffe Strahlung absorbieren, die den Linien im Linienspektrum dieser Stoffe entspricht, ohne zu leuchten, wie z. B. Natriumdampf, schließen, daß diese Linien beim Übergang des Systems zwischen zwei Zuständen emittiert werden, von denen einer der permanente Zustand sein muß.

Wie weit die obigen Betrachtungen von einer Interpretation auf der Grundlage der gewöhnlichen Elektrodynamik abweichen, läßt sich am deutlichsten vielleicht daran ermessen, daß wir zu der Annahme gezwungen waren, daß das Elektronensystem Strahlung mit einer Frequenz absorbiert, die von der auf die übliche Weise berechneten Schwingungsfrequenz der Elektronen verschieden ist. In diesem Zusammenhang dürfte es interessant sein, eine Verallgemeinerung unserer Betrachtungen zu erwähnen, auf die Experimente über den Photoeffekt geführt haben und die einiges Licht auf unser Problem werfen kann. Wir betrachten einen Zustand des Systems, in dem das Elektron frei ist, d. h., in dem seine kinetische Energie so groß ist, daß es sich unendlich weit vom Kern entfernen kann. Nehmen wir an, daß die Bewegung des Elektrons nach dem üblichen Mechanismus bestimmt wird und keine (merkliche) Energieausstrahlung erfolgt, so wird die Gesamtenergie des Systems — wie in den oben betrachteten stationären Zuständen — konstant sein. Ferner wird zwischen den beiden Zustandsarten vollständige Kontinuität bestehen, da der Unterschied zwischen Frequenz und Abmessungen der Systeme in aufeinanderfolgenden stationären Zuständen mit wachsendem τ stetig abnehmen wird. Bei den folgenden Betrachtungen wollen wir die beiden Zustandsarten zur Abkürzung als „mechanische" Zustände bezeichnen, was lediglich auf die Voraussetzung hinweisen soll, daß die Bewegung der Elektronen in beiden Fällen mit Hilfe der gewöhnlichen Mechanik erklärt werden kann.

Die Analogie zwischen den beiden Arten von mechanischen Zuständen weiter verfolgend, können wir erwarten, daß nicht nur eine Absorption der Strahlung beim Übergang des Systems zwischen zwei verschiedenen stationären Zuständen, sondern auch zwischen einem stationären Zustand und einem Zustand möglich ist, in dem das Elektron frei ist; wie oben wäre dann die Frequenz dieser Strahlung durch die Gleichung $E = h\nu$

bestimmt, wobei E die Differenz der Gesamtenergie des Systems in den beiden Zuständen bedeutet. Wie wir sehen werden, wurde eine solche Strahlungsabsorption bei Experimenten über die Ionisierung durch UV-Licht und Röntgenstrahlung gerade beobachtet. Offenbar erhalten wir auf diese Weise den gleichen Ausdruck $T = h\nu - W$ für die kinetische Energie eines Elektrons, das durch Photoeffekt von einem Atom abgelöst wird, wie er von EINSTEIN [15] hergeleitet wurde. Dabei ist T die kinetische Energie des abgelösten Elektrons und W die gesamte bei der ursprünglichen Bindung des Elektrons emittierte Energiemenge.

Die obigen Betrachtungen können auch die Ergebnisse einiger Experimente von R. W. WOOD [16] über die Absorption des Lichts durch Natriumdampf erklären. Bei diesen Experimenten wurde eine Absorption beobachtet, die einer großen Anzahl von Linien in der Hauptserie des Natriums entspricht, außerdem eine kontinuierliche Absorption, die am Serienkopf beginnt und sich bis ins extreme Ultraviolett erstreckt. Genau das ist nach unserer Analogie auch zu erwarten, und eine nähere Betrachtung dieser Experimente wird es uns, wie wir sehen werden, gestatten, die Analogie noch weiter zu verfolgen. Wie in § 2 bereits erwähnt, werden die Radien der Elektronenbahnen für stationäre Zustände mit großem τ groß gegen die normalen atomaren Abmessungen. Das hatten wir benutzt, um das Fehlen der Linien, die den höheren Zahlen in der BALMER-Serie des Wasserstoffspektrums entsprechen, bei den Experimenten mit Vakuumröhren zu erklären. Es steht auch in gutem Einklang mit den Experimenten zum Emissionsspektrum des Natriums; in der Hauptserie des Emissionsspektrums dieses Elements werden relativ wenige Linien beobachtet. Nun war bei den Experimenten von WOOD der Druck nicht sehr niedrig, weshalb Zustände mit hohen Werten von τ nicht auftreten konnten; trotzdem wurden im Absorptionsspektrum etwa 50 Linien nachgewiesen. Bei diesen Experimenten ist demnach eine Absorption von

Strahlung beobachtet worden, die nicht von einem vollständigen Übergang zwischen zwei verschiedenen stationären Zuständen begleitet war. Nach unserer Theorie müssen wir annehmen, daß der Absorption eine Energieausstrahlung gefolgt ist, bei der die Systeme wieder in den ursprünglichen stationären Zustand zurückgekehrt sind. Wenn keine Stöße zwischen den verschiedenen Systemen erfolgen, wird diese Energie als Strahlung mit derselben Frequenz wie die der absorbierten Strahlung emittiert, und wir haben es nicht mit einer echten Absorption, sondern nur mit einer Streuung der ursprünglichen Strahlung zu tun; echte Absorption erfolgt erst, wenn die Energie durch Stöße in kinetische Energie freier Teilchen transformiert wird. Analog können wir aus den oben erwähnten Experimenten jetzt folgern, daß ein gebundenes Elektron — auch dann, wenn keine Ionisierung eintritt — eine Absorptions- (Streu-) Wirkung auf eine homogene Strahlung ausübt, sobald deren Frequenz größer als W/h ist, wobei W die Gesamtenergie bezeichnet, die bei der Bindung des Elektrons emittiert wird. Dies spräche sehr für die oben skizzierte Theorie der Absorption, da in solchem Falle die Frequenz der Strahlung niemals mit der charakteristischen Schwingungsfrequenz des Elektrons zusammenfallen würde. Wir erkennen ferner, daß die Annahme, daß die Absorption (Streuung) irgendeiner Strahlung beim Übergang zwischen zwei verschiedenen mechanischen Zuständen erfolgt, völlig analog zu der allgemein benutzten Annahme ist, daß freie Elektronen absorbierend (streuend) auf Licht beliebiger Frequenz wirken. Entsprechende Betrachtungen dürften für die Emission der Strahlung gelten.

In Analogie zu der hier verwendeten Annahme, daß die Emission der Linienspektren auf die Wiederbildung des Atoms nach der Ablösung eines oder mehrerer schwach gebundener Elektronen zurückzuführen ist, können wir auch vermuten, daß homogene Röntgenstrahlung emittiert wird, wenn die Systeme nach der Ablösung eines fest gebundenen Elektrons, z. B. durch

Stoß mit Katodenteilchen [17], wieder in den Gleichgewichtszustand zurückkehren. Im folgenden Teil dieser Arbeit, in dem wir auf den Aufbau der Atome eingehen werden, werden wir diese Frage näher untersuchen und versuchen zu zeigen, daß Rechnungen, die hiervon ausgehen, in quantitativer Übereinstimmung mit den experimentellen Ergebnissen stehen. An dieser Stelle sei nur ein Problem kurz erwähnt, dem wir bei derartigen Rechnungen begegnen.

Experimente über das Auftreten von Röntgenstrahlung lassen vermuten, daß man nicht nur die Emission und Absorption von Strahlung nicht auf der Grundlage der gewöhnlichen Elektrodynamik behandeln kann, sondern nicht einmal den Stoß zweier Elektronen, wenn eines davon an ein Atom gebunden ist. Das wird am deutlichsten an Hand einiger sehr instruktiver Rechnungen über die Energie der von radioaktiven Stoffen emittierten β-Teilchen, die kürzlich von Rutherford [18] veröffentlicht worden sind. Diese Rechnungen lassen kaum Zweifel, daß ein Elektron hoher Geschwindigkeit beim Durchgang durch ein Atom und Stoß mit den gebundenen Elektronen Energie in deutlich getrennten endlichen Quanten verliert. Wie man sofort sieht, ist das sehr verschieden von dem Ergebnis, das zu erwarten wäre, wenn die Stöße durch die gewöhnlichen Gesetze der Mechanik bestimmt würden. Das Versagen der klassischen Mechanik bei einem solchen Problem ist wegen des Fehlens jedweder Gleichverteilung der kinetischen Energie der freien und der in den Atomen gebundenen Elektronen schon von vornherein zu erwarten. Vom Standpunkt der „mechanischen" Zustände ist jedoch die folgende Annahme, die übrigens im Einklang mit der obigen Analogie steht, imstande, das Ergebnis der Rutherfordschen Rechnungen und die fehlende Gleichverteilung der kinetischen Energie zu erklären: Zwei stoßende Elektronen — gebunden oder frei — befinden sich sowohl nach wie auch vor dem Stoß in mechanischen Zuständen. Offenbar würde diese Annahme keine Änderung der klassischen Behandlung des

Stoßes zweier freier Teilchen erforderlich machen. Bei der Betrachtung eines Stoßes zwischen einem freien und einem gebundenen Elektron ergibt sich jedoch, daß das gebundene Elektron durch den Stoß keine Energiemenge kleiner als die Energiedifferenz von zwei aufeinanderfolgenden stationären Zuständen aufnehmen und demzufolge auch das freie Elektron, das mit ihm stößt, keine kleinere Energiemenge verlieren könnte.

Den vorläufigen und hypothetischen Charakter unserer obigen Betrachtungen brauchen wir nicht besonders zu betonen. Es war lediglich unsere Absicht zu zeigen, daß die hier skizzierte Verallgemeinerung der Theorie der stationären Zustände möglicherweise eine einfache Grundlage für die Erklärung einer Reihe von experimentellen Beobachtungen darstellen, die sich mit Hilfe der gewöhnlichen Elektrodynamik nicht erklären lassen, und daß die verwendeten Annahmen nicht im Widerspruch zu den Experimenten über Erscheinungen stehen, für die die klassische Dynamik und die Wellentheorie des Lichts eine befriedigende Erklärung gegeben haben.

§ 5. Der permanente Zustand eines atomaren Systems

Wir kehren nun zum eigentlichen Gegenstand dieser Arbeit, der Diskussion des „permanenten" Zustandes eines Systems aus Kern und an ihn gebundenen Elektronen, zurück. Für ein System, das aus einem Kern und einem einzigen um ihn kreisenden Elektron besteht, wird dieser Zustand nach dem oben Gesagten durch die Bedingung bestimmt, daß der Drehimpuls des Elektrons bezüglich des Kerns gleich $h/2\pi$ ist.

Nach der Theorie dieser Arbeit ist das einzige neutrale Atom mit nur einem Elektron das Wasserstoffatom. Der permanente Zustand dieses Atoms würde den in § 1 berechneten Werten von a und ω entsprechen. Leider wissen wir aber wegen der geringen Dissoziation der Wasserstoffmoleküle bei gewöhnlichen Temperaturen nur sehr wenig über das Verhalten des Wasserstoffatoms. Um einen besseren Vergleich mit den experimentellen Beobachtungen zu haben, müssen wir deshalb kompliziertere Systeme betrachten.

Betrachten wir Systeme, bei denen mehrere Elektronen an einen positiv geladenen Kern gebunden sind, so wird eine Elektronenkonfiguration dann einen permanenten Zustand darstellen, wenn die Elektronen auf einem Ring um den Kern angeordnet sind. Bei einer Diskussion dieses Problems auf der Grundlage der gewöhnlichen Elektrodynamik würden wir — neben der Frage der Energieausstrahlung — auf neue Schwierigkeiten stoßen, die mit der Stabilität des Ringes zusammenhängen. Wir wollen aber für den Augenblick von diesen Schwierigkeiten absehen und zunächst auf der Grundlage der PLANCKschen Theorie der Strahlung die Abmessungen und die Frequenz der Systeme betrachten.

Unser System bestehe aus einem Ring von n Elektronen, die um einen Kern mit der Ladung E kreisen und in gleichem Winkelabstand auf dem Umfang eines Kreises vom Radius a angeordnet seien.

Dann ist die potentielle Gesamtenergie des Systems aus Elektronen und Kern

$$P = -\frac{ne}{a}(E - es_n)$$

mit

$$s_n = \frac{1}{4}\sum_{s=1}^{n-1} \operatorname{cosec}\frac{s\pi}{n}.$$

Für die radiale Komponente der Kraft, die der Kern und die anderen Elektronen auf eines der Elektronen ausüben, erhalten wir

$$F = -\frac{1}{n}\frac{\mathrm{d}P}{\mathrm{d}a} = -\frac{e}{a^2}(E - es_n).$$

Bezeichnen wir mit T die kinetische Energie eines Elektrons und vernachlässigen die elektromagnetischen

Kräfte, die sich aus der Bewegung des Elektrons ergeben (vgl. Teil II), so wird, wenn wir die auf das Elektron wirkende Zentrifugalkraft gleich der radialen Kraft setzen,

$$\frac{2T}{a} = \frac{e}{a^2}(E - es_n) \quad \text{bzw.} \quad T = \frac{e}{2a}(E - es_n),$$

woraus für die Umlauffrequenz

$$\omega = \frac{1}{2\pi}\sqrt{\frac{e(E - es_n)}{ma^3}}$$

folgt. Die Gesamtenergie W, die dem System übertragen werden muß, damit sich die Elektronen unendlich weit voneinander und vom Kern entfernen können, ist

$$W = -P - nT = \frac{ne}{2a}(E - es_n) = nT,$$

d. h. gleich der kinetischen Gesamtenergie der Elektronen.

Wie wir sehen, besteht der einzige Unterschied zwischen dieser Gleichung und den Bewegungsgleichungen für ein einzelnes Elektron auf einer Kreisbahn um seinen Kern darin, daß $E - es_n$ an Stelle von E steht. Man erkennt außerdem sofort, daß sich entsprechend der Bewegung eines einzelnen Elektrons auf einer elliptischen Bahn um einen Kern die n Elektronen so bewegen, daß jedes auf einer elliptischen Bahn um den Kern mit diesem in einem Brennpunkt kreist und sich die n Elektronen zu jeder Zeit in gleichen Winkelabständen voneinander auf einem Kreis mit dem Kern als Mittelpunkt befinden. Die große Achse und die Umlauffrequenz der Bahn des Einzelelektrons für diese Bewegung sind durch die Beziehungen (1) gegeben, wenn man dort $E - es_n$ für E und W/n für W setzt. Wir wollen nun annehmen, daß das System der n auf einem Ring um einen Kern kreisenden Elektronen auf eine Weise analog derjenigen gebildet wird, wie wir sie für das um einen Kern kreisende einzelne

Elektron vorausgesetzt hatten. Damit wird vorausgesetzt, daß die Elektronen vor der Bindung durch den Kern sich in großem Abstand von diesem befinden und keine merkliche Geschwindigkeit besitzen sowie daß beim Bindungsprozeß eine homogene Strahlung emittiert wird. Wie im Fall des einzelnen Elektrons folgt hier, daß die bei der Bildung des Systems ausgestrahlte Gesamtenergie gleich der kinetischen Endenergie der Elektronen ist. Wenn wir nun annehmen, daß bei der Bildung des Systems die Elektronen zu jeder Zeit in gleichen Winkelabständen voneinander auf dem Umfang eines Kreises mit dem Kern im Mittelpunkt angeordnet sind, so ergibt sich analog zu den Betrachtungen in § 1 die Existenz einer Folge stationärer Konfigurationen, für die die kinetische Energie pro Elektron gleich $\tau h \cdot (1/2)\,\omega$ ist, wobei τ eine ganze Zahl, h die PLANCKsche Konstante und ω die Umlauffrequenz bedeuten. Die Konfiguration mit der größten emittierten Energiemenge ist wie vorhin diejenige mit $\tau = 1$. Diese Konfiguration wollen wir als permanenten Zustand des Systems ansehen, wenn die Elektronen in diesem Zustand auf einem einzigen Ring angeordnet sind. Wie im Fall des einzelnen Elektrons erhalten wir, daß der Drehimpuls eines jeden Elektrons gleich $h/2\pi$ ist. Es sei bemerkt, daß wir, statt einzelne Elektronen zu betrachten, auch den Ring als eine Gesamtheit ansehen könnten. Das würde zum gleichen Resultat führen, denn dann hätten wir an Stelle der Umlauffrequenz ω die Frequenz $n\omega$ der Strahlung des gesamten Ringes, berechnet auf der Grundlage der gewöhnlichen Elektrodynamik, und an Stelle von T die kinetische Gesamtenergie nT einzusetzen.

Möglicherweise existieren viele andere stationäre Zustände entsprechend anderen möglichen Bildungen eines solchen Systems. Die Annahme einer Existenz derartiger Zustände scheint für die Erklärung der Linienspektren von Systemen mit mehr als einem Elektron notwendig zu sein; sie wird auch durch die in § 1 erwähnte Theorie von NICHOLSON nahegelegt, auf die wir sogleich zurückkommen werden. Soweit ich es sehen kann, gibt aber eine

Betrachtung der Spektren keinen Grund zu der Annahme, daß stationäre Zustände existieren, in denen zwar alle Elektronen auf einem Ring angeordnet sind, sie aber einer höheren ausgestrahlten Gesamtenergie entsprechen als die, die wir oben als permanente Zustände bezeichnet haben.

Außerdem wird es stationäre Konfigurationen eines Systems von n Elektronen und einem Kern mit der Ladung E geben, bei denen die Elektronen nicht alle auf einem einzigen Ring angeordnet sind. Die Frage nach der Existenz derartiger stationärer Konfigurationen ist jedoch für unsere Bestimmung des permanenten Zustandes unwesentlich, solange wir bei der Voraussetzung bleiben, daß die Elektronen in diesem Zustand des Systems auf einem einzigen Ring angeordnet sein sollen. Auf Systeme mit komplizierteren Konfigurationen werden wir später eingehen.

Aus der Beziehung $T = h \cdot {}_{(1/2)}\omega$ erhalten wir mit Hilfe der obigen Ausdrücke für T und ω Werte von a und ω für den permanenten Zustand des Systems, die sich nur dadurch von den Beziehungen (3) unterscheiden, daß $E - es_n$ an Stelle von E steht.

Die Frage nach der Stabilität eines Ringes von Elektronen, die um eine positive Ladung kreisen, ist sehr ausführlich von Sir J. J. Thomson diskutiert worden [3]. Nicholson [8] hat diese Analyse von Thomson dem hier betrachteten Fall eines Ringes angepaßt, der um einen Kern mit vernachlässigbarer linearer Ausdehnung kreist. Die Untersuchung des Problems muß naturgemäß in zwei Schritten erfolgen: einmal in bezug auf die Stabilität gegenüber Verschiebungen der Elektronen innerhalb der Ebene des Ringes, zum anderen gegenüber Verschiebungen senkrecht zu dieser Ebene. Wie sich aus den Rechnungen von Nicholson ergibt, fällt die Antwort auf die Frage nach der Stabilität für diese beiden Fälle sehr unterschiedlich aus. Während der Ring gegenüber Verschiebungen der zweiten Art im allgemeinen stabil ist, wenn die Anzahl der Elektronen nicht zu groß wird, erweist er sich gegenüber Verschiebungen der ersten Art in keinem der von NICHOLSON betrachteten Fälle als stabil.

Nach dem in dieser Arbeit eingenommenen Standpunkt hängt die Frage der Stabilität gegenüber Verschiebungen der Elektronen innerhalb der Ringebene jedoch auf das engste mit dem Bindungsmechanismus der Elektronen zusammen und kann ähnlich wie dieser nicht auf der Grundlage der gewöhnlichen Dynamik behandelt werden. Nach der Hypothese, von der wir im folgenden Gebrauch machen wollen, wird die Stabilität des Ringes um einen Kern kreisender Elektronen durch die oben erwähnte Bedingung der universellen Konstanz des Drehimpulses in Verbindung mit der weiteren Bedingung gewährleistet, daß sich die Teilchen in der Konfiguration befinden, bei deren Bildung die größte Energiemenge ausgestrahlt wird. Wie wir zeigen werden, ist diese Hypothese hinsichtlich der Stabilität gegenüber Verschiebungen der Elektronen senkrecht zur Ringebene äquivalent mit derjenigen, die bei den Rechnungen auf der Grundlage der gewöhnlichen Mechanik benutzt wird.

Zur NICHOLSONschen Theorie über den Ursprung der im Spektrum der Sonnenkorona beobachteten Linien zurückkehrend, werden wir jetzt sehen, daß die in § 1 erwähnten Schwierigkeiten nur formaler Natur sein können. Der erste Einwand der Instabilität des Systems gegenüber Verschiebungen der Elektronen innerhalb der Ringebene kann vom oben betrachteten Standpunkt nicht stichhaltig sein. Auch der zweite Einwand gegen die Emission der Strahlung in Quanten kann für die Rechnungen keine Bedeutung haben, wenn wir annehmen, daß es sich beim Koronaspektrum nicht um echte Emission, sondern nur um eine Streuung der Strahlung handelt. Diese Annahme scheint gerechtfertigt, wenn wir die Bedingungen in diesem Himmelskörper beachten; denn wegen der außerordentlichen Verdünnung der Materie werden nur relativ wenige Stöße die stationären Zustände stören und eine echte Lichtemission entsprechend einem Übergang zwischen verschiedenen stationären Zuständen hervorrufen können; andererseits ist in der Sonnenkorona eine starke Strahlung mit Licht aller Frequenzen vorhanden, die die natürlichen Schwingungen der Systeme in den verschiedenen stationären Zuständen anzuregen vermag. Wenn die obige Annahme korrekt ist, so verstehen wir die völlig verschiedene Form der Gesetze für die von Nicholson diskutierten Linien und für die in dieser Arbeit betrachteten gewöhnlichen Linienspektren sofort.

Für die weiteren Betrachtungen von Systemen komplizierter Struktur wollen wir von dem folgenden Satz Gebrauch machen, der sehr leicht bewiesen werden kann:

„Bei jedem System aus Elektronen und positiv geladenen Kernen, in dem die Kerne ruhen und die Elektronen sich mit Geschwindigkeiten klein gegen die Lichtgeschwindigkeit auf Kreisbahnen bewegen, ist die kinetische Energie numerisch gleich der halben potentiellen Energie."

Aus diesem Satz folgt, ebenso wie in den vorhin betrachteten Fällen eines einzelnen Elektrons bzw. eines um einen Kern kreisenden Ringes, daß bei der Bildung der Systeme aus einer Konfiguration, bei der die gegenseitigen Abstände der Teilchen unendlich groß sind und die Teilchen relativ zueinander ruhen, die gesamte emittierte Energie gleich der kinetischen Energie der Elektronen in der Endkonfiguration ist.

Analog wie im Fall nur eines Ringes führt das zu der Vermutung, daß zu jeder beliebigen Gleichgewichtskonfiguration eine Folge geometrisch ähnlicher stationärer Konfigurationen des Systems existiert, für die die kinetische Energie jedes Elektrons gleich der Umlauffrequenz, multipliziert mit $(1/2)\tau h$ ist, wobei τ eine ganze Zahl und h die Plancksche Konstante bedeuten. In jeder solchen Folge von stationären Konfigurationen entspricht der größten ausgestrahlten Energiemenge diejenige Konfiguration, bei der für jedes Elektron $\tau = 1$

ist. Beachten wir, daß für ein Teilchen auf einer Kreisbahn das Verhältnis der kinetischen Energie zur Frequenz gleich dem π-fachen Drehimpuls bezüglich des Zentrums der Bahn ist, so erhalten wir die folgende einfache Verallgemeinerung der in § 3 und zu Anfang dieses Abschnittes ausgesprochenen Hypothesen:

In jedem molekularen System aus positiv geladenen Kernen und Elektronen, bei dem die Kerne relativ zueinander ruhen und sich die Elektronen auf Kreisbahnen bewegen, ist der Drehimpuls jedes Elektrons in bezug auf das Zentrum seiner Bahn im permanenten Zustand des Systems gleich $h/2\pi$, wobei h die PLANCK*sche Konstante bedeutet.*[1])

In Analogie zu den vorangehenden Betrachtungen werden wir annehmen, daß eine Konfiguration, die dieser Bedingung genügt, stabil ist, wenn die Gesamtenergie des Systems kleiner ist als die jeder Nachbarkonfiguration, die dieselbe Bedingung für den Drehimpuls der Elektronen erfüllt.

Wie bereits in der Einleitung erwähnt, soll die obige Hypothese in einer folgenden Mitteilung als Grundlage für eine Theorie des Aufbaus der Atome und Moleküle verwendet werden. Wir werden zeigen, daß sie zu Ergebnissen führt, die in guter Übereinstimmung mit Experimenten zu einer Reihe verschiedener Erscheinungen zu stehen scheinen.

Die Hypothese wurde hier vollständig durch ihre Relation zur PLANCKschen Theorie der Strahlung begründet; mit Hilfe späterer Betrachtungen soll versucht werden, von einem anderen Standpunkt einiges weiteres Licht auf ihre Begründung zu werfen.

---

[1]) Bei den Betrachtungen, die zu dieser Hypothese führen, haben wir vorausgesetzt, daß die Geschwindigkeit der Elektronen klein gegen die Lichtgeschwindigkeit ist. Die Gültigkeitsgrenzen dieser Annahme werden im Teil II (hier nicht mit wiedergegeben) diskutiert.

Literatur

[1] Rutherford, E.: Philos. Mag. **21** (1911) 669 (dtsch. Übers. in: ter Haar, D.: Quantentheorie. Akademie-Verlag, Berlin 1969).
[2] Geiger, H., und E. Marsden: Philos. Mag. **25** (1913) 604.
[3] Thomson, J. J.: Philos. Mag. **7** (1904) 237.
[4] Vgl. z. B.: Théorie du rayonnement et les quanta, in: Proceedings of the First Solvay Congress 1911. Paris 1912.
[5] Vgl. z. B. Planck, M.: Ann. Physik **31** (1910) 758; **37** (1912) 642; Verh. phys. Ges. **13** (1911) 138.
[6] Einstein, A.: Ann. Physik **17** (1905) 132; **20** (1906) 199; **22** (1907) 180.
[7] Haas, A. E.: Jb. Radioelektr. **7** (1910) 261; vgl. ferner Schidlof, A.: Ann. Physik **35** (1911) 90; Wertheimer, E.: Phys. Z. **12** (1911) 409; Verh. phys. Ges. **14** (1912) 431; Lindemann, F. A.: Verh. phys. Ges. **13** (1911) 482 und 1107; Haber, F.: Verh. phys. Ges. **13** (1911) 1117.
[8] Nicholson, J. W.: Monthly Notices roy. astron. Soc. **72** (1912) 49, 139, 677, 693 und 729.
[9] Bohr, N.: Philos. Mag. **25** (1913) 24.
[10] Thomson, J. J.: Philos. Mag. **24** (1912) 672.
[11] Paschen, F.: Ann. Physik **27** (1908) 565.
[12] Pickering, E. C.: Astrophys. J. **4** (1896) 369; **5** (1897) 92.
[13] Fowler, A.: Monthly Notices roy. astron. Soc. **73** (1912) 62.
[14] Ritz, W.: Phys. Z. **9** (1908) 521.
[15] Einstein, A.: Ann. Physik **17** (1905) 132.
[16] Wood, R. W.: Physical Optics. 1911, S. 513.
[17] Thomson, J. J.: Philos. Mag. **23** (1912) 456.
[18] Rutherford, E.: Philos. Mag. **24** (1912) 453 und 893.

4. Allgemeine spektroskopische Gesetze, insbesondere ein magnetooptischer Zerlegungssatz*)[(a)]

von

A. SOMMERFELD

Nachdem die Struktur der Wasserstofflinien (BALMER-Serie) und der wasserstoffähnlichen Linien (einschließlich der Röntgenspektren) geklärt war, schien es nur ein Schritt, um auch die Struktur der wasserstoff-unähnlichen Linien nach denselben Gesichtspunkten zu behandeln, also z. B. das Dublett der D-Linien auf Bahnverschiedenheiten im Atommodell zurückzuführen. Ermutigend war in dieser Hinsicht, daß sich das Dublett von Li quantitativ ($\Delta\nu = 0{,}34$ cm^{-1} in den Nebenserien) und qualitativ (nach Lage der Intensität seiner beiden Komponenten) an das Dublett von H ($\Delta\nu = 0{,}365$ cm^{-1}) anschließt. Indessen war von vornherein klar, daß die verschiedenen in einer Wasserstoff-Feinstruktur zusammenfallenden Komponenten bei den wasserstoff-unähnlichen Elementen auseinandertreten in die verschiedenen Serien. Infolgedessen ist nicht das Auftreten von Dubletts oder Tripletts, sondern vielmehr das Nebeneinander von Hauptserie, Nebenserien, BERGMANN-Serie[(b)] als Abbild der Feinstrukturen des Wasserstoffs in den wasserstoff-unähnlichen Spektren anzusehen. Für die Erklärung der Linienstruktur in diesen Spektren gibt daher der Wasserstoff keinen Anhalt.

So kommt es, daß wir der modellmäßigen Bedeutung der Linienmultiplizitäten bei den wasserstoff-unähnlichen Elementen, trotz wiederholter Bemühungen von verschiedenen Seiten, vorläufig ratlos gegenüberstehen. Um so wertvoller sind alle Gesetzmäßigkeiten, die sich empirisch für die Linienmultiplizitäten aufstellen lassen,

*) Ann. Physik (4) 63 (1920) 221, Abschnitte I und II.

zumal wenn sie so durchgreifender und einfacher Art sind wie die hier vorliegenden. Es ist die Absicht des folgenden, einige schon bekannte dahin gehörende Gesetze weiter auszuführen und einige neue zu begründen. Insbesondere sei schon hier auf den an letzter Stelle behandelten „magnetooptischen Zerlegungssatz“ hingewiesen, der eine Harmonie ganzzahliger Verhältnisse enthüllt von einer Reinheit, die auch den durch die moderne Quantentheorie Verwöhnten überraschen wird. Die praktische Bedeutung der vielfachen Linien für die Einordnung der spektroskopischen Beobachtungen in Serien ist bekannt (Gesetz der konstanten Schwingungsdifferenzen usw.). Die theoretische Bedeutung der Linienstrukturen für die modellmäßige Erforschung der Atome wird zweifellos nicht geringer sein. Unserem magnetooptischen Zerlegungssatz dürfen wir außer einer theoretischen auch eine praktische Wichtigkeit für die Deutung und Ordnung der komplizierten ZEEMAN-Effekte zusprechen.

Eine allgemeine Bemerkung, welche dem spektroskopischen Fachmann nichts Neues sagt, ist für alles folgende im Auge zu behalten: Das Ziel der Spektroskopie ist nicht so sehr die Kenntnis der Linien (Energiedifferenzen), sondern die Kenntnis der Terme (der Energiestufen selbst), in die sich die Schwingungszahlen der Linien nach dem Kombinationsprinzip zerlegen lassen. Diese charakterisieren die Atomzustände und sind die Träger der weiterhin zu betrachtenden Gesetzmäßigkeiten. Wir ordnen die Terme in die Reihe s-, p-, d-, b-Term, d. h. Term der „scharfen“ Nebenserie, der Haupt- oder „Prinzipal“-Serie, der „diffusen“ Nebenserie und der „BERGMANN“-Serie. Jeder Term ist einer theoretisch unbegrenzten Menge von Werten fähig, die folgendermaßen numeriert werden:

$$\begin{array}{cccc} 2p, & 3p, & 4p, & 5p, \ \ldots \\ & 3d, & 4d, & 5d, \ \ldots \\ & & 4b, & 5b, \ \ldots \end{array}$$

Nur beim s-Term geschieht die Numerierung (wie wir sehen werden mit gutem Grunde) nicht ganzzahlig, sondern halbzahlig:

$$1{,}5\,\mathrm{s}, \quad 2{,}5\,\mathrm{s}, \quad 3{,}5\,\mathrm{s}, \ldots$$

Schreibt man allgemein mp, md, ... oder ausführlicher (m, p), (m, d) bzw. $(m + 1/2, s)$, so heißt m die Laufzahl.[(c)] Wir fassen sie auf als die Summe einer „azimutalen Quantenzahl" n und einer „radialen Quantenzahl" n'. Nach einer früher begründeten Hypothese[1]) hat dabei die azimutale Quantenzahl n in der Reihe unserer vier Terme die festen Werte 1, 2, 3, 4; die radiale Quantenzahl durchläuft innerhalb jeder Termart alle ganzzahligen Werte von 0 an. Eine einzelne Serie ist also bestimmt (außer durch die dabei festgehaltene Endbahn) durch die für alle Anfangsbahnen gleiche azimutale Quantenzahl n. Aus der Formel $m = n + n'$ und unserer Zuordnung der aufeinander folgenden Terme zu den Werten $n = 1, 2, 3, 4$ erkennt man, weshalb die vorstehende Aufzählung mit 2p, 3d, 4b und 1,5s (wie wir an Stelle von 1s schreiben) beginnt.

Wie ich ferner a. a. O. gezeigt habe, ergibt sich aus den eindeutigen Regeln der Quantentheorie als allgemeine Form der Terme (wir wählen zunächst den Fall der Hauptserie) die folgende:

$$(m, p) = \frac{N}{(m + p + \pi(m, p) + \cdots)^2},$$

wo durch $+ \cdots$ angedeutet ist, daß hier strenggenommen weitere Glieder von der Form

$$\pi'(m, p)^2 + \pi''(m, p)^3 + \cdots$$

folgen würden. N ist die Rydberg-Frequenz. Die $p, \pi, \ldots$ sind Konstanten des Atomfeldes und der Serie und sind

---

1) S.-B. math.-naturwiss. Abt. bayer. Akad. Wiss. München (1916) 159, oder: Atombau und Spektrallinien. Vieweg, Braunschweig 1919, Kap. IV, § 6, Kap. VI, § 3; Anhang 10.

demgemäß von der radialen Quantenzahl n' und daher auch von der Laufzahl m unabhängig. Sie sind im Falle des s-, d- oder b-Termes zu ersetzen durch $s, \sigma, \ldots$, $d, \delta, \ldots$, $b, \beta, \ldots$, überdies ist im Falle des s-Termes m zu ersetzen durch $m + {}_1/_2$. Man wird auf diese Weise im wesentlichen (d. h. abgesehen von den Zusatzgliedern $+ \cdots$) von der Quantentheorie aus auf die RITZsche Termdarstellung geführt. Daß durch unsere Erweiterung der RITZschen Form die Seriendarstellung merklich verbessert wird in Fällen, wo die RITZsche Form versagt, und daß gerade unsere Art der Erweiterung sachgemäß ist, zeigt E. FUES in seiner später (unter III) zu besprechenden Dissertation.

Dies gilt für den Fall neutraler Atome, wo also das äußere Elektron sich im Felde eines einfach geladenen Atomrestes bewegt (Bogen- oder Flammenspektren). Bei einem ionisierten Atom, wo nach vorheriger Abtrennung eines Elektrons das nunmehr äußerste Elektron von einem zweifach geladenen Atomreste angezogen wird (Funkenspektren), lautet die Termdarstellung:

$$(m, p^*) = \frac{4N}{(m + p^* + \pi^*(m, p^*) + \cdots)^2},$$

$p^*, \pi^*, \ldots$ sind Konstanten des durch die Ionisierung abgeänderten Atomfeldes; für den Übergang zum s-, d-, b-Term gilt das Gleiche wie oben.

Bei Systemen von Dublett- oder Triplettlinien sind die Atomkonstanten $p, \pi, \ldots$ je zweier oder dreier Werte fähig. Wir schreiben in diesem Falle statt $p, \pi, (m, p), \ldots$:

$$p_i, \pi_i, (m, p_i), \ldots \begin{cases} i = 1, 2 & \text{für Dublettsysteme,} \\ i = 1, 2, 3 & \text{für Triplettsysteme.} \end{cases}$$

Von der größeren oder geringeren Verschiedenheit der Konstanten $p_i, \ldots$ hängt die größere oder geringere Trennung der entstehenden Liniengebilde ab.

1. Die Permanenz der Multiplizitäten

Daß bei verwandten Elementen die Linienstruktur qualitativ übereinstimmt, ist allgemein bekannt. So sind nicht nur sämtliche Alkalien durch Dublettsysteme von Serien charakterisiert, sondern ebenso die ihnen entfernter verwandten einwertigen Elemente Cu, Ag. Die Erdalkalien sind in erster Linie durch Triplettsysteme ausgezeichnet, ebenso die ihnen entfernter verwandten Elemente Zn, Cd, Hg. Daneben zeigen diese Elemente Serien von Einfachtermen, zu denen insbesondere die natürliche oder Grundbahn des Atoms (der Term 1,5s, der in der Resonanzlinie und der Hauptabsorptionslinie vorkommt) gehört. Man kann vermuten, daß auch die Triplettsysteme von O, S, und Se mit Einfachliniensystemen assoziiert auftreten, die allerdings bei S und Se noch nicht bekannt sind; bei O könnten nach freundlicher Mitteilung PASCHENS die von RUNGE und PASCHEN als Dubletts beschriebenen, aber nur einfach gemessenen Serien aus Einfachlinien mit je einem Begleiter bestehen, mit dem sie jedoch (nach Ausweis ihres ZEEMAN-Effektes) kein eigentliches Dublett bilden. Schließlich zeigen die Edelgase und Triaden (die Elemente der zusammengehörigen 0. und 8. Gruppe des Periodensystems), eine gemeinsame kompliziertere Linienstruktur, die sich bisher nicht durch einfache Gesetze beschreiben läßt, ebenso wie bisher die Serieneinordnung dieser Elemente nicht gelungen ist außer bei Neon und Helium.

Mit dem in der Überschrift genannten ,,Permanenzgesetz der Multiplizitäten“ wollen wir aber nicht nur die Erhaltung der Struktur innerhalb einer Vertikalreihe des Periodensystems bezeichnen. Vielmehr wollen wir mit diesem Namen vor allem auf folgende, bisher wenig beachtete Tatsache hinweisen: *Wenn der* p-*Term doppelt oder dreifach ist, so ist es auch der* d-*Term*. Nur der s-Term ist nach allgemeiner spektroskopischer Erfahrung *einfach*, nicht nur bei Einfachliniensystemen, sondern auch bei sonst doppelter oder dreifacher Linienstruktur.

Die übereinstimmende Struktur von p- und d-Term findet ihren prägnanten Ausdruck in der von Rydberg formulierten Tatsache der *vollständigen Dubletts und Tripletts* in der diffusen Nebenserie, d. h. bei der Kombination des p- und d-Termes nach der Formel

$$\nu = 2p_i - md_j. \qquad (1)$$

Daß man bei diesen Gebilden einzelne Komponenten als Linien, andere als Satelliten bezeichnet, ist offenbar nicht sachgemäß. In Wirklichkeit handelt es sich bei den vollständigen Dubletts um 3 Linien (gedanklich s. u. um 4), die zusammengehören und aus der Kombination zweier Dubletterme entstehen; ebenso bei den vollständigen Tripletts um 6 Linien (gedanklich um 9), die sich aus der Kombination zweier Tripletterme ergeben. Dagegen hat man niemals die Kombination eines Dublett-p-Terms mit einem Triplett-d-Term beobachtet oder umgekehrt. Die durchgehende Struktur dieser Gebilde zeigt also durchweg gleiche Multiplizität im p- und d-Term an. (Anders natürlich bei Wasserstoff, wo sich in der theoretischen Feinstruktur von

$$H_\alpha, H_\beta, \ldots$$

ein Dublett der Reihe nach mit einem Triplett, Quartett... paart; auch hierin zeigt sich die Wesensverschiedenheit der Wasserstoff-Feinstrukturen von den sonstigen Linienmultiplizitäten, vgl. oben S. 187.) Daß man bei Na und K die vollständigen Dubletts der diffusen Nebenserie nur unvollständig (mit zwei Linien) beobachtet hat, ist natürlich kein Einwand. Der d-Term ist weniger getrennt als der p-Term (vgl. unten bei Cs) und wird in der Reihe der Alkalien erst bei Rb andeutungsweise aufgelöst. Ebenso erscheint das vollständige Triplett von Mg als einfaches Triplett, um erst bei den schwereren Elementen, insbesondere bei Hg, seine wahre Struktur zu zeigen.

Zur Veranschaulichung geben wir hier die Linien $2p_i - 3d_j$ für Cs und Cd wieder in der Skala der ν, jedoch bei Cd der Deutlichkeit wegen nicht maßstäblich. Die beigeschriebenen $\Delta\nu$ zeigen den Ursprung der Komponentenabstände aus dem p- oder d-Term an. Die sogenannten „Satelliten" sind schwach, die „Linien" stark gezeichnet. Wesentlich für unsere Auffassung[1]) ist die Ergänzung des Liniengebildes durch die punktierten (nicht beobachteten) Linien.

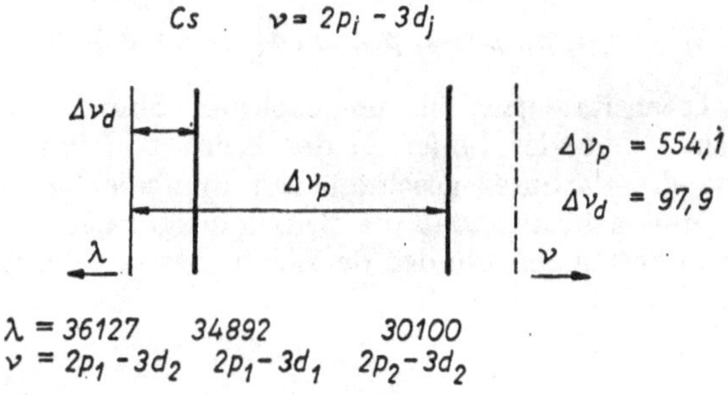

Abb. 4.1

Bei dem (im Ultraroten gelegenen) Cs-Dublett der diffusen Nebenserie (Abb. 4.1) beträgt der aus der Duplizität des p-Terms hervorgehende Dublettabstand

$$\Delta\nu_p = 2p_1 - 2p_2 = 554{,}1 \text{ cm}^{-1};$$

derselbe Wert ist aus der Hauptserie und den Grenzen der beiden Nebenserien her bekannt. Nach einer allgemein gültigen Regel (vgl. Nr. II) findet er sich hier nicht zwischen den beiden Hauptlinien, sondern zwischen dem Satelliten und der entfernteren Hauptlinie. Der Abstand zwischen dem Satelliten und der benachbarten Haupt-

[1]) Diese Auffassung ist bereits angedeutet in Ann. Physik 51 (1916) 79, Abb. 7.

linie ist gleich dem aus der Duplizität des d-Terms hervorgehenden Dublett

$$\Delta\nu_d = 3d_1 - 3d_2 = 97{,}9\ \mathrm{cm}^{-1}.$$

Indem wir die punktierte, nicht beobachtete Linie rechts hinzufügen, tritt zwischen dieser und den beiden Hauptlinien der Abstand $\Delta\nu_p$ und $\Delta\nu_d$ zum zweiten Male auf.

Numerieren wir mit PASCHEN beide Terme nach der Größe ihrer Schwingungszahl, so daß

$$(m, p_2) > (m, p_1), (m, d_2) > (m, d_1)$$

(die Intensität geht im umgekehrten Sinne), so entsprechen den vier Linien in der Reihe von links nach rechts die darunter geschriebenen Symbole $2p_1 - 3d_2$ usw. Man sieht also, daß die Bedingung für das Vorhandensein der Linien[1]) in der Bezeichnungsweise der Gl. (1) lautet

$$j \geqq i. \tag{2}$$

Die punktierte Linie würde die Schwingungszahl haben

$$\nu = 2p_2 - 3d_1.$$

Ähnlich Abb. 4.2, welche das vollständige Triplett der diffusen Nebenserie von Cd[2]) darstellt: die drei Hauptlinien sind auf der Seite der größeren Wellenlängen von 2, 1 oder 0 Satelliten begleitet. Die aus der dreifachen Natur des p-Terms hervorgehenden Abstände betragen

$$\Delta\nu_p^{12} = 2p_2 - 2p_1 = 1171\ \mathrm{cm}^{-1},$$

$$\Delta\nu_p^{23} = 2p_3 - 2p_2 = 542\ \mathrm{cm}^{-1},$$

---

[1]) Wie bei POPOW: Ann. Physik 45 (1914) 151.

[2]) Wir wählen Cd statt des besser aufzulösenden Hg, weil bei Hg die Komponentenfolge im d-Triplett eine unnormale ist. Während sonst $\Delta\nu_d^{12} > \Delta\nu_d^{23}$ (ebenso wie $\Delta\nu_p^{12} > \Delta\nu_p^{23}$), ist bei Hg umgekehrt $\Delta\nu_d^{12} < \Delta\nu_d^{23}$.

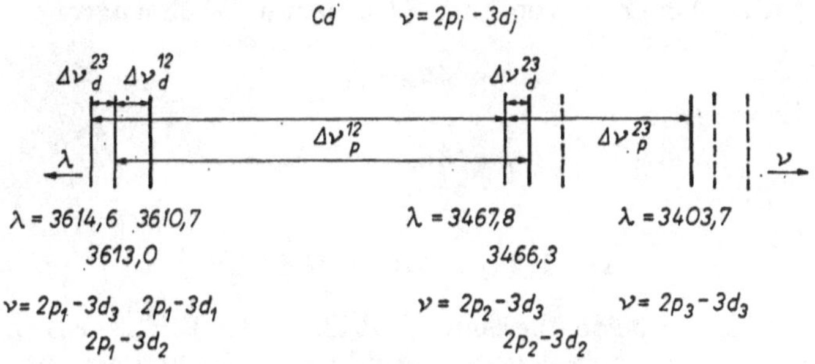

Abb. 4.2

die aus der dreifachen Natur des d-Terms entspringenden Abstände sind

$$\Delta\nu_d^{12} = 3d_2 - 3d_1 = 18 \text{ cm}^{-1},$$

$$\Delta\nu_d^{23} = 3d_3 - 3d_2 = 12 \text{ cm}^{-1}.$$

Nach Hinzufügung der punktierten Linien tritt jeder dieser Abstände dreimal auf; in der Abbildung sind nur die Abstände zwischen den realen Linien eingetragen, also z. B. der Abstand $\Delta\nu_p^{12}$ zwischen der zweiten Hauptlinie und dem ersten Satelliten der ersten Hauptlinie usw. Die unter der Abbildung angedeutete Termbezeichnung läßt erkennen, daß die realen Linien auch hier durch die Bedingung (2) gegeben sind; die in der Formel (1) überdies enthaltenen, der Bedingung (2) widersprechenden Linien sind unsere punktierten Komponenten.

Sollte die hiermit festgestellte Permanenz der Multiplizitäten sich nicht auch auf den b-*Term erstrecken?* Eine Beobachtung von K. W. Meissner[1]) bei Cäsium, die wir in Abb. 4.3 wiedergeben, scheint diese Vermutung auf den ersten Blick zu bestätigen und wurde von Meissner in der Tat als Beweis für die doppelte Natur des b-Terms bei Cs angesehen.

---

[1]) Meissner, K. W.: Ann. Physik 50 (1916) 724.

Die obere Zeile von Abb. 4.3 bedeutet die Liniengruppe

$$\nu = 3d_i - 5b,$$

die untere

$$\nu = 3d_i - 6b.$$

Die Differenz

$$\Delta\nu_d = 3d_1 - 3d_2 = 97{,}6\ \mathrm{cm}^{-1}$$

stimmt für beide überein und ist gleich der Differenz $\Delta\nu_d$ in der diffusen Nebenserie, Abb. 4.1. Die außerdem auftretende kleinere Schwingungsdifferenz (wir nennen sie $\Delta\nu_x$, vermeiden also die Bezeichnung $\Delta\nu_b$, die durch die MEISSNERsche Auffassung nahegelegt wäre) ist für die zweite Linie kleiner als für die erste. Die vorangehende BERGMANN-Linie $\nu = 3d_i - 4b$ wurde nur in ihren

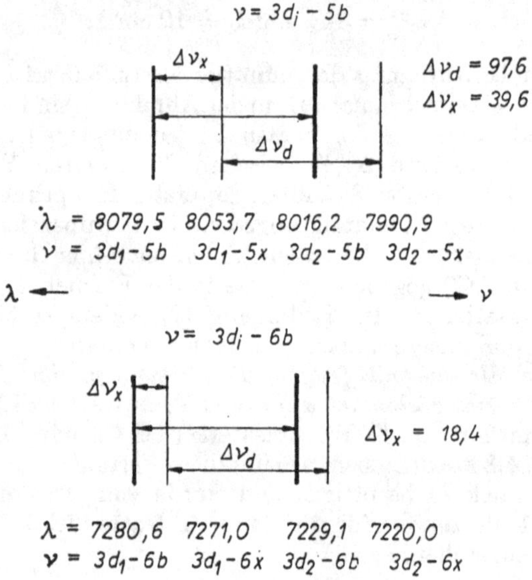

Abb. 4.3

beiden Hauptlinien aufgenommen; das Dublett $\Delta\nu_x$ würde für diese Liniengruppe entsprechend größer und daher nicht viel kleiner als das Dublett $\Delta\nu_d$ sein müssen.

Dies ist der eine Punkt, welcher an den MEISSNERschen Messungen auffällt: Die Abnahme von $\Delta\nu_p = 554$ zu $\Delta\nu_d = 98$ setzt sich nicht in dem erwarteten Maße auf $\Delta\nu_x$ fort. Der andere Punkt betrifft die Intensitätsverteilung auf die Liniengruppen. Wir erwarten nach Analogie mit Abb. 4.1 die kurzwelligste Linie als zu punktierende (Intensität Null), die langwelligste als Satelliten (Intensität klein). Nach Ausweis der Abb. 4.3 trifft beides nicht zu. Infolgedessen können wir uns der MEISSNERschen Deutung der beiden schwächeren Linien nicht anschließen, fassen diese vielmehr (im Anschluß an eine briefliche Mitteilung von Hrn. PASCHEN) folgendermaßen auf: In der Reihe der Serienterme s, p, d, b sind weitere Terme x, y, ... vorherzusehen, welche zu den azimutalen Quantenzahlen 5, 6, ... gehören, so wie s, p, d, b zu den Quantenzahlen 1, 2, 3, 4. Die höheren Termtypen werden in zunehmendem Maße wasserstoffähnlich (auch der b-Term ist es schon weitgehend); das will sagen, daß in der Darstellung

$$5x = \frac{N}{(5+x)^2}, \quad 6x = \frac{N}{(6+x)^2}, \ldots \tag{3}$$

die Atomfeldkonstante x eine, zumal gegen die großen Zahlen 5 und 6 sehr kleine Größe bedeutet. Nehmen wir näherungsweise x direkt gleich Null, so werden die x-Terme mit den BALMER-Termen identisch. In der Tat sind Terme $N/5^2$ und $N/6^2$ nach der Zusammenstellung von DUNZ schon früher bei Cs und den übrigen Alkalien beobachtet worden.

Wir deuten nun die schwachen Begleiter in den MEISSNERschen Beobachtungen als

$$\nu = 3d_i - 5x \quad \text{bzw.} \quad \nu = 3d_i - 6x$$

und erhalten als Abstand von den starken Bergmann-Linien

$$\nu = 3d_i - 5b \text{ bzw. } \nu = 3d_i - 6b,$$

indem wir für $5x$ und $6x$ statt der Formel (3) näherungsweise reine Balmer-Terme verwenden:

$$\Delta\nu_x = 5b - 5x = 4441 - 4387 = 54 > 0 \ (m = 5) \text{ bzw.}$$

$$\Delta\nu_x = 6b - 6x = 3077 - 3046 = 31 > 0 \ (m = 6).$$

Hieraus erkennt man: *1.* Die fraglichen Begleiter haben diejenige Lage zu den Hauptlinien (auf der violetten Seite), welche unserer Deutung entspricht. *2.* Durch Wahl eines kleinen Wertes für x ($x = 10^{-2}$ statt $x = 0$) kann man die Abstände $\Delta\nu_x$ auch zahlenmäßig den beobachteten Werten (39,6 bzw. 18,4, vgl. die Abbildung) anpassen. Für unsere Deutung spricht außerdem die Tatsache, daß die fraglichen Begleiter bei der Bergmann-Linie $\nu = 3d_i - 4b$ nicht gefunden sind, entsprechend dem Umstande, daß der x-Term zur azimutalen Quantenzahl 5 gehört und daher erst von $m = 5$ ab zu numerieren ist. Allerdings widerspricht die Kombination eines d-Terms mit einem x-Term, Übergang von $5 \to 3$, dem Auswahlprinzip (vgl. Nr. II). Daraus folgt aber nur, daß diese Kombination im allgemeinen mit schwacher Intensität auftreten wird und besonderer Anregungsbedingungen bedarf (bei Meissner Luftbogen; im Vakuumbogen wurde sie nicht beobachtet).

Viel günstiger als bei Cs liegen die Verhältnisse für den Nachweis der Duplizität des Bergmann-Termes bei den Funkenlinien des Bariums (wegen der etwa vervierfachten Schwingungsdifferenzen der Funkenlinien gegenüber den Bogenlinien, vgl. Nr. III). In der Tat mißt Popow a. a. O. bei Ba ein vollständiges Dublett von normalen Intensitätsverhältnissen der drei Komponenten, dem er die Formel $\nu = 3d_i - 4b_j$ gibt. Da indessen der hieraus abgeleitete Abstand $\Delta\nu_d$ nicht mit dem von Randall-Lorenser bei den Ba-Funkenlinien angenommenen Werte übereinstimmt, ist auch die Deutung dieses Dubletts nicht sicher.

Wir kommen also zu dem Schluß, daß die Duplizität bzw. Triplizität des BERGMANN-Termes bisher nicht festgestellt ist.

2. Das Auswahlprinzip und sein Einfluß auf die Linienstrukturen

Als Auswahlprinzip bezeichnen wir nach RUBINOWICZ die Regel, daß die azimutale Quantenzahl bei feldfreien Konfigurationsänderungen des Atoms nur um die Zahlen

$$-1, +1 \text{ oder } 0$$

springen kann. Von den hiernach möglichen Übergängen

$$n \to n-1, \quad n \to n+1, \quad n \to n$$

wird der erste bevorzugt, tritt also mit der größten Intensität auf, wie des Näheren durch das über RUBINOWICZ hinausgehende BOHRsche Analogieprinzip bewiesen wird.

KOSSEL und ich haben gezeigt,[1]) wie man aus dem Auswahlprinzip auf die häufigsten und stärksten Kombinationen der Serienterme schließen kann. Nach der S. 190 genannten Zuordnung der Serienterme

s p d b

zu den azimutalen Quantenzahlen

1 2 3 4

entspricht die Hauptserie, die diffuse Nebenserie und die BERGMANN-Serie dem Übergange $n \to n-1$, die scharfe

[1]) KOSSEL, K., und A. SOMMERFELD: Verh. Dtsch. phys. Ges. (1919) 240.

Nebenserie dem Übergange $n \rightarrow n + 1$. Auch Übergänge $n \rightarrow n$ kommen (z. B. bei der sogenannten dritten Nebenserie) vor.

Das Auswahlprinzip bewirkt hiernach eine wesentliche Einschränkung und Ergänzung des sonst uferlosen Kombinationsprinzipes. Es liegt ganz im Sinne des Auswahlprinzipes, daß es Stark[1]) gelungen ist, durch Anwendung intensiver elektrischer Felder auch Übergänge der Form $n \rightarrow n - 2$ (Kombination von d-Term und s-Term) sowie weitere Übergänge $n \rightarrow n$ zu erzwingen.

Die Struktur der vollständigen Dubletts und Tripletts legt es nahe, anzunehmen, daß auch bei diesen eine Art Auswahlprinzip wirksam ist. Freilich kann es nicht die azimutale Quantenzahl sein, welche hierbei wirksam ist. Die azimutale Quantenzahl ist dem Drehimpuls des Gesamtatoms zugeordnet, sozusagen seiner äußeren Rotation; sie hat nach unserer Deutung der Serien für alle Terme d_i den Wert 3, für alle Terme p_i den Wert 2. Dem Auswahlprinzip ist also Genüge geschehen bei jedem Übergang eines d-Termes in einen p-Term. Das unterscheidende Merkmal der verschiedenen d- und p-Terme muß vielmehr eine innere Quantenzahl sein, etwa entsprechend einer verborgenen Rotation. Ihre geometrische Bedeutung kennen wir ebensowenig, wie wir die Bahnunterschiede kennen, die den Multiplizitäten der Serienterme zugrunde liegen.

Zum Schema der vollständigen Dubletts (Abb. 4.4*a*) gelangen wir, wenn wir die beiden p-Terme durch die Werte 1, 2, die beiden d-Terme durch die Werte 2, 3 dieser verborgenen Quantenzahl unterscheiden. Übertragen wir unser Auswahlprinzip von der äußeren auf die innere Quantenzahl (die Berechtigung hierzu kann man natürlich anzweifeln), so ergeben sich die Hauptlinien (Übergänge $3 \rightarrow 2$ und $2 \rightarrow 1$) sowie der Satellit ($2 \rightarrow 2$) im richtigen Sinne ihrer Intensitäten und ihrer gegenseitigen Lage; zugleich wird das Auftreten der

---

1) Stark, J.: Ann. Physik (4) 56 (1918) 577.

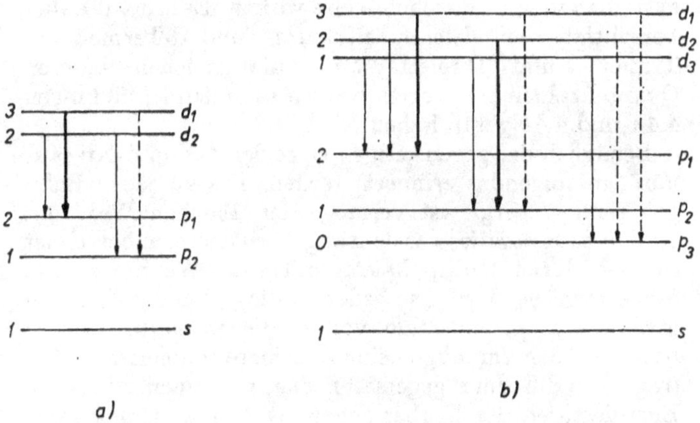

Abb. 4.4.

vierten Linie (3 → 1, in der Figur punktiert) von dem Auswahlprinzip verboten.

Dasselbe erreichen wir für das vollständige Triplett (Abb. 4.4*b*), wenn wir hier etwa den drei p-Termen die Quantenwerte 0, 1, 2, den drei d-Termen 1, 2, 3 zuordnen. Dann gibt es drei Hauptlinien (3 → 2, 2 → 1, 1 → 0), drei Satelliten (2 → 2, 1 → 2, 1 → 1) und drei verbotene Linien (3 → 1, 2 → 0, 3 → 0), abermals in richtiger Lage und Intensitätsabstufung. Offenbar sind beim Dublett sowohl wie beim Triplett die Werte der Quantenzahlen nicht absolut festgelegt, sondern nur in ihren Unterschieden je um eine Einheit. Zum Beispiel könnte man beim vollständigen Triplett die drei untersten Stufen auch mit 1, 2, 3, die drei obersten mit 2, 3, 4 numerieren.

Eine gewisse Bestätigung für die in Abb. 4.4*b* getroffene Auswahl der inneren Quantenzahlen wird sich in V, § 3 ergeben. Dort zeigt sich, daß die Terme d_1, d_2 in der Kombination mit den Termen p_1, p_2 auf die Zahl der Zeeman-Komponenten bei den Triplett- und Dublettsystemen in ganz gleicher Weise wirken. Es scheint daher berechtigt, den gleichindizierten p- und d-Termen der Triplett- und Dublettsysteme die gleichen inneren Quantenzahlen beizulegen, wie wir es in den Abbildungen 4.4*a* und 4.4*b* getan haben.

Bezüglich der gegenseitigen Lage der d- und p-Niveaus muß an folgendes erinnert werden. Die zu jeder Bahn gehörende Energie ist vermöge der üblichen Wahl des Nullniveaus *negativ*; aus dem zugehörigen Term berechnet sie sich durch Multiplikation mit $-h$. Wenn wir also festsetzten $p_2 > p_1$, so bedeutet dies, daß das Energieniveau von p_2 *unterhalb* von p_1 liegen muß. Ebenso bedeutet der im allgemeinen kleinere numerische Betrag der d-Terme gegenüber den p-Termen, daß die Energiestufen der d_i über denen der p_i liegen, und zwar d_1 höher als d_2. Das s-Niveau, welches in der Abbildung ebenfalls angedeutet ist (es entspricht dem K-Ringe der Röntgenspektren), liegt offenbar am tiefsten (kernnächsten).

Wollen wir auch dem s-Term eine „innere" Quantenzahl zuschreiben, so tun wir das unter dem Gesichtspunkt, daß bei Anwendung derselben formalen Übergangsregeln wie oben die Komponenten der Hauptseriendubletts und -tripletts in der richtigen Intensitätsfolge herauskommen sollen. Wir haben daraufhin im Dublett ebenso wie im Triplettfalle dem s-Term die innere Quantenzahl 1 beizulegen. Beidemal wird dann der Übergang $p_1 s$ $(2 \rightarrow 1)$ stärker als $p_2 s$ $(1 \rightarrow 1)$; dies bedeutet z. B. „D_2 stärker als D_1", wie es sein soll; im Triplettfalle kommt als dritter Übergang von nicht verschwindender Intensität $p_3 s$ $(0 \rightarrow 1)$ hinzu. Übrigens bemerke man, daß für jeden Term der Höchstwert der inneren Quantenzahl (3, 2, 1) mit dem Werte der äußeren azimutalen Quantenzahl des betreffenden Termes übereinstimmt.

Wir wissen, daß bei kondensierten Entladungen (starken elektrischen Feldern) das Auswahlprinzip durchbrochen wird; vgl. die oben zitierte Arbeit von STARK und besonders die Aufnahme von $He^+ \lambda = 4686$ bei

PASCHEN[1]), in der nicht nur die sonst ausfallenden Linien erscheinen, sondern auch die Intensitäten den „a priori zu erwartenden" Verhältnissen sich nähern. Sollte nicht auch bei den vollständigen Dubletts und Tripletts etwas Ähnliches auftreten? Wir erwarten auch hier bei Kondensatorentladungen ein Sichtbarwerden der sonst ausfallenden Linien, allgemeiner gesprochen eine Abänderung der Intensitätsverteilung über das Liniengebilde. Die „vollständigen" Dubletts und Tripletts[2]) würden dann übergehen in „vervollständigte" Dubletts und Tripletts von 4 bzw. 9 Komponenten.

Möglicherweise liegt bei gewissen Triplettlinien des Kupfers, welche RYDBERG[3]) in Beobachtungen von KAYSER und RUNGE aufgefunden hat, bereits ein derartiger Fall vor. Hier treten drei einander zugeordnete Tripletts auf, von denen im ganzen nur *eine* Linie fehlt (nicht wie bei den vollständigen Tripletts deren *drei*), im ganzen also $3 + 3 + 2$ Linien (gegen $3 + 2 + 1$ bei den vollständigen Tripletts). RYDBERG nennt dies „a connection which I have never observed before" und findet Andeutungen ähnlicher Gruppen auch in anderen Teilen des Cu-Spektrums. Aber einerseits ist die Serieneinordnung dieser Cu-Linien nicht gelungen, andererseits ist ihre Anregung nicht definiert, so daß man nicht sagen kann, daß es sich hier um durch äußeren Zwang „vervollständigte" Tripletts handelt. Beim Cäsium, bei dem nach Abb. 4.1*b* ein Doppeldublett von vier Komponenten vorzukommen schien, haben wir es nach S. 196 jedenfalls nicht mit einem „vervollständigten" Dublett zu tun.

---

[1]) PASCHEN, F.: Ann. Physik 50 (1916) 901, Abb. 2. Wegen der theoretischen Deutung vgl. mein oben zitiertes Buch, Kap. V, § 4, S. 352 und Kap. VI, § 3, S. 406 der 1. Auflage.

[2]) Sollte man statt „vollständige Dubletts und Tripletts" lieber „Verbunddubletts und -tripletts" sagen? Dies wäre richtiger als der Name „vollständige Dubletts" usw. und bezeichnender als der auch von RYDBERG benutzte Name „zusammengesetzte Dubletts", der die organische Verbindung der beiden Multiplizitäten nicht zum Ausdruck bringt.

[3]) RYDBERG, A.: Astrophys. J. 6 (1897) 239.

Bisher ist also kein sicherer Fall des von uns erwarteten Vorkommnisses bekannt.

Es ist aber der Mühe wert, danach planmäßig zu suchen. Erst eine solche experimentelle „Vervollständigung“ der vollständigen Dubletts und Tripletts würde ihre Natur restlos aufklären. Möglich ist es allerdings, daß unsere „inneren“ Quantenzahlen nicht in demselben Maße auf äußere Felder reagieren wie die „äußeren“ Quantenzahlen, daß also das ihren Ausfall bedingende Auswahlprinzip nicht ebenso leicht umgangen werden kann wie in den oben genannten Fällen.

Ich möchte nicht unterlassen hervorzuheben, daß wir bei der Übertragung unseres Auswahlprinzips auf die „inneren“ Quantenzahlen und bei der Wahl der letzteren ziemlich formal vorgegangen sind. Physikalische Tatsache ist das Ausfallen gewisser Termkombinationen; daß der Grund davon in Quantenbedingungen zu suchen ist, scheint mir sicher. Die Annahme aber, daß diese Quantenbedingungen dieselbe Form haben wie bei den äußeren azimutalen Quantenzahlen, ist einigermaßen willkürlich. Infolgedessen ist auch unsere Verfügung über die inneren Quantenzahlen nicht bindend.

Anmerkungen

[a] Wir haben hier nur die Einleitung sowie die Abschnitte I und II der Originalarbeit wiedergegeben. Im weiteren beschäftigt sich Sommerfelds Arbeit sehr breit mit den Formeln, die die Serien der Energieniveaus beschreiben, sowie mit dem Zeeman-Effekt.

[b] Die Bergmann-Serie, in dieser Arbeit mit b bezeichnet, heißt heute üblicher Fundamentalserie, f. Keine der beiden Bezeichnungen ist besonders zweckmäßig.

[c] Sommerfeld beschrieb den Atombau mit Hilfe von vier Quantenzahlen: m entspricht der heute mit n bezeichneten Hauptquantenzahl; n ist die azimutale Quantenzahl, die in der älteren Literatur häufig mit k bezeichnet wurde und für die wir

heute $l + 1$ schreiben würden, wobei l die Bahndrehimpulsquantenzahl bedeutet; n' ist die oft auch mit n_r bezeichnete radiale Quantenzahl, die in der Bezeichnung SOMMERFELDS durch $m - n$ gegeben wird; für die innere Quantenzahl verwenden wir heute die Gesamtdrehimpulsquantenzahl j. Die Zahlenwerte der inneren Quantenzahl in Abb. 4.4*a* entsprechen $j + 1/2$, in Abb. 4.4*b* aber j. (Vgl. auch die Anmerkung [a] zur Arbeit 7 von LANDÉ.)

5. Zur Systematik der Röntgenspektren*)

von

G. Wentzel

1. Einleitung

Seit der Veröffentlichung von Bohrs Brief an die „Nature“ stellt sich die Aufgabe der modellmäßigen Theorie der Röntgenspektren wesentlich komplizierter und schwieriger dar als vordem, da man noch von der Vorstellung polygonaler oder polyedrischer Elektronenkonfigurationen im Atom ausgehen zu können meinte. Um so erfreulicher ist es nachweisen zu können, daß das gesamte röntgenspektroskopische Material, das heute vorliegt, trotz aller Kompliziertheit des Atommodells in hohem Maße von einfachen und durchsichtigen Regeln beherrscht ist. Nächst der Sommerfeldschen Feinstrukturtheorie der Dubletts dienen diesem Nachweis einige Arbeiten von A. Smekal und D. Coster[1]); diesen ist es gelungen, sämtliche, auch die schwachen Röntgenlinien ohne nachweisbare Kombinationsdefekte in ein Niveauschema der bekannten Art einzuordnen, und zwar (im wesentlichen) in Übereinstimmung mit den Anregungs-

---

*) Z. Phys. 6 (1921) 84. Auszug aus der gleichnamigen Münchener Dissertation.

[1]) Smekal, A.: Z. Phys. 5 (1921) 91 und 121; Coster, D.: Z. Phys. 5 (1921) 139. Diese Arbeiten wurden durch die wertvollen Präzisionsmessungen der Absorptionskanten und der Emissionsserien ermöglicht, die seit einem halben Jahre in einiger Vollständigkeit vorliegen. Wir zitieren hier diejenigen Experimentalarbeiten, deren Daten im folgenden (falls nicht ausdrücklich anders bemerkt) zugrunde gelegt sind: Hertz, G.: Z. Phys. 3 (1920) 19, Absorptionskanten, Cs bis Nd; Duane, W., und R. A. Patterson: Proc. nat. Acad. Sci. 6 (1920) 509, Absorptionskanten, W bis U; Siegbahn, M.: Ann. Phys. 59 (1919) 56, K-Serie, Cl bis Cu; Phys. Z. 20 (1919) 533, K- und L-Serie, W; Stenström, W.: Diss. Lund 1919, M-Serie; Hjalmar, E.: Z. Phys. 1 (1920) 439, K-Serie, Na bis Cu; Z. Phys. 3 (1920) 262, L-Serie, Cu bis Ta; Coster, D.: Z. Phys. 4 (1921) 178 und 5 (1921) 139, L-Serie, Os bis U.

messungen von D. L. Webster und F. C. Hoyt[1]). Was hier aber vor allem zu wünschen übrig bleibt, ist die Beantwortung der Frage, welche Gesetzmäßigkeiten das so erhaltene Schema von Niveaus einerseits, von Kombinationen andererseits aufweist, d. h. eine Untersuchung des *Niveauschemas* auf *Dublettbeziehungen* und des *Linienschemas* hinsichtlich seines *Auswahlprinzips*. Beide Untersuchungen führen, wie im folgenden gezeigt werden soll, auf überraschend einfache Resultate. Man hat 1 K-Niveau, 3 L-Niveaus, 5 M-Niveaus und 7 N-Niveaus. Diejenigen Niveaupaare, die im Schema I durch die *oberen* Klammern gekennzeichnet sind, haben [wie es von (L_1 L_2) und

Schema I

$$K \quad \overbrace{L_1\, L_2}\, L_3 \quad \overbrace{M_1\, M_2}\,\overbrace{M_3\, M_4}\, M_5 \quad \overbrace{N_1\, N_2}\,\overbrace{N_3\, N_4}\,\overbrace{N_5\, N_6}\, N_7$$

$$K \quad L_1\,\underbrace{L_2\, L_3} \quad M_1\,\underbrace{M_2\, M_3}\,\underbrace{M_4\, M_5} \quad N_1\,\underbrace{N_2\, N_3}\,\underbrace{N_4\, N_5}\,\underbrace{N_6\, N_7}$$

(M_1 M_2) bekannt ist] angenähert konstante (d. h. von der Ordnungszahl Z nahezu unabhängige) Wellenlängendifferenz $\Delta\lambda$; wir bezeichnen derartige Niveau- bzw. Linienpaare nach dem Vorgange von Sommerfeld als *reguläre Dubletts*[2]). Die übrigen Niveaupaare, die in Schema I von unten zusammengeklammert sind, zeigen untereinander eine nicht weniger charakteristische Verwandtschaft; wir bezeichnen sie als *irreguläre Dubletts*[3]). Wie die *regulären* Dubletts das Gesetz der konstanten $\Delta\lambda$, so erfüllen die *irregulären Dubletts* [wie G. Hertz[4]) bereits für das Absorptionskantendublett (L_2 L_3) nachwies] ein *Gesetz der konstanten* $\Delta\sqrt{\nu}$. Im Niveauschema folgen sich immer abwechselnd ein regu-

---

[1]) Webster, D. L.: Proc. nat. Acad. Sci. 6 (1920) 26; Hoyt, F. C.: Proc. nat. Acad. Sci. 6 (1920) 639.

[2]) Viel schärfer charakterisiert ist die Abhängigkeit der regulären *Frequenzdifferenzen* von der Ordnungszahl; vgl. die Originaldissertation, IV. Abschnitt, § 2 und eine später folgende Mitteilung in dieser Zeitschrift.

[3]) Unter diesen befinden sich bemerkenswerterweise die Niveaupaare (M_2M_3) und (N_2N_3), deren Frequenzdifferenzen mit den „Kombinationsdefekten": $K\alpha' + L\beta - K\beta$ bzw. $L\alpha' + M\beta - L\gamma$ identisch sind.

[4]) loc. cit.

läres und ein irreguläres Dublett aufeinander; reguläre oder irreguläre Tripletts gibt es nicht. Die Symmetrie des Niveauschemas ist demnach von großer Einfachheit und Vollkommenheit. Dasselbe gilt aber auch von den Gesetzen, nach denen die Niveaus miteinander kombinieren. Abgesehen von den allerschwächsten Linien, wird das gesamte Linienschema durch ein Auswahlprinzip beherrscht, welches sich additiv aus zwei Einzelprinzipien zusammensetzt, deren jedes vom Typus der bekannten Auswahlprinzipe von RUBINOWICZ oder BOHR ist.

2. Das Niveau- und Linienschema

Wir legen im folgenden das Schema von SMEKAL zugrunde und verweisen wegen der Diskussion darauf bezüglicher aktueller Fragen (Kombinationsdefekte) auf die S. 206 zitierten Arbeiten von SMEKAL und COSTER. Es sind zunächst einige mehr oder minder geringfügige Änderungen an dem SMEKALschen Schema vorzunehmen. Das abgeänderte Schema wird durch Abb. 5.1 dargestellt.

1. Auf die Einordnung der schwachen K- und L-Linien, die nur bei leichten Elementen Vertreter haben, z. B. $K\beta''$ und $L\alpha_3$, wird verzichtet. Diese Linien haben wahrscheinlich inkomplette Anfangsniveaus, die in ein systematisches Schema überhaupt nicht hineinpassen.

2. Nach dem Vorgange von SOMMERFELD macht COSTER darauf aufmerksam, daß die Anfangsniveaus von $L\gamma$ und $L\delta$ verschieden sein müssen, da (in Frequenzeinheiten) durchweg

$$L\delta - L\gamma < L\beta - L\alpha'$$

ist. SMEKALS Niveau N_3 ist also doppelt; wir haben es in N_3 und N_4 zerlegt und $L\gamma$ dem (oberen) Niveau N_3, $L\delta$ dem (unteren) Niveau N_4 zugeordnet. Die Differenz der Dublettabstände $L\beta - L\alpha'$ und $L\delta - L\gamma$ ist gerade

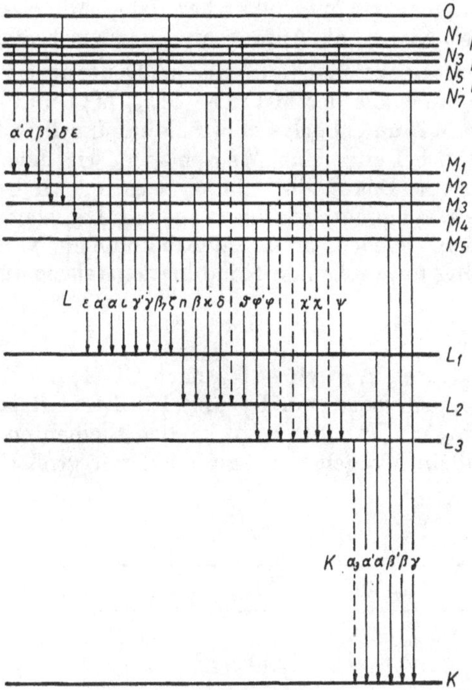

Abb. 5.1

gleich dem Abstand dieser beiden N-Niveaus:

$$\frac{\Delta\nu}{R} = N_4 - N_3 = (L\beta - L\alpha') - (L\delta - L\gamma).^{1)} \qquad (1)$$

$M\gamma$ ist nach SMEKAL mit $L\gamma$ durch eine Kombinationsrelation[2]) verknüpft, derzufolge beide Linien zum gleichen

[1]) Der von SOMMERFELD geforderte weiche Begleiter von $L\gamma (L\gamma' = N_4 \to L_1)$, der mit $L\delta (= N_4 \to L_2)$ genau das Dublett ($L_1 L_2$) und mit $L\gamma (= N_3 \to L_1)$ genau das Dublett ($N_3 N_4$) bildet, ist neuerdings von A. DAUVILLIER [C. R. hebd. Séances Acad. Sci. **172** (1921) 1350] bei Uran aufgefunden worden. Bei anderen Elementen ist er von $L\gamma$ nicht zu trennen.

[2]) Vgl. SMEKAL, A.: loc. cit., S. 122, Gl. (3) und Tab. 3.

Anfangsniveau gehören. Man hat daher Mγ ebenso wie Lγ das N_3-Niveau als Anfangsniveau zuzuschreiben.

3. SMEKAL bezeichnet außer seinen Deutungen von Kβ'' und Lα_3 auch die der M-Linien Mβ_2, Mγ_2 und Mε als unsicher. Mβ_2 und Mγ_2 lassen wir als empirisch zweifelhaft überhaupt beiseite. Für Mε schlagen wir eine andere Deutung vor. Das Endniveau M_4 behalten wir bei; doch lassen wir Mε nicht, wie SMEKAL, mit Lχ, sondern mit Lδ aus dem gleichen Anfangsniveau kommen. Nach dieser Auffassung muß folgende Kombinationsrelation gelten[1]):

$$M\varepsilon - M\gamma = L\varphi - L\varphi' - \Delta; \qquad (2)$$

darin bedeutet $\Delta = N_4 - N_3$ nach Gl. (1) die Differenz der Anfangsniveaus von Lγ und Lδ. Diese Relation ist in der Tat, wie Tab. 5.1 zeigt, bei den Elementen Th und U, wo allein Mε genau bekannt ist, mit großer Schärfe erfüllt.

Tab. 5.1

	$L\varphi - L\varphi'$	Δ	$(L\varphi - L\varphi') - \Delta$	$M\varepsilon - M\gamma$
$_{90}$Th	$56{,}6_7$	$3{,}0_5$	$53{,}6_2$	53,9
$_{92}$U	$63{,}7_6$	$2{,}4_5$	$61{,}3_1$	61,4

4. HOYT[2]) und DAUVILLIER[3]) machen darauf aufmerksam, daß die Linien Lζ und Lϑ bei 74 W bisher falsch identifiziert worden sind. Wie eine Untersuchung der Wellenlängenabstände der Linien Lζ bzw. Lϑ von den Linien Lγ bzw. Lδ zeigt, sind bei *W* nicht die Linien $\lambda = 1203$ und $\lambda = 1065{,}8$, sondern die Linien $\lambda = 1213$ und $\lambda = 1072$ als Lζ und Lϑ zu bezeichnen. Diese fallen mit ihren zugehörigen Absorptionsgrenzen zusammen,

[1]) Mit Lφ' ist SIEGBAHNS Linie Lβ_4 gemeint. SOMMERFELD bezeichnet sie in der ersten und zweiten Auflage von „Atombau und Spektrallinien" mit Lv, in der dritten Auflage mit Lφ'.

[2]) HOYT, E. C.: loc. cit.

[3]) DAUVILLIER, A.: C. R. hebd. Séances Acad. Sci. **172** (1921) 915.

verletzen also keineswegs die STOKESsche Fluoreszenzregel, wie es von den Linien $\lambda = 1203$ und $\lambda = 1065{,}8$ angenommen werden mußte.[1]) Auch die Anregungsmessungen von HOYT bestätigen diese Auffassung; eine Neuausmessung seiner Platten hat nämlich[2]) ergeben, daß die Linien, deren Zugehörigkeit zur Anregungsgrenze L_1 ermittelt wurde, nicht die Linien $\lambda = 1203{,}1$ und $\lambda = 1211{,}8$, sondern gerade die Linie ζ ($\lambda = 1213$) und die COSTERsche Linie $L\beta_7$ ($\lambda = 1220{,}5$) sind. Es gehört also in der Tat $L\zeta$ ($\lambda = 1213$) zu L_1, $L\vartheta$ ($\lambda = 1072$) zu L_2, während die Linien $\lambda = 1065{,}8$ und $\lambda = 1059{,}7$ nach HOYT beide zu L_3 gehören. Die Linie $\lambda = 1203$ entspricht vermutlich dem Übergang $M_1 \rightarrow L_3$.

Man kann nunmehr in SMEKALS Schema das gemeinsame Anfangsniveau von $L\zeta$ und $L\vartheta$ in bzw. *unter* die „Atomoberfläche“ verlegen. Es zeigt sich aber, daß dasselbe gerade mit dem Anfangsniveau von $M\delta$, das wir mit SMEKAL als O-Niveau bezeichnen, zusammenfällt. Nach Tab. 2 ist nämlich genau:

$$L\zeta - L\gamma = M\delta - M\gamma. \tag{3}$$

Damit reduzieren sich die drei höchsten, noch über dem N_1-Niveau liegenden Niveaus, die SMEKAL in seinem Schema braucht, auf ein einziges O-Niveau, das wir allerdings später aus Auswahlgründen in ein enges Dublett aufspalten werden.

Tab. 5.2

	$M\delta - M\gamma$	$L\zeta - L\gamma$
$_{90}$Th	42,2	43,01
$_{92}$U	47,1	47,73

[1]) Vgl. DUANE, W., und R. A. PATTERSON: Proc. nat. Acad. Sci. 6 (1920) 518.
[2]) Nach brieflicher Mitteilung von Herrn HOYT an Herrn SOMMERFELD.

5. Die Intensität der Linien Lζ und Lϑ ist bei $_{92}$U recht erheblich, nimmt aber mit abnehmender Ordnungszahl stark ab. Bei $_{74}$W sind beide Linien schon recht schwach; unterhalb W sind sie anscheinend überhaupt nicht beobachtet.[1]) Die Linien $\lambda = 1065{,}8$ und $\lambda = 1059{,}7$ bei W sind intensiver als Lζ und Lϑ und haben auch in den Spektren der leichteren Elemente (bis $_{46}$Pd abwärts?) Vertreter; es sind dies die Linien Lγ_2 und Lγ_3 von FRIMAN. Diese haben aber (vgl. Tab. 5.5, letzte Spalte) durchaus konstante Wellenlängendifferenz; sie stellen also vermutlich ein reguläres Liniendublett dar, das mit der Linie Lϑ gar nichts zu tun hat. Für die härtere Linie dieses Dubletts (bei W: $\lambda = 1059{,}7$) behalten wir SOMMERFELDS Bezeichnung Lχ bei; die weichere Dublettlinie (bei W: $\lambda = 1065{,}8$) ist dann sachgemäß mit Lχ' zu bezeichnen.

Tab. 5.3.

Z	ζ	χ'	ϑ	χ
$_{74}$W	1213,3	1065,84	1071,9	1059,65
$_{77}$Ir	1103,0	963,6	?	956,6
$_{78}$Pt	1070,1		931,7	925,6
$_{79}$Au	1038,2		901,25	895,68
$_{81}$Tl	978,3	?	?	?
$_{82}$Pb	949,52	818		813,70
$_{83}$Bi	922,3	792,9		787,4
$_{90}$Th	762,59	?	630,1	?
$_{92}$U	724,13	?	592,6	?

Da Lχ' und Lχ von W bis U aufwärts konstante Wellenlängendifferenz (etwa 6X-E.) behalten müssen, sind die von COSTER bei den schweren Elementen gemessenen Linien Lγ_2, Lγ_3 usw. offenbar so zu identifizieren, wie es Tab. 5.3 und die schematische Abb. 5.2 zeigen. Die Linie Lϑ überschneidet beide Dublettlinien

[1]) COSTER hat sie kürzlich [C. R. hebd. Séances Acad. Sci. **173** (1921) 77] bei $_{73}$Ta gemessen (*Anm. bei der Korr.*).

$L\chi'$ und $L\chi$; bei $_{78}$Pt und $_{79}$Au fällt sie mit χ', bei $_{82}$Pb und $_{83}$Bi mit χ zusammen. Dies gibt die Erklärung für die von COSTER beobachtete Tatsache, daß das Intensitätsverhältnis von χ' und χ sich zwischen Au und Pb umkehrt:

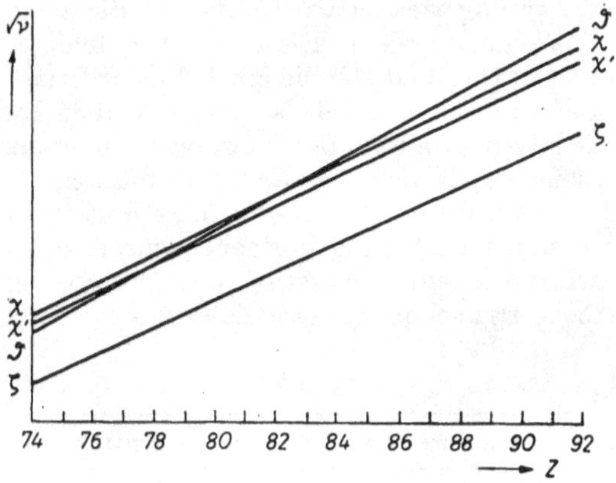

Abb. 5.2

bei Au ist $\chi' + \vartheta$ intensiver als χ, und bei Pb ist $\chi + \vartheta$ intensiver als χ'. Ähnlich erklärt sich der Umstand, daß nach der Beobachtung von WEBSTER bei Pt das Intensitätsverhältnis von $\chi' + \vartheta$ und χ von der Katodenspannung abhängt, da ja ϑ zu L_2, χ' und χ aber zu L_3 gehören. Bei $_{80}$Hg und $_{81}$Tl sollte ϑ zwischen χ' und χ liegen. Die von COSTER bei $_{92}$U beobachtete γ_2-Linie ($\lambda = 592{,}6$) ist ϑ, da sie mit ζ das Dublett ($L_1 L_2$) bildet. χ' und χ sind hier auf der weicheren Seite von ϑ zu erwarten. DAUVILLIER[1]) hat nun tatsächlich neuerdings bei U zwei Linien ($\lambda = 603{,}8$ und $\lambda = 596{,}8$) entdeckt, die nur wenig weicher als $L\vartheta$ sind und eine Wellendifferenz von 7,0 X-E. aufweisen. Es kann wohl kein Zweifel herrschen, daß diese mit $L\chi'$ und $L\chi$ zu identifizieren sind.

---

[1]) DAUVILLIER, A.: C. R. hebd. Séances Acad. Sci. 172 (1921) 1350.

Eine Prüfung an der MOSELEYschen Beziehung bestätigt, daß unsere Identifikation der Linien die einzig sachgemäße ist.

Wie bereits bemerkt, gehören nach HOYT beide Linien $L\chi'$, $L\chi$ zum Endniveau L_3. Ihre Anfangsniveaus sind demnach zwei eng benachbarte N-Niveaus, die in regulärer Dublettbeziehung stehen. Die Linie $L\chi'$ fehlt in dem Schema SMEKALS, da dieser sie mit $L\vartheta$ identifiziert; auch fällt ihr Anfangsniveau mit keinem der fünf SMEKALschen N-Niveaus zusammen. Da wir außerdem das SMEKALsche N_3-Niveau verdoppeln mußten (Nr. 2), kommt die Anzahl der N-Niveaus insgesamt tatsächlich auf 7, wie in der Einleitung angegeben wurde. In Tab. 5.4 geben wir noch eine Übersicht über unsere und die SMEKALsche Bezeichnungsweise dieser 7 N-Niveaus.

Tab. 5.4

Anfangsniveau von	Wir	SMEKAL
$M\alpha$	N_1	N_1
$M\alpha'$, $M\beta$	N_2	N_2
$L\gamma$, $M\gamma$	N_3	N_3
$L\delta$, $M\varepsilon$	N_4	
$K\gamma$, $L\chi$	N_5	N_4
$L\chi'$	N_6	—
$L\iota$, $L\varkappa$[1])	N_7	N_5

3. Reguläre und irreguläre Dubletts

Daß die Niveau- bzw. Linienpaare:

$$(L_1 L_2) = (L\alpha' L\beta), \qquad (M_1 M_2) = (L\alpha' L\alpha),$$
$$(M_3 M_4) = (L\varphi' L\varphi),$$

konstante Wellenlängendifferenzen haben, d. h. reguläre Dubletts darstellen, ist seit geraumer Zeit bekannt. Es

[1]) $L\iota$ und $L\varkappa$ sind COSTERS Linien $L\beta_6$ und $L\gamma_5$. Sie bilden zusammen ein (fünftes) L-Dublett.

gilt das gleiche von den nach Schema I regulären N-Dubletts:

$$(N_1 N_2) = (M\alpha' M\alpha), \qquad (N_3 N_4) = (L\gamma' L\gamma)^{1)},$$
$$(N_5 N_6) = (L\chi' L\chi),$$

nachzuweisen. Zu diesem Zwecke sind die Wellenlängendifferenzen dieser Linienpaare in Tab. 5.5 zusammengestellt. $M\alpha'$ ist allerdings nur oberhalb $_{81}$Tl von $M\alpha$, $L\gamma'$

Tab. 5.5 ($\Delta\lambda$ in X-E.)

Z	$(N_1N_2) = (M\alpha' M\alpha)$	$(N_3N_4) = (L\gamma' L\gamma)$	$(N_5N_6) = (L\chi' L\chi)$
59	–	–	5,85
63	–	–	10
64	–	–	5
65	–	–	6
66	80	–	4
67	70	–	5
68	50	–	7
70	30	–	4
71	18	–	4
73	17	–	7
74	11	1,3[2])	6,19
76	< 0 ?[3])	0,6 ?[3])	–
77	12	1,5	7,0
78	10	1,3	6,1
79	8	1,8	5,57
81	11	1,7	–
82	12	1,7	4
83	12	1,9	5,5
90	14	2,0	–
92	15	1,5	7,0[4])

[1]) Vgl. Fußnote [1]), S. 209.

[2]) Dies ist der Wert, der sich aus den Angaben von DUANE und PATTERSON [Phys. Rev. **16** (1920) 526] berechnet. Der entsprechende Wert von SIEGBAHN ist erheblich kleiner.

[3]) Bei $_{76}$Os ist $L\alpha'$ von COSTER nicht präzisonsgemessen und offenbar zu hart angegeben; daher fällt $N_4 - N_3 = (L\beta - L\alpha') - (L\delta - L\gamma)$ zu klein und $N_2 - N_1 = (L\alpha - L\alpha') - (M\beta - M\alpha)$ sogar negativ aus.

[4]) Nach DAUVILLIER.

überhaupt nur bei U von Lγ getrennt. Doch auch bei den Elementen, wo Mα' und Lγ' unbekannt sind, kann man die Wellenlängendifferenzen $\Delta\lambda = (M\alpha' M\alpha)$ und $(L\gamma' L\gamma)$ aus ihren $\Delta\nu$-Werten und den Wellenlängen λ der härteren Dublettkomponenten durch die Formel $\Delta\lambda = \Delta\nu \cdot \lambda^2$ angenähert berechnen; die $\Delta\nu$-Werte $L\gamma - L\gamma' = N_4 - N_3$ kennt man nämlich durch Gl. (1) und die $\Delta\nu$-Werte $M\alpha - M\alpha' = N_2 - N_1$ durch eine ähnliche Gleichung:

$$N_2 - N_1 = (L\alpha - L\alpha') - (M\beta - M\alpha). \qquad (4)$$

Die Wellenlängendifferenzen $(N_3 N_4)$ und $(N_5 N_6)$ sind in der Tat innerhalb der Fehlergrenzen gut konstant, desgleichen $(N_1 N_2)$ oberhalb $Z = 74$. Unterhalb $Z = 74$ nimmt $(N_1 N_2)$ allerdings ganz anormal zu.[1]) Bezüglich des Niveaupaares $(N_1 N_2)$ ist also die Einschränkung zu machen, daß dieses sich nur oberhalb $Z = 74$ als reguläres Dublett verhält.

Die nach Schema I *irregulären Dubletts*: $(L_2 L_3)$, $(M_2 M_3)$, $(M_4 M_5)$, $(N_2 N_3)$, $(N_4 N_5)$, $(N_6 N_7)$, lassen sich nicht in gleicher Weise berechnen wie die *regulären* Dubletts, da sie nur ausnahmsweise als Linienabstände im Spektrum in Erscheinung treten, was offenbar auch der Grund dafür ist, daß sie bisher, von $(L_2 L_3)$ abgesehen, ganz unbeachtet geblieben sind. Während wir die *regulären* Dubletts bequemerweise aus Emissionslinienabständen entnehmen konnten, sind wir genötigt, die *irregulären* Dubletts als Absorptionskantenabstände zu berechnen.[2]) Die drei

---

[1]) Man kann dieses Verhalten — in Anlehnung an Bohrs Theorie des sukzessiven Atomaufbaus — durch die Annahme erklären, daß bei den seltenen Erden $Z = 59$ bis 72 die hinzukommenden Elektronen *innerhalb* der N_1- und N_2-Schalen angelagert werden; vgl. die Originaldissertation, 5. Abschnitt, § 2.

[2]) Dagegen kann man natürlich die *regulären* Dubletts sehr wohl auch als Absorptionskantenabstände berechnen. Diese Absorptionskantendubletts erfüllen das Gesetz der konstanten $\Delta\lambda$ unter Umständen viel weniger genau als die entsprechenden Emissionsliniendubletts; erhebliche Abweichungen zeigt z. B. die Kantendifferenz $(M_3 M_4)$. Wegen des Grundes vgl. die Originaldissertation, 2. Abschnitt, § 5.

L-Absorptionskanten sind bekannt für die Elemente $Z = 55$ bis 60 (G. Hertz) und $Z = 74$ bis 92 (Duane und Patterson), die fünf M-Absorptionskanten sämtlich bei $_{90}$Th und $_{92}$U (Stenström, Coster) und die Kanten M_1 bis M_3 speziell noch bei $_{83}$Bi (Coster). Die nicht beobachteten Absorptionskanten lassen sich aus den ν/R-Werten der L-Absorptionskanten und geeigneter Emissionslinien durch folgende Formeln berechnen:

$$M_2 = L_1 - L\alpha', \qquad M_3 = L_3 - L\varphi,$$
$$M_4 = L_3 - L\varphi', \qquad M_5 = L_1 - L\varepsilon,$$
$$N_2 = M_2 - M\beta, \qquad N_3 = L_1 - L\gamma,$$
$$N_4 = L_2 - L\delta, \qquad N_5 = L_3 - L\chi,$$
$$N_6 = L_3 - L\chi', \qquad N_7 = L_1 - L\iota.$$

Aus den so erhaltenen ν/R-Werten wurden die Quadratwurzeln gezogen und die $\sqrt{\nu/R}$-Werte je zwei zusammengehöriger Dublettniveaus voneinander subtrahiert. Die so gewonnenen Differenzen $\Delta\sqrt{\nu/R}$ sind in Tab. 5.6 zusammengestellt. Sie zeigen in der Tat weitgehende Unabhängigkeit von Z.[1])

Damit ist die in der Einleitung behauptete Symmetrie des Niveauschemas hinsichtlich der regulären und irregulären Dublettbeziehungen in vollem Umfange nachgewiesen.

4. *Auswahlprinzip*

Man nehme an, es sei möglich, in unserem Schema Abb. 5.1 die Niveaus L_3, M_3, M_5, N_3, N_5, N_7 bzw. mit den Niveaus L_2, M_2, M_4, N_2, N_4, N_6 zur Deckung zu bringen,

[1]) Durch rationellere Berechnungsweise lassen sich die Schwankungen der $\Delta\sqrt{\nu/R}$-Werte in Tab. 5.6 noch erheblich verkleinern; vgl. die entsprechende Tabelle in der 3. Auflage von Sommerfelds „Atombau und Spektrallinien". 8. Kapitel, § 5.

Tab. 5.6

Z	$\sqrt{L_3}-\sqrt{L_2}$	$\sqrt{M_3}-\sqrt{M_2}$	$\sqrt{M_5}-\sqrt{M_4}$	$\sqrt{N_3}-\sqrt{N_2}$	$\sqrt{N_5}-\sqrt{N_4}$	$\sqrt{N_7}-\sqrt{N_6}$
55	0,65	1,18	–	–	–	–
56	0,64	1,12	–	–	–	–
57	0,66	1,16	–	–	–	–
58	0,67	1,17	–	–	–	–
59	0,68	1,18	–	–	–	–
60	0,67	1,19	–	–	–	–
74	0,68	1,20	0,66	2,7	1,25	0,64
78	0,75	1,32	0,54	2,6	1,52	0,31
79	0,71	1,17	0,59	2,5	1,20	0,64
80	0,70	–	–	–	–	–
81	0,73	1,25	0,61	2,32	–	–
82	0,70	1,21	0,64	2,33	1,25	0,70
83	0,76	1,18	0,57	2,15	1,45	0,57
90	0,76	1,24	0,70	2,03	–	–
92	0,80	1,26	0,66	2,05	1,4[1])	0,5[1])

d. h. alle Niveaus paarweise so zusammenfallen zu lassen, daß alle *irregulären* Dubletts verschwinden. Das Linienschema Abb. 5.1 entartet dann in ein vereinfachtes Schema Abb. 5.3. In diesem sind nur die Linien $L\beta_7$ und $L\psi$ fortgelassen sowie die Linien, die nur bei W beobachtet sind (in Abb. 5.1 punktiert); diese Auslassungen werden wir später zu begründen haben. Abb. 5.3 ist aber, abgesehen von einigen Unvollkommenheiten in der K- und M-Serie, genau in Übereinstimmung mit dem von der SOMMERFELDschen Feinstrukturtheorie geforderten Niveau- und Linienschema. Man hat nämlich: ein einfaches K-Niveau, ein reguläres L-Dublett, ein reguläres M-Triplett und ein reguläres N-Quartett. Wir sehen zunächst vom O-Niveau ab und teilen den übrigen Niveaus „azimutale Quantenzahlen" $n^{(a)}$ zu, wie es Tab. 5.7 zeigt. Dann gilt in Abb. 5.3 das Auswahlprinzip in der Form von RUBINOWICZ, daß die Kombinationen $n \to n+1$ sowie

[1]) In diese Zahlen gehen die im § 2 erwähnten DAUVILLIERschen Messungen der Linien $L\chi'$ und $L\chi$ von U ein.

Tab. 5.7

$n = 1$	2	3	4
K	–	–	–
L_3L_2	L_1	–	–
M_5M_4	M_3M_2	M_1	–
N_7N_6	N_5N_4	N_3N_2	N_1

die Kombinationen $n \to n$ und nur diese gestattet sind, und zwar die Kombinationen $n \to n + 1$ und $n \to n$ mit geringerer Intensität. Es ist zu beachten, daß auch die Kombinationen $n \to n + 1$ (z. B. für die Linie $L\varepsilon$) zugelassen werden müssen, welche in dem ursprünglichen Schema von SOMMERFELD fehlten.

Andererseits werde angenommen, man könne die Niveaus der Abb. 5.1 paarweise derart zum Zusammenfallen bringen, daß alle *regulären* Dubletts verschwinden. Bei diesem Prozeß entartet Abb. 5.1 in Abb. 5.4, in der wieder nur $L\beta_7$, $L\psi$ und die schwachen W-Linien beiseite gelassen sind. Zwischen den Abbildungen 5.3 und 5.4 herrscht aber offensichtlich eine überraschende Ähnlichkeit: läßt man in Abb. 5.3 die Kombinationen $n \to n$

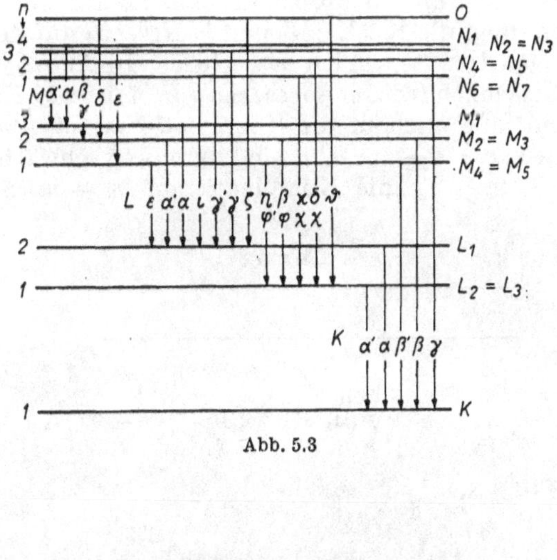

Abb. 5.3

fort, so geht sie fast vollkommen in Abb. 5.4 über. Dies veranlaßt uns, die Niveaus der Abb. 5.4 in gleicher Reihenfolge durch eine Quantenzahl m zu numerieren, wie die

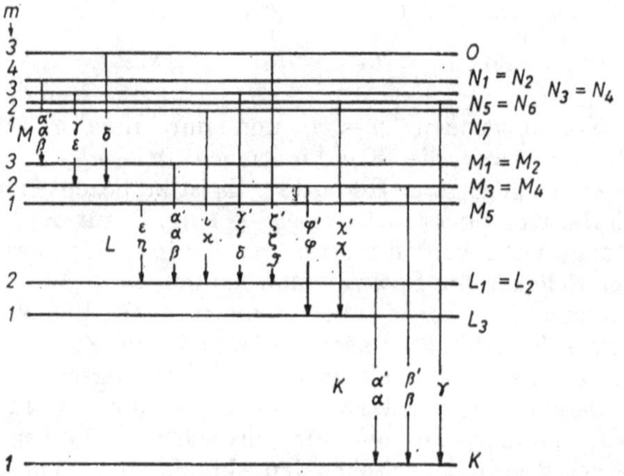

Abb. 5.4

Niveaus der Abb. 5.3 durch die Zahl n; Tab. 5.8 zeigt, wie sich dann die K-, L-, M- und N-Niveaus auf die verschiedenen Quantenzahlen m verteilen. In Abb. 5.4 sind jetzt tatsächlich (wieder abgesehen von einigen M-Kombinationen) alle und nur die Kombinationen $m \to m + 1$ enthalten; die $m \to m + 1$ sind durchweg schwächer als die $m \to m - 1$; die Kombinationen $m \to m$ fehlen.

Tab. 5.8

$m = 1$	2	3	4
K	–	–	–
L_3	$L_2 L_1$	–	–
M_5	$M_4 M_3$	$M_2 M_1$	–
N_7	$N_6 N_5$	$N_4 N_3$	$N_2 N_1$

Wir haben also für die Zahl m ein Auswahlprinzip von der Form, wie es BOHR auf Grund seines Korrespondenzprinzips für die Azimutalquantenzahl n fordert. Die Quantenzahl m bezeichnen wir als *Grundquantenzahl.*

In Tab. 5.9 sind sämtliche Niveaus der Abb. 5.1 mit den Quantenzahlen m und n angeführt, die ihnen nach den Tabellen 5.7 und 5.8 zukommen.

Tab. 5.9

Niveau	K	L_1	L_2	L_3	M_1	M_2	M_3	M_4	M_5	N_1	N_2	N_3	N_4	N_5	N_6	N_7	O_1	O_2
m	1	2	2	1	3	3	2	2	1	4	4	3	3	2	2	1	3	3
n	1	2	1	1	3	2	2	1	1	4	3	3	2	2	1	1	3	2

Die Niveaus scheiden sich offenbar in zwei Gruppen. Für die Niveaus der ersten Gruppe, nämlich die Niveaus mit den ungeraden Indizes, ist $n = m$; sie sind die *oberen* Niveaus der *regulären* und die *unteren* Niveaus der *irregulären* Dubletts. Für die Niveaus der zweiten Gruppe — gerade Indizes — ist $n = m - 1$; sie sind die *unteren* Niveaus der *regulären* und die *oberen* Niveaus der *irregulären* Dubletts. Andere Niveaus gibt es nicht; die Differenz des Grundquantums und des Azimutalquantums $m - n$ kann nur gleich 0 oder 1 sein.

Was speziell das O-Niveau betrifft, so kombiniert dieses mit den Niveaus L_1, L_2, M_3, die sämtlich das Grundquantum $m = 2$ haben; hiernach kommt ihm offenbar das Grundquantum $m = 3$ zu; $m = 1$ ist wegen der relativ großen Intensität von $L\zeta$ und $L\vartheta$ unwahrscheinlich. Zu $m = 3$ gehören aber nach Obigem die Azimutalquantenzahlen $n = 3$ und $n = 2$; wir erwarten demnach zunächst zwei eng benachbarte O-Niveaus: O_1 $(n = 3)$ und O_2 $(n = 2)$. Vermutlich ist O_1 das Ausgangsniveau von $M\delta$ und $L\zeta$:

$$M\delta = O_1(3/3) \rightarrow M_3(2/2),$$
$$L\zeta = O_1(3/3) \rightarrow L_1(2/2),$$

und O_2 das Anfangsniveau von $L\vartheta$:

$$L\vartheta = O_2(3/2) \rightarrow L_2(2/1).$$

In Analogie zu den L-, M- und N-Niveaus wird man ferner unter O_2 drei weitere O-Niveaus:

$$O_3(m = n = 2), \quad O_4(m = 2, n = 1), \quad O_5(m = n = 1),$$

anzunehmen haben, die nur in äußerst geringer Intensität kombinieren. Dagegen ist die Annahme höherer, noch über O_1 gelegener O-Niveaus mit unseren Auswahlregeln nicht zu vereinbaren. Gäbe es z. B. ein O-Niveau O_x mit den Quantenzahlen $m = n = 4$, so müßte dieses, ebenso wie das Niveau N_1, das die gleichen Quantenzahlen hat, mit dem M_1-Niveau kombinieren und dadurch eine intensive Linie von der Frequenz

$$M_1 - O_x \approx L\zeta - L\alpha$$

erzeugen. Eine solche Linie, die bei U und Th in der Nachbarschaft von $M\gamma$ und von Bi bis W in der Nähe von $M\beta$ zu suchen wäre, ist aber nicht bekannt. Ein O-Niveau mit den Quantenzahlen $m = n = 4$ existiert demnach allem Anschein nach *nicht*. Dieser Umstand steht in merkwürdiger Beziehung zu den neuen Vorstellungen BOHRS über den Atombau. Nach BOHR sollen im schweren Atom (um dieses handelt es sich hier ausschließlich) von innen nach außen einquantige, zweiquantige, dreiquantige, vierquantige *und dann wieder dreiquantige* Elektronen aufeinander folgen. Betrachtet man andererseits die von innen nach außen aufeinander folgenden Elektronenschalen K, L, M, N, O und die Höchstwerte, welche sowohl azimutale als Grundquantenzahl nach Tab. 5.9 in denselben erreichen, so nehmen diese gemeinsamen Höchstwerte von n und m von 1 (K-Schale) bis auf 4 (N-Schale) zu *und darauf wieder auf 3 ab* (O-Schale), haben also genau den gleichen Gang wie die BOHRsche Quantenzahl.

In Schema II (S. 224) sind sämtliche Kombinationen zusammengestellt, die sowohl der Bedingung

$$n \rightarrow \begin{cases} n \pm 1 \\ n \end{cases}$$

als auch der Bedingung

$$m \rightarrow m \pm 1$$

genügen, soweit bei ihnen nach den energetischen Verhältnissen eine Ausstrahlung stattfindet.[1]) Das Resultat läßt sich folgendermaßen zusammenfassen.

1. Alle nach Schema II gestatteten Kombinationen sind in der Tat in Abb. 5.1 vertreten; die ihnen entsprechenden Linien sind jeweils bei einer Reihe von mehreren Elementen beobachtet. Scheinbare Ausnahmen bilden nur die mit γ', δ' und ζ' bezeichneten Linien, die im allgemeinen von ihren Hauptlinien γ, δ und ζ nicht getrennt sind, und einige Kombinationen der untersten O- und N-Niveaus, deren Intensität, nach Analogie mit den Linien $L\vartheta$, $L\chi$, $L\chi'$, $L\iota$ und $L\varkappa$ zu schließen, sehr gering ist.

2. Umgekehrt: Mit alleiniger Ausnahme der Linien $L\beta_7$ und $L\psi$ sowie der in Abb. 5.1 punktierten Linien, die nur bei $_{74}$W beobachtet sind, *sind sämtliche in Abb. 5.1 enthaltenen, d. h. bei schweren Elementen bekannten Linien im Schema II enthalten, d. h. von unserem Auswahlprinzip gestattet.* Die Ausnahmelinien sind sämtlich sehr schwach. In ihrem Vorhandensein liegt also nicht notwendig ein Widerspruch gegen unser Auswahlprinzip; kann man doch immer annehmen, daß dieses in solchen Fällen durch störende Felder außer Kraft gesetzt wird! Die Störungen scheinen an die äußersten N-Niveaus sowie an die Niveaus K und L_3 gebunden zu sein.

---

[1]) Wir sehen nur von den Kombinationen der L-Niveaus unter sich, der M-Niveaus unter sich usw. ab, weil die ihnen entsprechenden Linien außer etwa einer Linie $L_3 \rightarrow L_1$ noch sehr viel weicher als die M-Serie sein würden. Interessant wäre die Auffindung jener Linie $L_3 \rightarrow L_1$, die in der Nähe der härtesten M-Linien zu suchen wäre.

Schema II

End-niveaus	$m+1 \to m$ $n+1 \to n$	$m+1 \to m$ $n \to n$	$m+1 \to m$ $n-1 \to n$	$m-1 \to m$ $n-1 \to n$	$m-1 \to m$ $n \to n$	$m-1 \to m$ $n+1 \to n$
K	L_1 M_3 N_5 O_3	L_2 M_4 N_6 O_4	—	—	—	—
(1/1)	$K\alpha$ $K\beta$ $K\gamma$?	$K\alpha'$ $K\beta'$ $K\gamma'$?	—	—	—	—
L_1	M_1 N_3 O_1	M_2 N_4 O_2	—	M_5 N_7 O_5	—	—
(2/2)	$L\alpha$ $L\gamma$ $L\zeta$	$L\alpha'$ $L\gamma'$ $L\zeta'$	—	$L\varepsilon$ $L\iota$?	—	—
L_2	M_2 N_4 O_2	—	—	—	M_5 N_7 O_5	—
(2/1)	$L\beta$ $L\delta$ $L\vartheta$	—	—	—	$L\eta$ $L\varkappa$?	—
L_3	M_3 N_5 O_3	M_4 N_6 O_4	—	—	—	—
(1/1)	$L\varphi$ $L\chi$?	$L\varphi'$ $L\chi'$?	—	—	—	—
M_1	N_1	N_2	—	N_5 O_3	—	—
(3/3)	$M\alpha$	$M\alpha'$	—	? ?	—	—
M_2	N_2	—	—	N_6 O_4	N_5 O_3	—
(3/2)	$M\beta$	—	—	? ?	? ?	
M_3	N_3 O_1	N_4 O_2	—	N_7 O_5	—	—
(2/2)	$M\gamma$ $M\delta$	$M\gamma'$ $M\delta'$	—	? ?	—	—
M_4	N_4 O_2	—	—	—	N_7 O_5	—
(2/1)	$M\varepsilon$?	—	—	—	? ?	—
M_5	N_5 O_3	N_6 O_4	—	—	—	—
(1/1)	? ?	? ?	—	—	—	—

Zusammenfassend kann man sagen, daß *unser Auswahlprinzip, welches alle und nur die Kombinationen*

$$n \rightarrow \begin{cases} n+1 \\ n \end{cases} \quad \textit{und} \ m \rightarrow m \pm 1$$

gestattet,[1]) *wenigstens für alle intensiveren Linien uneingeschränkte Gültigkeit besitzt.*

Aus dem Auswahlprinzip für die Grundquantenzahl: $m \rightarrow m + 1$ leitet man leicht folgende Sätze ab:

I. Zwischen einer *ungeraden* Anzahl von Linienfrequenzen kann keine strenggültige Kombinationsrelation bestehen („Kombinationsdefekte"!).

II. Eine *reguläre* Dublettdifferenz läßt sich nicht durch eine *ungerade* Anzahl von Linienfrequenzen berechnen.

III. Eine *irreguläre* Dublettdifferenz läßt sich nicht durch eine *gerade* Anzahl von Linienfrequenzen berechnen, insbesondere nicht als Abstand zweier Linien.

Diese Sätze gelten natürlich nur bei Beschränkung auf diejenigen Linien, die dem Auswahlprinzip gehorchen.[2]) Sie sind ungültig, wenn man z. B. unter den zu kombinierenden Linien die Costersche $L\beta_7$ verwendet, die einer Kombination $m \rightarrow m - 2$ entspricht. Diese erfüllt

---

[1]) Ein Analogon dieses Auswahlprinzips besitzen wir in einem Auswahlprinzip, welches Sommerfeld [Ann. Physik 63 (1920) 221] für die optischen Spektren zur Erklärung der vollständigen Dubletts und Tripletts aufstellte. Sommerfeld gestattet hier der azimutalen Quantenzahl n die Übergänge $n \rightarrow n \pm 1$ und einer „inneren Quantenzahl" n_i die Übergänge

$$n_i \rightarrow \begin{cases} n_i \pm 1 \\ n_i \end{cases}.$$

Besonders vollständig ist die Analogie bei den Zweifachtermen, z. B. der Alkalien; hier nimmt für die verschiedenen Niveaus die Differenz $n_i - n$ abwechselnd die Werte -1 und 0 an. Es liegt demnach nahe, $n_i + 1$ mit unserer Grundquantenzahl m zu identifizieren.

[2]) Allgemeiner: auf Kombinationen solcher Niveaus, deren Grundquantenzahlen sich um *ungerade* Zahlen unterscheiden.

insbesondere die COSTERsche Relation

$$L\beta_\gamma = L\alpha' + M\beta,$$

die für die Klärung der Frage der Kombinationsdefekte von entscheidender Bedeutung geworden ist.[1])

Zusammenfassung

Das Niveau- und Linienschema von SMEKAL-COSTER wird korrigiert und vervollständigt. Dabei ergeben sich zwei neue Kombinationsrelationen für $M\delta$ und $M\varepsilon$ [Gl. (2) und (3)] (Abschnitt 2).

Das Niveauschema verrät eine überraschend hohe Symmetrie. Alle Paare benachbarter Niveaus werden in „reguläre" und „irreguläre Dubletts" eingeteilt (Abschnitt 1). Alle regulären Dubletts haben konstante $\Delta\lambda$, alle irregulären Dubletts konstante $\Delta\sqrt{\nu}$ (Abschnitt 3).

Ein einfaches Auswahlprinzip wird empirisch abgeleitet und geprüft. Dasselbe gestattet der azimutalen Quantenzahl n die Übergänge $n \to \begin{cases} n \pm 1 \\ n \end{cases}$ und einer neu eingeführten „Grundquantenzahl" m die Übergänge $m \to m \pm 1$ (Abschnitt 4).

Das O-Niveau erweist sich als dreiquantig, in Übereinstimmung mit BOHRS Theorie (Abschnitt 4).

Für die Anregung und vielfache Förderung dieser Arbeit bin ich Herrn Prof. A. SOMMERFELD zu großem Dank verpflichtet.

München, Institut für theoretische Physik, Juni 1921

---

[1]) COSTER stellt neuerdings [C. R. hebd. Séances Acad. Sci. **173** (1921) 77] fest, daß diese Relation nicht streng erfüllt ist; er glaubt, tiefere O-Niveaus als Anfangsniveaus für $L\beta_\gamma$ und $L\psi$ annehmen zu müssen. Das Auswahlprinzip befürwortet diese Annahme (*Anm. bei der Korr.*).

Anmerkungen

[a] Die Bezeichnungen der Quantenzahlen bei WENTZEL weichen in einigen Fällen von denen SOMMERFELDS (Arbeit 4) ab und beide von den heute üblichen. WENTZEL beschreibt n als „azimutale" Quantenzahl, es hat aber die Eigenschaften, die man heute der Gesamtdrehimpulsquantenzahl j zuschreibt; insbesondere wird es von der gleichen Auswahlregel $\Delta n = \pm 1, 0$ beherrscht. In der Tat gilt $j = n - 1/2$.

Die von WENTZEL eingeführte „Grund"quantenzahl m (nicht zu verwechseln mit der Hauptquantenzahl m bei SOMMERFELD) wird von der gleichen Auswahlregel beherrscht wie das heute verwendete l und ist dem Bahndrehimpuls zugeordnet: $l = m - 1$. Die Identifizierung dieser Grundquantenzahl m mit der inneren Quantenzahl n_i bei WENTZEL hat sich als falsch herausgestellt.

Es sei schließlich noch darauf hingewiesen, daß auch die Bezeichnung der Röntgenniveaus bei WENTZEL nicht mit der heute üblichen übereinstimmt. Wir schreiben heute L_{III}, L_{II}, L_{I} an Stelle von L_1, L_2, L_3 bei WENTZEL, M_{V}, M_{IV}, M_{III}, M_{II}, M_{I} an Stelle von M_1, M_2, M_3, M_4, M_5, usw.

6. Theorie des Zeeman-Effekts*)[(a)]

von

H. A. Lorentz

77. Die im Jahre 1845 von Faraday entdeckte magnetische Drehung der Polarisationsebene war der erste Beweis für den engen Zusammenhang zwischen optischen und elektromagnetischen Erscheinungen. Für lange Zeit blieb das das einzige Beispiel für einen optischen Effekt, der von einem Magnetfeld hervorgerufen wird. Im Jahre 1877 zeigte jedoch Kerr, daß sich der Polarisationszustand der an einem Eisenspiegel reflektierten Strahlung verändert, wenn man das Metall magnetisiert, und 1896 entdeckte Zeeman[1]) den Einfluß eines Magnetfeldes auf die Lichtemission. Bringt man eine Lichtquelle, die eine oder mehrere scharfe Spektrallinien emittiert, zwischen die Polschuhe eines starken Elektromagneten, so wird jede Linie in eine gewisse Anzahl von Komponenten aufgespalten, deren Abstand durch die Stärke des äußeren Magnetfeldes bestimmt wird.

In meiner Diskussion dieser magnetooptischen Erscheinungen (in denen ich jedoch nicht auf die Theorie des Kerr-Effekts eingehen möchte) werde ich zunächst den einfachsten Fall behandeln, den Zeeman-Effekt, wie er bei den ersten Experimenten beobachtet wurde: die Aufspaltung der ursprünglichen Spektrallinie in drei

---

*) Lorentz, H. A.: The Theory of Electrons, 2. Aufl. Teubner, Leipzig 1915, § 77–81.

[1]) Zeeman, P.: Over den invloed eener magnetisatie op den aard van het door een stof uitgezonden licht. Zittingsversl. Amsterdam 5 (1896) 181 und 242 [Engl. Übers. in: Philos. Mag. (5) 43 (1897) 226]; Doublets and Triplets in the Spectrum produced by External Magnetic Forces. Philos. Mag. (5) 44 (1897) 55 und 255; Measurements concerning Radiation Phenomena in the Magnetic Field. Philos. Mag. (5) 45 (1898) 197; vgl. auch Zeeman, P.: Researches in Magneto-Optics. London 1913.

oder zwei Komponenten, je nach der Richtung, in der die Strahlung emittiert wird.

78. Ich gebe zunächst eine elementare Erklärung, die die Aufspaltung der Linien in der Theorie der Elektronen findet und die es sogar ermöglichte, gewisse Besonderheiten der Erscheinung vorauszusagen.

Wir wissen bereits, daß die Lichtemission nach den heutigen Anschauungen auf die Schwingungsbewegungen der elektrischen Ladungen in den Atomen wägbarer Körper, z. B. einer Natriumflamme oder des leuchtenden Gases in einer Vakuumröhre, zurückzuführen ist. Die Verteilung dieser Ladungen und ihre Schwingungen können außerordentlich kompliziert sein. Wenn wir aber nur die Erzeugung einer einzelnen Spektrallinie erklären wollen, können wir uns mit einer sehr einfachen Hypothese begnügen. Jedes Atom (oder Molekül) enthalte nur ein einziges Elektron mit einer bestimmten Gleichgewichtslage, in die es durch eine „elastische" Kraft, wie wir sie nennen wollen, stets wieder zurückkehrt, sobald es aus irgendeinem Grunde daraus ausgelenkt worden ist. Diese elastische Kraft, von der wir annehmen müssen, daß sie durch die anderen Teilchen im Atom ausgeübt wird, über deren Natur aber sonst nichts Näheres bekannt ist, sei proportional der Auslenkung aus der Gleichgewichtslage. Auf Grund dieser Hypothese, die notwendig ist, um einfache harmonische Schwingungen zu erhalten, kann man die Komponenten der elastischen Kraft, wenn sie durch eine Auslenkung mit den Komponenten ξ, η, ζ ins Spiel gebracht wird, in der Form

$$-f\xi, \quad -f\eta, \quad -f\zeta$$

schreiben; dabei ist f eine positive Konstante, die durch die Eigenschaften des Atoms bestimmt wird.

Bezeichnet m die Masse des verschiebbaren Elektrons, so lauten die Bewegungsgleichungen

$$m\frac{d^2\xi}{dt^2} = -f\xi, \quad m\frac{d^2\eta}{dt^2} = -f\eta, \quad m\frac{d^2\zeta}{dt^2} = -f\zeta$$

mit der allgemeinen Lösung

$$\left.\begin{aligned}\xi &= a\cos(n_0 t + p),\\ \eta &= a'\cos(n_0 t + p'),\\ \zeta &= a''\cos(n_0 t + p'');\end{aligned}\right\} \tag{154}$$

hierin sind a, a', a'', p, p', p'' willkürliche Konstanten, und die Frequenz n_0 der Schwingungen ist durch

$$n_0 = \sqrt{\frac{f}{m}} \tag{155}$$

gegeben.

Betrachten wir nun den Einfluß eines äußeren Magnetfeldes $\boldsymbol{H}$. Es übt eine Kraft

$$\frac{e}{c}\,[\boldsymbol{v} \times \boldsymbol{H}] \tag{156}$$

aus, wobei e die Ladung des Elektrons und $\boldsymbol{v}$ seine Geschwindigkeit bedeuten. Hat das Magnetfeld $\boldsymbol{H}$ die Richtung der z-Achse, so sind die Komponenten von (156)

$$\frac{e\boldsymbol{H}_z}{c}\frac{d\eta}{dt}, \quad -\frac{\boldsymbol{H}e_z}{c}\frac{d\xi}{dt}, \quad 0,$$

und wir erhalten die Bewegungsgleichungen

$$m\frac{d^2\xi}{dt^2} = -f\xi + \frac{eH_z}{c}\frac{d\eta}{dt}, \tag{157}$$

$$m\frac{d^2\eta}{dt^2} = -f\eta - \frac{eH_z}{c}\frac{d\xi}{dt}, \tag{158}$$

$$m\frac{d^2\zeta}{dt^2} = -f\zeta. \tag{159}$$

79. Aus der letzten Gleichung folgt, daß die Schwingungen in OZ-Richtung nicht durch das Magnetfeld beeinflußt werden, was zu erwarten war, da die Kraft (156) Null wird, wenn $\boldsymbol{v}$ und $\boldsymbol{H}$ die gleiche Richtung haben. Die partikuläre Lösung (154) bleibt damit gültig. Die beiden Gleichungen (157) und (158) lassen zwei weitere partikuläre Lösungen

$$\xi = a_1 \cos(n_1 t + p_1), \quad \eta = -a_1 \sin(n_1 t + p_1), \tag{160}$$

$$\xi = a_2 \cos(n_2 t + p_2), \quad \eta = a_2 \sin(n_2 t + p_2) \tag{161}$$

zu; dabei sind die Frequenzen n_1, n_2 durch

$$n_1^2 - \frac{eH_z}{mc} n_1 = n_0^2, \tag{162}$$

$$n_2^2 + \frac{eH_z}{mc} n_2 = n_0^2 \tag{163}$$

mit willkürlichen Konstanten a_1, a_2, p_1, p_2 bestimmt.

Die Kombination von (154) mit (160) und (161) liefert eine Lösung, die sechs Konstanten enthält, also die allgemeine Lösung darstellt.

Die beiden Lösungen (160) und (161) bedeuten kreisförmige Schwingungen in einer Ebene senkrecht zum Magnetfeld in entgegengesetzten Richtungen. Die Frequenz n_1 der einen Schwingung liegt höher (wenn eH_z positiv ist), die der anderen niedriger als die ursprüngliche Frequenz n_0. Die Möglichkeit derartiger kreisförmiger Bewegungen ist auch aus einem anderen sehr einfachen Grunde leicht einzusehen. Wenn das Elektron einen Kreis mit dem Radius r in einer Ebene senkrecht zu $\boldsymbol{H}_z$ entgegengesetzt zur Richtung dieser Kraft beschreibt, so greift zusätzlich zur elastischen Kraft $f\boldsymbol{r}$ die elektromagnetische Kraft

$$\frac{e\,|\boldsymbol{v}|\,\boldsymbol{H}_z}{c}$$

senkrecht zum Zentrum an. Sind beide Kräfte konstant, so läßt sich die Kreisbahn tatsächlich beschreiben, und wir erhalten mit Hilfe des bekannten Zentripetalkraftgesetzes

$$f r + \frac{e\,|\boldsymbol{v}|\,H_z}{c} = \frac{m v^2}{r}$$

oder, wegen $|\boldsymbol{v}| = n r$,

$$f + \frac{e n H_z}{c} = m n^2,$$

woraus unmittelbar Gl. (162) folgt. Auf die gleiche Weise ergibt sich auch Gl. (163).

In allen realen Fällen wird beobachtet, daß die Änderung der Frequenz sehr klein gegen diese selbst ist. Daraus folgt, daß auch für die stärksten Felder $e H_z/m c$ sehr klein gegen n_0 ist, und wir können an Stelle von (162) und (163) schreiben

$$n_1 = n_0 + \frac{e H_z}{2 m c}, \quad n_2 = n_0 - \frac{e H_z}{2 m c}. \tag{164}$$

Die zu diesen Frequenzen gehörigen Punkte im Spektrum liegen in gleichem, kleinem Abstand rechts und links von der ursprünglichen Spektrallinie n_0.

80. Wir haben nun noch die Natur des Lichtes zu betrachten, das das schwingende Elektron emittiert. Die Gesamtstrahlung setzt sich aus den verschiedenen Anteilen zusammen, die den gefundenen partikulären Lösungen entsprechen und die wir im folgenden getrennt untersuchen werden.

Wenn ein Elektron längs der Geraden L um einen Punkt O (Abb. 6.1) [(c)] schwingt, so zeigt unsere frühere Diskussion (§ 39–41)[(b)] der Strahlung eines Elektrons, daß die dielektrische Verschiebung in einem weit entfernten Punkt P in der Ebene LOP liegt und senkrecht zu OP gerichtet ist und daß ferner ihre Amplitude bei gegebenem Abstand OP proportional dem Sinus des Winkels LOP ist. Die Strahlung ist längs der Schwingungsgeraden Null und hat auf den Geraden senkrecht dazu maximale Intensität; außerdem ist das Licht längs jeder Geraden durch O linear polarisiert.

Eine zirkulare Schwingung, wie sie die Gleichungen (160) darstellen, hat die gleiche Wirkung wie zwei Schwingungen längs der Geraden OX und OY, in die man sie zerlegen kann. Wir brauchen deshalb nur den Zustand in der Ebene dieser Bewegung oder längs einer

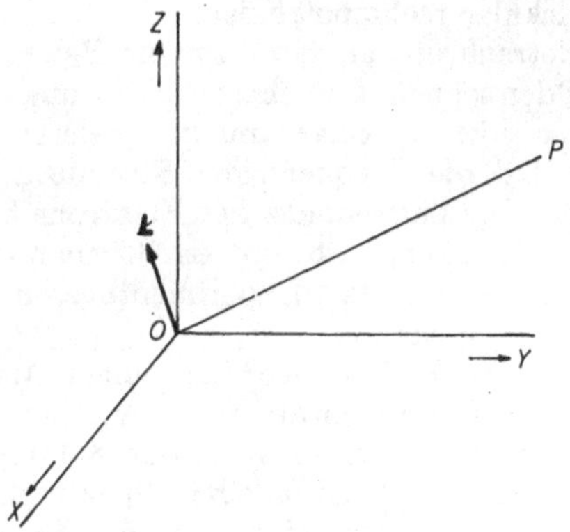

Abb. 6.1

Geraden durch das Zentrum senkrecht zu dieser Ebene zu betrachten. In einem weit entfernten Punkt P der Ebene ist das einfallende Licht vom umlaufenden Elektron linear polarisiert, wobei der elektrische Vektor senkrecht zu OP in der Ebene des Kreises schwingt; liegt P z. B. auf OY, so liefert die Schwingung längs dieser Geraden keinen Beitrag, und es existiert nur das von der Bewegung längs OX erzeugte Feld.

Beide Komponenten von (160) liefern jedoch einen Beitrag in einem Punkt der Kreisachse, d. h. auf OZ, und zwar die erste Komponente eine elektrische Schwingung parallel zu OX, die zweite in OY-Richtung. Wie man unmittelbar erkennt, besitzen diese Schwingungen denselben Phasenunterschied — eine Viertelperiode — wie die beiden Komponenten von (160) selbst, und ihre

Amplituden sind gleich. Deshalb ist das in OZ-Richtung emittierte Licht zirkular polarisiert, und die dielektrische Verschiebung rotiert im gleichen Sinne wie das Elektron bei seiner Kreisbewegung. Aus den Gleichungen (160) ergibt sich, daß der Umlauf des Elektrons für einen Beobachter auf der positiven z-Achse im Uhrzeigersinn erfolgt. Hieraus schließen wir, daß die in Richtung der positiven Achse emittierte Strahlung bei der Bewegung nach (160) zirkular rechtspolarisiert ist.

Analoge Betrachtungen gelten für die Bewegung nach (161). Die in der soeben betrachteten Richtung emittierte Strahlung ist hier zirkular linkspolarisiert. Beachtet man ferner, daß die Frequenz der Strahlung in jedem Fall gleich der Umlauffrequenz des Elektrons bei der sie erzeugenden Bewegung ist, so erhält man folgendes Ergebnis, das durch die Experimente von ZEEMAN vollauf bestätigt worden ist:

Die Lichtquelle befinde sich in einem Magnetfeld, dessen Feldlinien horizontal verlaufen, und das in horizontaler Richtung senkrecht zu den Feldlinien emittierte Licht werde mit Hilfe eines Spektroskops oder Gitters untersucht. Dann wird man ein Linientriplett beobachten, dessen mittlere Komponente sich an der Stelle der ursprünglichen Linie befindet. Jede der Komponenten wird durch linear polarisiertes Licht erzeugt, und der elektrische Vektor schwingt horizontal für die mittlere und vertikal für die beiden äußeren Linien.

Untersuchen wir dagegen das in Richtung der Feldlinien emittierte Licht, indem wir z. B. einen Elektromagneten verwenden, dessen einer Kern eine geeignete axiale Bohrung besitzt, so werden wir nur ein Dublett beobachten, dessen Lage den beiden äußeren Linien des Tripletts entspricht. Seine Komponenten werden von zirkular polarisiertem Licht erzeugt, und zwar einmal von zirkular rechtspolarisiertem Licht, zum anderen von zirkular linkspolarisiertem.

81. Nachdem ZEEMAN all dies experimentell nachgewiesen hatte, konnte er zwei bemerkenswerte Resultate ableiten. Einerseits fand er, daß für das in Richtung der magnetischen Feldlinien, d. h. für positives H_z in $O\dot{Z}$-Richtung, emittierte Licht die Komponente des Dubletts mit der kleineren Frequenz rechtspolarisiert war. Für positives H_z ist also die erste der beiden durch (164) gegebenen Frequenzen die kleinere. Hieraus folgt aber, daß die Ladung e des Elektrons, dessen Bewegung die Strahlung zugeschrieben wurde, negativ sein muß. Das steht mit dem allgemeinen Ergebnis von Untersuchungen in anderen Richtungen im Einklang, daß negative Ladungen eine größere Beweglichkeit besitzen als positive.

Das andere Resultat bezieht sich auf das Verhältnis der numerischen Werte von elektrischer Ladung und Masse der beweglichen Elektronen. Man kann es aus den Gleichungen (164) berechnen, wenn der Abstand der Komponenten, aus dem sich $n_1 - n_0$ bestimmen läßt, und die Stärke des Magnetfeldes bekannt sind. Der von ZEEMAN aus dem Abstand der Komponenten der D-Linien oder vielmehr aus ihrer Verbreiterung, da sich die Komponenten zum Teil überlappen, abgeleitete Zahlenwert war einer der ersten veröffentlichten Werte von e/m. Er stimmt größenordnungsmäßig mit denen überein, die für die negativen Elektronen der Katodenstrahlen und die β-Strahlung gefunden wurden.

Leider währte unsere Befriedigung über diesen Erfolg der Elektronentheorie bei der Erklärung der neuen Erscheinungen nicht sehr lange, denn es wurde bald gefunden, daß viele Spektrallinien in mehr als drei — manchmal vier, sechs und noch mehr[1]) — Komponenten aufspalten. Wir waren bisher nicht in der Lage, diese komplizierteren Formen des ZEEMAN-Effekts zufriedenstellend zu erklären.

Alles, was mir zu tun übrigbleibt, ist deshalb, einige Vermutungen über die Richtung zu äußern, in der die Erklärung vielleicht zu suchen ist.

---

[1]) Bei späteren Untersuchungen ist z. B. eine Aufspaltung in nicht weniger als 17 Komponenten beobachtet worden.

Anmerkungen

[a] Wir geben hier nur die Abschnitte wieder, in denen die Theorie des „normalen“ Zeeman-Effekts dargestellt ist. Im Buch von Lorentz folgt eine umfangreiche Darlegung seiner Suche nach einem Faden, wie man den „anomalen“ Zeeman-Effekt erklären könnte. Dieser Versuch, bei dem eine Betrachtung der Bewegungen mehrerer Ladungen an Stelle nur einer zur Erklärung herangezogen wurde, mißlang zwar, der zugrunde liegende Gedanke, daß man zusätzliche Freiheitsgrade finden müsse, die bei abwesendem Magnetfeld alle miteinander äquivalent sind, war aber seinem Wesen nach richtig. Der Spindrehimpuls der Elektronen, der mit einem von dem des Bahnelektrons verschiedenen gyromagnetischen Verhältnis verknüpft ist, liefert gerade solche zusätzlichen Freiheitsgrade.

[b] Die Diskussion in den Abschnitten 39—41 betrifft die Natur der elektrischen Dipolstrahlung.

[c] Diese Abbildung ist im Original nicht enthalten. Wir haben sie zum leichteren Verständnis des Sachverhalts eingefügt.

7. Termstruktur und Zeeman-Effekt der Multipletts*)

von

A. Landé

1. Empirische Gesetzmäßigkeiten

Um von den zwei Spektraltermsystemen des neutralen Heliums Rechenschaft zu geben, wurden in einer früheren Untersuchung[1]) die geometrisch möglichen Neigungen zweier Elektronenbahnebenen im Atom durch die Forderung eingeschränkt, es sollten sich die im Quantenmaß ganzzahligen Drehimpulsvektoren der einzelnen Elektronen zu einer ganzzahligen Impulsresultante zusammensetzen. Diese „Quantenregel über die räumliche Orientierung von Elektronenringen" wurde dann[2]) im einzelnen an Hand von Figuren erläutert und die Vielfachheit der sich ergebenden Bahnneigungen allgemein als maßgebend für die Multiplizität optischer Spektralterme angesprochen. Ein weitergehender Versuch zur quantitativen modellmäßigen Erklärung der Dublett- und Triplettermstrukturen mit Einschluß des anomalen Zeeman- und Paschen-Back-Effektes wurde von W. Heisenberg[3]) unternommen: Der (im Mittel) halbquantige Impulsvektor $\boldsymbol{k}$ des Leuchtelektrons soll bei jedem Dublettermzustand $\boldsymbol{x}_1$ parallel, bei jedem $\boldsymbol{x}_2$ antiparallel zum halbquantigen Impulsvektor $\boldsymbol{r}$ des Atomrestes zeigen. Die drei Triplettermzustände x_1, x_2, x_3

*) Z. Phys. 15 (1923) 189.

[1]) Landé, A.: Phys. Z. 20 (1919) 228. Vorher wurde stets die Vorstellung *senkrecht* gekreuzter Elektronenringe benutzt, z. B. in den Versuchen zur Deutung der Röntgenspektren von Sommerfeld, Vegard u. a.

[2]) Landé, A.: Verh. Dtsch. phys. Ges. 21 (1919) 585.

[3]) Heisenberg, W.: Z. Phys. 8 (1922) 273. Vorher hat bereits Roschdestwensky (Roschdestwensky, D.: Verh. opt. Ges. Petrograd 1 (1920), dtsch. Übers.: Kniga-Verlag, Berlin 1922) nachdrücklich auf das innere Magnetfeld des Atoms als Ursache der Komplexterme hingewiesen und vielversprechende quantitative Resultate erhalten.

sollen durch drei solche Neigungswinkel $\varphi_1, \varphi_2, \varphi_3$ zwischen den Impulsvektoren $\boldsymbol{k}$ und $\boldsymbol{r}$ charakterisiert sein, daß *erstens* auf Grund der Beziehung „gegenseitige Energie von $\boldsymbol{r}$ gegen $\boldsymbol{k}$ ist proportional cos φ“ das richtige Intervallverhältnis zwischen den Triplettermschwingungszahlen ν_1, ν_2, ν_3 als erste Näherung herauskommt, *zweitens* bei Hinzuziehung gewisser „anomaler“ Grundannahmen die richtigen anomalen ZEEMAN-Spaltungen der Terme resultieren. Daß diese beiden Forderungen bei HEISENBERGS Triplettatommodell gleichzeitig erfüllt sind, ein Hauptstützpunkt seiner Theorie, stellt sich jedoch als Ergebnis einer inkonsequenten Verwendung seiner Grundannahmen heraus (vgl. Abschnitt 5).

Einer am Spektrum des Mangans[1]) und Chroms[2]) gewonnenen Vermutung von HEISENBERG, daß die Vielfachheit, in die ein s-, p-, d-Term zerfällt, zunächst in der Reihe der ungeraden Zahlen ansteigt und erst, wenn eine gewisse maximale Vielfachheit erreicht ist, weiterhin *permanent* bleibt, folgt A. SOMMERFELD[3]), indem er die eingangs erwähnte Quantenregel über die räumliche Orientierung von Elektronenbahnen an einer systematischen Beispielreihe erläutert. Freilich können die speziellen Anschauungen, in welchen SOMMERFELD über die eingangs erwähnte Untersuchung hinausgeht, nicht als gelungen angesehen werden.[4])

1. Wir stellen zunächst ein mit der Erfahrung übereinstimmendes Schema der komplexen Serienterme auf, bezeichnet durch Symbole n^r_{kj} und geordnet zu *Multiplettsystemen* (Tab. 7.1). Die Termbezeichnung n^r_{kj} weicht von der üblichen ab (Tab. 7.2), schließt sich aber an

---

[1]) CATALÁN, M. A.: Philos. Trans. [London] **A 223** (1922) 127 und 99.

[2]) GIESELER, H.: Ann. Physik **69** (1922) 147.

[3]) SOMMERFELD, A.: Ann. Physik **70** (1923) 32.

[4]) Die Aussage, es setze sich der Impuls des unangeregten Atoms (s-Term-Impuls) mit dem Impuls der Anregung unter verschiedenen Neigungswinkeln vektoriell zusammen, dürfte modellmäßig nicht faßbar sein. Die formalen Aussagen über die Multiplettstruktur halten dem Vergleich mit der jetzt vorhandenen Erfahrung nicht stand.

Tab. 7.1. Die Terme n^r_{kj}

	Singuletts	Tripletts	Quintetts
Ungerade Multipletts	n^1_{10}	n^3_{11}	n^5_{12}
	n^1_{21}	n^3_{20} n^3_{21} n^3_{22}	n^5_{21} n^5_{22} n^5_{23}
	n^1_{32}	n^3_{31} n^3_{32} n^3_{33}	n^5_{30} n^5_{31} n^5_{32} n^5_{33} n^5_{34}
	n^1_{43}	n^3_{42} n^3_{43} n^3_{44}	n^5_{41} n^5_{42} n^5_{43} n^5_{44} n^5_{45}
	Dubletts	**Quartetts**	**Sextetts**
Gerade Multipletts	n^2_{11}	n^4_{12}	n^6_{13}
	n^2_{21} n^2_{22}	n^4_{21} n^4_{22} n^4_{23}	n^6_{22} n^6_{23} n^6_{24}
	n^2_{32} n^2_{33}	n^4_{31} n^4_{32} n^4_{33} n^4_{34}	n^6_{31} n^6_{32} n^6_{33} n^6_{34} n^6_{35}
	n^2_{43} n^2_{44}	n^4_{42} n^4_{43} n^4_{44} n^4_{45}	n^6_{41} n^6_{42} n^6_{43} n^6_{44} n^6_{45} n^6_{46}

Tab. 7.2. Vergleich der alten und neuen Bezeichnungen

nS	nP	nD	ns	$n\mathrm{p}_1$	$n\mathrm{p}_2$	$n\mathrm{d}_1$	$n\mathrm{d}_2$	ns	$n\mathrm{p}_1$	$n\mathrm{p}_2$	$n\mathrm{p}_3$	$n\mathrm{d}_1$	$n\mathrm{d}_2$	$n\mathrm{d}_3$
n^1_{10}	n^1_{21}	n^1_{32}	n^2_{11}	n^2_{22}	n^2_{21}	n^2_{33}	n^2_{32}	n^3_{11}	n^3_{22}	n^3_{21}	n^3_{20}	n^3_{33}	n^3_{32}	n^3_{31}

die neuerdings von Herrn PASCHEN gewählte an. Die Laufzahl n gibt (in der Bezeichnung von BOHRS n_k-Bahnen) die „Hauptquantenzahl“ [a] des Terms an. k bedeutet die „azimutale“ Quantenzahl des Terms, nämlich $k = 1, 2, 3, \ldots$ bei den s-, p-, d-Termen, und gehorcht der Auswahlregel:

$$k \begin{matrix} \nearrow k + 1 \\ \searrow k - 1 \end{matrix} . \tag{1}$$

j gibt die „innere Quantenzahl“ des Terms an, welche auch für die ZEEMAN-Aufspaltungs-Vielfachheit maßgebend ist und für welche nach SOMMERFELD die Auswahlregel gilt:

$$j \begin{matrix} \nearrow j + 1 \\ \rightarrow j \\ \searrow j - 1 \end{matrix} . \tag{2}$$

Zusatz: $j = 0 \rightarrow j = 0$ verboten.

r bezeichnet die (permanente) Vielfachheit des Multiplettsystems, nämlich $r = 1, 2, 3, \ldots,$ wenn der Term zu einem Singulett-, Dublett-, Triplettsystem gehört. r genügt der Auswahlregel

$$r \to \begin{cases} r+2 \\ r \\ r-2 \end{cases}. \tag{3}$$

Wegen ihres Zusammenhangs mit dem Quantenimpuls des *Atomrumpfes* bezeichnen wir r als „Rumpfquantenzahl".

In der vorliegenden Untersuchung interessiert, entsprechend der PRESTONschen Regel, nur die durch r, k, j festgelegte Termart, nicht die Laufzahl n.

Aufklärung über das in Tab. 7.1 enthaltene Strukturschema der Multiplettsysteme, und zwar mit Einschluß der Intervallverhältnisse $\Delta\nu_{12}:\Delta\nu_{23}:\ldots$ benachbarter Terme $\nu_1, \nu_2, \nu_3, \ldots$ eines Multipletts und mit Einschluß der ZEEMAN-Aufspaltungen ergibt sich erst, wenn wir jeden Term statt durch r, k, j charakterisieren durch drei andere Zahlen R, K, J, wie es in Tab. 7.3 geschieht. (Alle s-, p-, d-, ... Terme sind in Tab. 7.3 bestimmt durch $K = {}^1/_2, {}^3/_2, {}^5/_2, \ldots,$ K ist also stets gleich $k - {}^1/_2$. J dagegen ist bei den geraden Multipletts gleich j, bei den ungeraden gleich $j - {}^1/_2$. R ist stets gleich $r/2$.) Die Vielfachheit der Terme, die ein Multiplett bilden, ist beschränkt durch die Bedingung für die in ganzzahligen Schritten aufeinanderfolgenden Zahlen J

$$|K - R| + \frac{1}{2} \leqq J \leqq |K + R| - \frac{1}{2}. \tag{4}$$

Diese Forderung gibt lückenlos das in Tab. 7.1 und Tab. 7.3 angeschriebene Schema der stufenweise zur permanenten Vielfachheit ansteigenden Multipletts wieder. Wir bezeichnen den Inhalt der Gl. (4) mit den speziellen Zahlentripeln R, K, J der Tabelle 7.3 als die *Struktur-*

regel der Multipletts. An die Stelle der Auswahlregeln (1), (2), (3) für k, r, j treten jetzt die Auswahlregeln

$$K \begin{matrix} \nearrow K+1 \\ \searrow K-1 \end{matrix}, \tag{5}$$

$$R \begin{matrix} \nearrow R+1 \\ \rightarrow R \\ \searrow R-1 \end{matrix}, \tag{6}$$

$$J \begin{matrix} \nearrow J+1 \\ \rightarrow J \\ \searrow J-1 \end{matrix}. \tag{7}$$

Zusatz: $J = \frac{1}{2} \rightarrow J = \frac{1}{2}$ verboten.

2. In jede von einem Term besetzte Stelle der Tab. 7.3 ist ein rationaler Bruch eingetragen, nämlich der anomale magnetische Aufspaltungsfaktor g des Terms. g ist dabei als Funktion von R, K, J berechnet nach der Formel:

$$g = 1 + \frac{J^2 - \frac{1}{4} + R^2 - K^2}{2\left(J^2 - \frac{1}{4}\right)}. \tag{8}$$

Die so berechneten g-Werte stimmen in allen bekannten Fällen exakt mit der Erfahrung überein.[1]) Vergleiche die

[1]) Als mathematische Folge von (8), (9) ergibt sich das arithmetische Mittel aus den g-Werten eines Termmultipletts gleich 1 für diejenigen Termmultipletts, welche die permanente Vielfachheit besitzen ($K > R$), dagegen gleich 2 für die Termmultipletts kleinerer Vielfachheit ($K < R$). Für $K = R$, was nur bei *ungeraden* Systemen vorkommt, ist $g = 3/2$, abgesehen von dem magnetisch unzerspaltenen Term $J = 1/2$ mit $g = 0/0$; der Mittelwert von g für $K = R$ bleibt also unbestimmt. Eine unmittelbare physikalische Bedeutung können wir in solchen Aussagen über Mittelwerte von g, entgegen HEISENBERGS Ansicht, nicht erblicken. – Die RUNGEschen Nenner der *geraden* Terme für $J = 1, 2, 3, \ldots$ sind allgemein $1 \cdot 3$, $3 \cdot 5$, $5 \cdot 7, \ldots$, die der *ungeraden* Terme für $J = 1/2, 3/2, 5/2, \ldots$ allgemein $0 \cdot 1$, $1 \cdot 2$, $2 \cdot 3, \ldots$ (Verallgemeinerung von SOMMERFELDS „Zahlenmysterium").[(b)]

Tab. 7.3

$\Delta\nu = 1 : 2 : 3 : 4 : 5 : 6 : 7 :$

K \ J	$\frac{1}{2}$	$\frac{3}{2}$	$\frac{5}{2}$	$\frac{7}{2}$	$\frac{9}{2}$	$\frac{11}{2}$	$\frac{13}{2}$	$\frac{15}{2}$
Singuletts $R = \frac{1}{2}$								
$\frac{1}{2}$	$\frac{0}{0}$							
$\frac{3}{2}$		1						
$\frac{5}{2}$			1					
$\frac{7}{2}$				1				
$\frac{9}{2}$					1			
Tripletts $R = \frac{3}{2}$								
$\frac{1}{2}$		2						
$\frac{3}{2}$	$\frac{0}{0}$	$\frac{3}{2}$	$\frac{3}{2}$					
$\frac{5}{2}$		$\frac{1}{2}$	$\frac{7}{6}$	$\frac{4}{3}$				
$\frac{7}{2}$			$\frac{2}{3}$	$\frac{13}{12}$	$\frac{5}{4}$			
$\frac{9}{2}$				$\frac{3}{4}$	$\frac{21}{20}$	$\frac{6}{5}$		
Quintetts $R = \frac{5}{2}$								
$\frac{1}{2}$			2					
$\frac{3}{2}$		$\frac{5}{2}$	$\frac{11}{6}$	$\frac{5}{3}$				
$\frac{5}{2}$	$\frac{0}{0}$	$\frac{3}{2}$	$\frac{3}{2}$	$\frac{3}{2}$	$\frac{3}{2}$			
$\frac{7}{2}$		0	1	$\frac{5}{4}$	$\frac{27}{20}$	$\frac{7}{5}$		
$\frac{9}{2}$			$\frac{1}{3}$	$\frac{11}{12}$	$\frac{23}{20}$	$\frac{19}{15}$	$\frac{4}{3}$	

$\Delta\nu = \frac{3}{2} : \frac{5}{2} : \frac{7}{2} : \frac{9}{2} : \frac{11}{2} : \frac{13}{2} : \frac{15}{2} :$

K \ J	1	2	3	4	5	6	7	8
Dubletts $R = \frac{2}{2}$								
$\frac{1}{2}$	2							
$\frac{3}{2}$	$\frac{2}{3}$	$\frac{4}{3}$						
$\frac{5}{2}$		$\frac{4}{5}$	$\frac{6}{5}$					
$\frac{7}{2}$			$\frac{6}{7}$	$\frac{8}{7}$				
$\frac{9}{2}$				$\frac{8}{9}$	$\frac{10}{9}$			
Quartetts $R = \frac{4}{2}$								
$\frac{1}{2}$		2						
$\frac{3}{2}$	$\frac{8}{3}$	$\frac{26}{15}$	$\frac{8}{5}$					
$\frac{5}{2}$	0	$\frac{6}{5}$	$\frac{48}{35}$	$\frac{10}{7}$				
$\frac{7}{2}$		$\frac{2}{5}$	$\frac{36}{35}$	$\frac{78}{63}$	$\frac{4}{3}$			
$\frac{9}{2}$			$\frac{4}{7}$	$\frac{62}{63}$	$\frac{116}{99}$	$\frac{14}{11}$		
Sextetts $R = \frac{6}{2}$								
$\frac{1}{2}$			2					
$\frac{3}{2}$		$\frac{12}{5}$	$\frac{66}{35}$	$\frac{12}{7}$				
$\frac{5}{2}$	$\frac{10}{3}$	$\frac{28}{15}$	$\frac{58}{35}$	$\frac{100}{63}$	$\frac{14}{9}$			
$\frac{7}{2}$	$-\frac{2}{3}$	$\frac{16}{15}$	$\frac{46}{35}$	$\frac{88}{63}$	$\frac{142}{99}$	$\frac{16}{11}$		
$\frac{9}{2}$		0	$\frac{6}{7}$	$\frac{8}{7}$	$\frac{14}{11}$	$\frac{192}{143}$	$\frac{18}{13}$	

Tab. 7.3 (*Fortsetzung*)

J \ K	$\frac{1}{2}$	$\frac{3}{2}$	$\frac{5}{2}$	$\frac{7}{2}$	$\frac{9}{2}$	$\frac{11}{2}$	$\frac{13}{2}$	$\frac{15}{2}$	1	2	3	4	5	6	7	8	J
$\Delta\nu$	= 1 :	2 :	3 :	4 :	5 :	6 :	7 :		= $\frac{3}{2}$:	$\frac{5}{2}$:	$\frac{7}{2}$:	$\frac{9}{2}$:	$\frac{11}{2}$:	$\frac{13}{2}$:	$\frac{15}{2}$:		$\Delta\nu$
	Septetts $R = \frac{7}{2}$								Oktetts $R = \frac{8}{2}$								
$\frac{1}{2}$				2								2					$\frac{1}{2}$
$\frac{3}{2}$			$\frac{7}{3}$	$\frac{23}{12}$	$\frac{7}{4}$						$\frac{16}{7}$	$\frac{122}{63}$	$\frac{16}{9}$				$\frac{3}{2}$
$\frac{5}{2}$		3	2	$\frac{7}{4}$	$\frac{33}{20}$	$\frac{8}{5}$				$\frac{14}{5}$	$\frac{72}{35}$	$\frac{38}{21}$	$\frac{56}{33}$	$\frac{18}{11}$			$\frac{5}{2}$
$\frac{7}{2}$	$\frac{0}{0}$	$\frac{3}{2}$	$\frac{3}{2}$	$\frac{3}{2}$	$\frac{3}{2}$	$\frac{3}{2}$	$\frac{3}{2}$		4	2	$\frac{12}{7}$	$\frac{34}{21}$	$\frac{52}{33}$	$\frac{222}{143}$	$\frac{20}{13}$		$\frac{7}{2}$
$\frac{9}{2}$	−	$\frac{1}{2}$	$\frac{5}{6}$	$\frac{7}{6}$	$\frac{13}{10}$	$\frac{41}{30}$	$\frac{59}{42}$	$\frac{10}{7}$	$-\frac{4}{3}$	$\frac{14}{15}$	$\frac{44}{35}$	$\frac{86}{63}$	$\frac{140}{99}$	$\frac{206}{143}$	$\frac{284}{195}$	$\frac{22}{15}$	$\frac{9}{2}$
K	$\frac{1}{2}$	$\frac{3}{2}$	$\frac{5}{2}$	$\frac{7}{2}$	$\frac{9}{2}$	$\frac{11}{2}$	$\frac{13}{2}$	$\frac{15}{2}$	1	2	3	4	5	6	7	8	K
$\Delta\nu$	= 1 :	2 :	3 :	4 :	5 :	6 :	7 :		= $\frac{3}{2}$:	$\frac{5}{2}$:	$\frac{7}{2}$:	$\frac{9}{2}$:	$\frac{11}{2}$:	$\frac{13}{2}$:	$\frac{15}{2}$:		$\Delta\nu$

nachfolgende Untersuchung von E. BACK über die magnetischen Typen des Mangans, ferner die des Chroms nach Frl. GIESELER (loc. cit.) aus Aufnahmen von S. POPOW in Tübingen, vor allem die zusammenfassende Untersuchung von BACK über die ZEEMAN-Typen der Dublett- und Tripletterme [Ann. Physik **70** (1923) 333].

Als Beispiel liegt vor: $r = 1\,\mathrm{Hg}$, $r = 2\,\mathrm{Na}$; $r = 3\,\mathrm{Hg}$; $r = 4\,\mathrm{Mn}$, O^+; $r = 5\,\mathrm{Mn}^+$, O, Cr; $r = 6\,\mathrm{Mn}$; $r = 7\,\mathrm{Cr}$, Mn^+; $r = 8\,\mathrm{Mn}$.

Für die magnetischen Quantenzahlen m, welche die Aufspaltungskomponenten $m \cdot g$ des Terms bestimmen und welche in ganzzahligen Abständen aufeinanderfolgen, gilt die Einschränkung:

$$-\left(J - \frac{1}{2}\right) \leqq m \leqq + \left(J - \frac{1}{2}\right). \qquad (9)$$

Zusammen mit (8) bestimmt dann (9) die magnetischen Komponenten mg eines Spektralterms (I, K, J). Nimmt man noch *Auswahl- und Polarisationsregel*

$$\left.\begin{array}{ll} m \rightarrow m \pm 1 & (\sigma\text{-Komponenten}) \\ m \rightarrow m & (\pi\text{-Komponenten}) \end{array}\right\} \qquad (11)$$

hinzu, so erhält man die beobachteten ZEEMAN-Typen der Serienlinien.[1]) Nimmt man die a. a. O., Abschnitt 5 angegebene und modellmäßig begründete *Intensitätsregel* für die relative Stärke der ZEEMAN-Komponenten hinzu,[2]) so erhält man die ZEEMAN-Komponenten auch in der richtigen relativen Intensität, wie sie sich in allen Zerlegungsbildern stets wiederfindet.

3. Am Kopfe der Tabelle 7.3 sind *Verhältniszahlen* für die Schwingungszahlintervalle $\Delta\nu$ je zweier Nachbarterme eines Multipletts angeschrieben. Diese Zahlenverhältnisse machen jedoch keinen Anspruch auf exakte Gültigkeit, sondern stellen eine erste Näherung dar. Offenbar führen nur die Störungen erster Ordnung zu dieser $\Delta\nu$-Proportion, während die Störungen höherer Ordnung Abweichungen hervorbringen.

Nach Tab. 7.3 ist das Intervall $\Delta\nu$ zwischen zwei Nachbartermen eines Multipletts proportional dem arithmetischen Mittel aus ihren Werten J. Für den Abstand zweier (auch nicht benachbarter) Terme J und J' gilt nach Tab. 7.3 allgemein

$$\Delta\nu \text{ proportional } \frac{1}{2}\,(J^2 - J'^2). \qquad (12)$$

Benutzt man wieder die Bezeichnungen der Tabelle 7.1,

---

1) LANDÉ, A.: Z. Physik 5 (1921) 231.

2) Dieser Abschnitt 5 der Untersuchung ist SOMMERFELD unbekannt geblieben, als er zusammen mit HEISENBERG ähnliche Resultate über die relative Intensität der ZEEMAN-Komponenten fand [Z. Physik 11 (1922) 131].

so gilt also bei den *geraden* Multipletts $(r = 2, 4, 6, \ldots)$

$$\left.\begin{array}{l} \left(n^r_{k1} - n^r_{k2}\right) : \left(n^r_{k2} - n^r_{k3}\right) : \left(n^r_{k3} - n^r_{k4}\right) \cdots = \frac{3}{2} : \frac{5}{2} : \frac{7}{2} : \cdots \\ \text{bei den \textit{ungeraden} Multipletts } (r = 1, 3, 5, \ldots) \\ \left(n^r_{k0} - n^r_{k1}\right) : \left(n^r_{k1} - n^r_{k2}\right) : \left(n^r_{k2} - n^r_{k3}\right) \cdots = 1 : 2 : 3 : \cdots \end{array}\right\} \qquad (12')$$

d. h., es gilt die *Intervallregel* (12): *Gerade Multipletts haben halbzahlige (ungeradzahlige), ungerade Multipletts haben ganzzahlige (geradzahlige) Intervallproportionen.*

Ein Beispiel für die näherungsweise Gültigkeit der Intervallregel (12), (12′) geben die bekannten Abstandsverhältnisse der Triplett-p-Terme 1 : 2. Besonders reichhaltige Beispiele gibt das Spektrum des Chroms auf Grund der Arbeit von Frl. GIESELER (loc. cit.). Wir stellen deren Bezeichnungen zunächst mit den oben (Tab. 7.1) vorgeschlagenen zusammen:

n^5_{12}	P_2
$n^5_{21}\ n^5_{22}\ n^5_{23}$	$n\mathrm{d}_1^{\mathrm{II}}\ n\mathrm{d}_2^{\mathrm{II}}\ n\mathrm{d}_3^{\mathrm{II}}$ (und s)
$n^5_{30}\ n^5_{31}\ n^5_{32}\ n^5_{33}\ n^5_{34}$	$n\mathrm{p}_0\ n\mathrm{p}_1\ n\mathrm{p}_2\ n\mathrm{p}_3\ n\mathrm{p}_4$ (und p′ p″ p‴)
$n^5_{41}\ n^5_{42}\ n^5_{43}\ n^5_{44}\ n^5_{45}$	$n\mathrm{d}_1^{\mathrm{I}}\ n\mathrm{d}_2^{\mathrm{I}}\ n\mathrm{d}_3^{\mathrm{I}}\ n\mathrm{d}_4^{\mathrm{I}}\ n\mathrm{d}_5^{\mathrm{I}}$

Für die Intervalle gelten bei diesem Quintettsystem folgende empirischen Proportionen (Tab. 7.4):

Tab. 7.4. Intervalle im Bogenspektrum des Cr

$(n^5_{21} - n^5_{22}) : (n^5_{22} - n^5_{23})$	=	163,7 : 240,1	=	2,0 : 3,0
,, ,,	=	52,5 : 60,5	=	2,6 : 3,0
,, ,,	=	61,2 : 72,5	=	2,5 : 3,0
,, ,,	=	5,68 : 8,41	=	2,0 : 3,0
$(n^5_{30} - n^5_{31}) : \ldots : (n^5_{33} - n^5_{34})$	=	60,0 : 116,9 : 167,7 : 212,4	=	1,1 : 2,2 : 3,0 : 4,0
,, ,,	=	85,5 : 118,2 : 129,6 : 144,5	=	?
,, ,,	=	64,5 : 119,9 : 167,2 : 207,0	=	1,2 : 2,3 : 3,2 : 4,0
,, ,,	=	74,5 : 145,9 : 209,5 : 260,0	=	1,1 : 2,2 : 3,2 : 4,0
$(n^5_{41} - n^5_{42}) : \ldots : (n^5_{44} - n^5_{45})$	=	71,5 : 106,6 : 140,9 : 173,7	=	2,0 : 3,1 : 4,0 : 5,0
,, ,,	=	63,3 : 114,2 : 138,5 : 168,7	=	1,9 : 3,4 : 4,1 : 5,0

Die entsprechenden ungeraden Intervallproportionen finden sich beim Bogenspektrum des *Mangans* nach den Messungen von CATALÁN und BACK (loc. cit.); hier treten zum Teil größere Abweichungen von der Intervallregel auf, zum Teil stimmt die als erste Näherung gedachte theoretische Formel (12′) überraschend exakt (vgl. die nachfolgende Untersuchung von E. BACK).

Ein weiteres Beispiel für die Intervallregel geben die Terme des von PASCHEN entdeckten einfach ionisierten Aluminiums [Al(II)]. Dieses zeigt, wie das Bogenspektrum des Mg, ein Triplettermsystem, wobei in den niedrigsten Seriengliedern folgende Intervalle auftreten, welche, wie HEISENBERG (loc. cit.) voraussagte, die Verhältnisse 1 : 2 bzw. 2 : 3 bzw. 3 : 4 haben sollten (Tab. 7.5):

Tab. 7.5. Intervalle im ersten Funkenspektrum des Al

$(3^3_{20} - 3^3_{21}) : (3^3_{21} - 3^3_{22})$	= 61,4 : 125,5	= 0,97 : 2,0	p-Terme
$(4^3_{20} - 4^3_{21}) : (4^3_{21} - 4^3_{22})$	= 14,17 : 29,18	= 0,97 : 2,0	
$(5^3_{20} - 5^3_{21}) : (5^3_{21} - 5^3_{22})$	= 5,70 : 12,86	= 0,89 : 2,0	
$(6^3_{20} - 6^3_{21}) : (6^3_{21} - 6^3_{22})$	= 3,10 : 6,77	= 0,92 : 2,0	
$(3^3_{31} - 3^3_{32}) : (3^3_{32} - 3^3_{33})$	= 0,88 : 1,15	= 2,3 : 3,0	d-Terme
$(4^3_{31} - 4^3_{32}) : (4^3_{32} - 4^3_{33})$	= 0,31 : 0,53	= 1,8 : 3,0	
$(4^3_{42} - 4^3_{43}) : (4^3_{43} - 4^3_{44})$	= 2,09 : 2,83	= 2,9 : 4,0	f-Terme
$(5^3_{42} - 5^3_{43}) : (5^3_{43} - 5^3_{44})$	= 5,32 : 6,97	= 3,0 : 4,0	
$(6^3_{42} - 6^3_{43}) : (6^3_{43} - 6^3_{44})$	= 17,63 : 22,82	= 3,1 : 4,0	
$(7^3_{42} - 7^3_{43}) : (7^3_{43} - 7^3_{44})$	= 25,07 : 33,03	= 3,0 : 4,0	
$(8^3_{42} - 8^3_{43}) : (8^3_{43} - 8^3_{44})$	= 7,08 : 10,75	= 2,6 : 4,0	
$(9^3_{42} - 9^3_{43}) : (9^3_{43} - 9^3_{44})$	= 2,42 : 3,28	= 2,9 : 4,0	
$(10^3_{42} - 10^3_{43}) : (10^3_{43} - 10^3_{44})$	= 1,09 : 1,33	= 3,3 : 4,0	
$(11^3_{42} - 11^3_{43}) : (11^3_{43} - 11^3_{44})$	= 0,39 : 0,66	= 3,0 : 4,0	
$(12^3_{42} - 12^3_{43}) : (12^3_{43} - 12^3_{44})$	= 0,33 : 0,53	= 2,5 : 4,0	

Tab. 7.6. Sauerstoffgruppen

O(I) Quintetterme

	$(p_1s)\ 3^5_{12} - 3^5_{23}$		$(p_2s)\ 3^5_{12} - 3^5_{22}$		$(p_3s)\ 3^5_{12} - 3^5_{21}$
λ_L ...	7771,978		7774,197		7775,416
ν ...	12863,20	*3,68*	12859,52	*2,0*	12857,52

Tab. 7.6 (*Fortsetzung*)

	(p_1s) $3^5_{12} - 4^5_{23}$		(p_2s) $3^5_{12} - 4^5_{22}$		(p_3s) $3^5_{12} - 4^5_{21}$
λ_L …	3947,294		3947,478		3947,582
ν …	25326,65	*1,18*	25325,47	*0,67*	25324,80
	$\frac{(0)\ (1)\ (2)\ 3\ 4\ 5\ 6\ 7}{3}$		$\frac{(1)\ 5\ 6}{3}$ unscharf		$\frac{(0)\ (1)\ 3\ 4\ 5}{2}$
O (II) Quartetterme					
	(p_3s) $3^4_{21} - 4^4_{12}$		(p_2s) $3^4_{22} - 4^4_{12}$		(p_1s) $3^4_{23} - 4^4_{12}$
λ_L …	3712,81		3727,33		3749,52
ν …	26926,16	*104,93*	26821,23	*158,69*	26662,54
	$\frac{(1)\ 5\ 7}{3}$		π 3,704 · 10^{-5} unscharf σ 17,45 · 10^{-5} nicht gelöst		$\frac{(1)\ (3)\ 5\ 7\ 9\ 11}{5}$

Mit gütiger Erlaubnis von Herrn Paschen teilen wir ferner die Wellenlängen λ_L, Wellenzahlen ν, Intervalle $\Delta\nu$ und Zeeman-Typen einiger Triplettlinien mit, welche Herr Paschen im Bogenspektrum [O (I)] und Funkenspektrum [O (II)] des Sauerstoffs gefunden hat und die nach Ausweis ihrer magnetischen Termzerlegungen als Teile des Quintett- bzw. Quartettsystems zu gelten haben. Die Termintervalle sind folgende (Tab. 7.7):

Tab. 7.7. Intervalle im Spektrum des O

$$\text{O (I)} \cdots \left\{ \begin{array}{l} (3^5_{21} - 3^5_{22}) : (3^5_{22} - 3^5_{23}) = 2{,}0\ \ : \ \ 3{,}68 = 1{,}6 : 3{,}0 \\ (4^5_{21} - 4^5_{22}) : (4^5_{22} - 4^5_{23}) = 0{,}67 : 1{,}18 = 1{,}7 : 3{,}0 \end{array} \right\} \text{ statt } 2:3$$

$$\text{O (II)} \cdots \{ (3^4_{21} - 3^4_{22}) : (3^4_{22} - 3^4_{23}) = 104{,}93 : 158{,}69 = 3{,}3 : 5{,}0 \} \text{ statt } 3:5$$

geben also ein Beispiel für stärkere Abweichungen von der Intervallregel. Noch stärkere Abweichungen zeigen die Terme des Berylliums (vgl. Back, loc. cit.). Auf die charakteristischen Abweichungen von der idealen Intervallregel hoffen wir demnächst zurückzukommen.

Die obigen Gesetzmäßigkeiten wurden zum Teil aus den Ergebnissen von H. Gieseler abstrahiert, besonders aber aus denen von E. Back (vgl. dessen nachfolgend mitgeteilte magnetische Untersuchung des Manganspektrums). Inzwischen hat Frl. Gieseler im Chrom neben den Quintettermen auch Septetterme analysiert,

2. *Modellmäßige Betrachtungen*

Das *magnetische Moment* eines umlaufenden Elektrons und das resultierende magnetische Moment eines Elektronensystems hängt eng mit dem zugehörigen *mechanischen Drehimpulsmoment* zusammen. Daher hat man aus der modellmäßigen Deutung der Gesetzmäßigkeiten des Zeeman-Effekts einerseits Aufschluß über Anzahl, Größe und Richtung der Drehimpulsvektoren der Elektronen zu suchen, welche sich zum resultierenden Drehimpulsvektor des Atoms zusammensetzen, andererseits Aufschluß über die funktionelle Beziehung zwischen mechanischem und magnetischem Moment der Elektronen. Wir bemerken im voraus, daß wir diesem Ziel, trotz der großen Einfachheit und formalen Symmetrie der im I. Teil (Tab. 7.3) behandelten Gesetzmäßigkeiten, nur in sehr unvollkommener Weise näher kommen und eher zu einer Aufzeigung der prinzipiellen Schwierigkeiten als zu ihrer Lösung gelangen.

4. Wir bilden zunächst die Vorstellung, die Zahlen R, K und J der Tabelle 7.3 seien die in Quanteneinheiten gemessenen mechanischen Drehimpulsmomente des Systems der *Rumpfelektronen* (R), des Leuchtelektrons (K) und der *Resultante* dieser beiden Impulsvektoren (J), vgl. Abb. 7.1. Wir wollen aber zur Vorsicht, besonders im

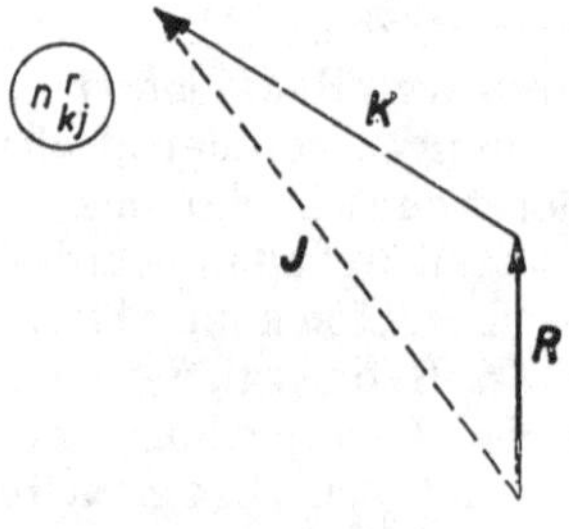

Abb. 7.1

Hinblick auf die dabei auftretenden halben Quantenzahlen, die betreffenden Impulsmomente nur als „scheinbare“ Drehimpulsmomente bezeichnen, von denen die wirklichen mechanischen Momente vielleicht abweichen. Auf Grund der Vorstellung von Abb. 7.1 wird zunächst die *Struktur* der Multipletts verständlich: Die Resultante J von R und K kann nur zwischen $|R+K|$ und $|R-K|$ liegen. Eigentlich erwartet man nun als Resultanten von R und K quantentheoretisch die Werte

$$|R+K|,\ |R+K|-1,\ |R+K|-2,\ \ldots, |R-K|+1,\ R-K. \tag{13}$$

An ihrer Stelle treten empirisch nach Tab. 7.3 die Zahlen

$$J = |R+K| - \frac{1}{2},\ |R+K| - \frac{3}{2}, \ldots, |R-K| + \frac{3}{2},\ |R-K| + \frac{1}{2} \tag{14}$$

auf, also die *arithmetischen Mittelwerte* aus den eigentlich zu erwartenden Resultanten (13). [In (14) steht ein Glied weniger als in (13).] Die Auffassung der Abbildung 7.1 spezialisieren wir für die besonderen Zahlen R, K, J der Tabelle 7.3 und gelangen so zu den Abbildungen 7.2, welche somit als Sonderfälle der in der eingangs zitierten Arbeit des Verfassers gezeichneten Figuren auftreten.[1]) R ist in Abb. 7.2 als senkrechte stark ausgezogene Linie gezeichnet, K als geneigte Linie, J punktiert. Die Terme je eines Multipletts [R und K konstant, J die Werte (14) durchlaufend] sind zu je einer Figur zusammengefaßt. Am Ende der Resultante J ist die spektroskopische Termbezeichnung n_{kj}^r (vgl. Tab. 7.1 und 7.2) angeschrieben. Dieses Bild führt gleichzeitig auch zur *Intervallregel*, die

[1]) Zu den ähnlich aussehenden Figuren von SOMMERFELD, loc. cit., vgl. Fußnote 4, S. 238.

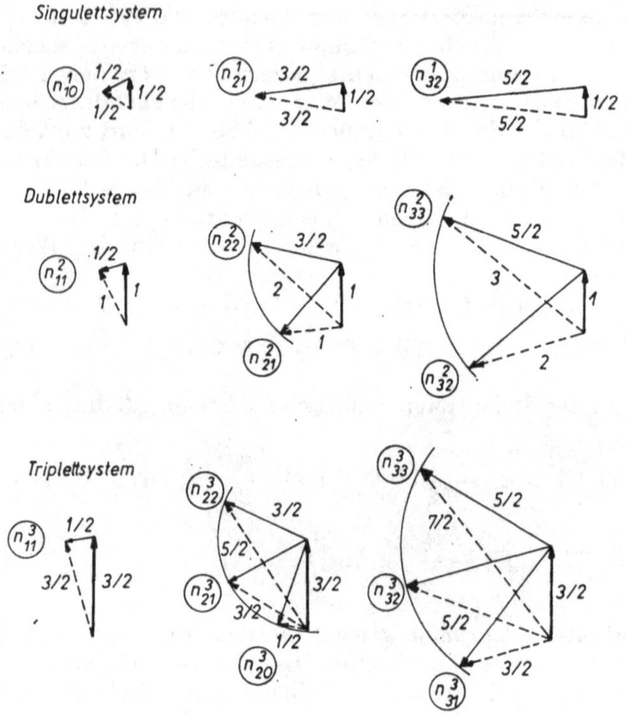

Abb. 7.2

wir im I. Teil in der Form (12)

$$\Delta\nu = n^r_{kj} - n^r_{kj'} \quad \text{proportional} \quad \frac{1}{2}\,(J^2 - J'^2)$$

dargestellt hatten. Es ist nämlich in erster Näherung die Energie des Rumpfes R im Feld des Leuchtelektrons K proportional dem Kosinus des Winkels (R, K), wobei im Dreieck R, K, J

$$\cos(RK) = \frac{J^2 - R^2 - K^2}{2RK}, \quad \cos(RJ) = \frac{J^2 + R^2 - K^2}{2RJ} \tag{14'}$$

ist. Daher wird das Schwingungszahlenintervall $\Delta\nu = n^{\tau}_{kj} - n^{\tau}_{kj'}$ zweier Terme eines Multipletts (R und K konstant, J variabel)

$$\Delta\nu \text{ proportional } \cos(RK) - \cos(RK)' = \frac{1}{2RK}(J^2 - J'^2), \tag{15}$$

wie es die Intervallregel (12) verlangt.

Bei der Einstellung der Resultante J in einem äußeren Magnetfeld $\boldsymbol{H}$ erwartet man als äquatoriale Impulskomponenten $m = J\cos(\boldsymbol{J}, \boldsymbol{H})$ die Quantenzahlen

$$J, J-1, J-2, \ldots, -(J-2), -(J-1), -J. \tag{16}$$

Statt dessen treten nach Ausweis der empirischen Termzerlegung (9) die äquatorialen Quantenzahlen

$$m = J - \frac{1}{2}, \; J - \frac{3}{2}, \ldots, -\left(J - \frac{3}{2}\right), \; -\left(J - \frac{1}{2}\right) \tag{17}$$

auf, d. h. die *arithmetischen Mittelwerte* aus den eigentlich zu erwartenden Zahlen (16). [In (17) steht ein Glied weniger als in (16).]

Eine Schwierigkeit entspringt aus dem empirischen *Zusatz* (7) zur Auswahlregel für J in der Form: $J = 1/2 \rightarrow J' = 1/2$ ist verboten, an Stelle des erwarteten Zusatzverbotes $0 \rightarrow 0$. Würde man aus diesem Grunde aber etwa $J - 1/2$ als Resultante ansehen, so würden weder die Struktur noch die Intervallproportionen der Multipletts erklärbar sein. Letzterem Einwand entgeht man, wenn man statt J die Größen

$$\tilde{J} = \sqrt{J^2 - \frac{1}{4}} = \sqrt{\left(J + \frac{1}{2}\right)\left(J - \frac{1}{2}\right)} \tag{18}$$

als Resultanten von R und K anspricht, das sind also die *geometrischen* Mitten zwischen den eigentlich zu erwartenden Resultanten (13). In dem aus R, K und $\tilde{J}$ gebildeten Dreieck wird dann statt (14′)

$$\cos(RK) = \frac{\tilde{J}^2 - R^2 - K^2}{2RK}, \quad \cos(R\tilde{J}) = \frac{\tilde{J}^2 + R^2 - K^2}{2\tilde{J}R}, \tag{18'}$$

also die Termdifferenz

$$\Delta\nu = n^r_{kj} - n^r_{kj'} \quad \text{proportional} \quad \cos(\widetilde{RK}) - \cos(\widetilde{RK})'$$
$$= \frac{1}{2RK}(\tilde{J}^2 - \tilde{J}'^2), \tag{19}$$

wobei wegen (18) $\tilde{J}^2 - \tilde{J}'^2 = J^2 - J'^2$ ist, so daß (19) ebenso wie (15) die empirische *Intervallregel* erklärt. Der empirische *Zusatz* zur Auswahlregel schreibt sich jetzt in der zu erwartenden Form:

$$\tilde{J} = 0 \to \tilde{J}' = 0 \text{ ist verboten,} \tag{20}$$

und die *empirische g-Formel* (8) erhält die Gestalt

$$g = 1 + \frac{1}{2}\frac{\tilde{J}^2 + R^2 - K^2}{\tilde{J}^2}, \tag{21}$$

welche durch (18′) in die einfache Form

$$g = \frac{\tilde{J} + R\cos(R\tilde{J})}{\tilde{J}} \tag{21'}$$

übergeht, von der offenbar die Deutung des anomalen Atommagnetismus eine besonders einfache Beleuchtung erfährt. Trotz der formalen Vereinfachung, die zur Darstellung der empirischen Tatsachen durch Einführung von $\tilde{J}$ als Resultante der „scheinbaren" Impulse R und K erreicht wird, erheben sich aber gegen diese Vorstellung Bedenken wegen der Irrationalität der Größen $\tilde{J}$ im Quantenmaß. Trotzdem glauben wir die vorigen Überegungen mitteilen zu sollen, weil in ihnen, besonders in der Formulierung (21′) für g, ein deutlicher Fingerzeig für die endgültige Lösung des Problems der anomalen ZEEMAN-Aufspaltung zu liegen scheint.

5. Es möge jetzt eine Ableitung der g-Formel (21), (21′) eingeschaltet werden auf Grund der Hypothese von HEISENBERG, es existiere außer dem Leuchtelektron K und dem Rumpf R noch ein zweiter Rumpf vom Impuls R'. Dieser soll die Eigenschaft haben, im Widerspruch zur Kreiselkinematik (nicht im Widerspruch zum Energie- und Impulssatz[1])) seine Drehachse stets in die Richtung der auf ihn wirkenden Kraftresultante einzustellen. Bei fehlendem bzw. sehr schwachem äußerem Feld $\boldsymbol{H}$ wird sich R' dann parallel bzw. fast parallel zum Rumpfvektor R stellen (vgl. Abb. 7.3). Bei anwachsendem äußerem

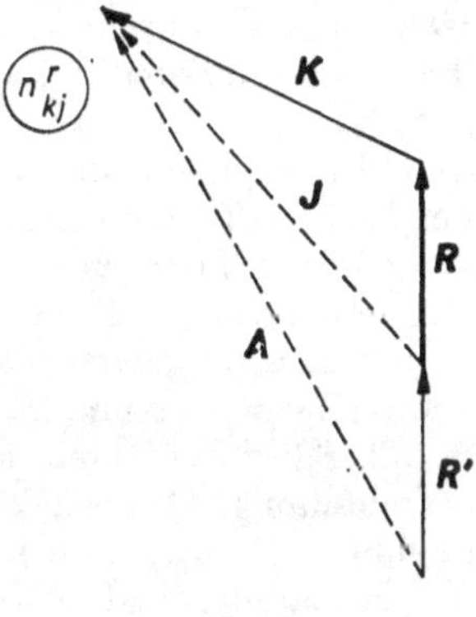

Abb. 7.3

Feld wird R' allmählich in die Richtung $\boldsymbol{H}$ hineingedreht und gibt so Anlaß zum PASCHEN-BACK-Effekt. Den zugehörigen magnetischen Aufspaltungsfaktor g bei schwachem äußerem Feld ($R \parallel R'$) berechnet HEISENBERG auf folgende Weise: Als invariable Atomachse tritt die

[1]) LANDÉ, A.: Theorie der anomalen ZEEMAN- und magnetomechanischen Effekte. Z. Phys. 11 (1922) 353.

Resultante A von R' und J (J = Resultante von K und R) auf, und es ergibt sich dann (Abb. 7.3)

$$g = \frac{J\cos(JA) + R'\cos(R'A)}{J\cos(JA)}.$$

Bei richtiger Verwendung von Heisenbergs Grundannahme, daß auf R' kein resultierendes Drehmoment wirke, kann aber nicht A, sondern nur J als invariable Atomachse auftreten, wodurch dann die Formel

$$g = \frac{J\cos(JJ) + R'\cos(R'J)}{J\cos(JJ)} = \frac{J + R'\cos(R'J)}{J}$$

resultiert, welche mit der empirischen Formel (21′) dann übereinstimmt, wenn man $\tilde{J}$ statt J als Resultante von R und K einführt und außerdem $R = R'$ annimmt.

Dieses Ergebnis spricht aber *gegen* Heisenbergs Grundvorstellungen. Denn indem hier der Rumpfimpuls R stets gleich dem Impuls R' sein soll, muß gleichzeitig mit R' auch R bei den verschiedenen Multiplettsystemen verschiedene Werte annehmen; z. B. müßte bei den von Back (loc. cit.) gefundenen Quartett-, Sextett- und Oktettermen des Mn-Bogenspektrums R gleichzeitig mit R' die Werte 4/2, 6/2, 8/2 durchlaufen, eine äußerst unwahrscheinliche Vorstellung. Entscheidend *gegen* die Existenz eines besonderen Rumpfimpulses R' ist überdies, daß die aus der Kernladungszahl bekannte Zahl der Elektronen im Atom oder Ion gerade von den in K und R inbegriffenen Elektronen erschöpft ist, wie man aus dem Auftreten spezieller Multiplettsysteme bei speziellen Atomen oder Ionen erkennt (vgl. S. 243), so daß *keine weiteren Rumpfelektronen R' zulässig sind* und Heisenbergs Theorie bereits in ihren Grundgedanken nicht aufrechterhalten werden kann, trotz ihrer schönen Erfolge bei der Erklärung des Paschen-Back-Effekts der Dubletterme.

6. Es handelt sich also nunmehr darum, die Multiplettstruktur, die Anomalität ihrer ZEEMAN-Effekte und deren Normalisierung im PASCHEN-BACK-Effekt zu verstehen *ohne* Hilfe eines zweiten Rumpfes R' allein aus dem Zusammenwirken der („scheinbaren") Impulse K und R. Einen Fingerzeig für die dabei mitspielenden Vorgänge liefert die Betrachtung der Figuren 7.2 vom Standpunkt des sukzessiven Aufbaues der Atome durch Einfangung von Elektronen. Nach diesen Figuren soll nämlich entsprechend Tab. 7.3 der Grundterm des Dublettermsystems die Resultante $J = 1$ haben, zustande kommend durch geneigte Stellung der Impulsvektoren $R = 1$ und $K = 1/2$ gegeneinander.

Wird jetzt zur Bildung der Tripletterme ein weiteres Elektron eingefangen, so erwartet man für den Rumpf der Tripletterme denselben Impuls $R = 1$, der beim Grundterm des Dublettsystems als Resultante $J = 1$ auftrat. Statt dessen kommt beim Triplettsystem $R = 3/2$ zum Vorschein, als seien die im Dublettgrundterm gegeneinander *geneigten* Impulse 1 und 1/2 jetzt, unter dem Einfluß des Triplettleuchtelektrons, *gleichgerichtet* worden. (Entsprechendes gilt beim Übergang vom Grundterm eines beliebigen Multiplettsystems durch Einfangung eines weiteren Elektrons zum nächsthöheren Multiplettsystem.) Wir möchten in diesem *Gleichrichten* der inneren Impulsvektoren im Felde eines hinzutretenden äußeren Elektrons einen *atomaren* PASCHEN-BACK-Effekt erblicken. — Es erhebt sich nun die Frage, warum dieser atomare PASCHEN-BACK-Effekt in den *schwächsten* Feldern bereits *total* erreicht zu sein scheint, indem bei beliebig großem K des in der Einfangung begriffenen Außenelektrons das innere System bereits mit den Impulszahlen R der Tabelle 7.3 erscheint, während man statt dessen zwischen $R - 1/2$ und R liegende Werte erwartet (im obigen Beispiel einen zwischen 3/2 und 1 liegenden Impuls des Rumpfes im Triplettermzustande). Wir vermuten, daß in der Tat der Rumpf, entgegen den Figuren 7.2, nicht den (scheinbaren) Impuls R besitzt, sondern Werte, die zwischen $R - 1/2$ und R liegen, und zwar um so näher an $R - 1/2$, je größer K ist, und um so näher an R, je kleiner K ist. Als Folge aus dieser Modifikation des Impulsvektorgerüstes würden die oben theoretisch abgeleiteten Intervallproportionen (12) unverändert im Einklang mit den empirischen bleiben, und die *Struktur* der Multipletts würde insofern dem Verständnis näher gebracht, als man bei großem K für die Resultante J nicht die in (13) angeschriebenen Werte, sondern wirklich die empirischen Werte (14) erwartet, indem bei großem K jetzt die Resultante zwischen $K + (R - 1/2)$, und $K - (R - 1/2)$ liegen sollte; bei fortschreitender Bindung (abnehmendes K) muß dann J quantentheoretisch ganzzahlig kleinere Werte annehmen, während gleichzeitig der Impuls des Rumpfes sich zunehmend der Grenze R nähert, so daß auch für alle kleineren K dann die empirische Strukturregel (14) zu erwarten wäre.

Bis jetzt haben wir zur Vorsicht R, K, J stets als „scheinbare" Impulse bezeichnet in dem Sinne, daß diese Impulsvektoren (bzw. $\tilde{J}$ statt J und $R - 1/2$ bis R statt R) für die geometrische Zusammensetzung des Impulsgerüstes und die Festlegung der invariablen Atomachse maßgebend sind, dabei aber vielleicht trotzdem *nicht* die Größe (wohl die Richtung) der wirklichen mechanischen Impulse angeben. Zu letzterer Vermutung führt vor allem die quantentheoretisch unzulässige Halbzahligkeit von R, K, J. Wir bemerkten nun bereits bei der Besprechung von Heisenbergs Theorie (s. oben Abschnitt 5), daß bei konsequenter Durchführung seiner Grundgedanken die Richtung der invariablen Atomachse keineswegs in Richtung der Resultante von R, K, R', sondern in Richtung der Resultante von R und K zeigen muß. Es ist daher angebracht, zu überlegen, auf welche Weise, auch ohne Benutzung eines Rumpfimpulses R', wirkliche mechanische Impulse $\boldsymbol{r}$ und $\boldsymbol{k}$ nur mit den scheinbaren Impulswerten R und K sich an der vektoriellen Zusammensetzung der invariablen Atomachsenrichtung beteiligen können. Wir machen dazu die Annahme, die auf den mechanischen Impuls $\boldsymbol{r}$ bzw. $\boldsymbol{k}$ ausgeübten Drehmomente $\boldsymbol{D}_r$ bzw. $\boldsymbol{D}_k$ führten zu Präzessionen dieser Impulsachsen, welche nicht durch die *normalen* Präzessionsfrequenzen

$$o_r = \frac{\boldsymbol{D}_r}{r \sin(\boldsymbol{r}, \boldsymbol{j})} \text{ bzw. } o_k = \frac{\boldsymbol{D}_k}{k \sin(\boldsymbol{k}, \boldsymbol{j})} \tag{22}$$

($\boldsymbol{j}$ = invariable Achsenrichtung) bestimmt sind, sondern überlagert sind von einer energie- und impulslosen Zusatzpräzession Δo und Zusatzrotation $\Delta \omega$, im Widerspruch zur Kinematik, nicht im Widerspruch zum Energie- und Impulssatz,[1]) so daß die resultierenden Präzessionsfrequenzen werden

$$(o + \Delta o)_r = \frac{|\boldsymbol{D}_r| g_r}{r \sin(\boldsymbol{r}, \boldsymbol{j})} \text{ bzw. } (o + \Delta o)_k = \frac{|\boldsymbol{D}_k| g_k}{k \sin(\boldsymbol{k}, \boldsymbol{j})} \tag{23}$$

unter Einführung gewisser für $\boldsymbol{r}$ und $\boldsymbol{k}$ charakteristischer Faktoren g_r und $g_k \neq 1$. Stammt das auf $\boldsymbol{r}$ und $\boldsymbol{k}$ wirkende Drehmoment von wechselseitigen Kräften zwischen ihnen, also $\boldsymbol{D}_r = \boldsymbol{D}_k$, so bestimmt sich die invariable Achsenrichtung $\boldsymbol{j}$, um welche die Präzession $(o + \Delta o)_r = (o + \Delta o)_k$ stattfindet, nach (23) aus der Gleichung

$$\frac{g_r}{r \sin(\boldsymbol{r}, \boldsymbol{j})} = \frac{g_k}{k \sin(\boldsymbol{k}, \boldsymbol{j})},$$

welche aussagt: *Die Richtung der invariablen Achse wird nicht durch vektorielle Zusammensetzung der mechanischen Impulse* $\boldsymbol{r}$ *und* $\boldsymbol{k}$ *gefunden, sondern durch Zusammensetzung der „scheinbaren" Impulse*

$$\boldsymbol{R} = \frac{\boldsymbol{r}}{g_r} \text{ und } \boldsymbol{K} = \frac{\boldsymbol{k}}{g_k}. \tag{24}$$

[1]) LANDÉ, A.: Z. Phys. 11 (1922) 353.

Nennt man $\boldsymbol{J} \| \boldsymbol{j}$ deren Resultante, also $J = \sqrt{K^2 + R^2 + 2RK\cos(\boldsymbol{R}, \boldsymbol{K})}$, so wird

$$\mathrm{d}J = \frac{RK}{J}\,\mathrm{d}(\cos \boldsymbol{R}, \boldsymbol{K}) = R\,\frac{\sin(\boldsymbol{R}, \boldsymbol{J})}{\sin(\boldsymbol{R}, \boldsymbol{K})}\,\mathrm{d}(\cos \boldsymbol{R}, \boldsymbol{K})$$

$$= H_i r_m \mathrm{d}(\cos \boldsymbol{R}\boldsymbol{K}) : \frac{H_i r_m \sin(\boldsymbol{R}, \boldsymbol{K})}{R \sin(\boldsymbol{R}, \boldsymbol{J})} = \frac{\mathrm{d}E}{(o + \Delta o)}, \tag{25}$$

falls dabei

$$E = H_i r_m \cos(\boldsymbol{R}, \boldsymbol{K}) \text{ und } \boldsymbol{D} = \boldsymbol{H}_i r_m \sin(\boldsymbol{R}, \boldsymbol{K}) \tag{26}$$

die magnetische Energie und das Drehmoment auf $\boldsymbol{r}$ im Felde $\boldsymbol{H}_i$ von $\boldsymbol{k}$ angibt und $\boldsymbol{r}_m$ das magnetische Moment des Impulses $\boldsymbol{r}$ bedeutet. Da r_m in Gl. (26) herausfällt, *ist über die Größe dieses magnetischen Momentes $\boldsymbol{r}_m$ im Verhältnis zum mechanischen Impulsmoment nichts vorausgesetzt und nichts zu folgern.* Integration von (25) gibt

$$\int \mathrm{d}J = \int \frac{\mathrm{d}E}{(o + \Delta o)},$$

d. h., es ist nach BOHRS Quantelungsprinzip die Resultante $\boldsymbol{J}$ der „scheinbaren" Impulse $\boldsymbol{R}$ und $\boldsymbol{K}$ zu quanteln, J darf demnach nur in ganzen Quantenschritten zunehmen (wie es in den Figuren 7.2 gemäß Tab. 7.3 geschieht).

Eine geordnete und widerspruchslose Erklärung der im I. Teil gefundenen Gesetzmäßigkeiten ist in diesem II. Teil nicht erreicht worden; immerhin glaubten wir diese Betrachtungen nicht zurückhalten zu sollen, weil sie wohl besonders deutlich zeigen, an welchen Punkten neue Wege zur befriedigenden Lösung der Schwierigkeiten in der Theorie des ZEEMAN-Effekts beschritten werden müssen.

Herrn Kollegen BACK möchte ich für die liebenswürdige Überlassung seiner experimentellen Ergebnisse und seine wertvolle Beratung bei der Sicherstellung obiger Gesetzmäßigkeiten auch an dieser Stelle vielmals danken.

Anmerkungen

[a] Die von LANDÉ verwendeten Quantenzahlen haben folgende Bedeutung:

n Hauptquantenzahl,

k azimutale Quantenzahl, nach der heutigen Bezeichnung $k = l + 1$ (bzw. $= L + 1$, wenn mehr als ein Elektron einen Beitrag liefern),

j innere Quantenzahl, im wesentlichen gleich der heute ebenfalls mit j (bzw. J, wenn mehr als ein Elektron einen Beitrag liefern) bezeichneten Gesamtdrehimpulsquantenzahl; nach der heutigen Bezeichnung ist j bei LANDÉ gleich J für Terme ungerader Multiplizität und gleich $J + 1/2$ für Terme gerader Multiplizität,

r Multiplizität des Terms, $r = 2S + 1$, wobei S die Spindrehimpulsquantenzahl des Terms bedeutet.

Zur Erklärung des anomalen ZEEMAN-Effekts führt LANDÉ noch drei weitere Zahlen K, J, R ein. Nach der Definition von LANDÉ ist mit der heutigen Bezeichnung

$K = k - 1/2 = l + 1/2$ (oder $= L + 1/2$),
$J = j$ (LANDÉ) $= J$ (heute) $+ 1/2$ für gerade Multipletts,
$J = j$ (LANDÉ) $+ 1/2 = J$ (heute) $+ 1/2$ für ungerade Multipletts,
$R = (1/2)\, r = S + 1/2$.

[b] Die RUNGEsche Regel besagt, daß man die Verschiebungen der ZEEMAN-Komponenten jeder Linie in der Form

$$\Delta \tilde{\nu} = \frac{q}{r} \Delta \tilde{\nu}_{\text{normal}}$$

schreiben kann, wobei $\Delta \tilde{\nu}_{\text{normal}}$ die „normale" Verschiebung, q eine ganze Zahl (positiv oder negativ) zur Kennzeichnung der Komponente und r (der RUNGEsche Nenner) eine für die Linie charakteristische positive ganze Zahl bedeuten. Die Werte, die die RUNGEschen Nenner annehmen, können in der von LANDÉ angegebenen Form ausgedrückt werden; als sie entdeckt wurden, fand man für diese Beziehungen keine theoretische Erklärung, und SOMMERFELD nannte sie in seiner Arbeit in den „Naturwissenschaften" im Januar 1920 ein „Zahlenmysterium".

8. Neue Gesetzmäßigkeiten in den Erdalkalispektren*)[a]

von

H. N. Russell und F. A. Saunders

3. Eigenschaften der neuen Terme [b]

Aus den Daten über die neuen Terme[1]) kann man folgendes ersehen:

1. Sie sind in ihrer Bedeutung den üblichen bekannten Termen vergleichbar. Vergleichen wir sie mit den in den Tabellen von King[2]) verzeichneten, im Bogenspektrum und im Vakuumofenspektrum beobachteten Linien und lassen solche Linien außer acht, von denen bekannt ist, daß sie zu Funkenspektren gehören, so lassen sich 81 von den Ca-Linien durch die bekannten Terme erklären, 39 durch die neuen, und eine bleibt unklassifiziert. Die entsprechenden Zahlen für Strontium sind 72, 40 und 1, für Barium 85, 66 und 71. Beschränken wir uns auf die stärkeren Linien (Intensität nicht geringer als 30 bei Ca und Sr bzw. 50 bei Ba), so lassen sich den bekannten früheren Termen 21, 14 bzw. 22 Linien der drei Elemente zuordnen, den neuen Termen 19, 20 bzw. 21, und keine einzige Linie bleibt unklassifiziert. Die neuen Terme erklären also mehr stärkere Linien als die bisherigen und etwa halb so viele der schwächeren Linien.

In den Spektren anderer Elemente treten schiefsymmetrische Multipletts (ähnlich den pp'- und dd'-Gruppen und unter Einbeziehung „anomaler" Terme) bei Be, Mg, Al^+, Sc, Si, Ge, Ti, V, Cr, Mn, Fe, Mo (und in vermutlich vielen anderen noch nicht untersuchten Fällen) auf; und fast in jedem Fall enthalten einige von ihnen sehr starke Linien. Es liegt deshalb auf der Hand,

*) Astrophys. J. 61 (1925) 38, Abschnitt 3 und Auszug von Abschnitt 4.

[1]) Diese Daten findet man in Tab. 8.1 (*Anm. des Herausgebers*).

[2]) Astrophys. J. 48 (1918) 13; 51 (1921) 179.

Tab. 8.1. Neue Terme

	Ca		Sr		Ba	
1S	49304,8		45925,6		42029,4	
1s	17765,1		16886,8		15689,3	
1P	25652,4		24227,1		23969,2	
$1p_1$	33988,7	105,9	31026,8	394,3	28514,8	878,0
$1p_2$	34094,6	52,3	31421,1	186,9	29392,8	370,5
$1p_3$	34146,9		31608,0		29763,3	
1D	27455,3		25775,5		30634,1	
$1d_1$	28933,5	21,7	27606,0	100,5	32433,0	381,1
$1d_2$	28955,2	13,6	27706,6	59,4	32814,1	185,5
$1d_3$	28968,3		27766,6		32995,6	
3F	6961,3		6387,0		6136,7	
$3f_1$	}		7170,2	2,7	7398,6	14,2
$3f_2$	} 7133,9		7172,9	1,7	7412,8	14,0
$3f_3$	}		7174,6		7426,8	
$1p_1'$	10753,0	86,8	10250,7	274,8	18110,5	438,8
$1p_2'$	10839,8	47,2	10525,5	206,3	18549,3	271,0
$1p_3'$	10887,1		10731,8		18820,3	
$2p_1'$	741,1	26,0	1195,9	133,6	6412,8	793,1
$2p_2'$	767,1	13,5	1329,6	70,2	7205,9	329,7
$2p_3'$	780,6		1399,8		7535,6	
$3p_1'$	−4999,8	16,2	–		–	
$3p_2'$	−4983,6	6,1	–		–	
$3p_3'$	−4977,5					
$4p_1'$	−8333,6	20,5	–		–	
$4p_2'$	−8313,1	6,7	–		–	
$4p_3'$	−8306,4					
$5p_1'$	−10086,0	23,0	–		–	
$5p_2'$	−10063,0					
$1p_1''$	9964,3	4,8	8588,5	33,7	16073,1	252,4
$1p_2''$	9969,1	1,9	8622,2	10,8	16325,5	62,0
$1p_3''$	9971,0		8633,0		16387,5	
$1d_1'$	11045,3	40,0	9365,9	177,5	17049,8	448,3
$1d_2'$	11085,3	26,7	9543,4	117,8	17498,1	339,5
$1d_3'$	11112,0		9661,2		17837,6	
$2d_1'$	−2462,2	32,4	–		–	
$2d_2'$	−2429,8	23,3	–		–	
$2d_3'$	−2406,5					

Tab. 8.1. (*Fortsetzung*)

	Ca		Sr		Ba	
$1f_1''$	13407,6	78,3	12006,0	329,7	18372,6	809,5
$1f_1''$	13485,9	88,0	12335,7	322,8	19082,1	882,6
$1f_3''$	13573,9	104,8	12658,5	560,4	19964,8	1009,6
x	13469,1		12098,1		18955,2	
$2f_1''$	–		–3729,4	107,3	4558,6	188,9
$2f_2''$	–		–3621,6	148,3	4747,5	218,8
$2f_3''$	–		–3473,3		4966,3	
d_1''	–		–		5400,4	428,6
d_2''	–		–		5829,0	266,5
d_3''	–		–		6095,5	
X	8584,9		8964,6		9929,0	
Z	8614,2		8765,2		–	
Y	8767,0		9836,1		15213,4	
W	17973,8		7917,2		18457,5	
q_1	–2065,8		–		6685,1	
q_2	–2266,9		–		7240,2	
q_3	–7164,2		–		7198,2	
q_4	–7254,1		–		18032,0	
q_5	15818,3		–		2264,4	
q_6	–6252,8		–		4952,0	
q_7	–3673,6		–		5518,3	
q_8	–2389,0		–		5533,8	
q_9	–		–		5794,3	
q_{10}	–		–		7293,4	
q_{11}	–		–		20124,0	
q_{12}	–		–		–6615,6	

daß diese Terme einen gewissen Standardprozeß repräsentieren, der in zahlreichen (wahrscheinlich den meisten) verschiedenen Atomen mit großer statistischer Häufigkeit abläuft.

2. Sie bestätigen die Anordnung in Serien. Das kommt ganz offensichtlich bei den pp'-Gruppen des Calciums zum Ausdruck. Die Formel von RITZ

$$\nu = 47950 - \frac{R}{[m + 0{,}1798 + 3{,}75 \cdot 10^{-5}(47950 - \nu)]^2}$$

liefert die Wellenzahlen der fünf Linien $1p_1 - mp_1'$ mit Abweichungen zwischen berechnetem und experimentellem Wert von $+1$, 0, -75, $+57$ bzw. -6. Die Intensitäten der Linien nehmen von Gruppe zu Gruppe auf die übliche Weise, wenn auch ziemlich rasch, ab. Die Abstände der Komponenten der p'-Terme werden zunächst kleiner, dann wieder größer; das wird auch bei einigen anderen Serien der Erdalkalimetalle beobachtet und ist gewöhnlich von größeren Abweichungen der Termwerte von irgendeiner der üblichen Formeln begleitet. Die Darstellung der vorliegenden Serien durch die oben angegebene Formel ist deshalb überraschend gut; allerdings dürfte die berechnete Grenze mit einem größeren Fehler behaftet sein, als man aus dieser Übereinstimmung abschätzen kann. Es kann keinen Zweifel geben, daß die beiden pp'-Gruppen von Sr analog denen von Ca sind und den Anfang der Serie bilden; das gleiche gilt wahrscheinlich von Ba. Die beiden dd'-Gruppen von Ca sowie die df''-Gruppen von Ba haben ebenfalls gerade die Form erster Glieder von Serien. Nicht so sicher ist die Relation zwischen den df''-Gruppen des Strontiums.

3. Ihre inneren Quanten- und Kombinationseigenschaften sind auf ungewöhnliche Weise miteinander verknüpft. So kombinieren z. B. die 1d'-Terme, obgleich sie in bezug auf Multiplettstruktur, Linienintensität und Zeeman-Effekt alle Eigenschaften von d-Termen aufweisen, mit normalen Termen vom d-, D- und S-Typ und verhalten sich in dieser Hinsicht wie p-Terme. Ebenso kombinieren die p'-Terme, mit allen inneren Quanteneigenschaften von p-Termen, mit p- und P-, ja sogar (nach einer einzelnen schwachen Linie des Calciums beurteilt) mit f-Termen, so daß man ihnen die Kombinationseigenschaften von d-Termen zuerkennen muß. Andere Kombinationen mit f- und F-Termen, mit denen sich diese Folgerung nachprüfen ließe, liegen im fernen Infrarot.

Andererseits kombinieren die sogenannten p''-Terme mit d-, D-, s- und S-Termen und die d''-Terme mit p- und P-Termen (die Kombinationen mit f-Termen liegen hoffnungslos weit außen), verhalten sich also beide in dieser Hinsicht normal, obwohl sie gewiß nicht in die gewöhnlichen Serien hineinpassen.

Die f″-Terme gehen starke Kombinationen mit den d- und D-Termen ein und vermögen sogar wie p- und f-Terme zu kombinieren. Im erstgenannten Fall ist die einzige nach den inneren Quantenregeln erlaubte s-Kombination die Kombination $1s - m_3''$ im fernen Infrarot. Im letztgenannten Fall sind die normalen g-Terme, mit denen Kombinationen möglich erscheinen, gänzlich unbekannt.

Wir können damit genauer sagen: *Die azimutalen Quantenzahlen der neuen Terme sind in einigen Fällen die gleichen wie für die normalen Terme mit denselben inneren Quantenzahlen, unterscheiden sich aber in anderen Fällen um eine oder manchmal zwei Einheiten.*

Die Singuletterme, die nicht in die gewöhnlichen Serien eingeordnet werden können,[1]) sind mit den gewöhnlichen Singulettermen wahrscheinlich auf die gleiche Weise verknüpft.[2]) Der x-Term — er liefert Linien, die den df′-Multipletts überlagert sind — kombiniert mit D-, d- und s-Termen; für ihn muß $k = j = 2$ gelten. Die relative Intensität der Kombinationen läßt vermuten, daß es sich um einen Singuletterm handelt, was mit Hilfe des ZEEMAN-Effekts entschieden werden könnte. In diesem Fall wäre er vom D′-Typ.

Für den Y-Term, der mit $1D$, $1d_1$ und $1d_2$ kombiniert, muß k gleich 2 oder 4 und j gleich 2 oder 3 sein. Er ist wahrscheinlich vom letztgenannten oder, andernfalls, vielleicht auch vom F′-Typ $(k = 2, j = 3)$.

Schließlich ist der X-Term, von dem nur Kombinationen mit $1P$, $1p_1$ und $1p_2$ beobachtet werden, wahrscheinlich ein P′-Term $(k = 3, j = 1)$. Die möglichen Kombinationen mit F- und f-Termen sind unzugänglich.

---

[1]) SAUNDERS, F. A.: Astrophys. J. 56 (1922) 81.

[2]) Diese Vermutung ist unabhängig hiervon auch in einem Brief von Prof. SOMMERFELD an einen der Autoren ausgesprochen worden.

Mit der Erkenntnis dieser Terme bietet sich eine Erklärung für eine sehr rätselhafte Besonderheit des Spektrums von Barium an. Es existieren dort drei Singulettterme, die mit 1S- und 1D-Termen kombinieren, sich aber nicht in die P-Serie einordnen lassen. Wir hatten sie in einer früheren Mitteilung[1]) vorläufig der F-Serie zugeordnet; nach beiden Auswahlprinzipien ist aber die Kombination 1S—mF zweifach verboten, und es ist außerordentlich unwahrscheinlich, daß sie dann Anlaß für eine Linie wie die mit $\lambda = 3501$ Å, eine der stärksten dieses Spektrums überhaupt, geben kann. Ebenso sind die Termwerte mit äußerst geringer Wahrscheinlichkeit irgendeiner anderen F-Serie zuzuordnen. Die Schwierigkeiten können behoben werden, wenn man sie als P″-Terme ansieht, die dieselben k- und j-Werte haben wie die gewöhnlichen P-Terme.

Bei den Erdalkalimetallen kombinieren die „neuen" Terme nicht miteinander und erscheinen bei einem Übergang stets als das höhere Niveau.[2]) Daß dies aber keine allgemeine Regel sein kann, zeigt der Fall des Eisens.

4. Die „neuen" Terme sind zum Teil negativ. Das ist ihre bemerkenswerteste Eigenschaft und bisher ohne jedes Vorbild;[3]) die vier neuen Gruppen des Ca sowie die Gruppe nahe $\lambda = 3200$ Å beim Sr lassen aber keinen Zweifel an der Realität dieser Tatsache. Der Energieinhalt, der einem negativen Term entspricht, muß größer sein als der zur vollständigen Ionisierung erforderliche (der ja als Nullniveau angenommen wird, auf das die anderen bezogen werden). Bei den 3p′-, 4p′- und 5p′-Zuständen des Calciums entspricht der Energieüberschuß 0,62, 1,03 bzw. 1,24 V. Es kann jedoch kaum Zweifel geben, daß das Atom in diesen Zuständen noch neutral ist, da das bei dem eng damit verknüpften 1p′-Zustand

---

[1]) Astrophys. J. 57 (1920) 28.

[2]) WENTZEL, G.: Phys. Z. 24 (1923) 106.

[3]) Der negative 3p′-Term wurde nach dem Erscheinen der Arbeit von den Autoren [Phys. Rev. 22 (1923) 201] unabhängig auch von WENTZEL (vgl. Fußnote [2])) beobachtet.

mit Sicherheit der Fall ist. Die Linien 1p—1p′ werden im Elektroofen durch die Gegenwart von Kalium, das auf Grund seiner eigenen leichten Ionisierbarkeit die Ionisierung des Calciums herabsetzt und die starken Linien zum großen Teil abschwächt, nicht beeinflußt.[1])

Der Wert für den Energieinhalt des Ca-Atoms im 1p-Zustand wurde durch Direktmessungen der Ionisierungsspannung und des Strahlungspotentials bestätigt, so daß die Wahrscheinlichkeit dafür, daß der Energieinhalt eines neutralen Atoms größer sein kann, als es seine vollständige Ionisierung erfordert, sehr groß wird.

4. *Interpretation dieser Eigenschaften*

1. Verschiebung von zwei Elektronen. Diese letztgenannte Erscheinung scheint der Schlüssel zum gesamten Problem der anomalen Terme zu sein. Wenn einem Atom mehr Energie zugeführt werden kann, als zur vollständigen Ablösung eines Elektrons erforderlich ist, ohne daß dies geschieht, so muß sich die Energie offenbar auf zwei (oder mehr) Elektronen verteilen, wobei jedes der Elektronen auf ein höheres Energieniveau übergeht, ohne abgelöst zu werden. Wahrscheinlich entsprechen alle „anomalen“ Terme Zuständen dieser Art.

Die alternative Erklärung, daß nur ein Elektron aus einem tieferen Niveau des Atoms als dem, von dem es normalerweise übergeht, angehoben wird, obgleich im Fall des Neons[2]) und vielleicht auch des Tl[3]) anwendbar, kann wohl schwerlich für den Übergang vom 1p-Zustand — einem Zustand, in dem sich ein Elektron bereits auf einer „äußeren Bahn“ befindet — in den 3p′-Zustand herangezogen werden.

Eine solche Erklärung der anomalen Terme ist erstmals

---

[1]) King: Astrophys. J. 55 (1922) 386.
[2]) Grotrian: Z. Phys. 8 (1921) 116.
[3]) Mohler und Ruark: J. opt. Soc. Amer. 7 (1923) 819.

von BOHR[1]) versucht (er wurde dazu geführt, als er fand, daß die Triplettabstände der 2p'-Terme des Ca und Sr viel zu groß für Terme so geringer numerischer Größe sind) und später von WENTZEL weiterentwickelt worden. Den Verfassern wurde sie durch die Entdeckung der negativen Terme nahegelegt, bevor ihnen die Schlußfolgerungen von BOHR bekannt geworden sind; sie stellen einen treffenden Beweis für dessen Scharfblick dar.

Die Tatsache, daß in den Alkalispektren oder beim Aluminium (von dem bekannt ist, daß die Energie für die Ablösung des zweiten Elektrons sehr groß gegen die für das erste Elektron ist) keine anomalen Terme bekannt sind, man sie aber in den Spektren fast aller Elemente (soweit sie bisher untersucht worden sind) finden kann, deren stärkere Linien leicht herstellbar sind, erhärtet diese Theorie ebenfalls.

Die weiteren Eigenschaften der anomalen Terme sind nun leicht zu interpretieren. Man kann annehmen, daß eine Serie von Termen wie die p'-Terme einer Folge von Zuständen entspricht, bei denen das eine der verschobenen Elektronen wie gewöhnlich aufeinanderfolgende Bahnen mit der gleichen azimutalen Quantenzahl, aber wachsender radialer Quantenzahl besetzt, während das zweite auf einer Bahn mit festen Quantenzahlen verbleibt. Am Ende des Prozesses wird sich das Atom in einem ionisierten, aber auch „angeregten“ Zustand befinden, der irgendeinem Term des Funkenspektrums entspricht, und die Seriengrenze wird um den Unterschied zwischen diesem Term und dem niedrigsten Term im Funkenspektrum über die Grenze der gewöhnlichen Serie hinausgeschoben sein. Bei den vorangehenden Termen der Serie wird die Wechselwirkung der beiden Elektronen die Energieniveaus vermutlich so ändern, daß man sie in keine Formel der üblichen Art einordnen kann.

Der niedrigste Term von Ca^+, Sr^+ und Ba^+ ist der 1σ-Term, und als einzige weitere Terme, die genügend

[1]) WENTZEL: Phys. Z. 24 (1923) 106.

niedrig liegen, kommen die Terme 1π und 1δ (in der Bezeichnung von FOWLER) in Frage. Der letztgenannte Term ist in jedem Fall der niedrigere, stellt also einen metastabilen Zustand dar, aus dem sich das Atom nicht durch Ausstrahlung von Energie entfernen kann, da der Übergang $1\delta - 1\sigma$ auf Grund des Auswahlprinzips verboten ist.

Bei Ca^+ ist nun dieser Unterschied $1\sigma - 1\delta_1$ gleich 13711,0 (1,69 V), während sich für den Unterschied zwischen der gewöhnlichen Seriengrenze des neutralen Atoms und der oben für die p'-Terme gefundenen Grenze der Wert 13961 (1,72 V) ergibt. Die Abweichung beider Werte liegt innerhalb der Fehlergrenzen bei der Bestimmung der Grenze dieser etwas irregulären Serie und ist eine glänzende Bestätigung der Voraussage von BOHR; gleichzeitig ist die Übereinstimmung das erste echte Beispiel für eine numerische Beziehung zwischen Bogen- und Funkenspektrum ein und desselben Elements. Wenn wir annehmen, daß alle anomalen Terme Serien angehören, deren Grenzen bei um $1\sigma - 1\delta_1$ höheren Niveaus liegen als die gewöhnlichen Seriengrenzen, so erhalten wir die neuen Termwerte sowie die in Tab. 8.2 wiedergegebenen entsprechenden RYDBERG-Nenner.

Tab. 8.2

	Terme			RYDBERG-Nenner		
	Ca	Sr	Ba	Ca	Sr	Ba
$1\sigma - 1\delta$	13711	14837	5674	–	–	–
$1p_1''$	23675	23425	21747	2,152	2,164	2,246
$1d_1'$	24756	24202	22724	2,105	2,129	2,197
$2d_1'$	11249	–	–	3,122	–	–
$1f_1''$	27119	26843	24047	2,011	2,021	2,136
$2f_1''$	–	11108	10233	–	3,142	3,274
$1p_1'$	24462	25087	23784	2,117	2,091	2,147
$2p_1'$	14452	16033	12087	2,755	2,616	3,012
$3p_1'$	8711	–	–	3,548	–	–
$4p_1'$	5377	–	–	4,516	–	–
$5p_1'$	3625	–	–	5,501	–	–

Als metastabilen Zustand des Ba^+ nehmen wir den durch die starken Linien bei $\lambda = 6141{,}70\ (1\delta_1 - 1\pi_1)$, 6496,90 $(1\delta_2 - 1\pi_2)$ und 5853,70 $(1\delta_2 - 1\pi_1)$, die mit Hilfe des ZEEMAN-Effekts sicher als Kombinationen der hier besprochenen Art ausgewiesen sind, definierten Zustand an.

Man erkennt sofort, daß die Termwerte für homologe Zustände der drei Elemente in bezug auf diese Grenzen auffallend ähnlich sind, wobei die Terme für Ba — ebenso wie dessen normale Terme — etwas kleiner sind. Daß alle Bariummultipletts im Vergleich zu denen des Ca und Sr merklich nach Rot hin verschoben sind, kann man leicht dadurch erklären, daß der Energieunterschied zwischen Normal- und metastabilen Zuständen des ionisierten Atoms hier geringer ist.

Die Unterschiede in den RYDBERG-Nennern bestätigen die Zuordnung der 2d'- und 2f''-Terme zu den entsprechenden Serien.

2. Eine Erweiterung des LANDÉ*schen Vektorgerüsts.*[c] Wir haben nun noch die Quantenzahlen der anomalen Terme zu betrachten. Man kann sie durch eine einfache Erweiterung der von SOMMERFELD und HEISENBERG begründeten und von LANDÉ weiterentwickelten Theorie erklären.

Danach entsprechen die verschiedenen Komponenten eines Multipletterms Zuständen, bei denen die Bahn der verschobenen Elektronen unter verschiedenen Winkeln gegen die Äquatorialebene des Atomrestes („Rumpfes") geneigt ist, wobei die Winkel durch die „räumliche Quantelung" (Richtungsquantelung) bestimmt werden. Die Drehimpulse von Valenzelektron und Atomrumpf bleiben konstant und sind gleich bestimmten Vielfachen der Grundeinheit $h/2\pi$, und zwar ist das erste Vielfache, K, gleich 1/2 für die s-Terme, 3/2 für die p-Terme, 5/2 für die d-Terme usw., das letztgenannte, R, gleich 1/2 für das Singulettsystem und gleich 3/2 für die Tripletts.

---

[1]) Z. Phys. 15 (1923) 220.

Der Winkel i zwischen diesen Vektoren — die Neigung der Bahn- gegen die Äquatorialebene — muß gerade so groß sein, daß der Betrag des resultierenden Vektors J einen der Werte 1/2, 3/2, 5/2[1]) entsprechend den inneren Quantenzahlen 0, 1, 2, ... annimmt. Die Anzahl der möglichen Werte für jeden Term sowie deren innere Quantenzahlen ergeben sich dann unmittelbar aus diesem Schema. Es wird angenommen, daß die Abstände der Komponenten eines gegebenen Terms (die Energieunterschiede) durch die Wechselwirkung der Magnetfelder von Elektron und Atomrumpf bestimmt werden und den Änderungen von $\cos i (= [J^2 - K^2 - R^2]/2RK)$ proportional sind, was die Landésche Intervallregel ergibt. Für ähnliche Elemente nehmen sie mit der Ordnungszahl schnell zu (wahrscheinlich deshalb, weil der Atomrumpf größer und die Kopplung der beiden Magnetfelder enger werden).

Wenn wir zu den anomalen Termen übergehen, so ist klar, daß wir die Abstände innerhalb der Tripletts, die in der gleichen Weise wie die der normalen Tripletts von Element zu Element zunehmen, den gequantelten Lageänderungen des Atomrumpfes zuzuschreiben haben, dem nach wie vor der Drehimpuls $R - 3/2$ zugeordnet werden muß.

Ihre weiteren Eigenschaften lassen sich unter der Voraussetzung erklären, daß die beiden verschobenen Elektronen feste Bahnmomente L_1, L_2 mit dem von Landé angegebenen Betrag besitzen, daß aber die Neigung ihrer Bahnebenen gequantelt ist, so daß der resultierende Drehimpuls K jeden geometrisch zulässigen Wert der Folge 1/2, 3/2, ... annehmen kann, und daß auch die Lage des Atomrumpfes — wie von Landé angenommen — in bezug auf dieses resultierende K gequantelt ist (K bestimmt alle inneren Quanteneigenschaften), während die Kombinationseigenschaften vom L-Wert für das Elektron abhängen, das beim jeweiligen Übergang verschoben wird.

[1]) Die modifizierten Werte, die für die Behandlung des Zeeman-Effekts verwendet werden müssen, brauchen hier nicht betrachtet zu werden.

Zur Veranschaulichung betrachten wir als Beispiel den Fall, daß sich das zweite Elektron auf der metastabilen δ-Bahn ($L_2 = 5/2$), das erste auf einer p-Bahn ($L_1 = 3/2$) befindet. Dann gilt $4 > K > 1$, und die zulässigen Werte für K sind 3/2, 5/2, 7/2. Die Quantelung des Atomrumpfes in bezug auf diesen resultierenden Wert ergibt also drei Tripletterme, die alle die Kombinationseigenschaften von p-Termen, aber die inneren Quanten- (oder, kurz, inneren) Eigenschaften von p-, d- bzw. f-Termen haben, d. h. sich gerade so wie die Terme der drei großen Multipletts im weniger brechbaren Teil der Spektren von Ca, Sr und Ba verhalten.

Setzen wir für den Atomrumpf $R = 1/2$ an Stelle von $R = 3/2$, so erhalten wir statt der drei Tripletts Singuletts, die wie P-Terme kombinieren, aber mit den inneren Quanten von P, D und F. Das entspricht den Eigenschaften der P″-Terme des Ba und der x- bzw. Y-Terme der drei Elemente. Die Triplettabstände in den normalen Termen nehmen schnell von p nach d und f ab, was damit erklärt werden kann, daß das resultierende Magnetfeld in der Nachbarschaft des Atomrumpfes um so schwächer und die für den Orientierungswechsel des Atomrumpfes erforderliche Energie um so kleiner sein werden, je größer die Bahn des Valenzelektrons ist. Bei den anomalen Termen nehmen die Triplettabstände dagegen von p″ nach d′ und f″ schnell zu. Das ist nach unserer Theorie auch zu erwarten. Nach den Quantenbeziehungen haben die Bahnen der beiden Außenelektronen eine Neigung von 60° im f″-Zustand, von 106° im d′-Zustand und von 147° im p″-Zustand. Deshalb verstärken sich die Magnetfelder auf Grund der Bewegung der beiden Elektronen im ersten Fall und sind gegeneinander gerichtet im dritten Fall, während der zweite Fall dazwischen liegt. Die Triplettabstände müssen also von f″ nach p″ zunehmen, wie es auch beobachtet wird.

Die Energieunterschiede zwischen den 1p″- und den 1d′-Termen liegen für alle drei Elemente bei etwa 1000, die zwischen den letztgenannten und den 1f″-Termen sind etwa doppelt so groß. Das ist wiederum auch zu erwarten, wenn diese Unterschiede auf Änderungen in der Neigung der Bahn der beiden Außenelektronen zurückgeführt werden können, da sie in allen drei Fällen die gleichen Momente haben werden und somit etwa die gleiche Energieänderung bei allen drei Atomen hervorrufen. Die zweite Änderung führt zu einer größeren Änderung von cos i und damit auf einen größeren Energieunterschied als die erste. Die Kopplung zwischen den beiden großen Bahnen sollte größer sein als diejenige zwischen den Bahnen und dem Atomrumpf, so daß die Energieunterschiede erheblich größer sein müßten als die Triplettabstände. Alle diese Voraussagen sind bestätigt worden, es ist aber überraschend und ein wenig beunruhigend, daß der 1f''-Zustand mit der geringsten Bahnneigung entgegen unserer Erwartung das niedrigste und nicht das höchstliegende Energieniveau liefert.

In der Annahme, daß der Drehimpuls des Atomrumpfes vor und nach Ablösung des zweiten Elektrons, das im nichtangeregten 1σ-Zustand ein Moment 1/2 haben sollte, gleich 3/2 (bzw. 1/2 im Singulettzustand) ist, liegt ein gewisser scheinbarer Widerspruch, der sich aber löst, wenn wir beachten, daß die Bahn dieses Elektrons, wenn es sozusagen im Atomrumpf „aufgeht“, wahrscheinlich selbst nach dem Landéschen Prinzip gequantelt ist und daß der einzige zulässige resultierende Vektor des vorher vorhandenen Vektors 3/2 und des hinzugekommenen Vektors 1/2 der Vektor 3/2 ist.

Die wichtigen p'-Terme scheinen wie d-Terme zu kombinieren, so daß wir für sie wie vorhin $L_1 = 5/2$ und $L_2 = 5/2$ anzusetzen haben. Dann ist der K-Wert 3/2, der von den inneren Eigenschaften dieser Terme gefordert wird, zwar zulässig, stellt aber nur eine von einer ganzen Reihe Möglichkeiten dar. $K = 1/2$ liefert einen Singuletterm, der sich wie ein s-Term verhält, mit dem einzigen Unterschied, daß er mit dem f_3-Term kombiniert. Einige der Ultraviolett„fragmente“ beim Ca, wie z. B. q_1 oder q_4, könnten von diesem Typ sein. $K = 5/2$ liefert einen Term mit den Eigenschaften der d″-Terme des Bariums.

Höhere K-Werte können Terme wie q_6 des Ca oder q_{12} des Ba erklären, die mit den f- und F-Termen kombinieren, während die p-Terme auf Grund des Pauli-Verbots davon ausgenommen sind. Setzen wir $R = 1/2$, so ergeben sich P′-Terme, die eine Erklärung für die wichtigen, mit X bezeichneten Singuletterme liefern können.

Es ist jedoch bemerkenswert, daß eine der möglichen Termarten derart starke Kombinationen liefern sollte, während die übrigen so völlig im Hintergrund bleiben. Auch die großen Triplettabstände des 1p′-Terms sind schwerlich zu erklären, indem man annimmt, daß beide Elektronen sich auf großen d-Bahnen bewegen und diese stark gegeneinander geneigt sind. Das hier vorgeschlagene Modell ist deshalb für diese Fälle weniger erfolgreich als für die zuerst besprochenen Terme.

Außerdem möchten wir darauf hinweisen, daß in den Spektren von Be, Mg und Al^+ eine starke pp′-Gruppe auftritt (obgleich in allen drei Fällen weder ein 1δ-Term, der der nächsthöheren Ionisierungsstufe entspräche, noch ein metastabiler Zustand existiert), während die zu den 1d-Termen gehörigen Multipletts in diesen Spektren fehlen. Es wäre deshalb lohnenswert, nach weiteren pp′-Gruppen in diesen Spektren zu suchen (die im Schumann-Gebiet liegen müßten).

Die obigen Überlegungen beruhen auf der Voraussetzung, daß gleichzeitige Bahnänderung von zwei Elektronen innerhalb eines Atoms zur Emission einer einzelnen scharfen Linie führt, deren Frequenz durch die Gesamtänderung der Energie bestimmt wird, wobei das Atom als Ganzes strahlt. Die Existenz von Linien wie $1S-1d_3$, entsprechend einem Übergang aus einem Zustand, dessen Eigenschaften nur erklärt werden können, wenn man die Verschiebung von zwei Elektronen annimmt, in einen solchen, bei dem sich die beiden Elektronen mit Sicherheit in ihren normalen Positionen befinden, gestattet es, einem direkten Beweis etwas näherzukommen. Natürlich gibt es bereits zahlreiche Hinweise aus Bandenspektren, daß dieses Prinzip für Moleküle gilt; jetzt liegt aber unseres Erachtens zum ersten Mal der Beweis seiner Gültigkeit auch für einzelne Atome vor.

In welchem Maße unsere Vermutungen modifiziert werden müssen, wenn wir aus komplexeren Spektren (in denen offenbar zahlreiche „anomale“ Gruppen vorhanden sind) vollständigere Klarheit erlangt haben, und wie die Tatsache, daß aus der Verschiebung von zwei Elektronen eine einzige Spektrallinie resultiert, mit dem Korrespondenzprinzip in Einklang gebracht werden kann,[1]) darüber kann nur die Zukunft entscheiden. Das Ergebnis scheint aber die Meinung eines der Verfasser zu rechtfertigen, daß uns, wenn das Spektrum des Calciums analysiert worden ist, „gerade die neuartigen Besonderheiten zur Lösung noch komplexerer Spektren führen können“.[2])

Eine Diskussion der starken Linien der Erdalkalimetalle ist in Vorbereitung.

Anmerkungen

[(a)] Unser Auszug umfaßt den Abschnitt 3 sowie einen Teil des Abschnittes 4 der Originalarbeit von Russell und Saunders. Die heutige Bezeichnungsweise der Spektralterme basiert auf der von Russell und Saunders in einem späteren Abschnitt dieser Arbeit (der hier nicht mit übersetzt worden ist) benutzten. Jeder Term wird durch ein Symbol ${}^{r}X_{J}^{p}$ bezeichnet. Dabei bedeuten der Buchstabe X den Bahndrehimpuls des Atoms im betreffenden Zustand (man schreibt S für $L = 0$, P für $L = 1$ usw.), r die Multiplizität ($r = 2S + 1$, wobei S der Spindrehimpuls des Atoms ist), J die Gesamtdrehimpulsquantenzahl und p die Parität des Terms (0 bedeutet ungerade Parität, kein Symbol

[1]) Auf das Bestehen dieser Schwierigkeit wurden wir in Gesprächen mit Dr. Bohr und Dr. Epstein aufmerksam gemacht. Letztgenannter hat den Einklang inzwischen hergestellt.

[2]) Saunders, F. A.: Astrophys. J. 52 (1920) 265.

gerade Parität). Diese Bezeichnung ist nur anwendbar, wenn alle Quantenzahlen L, S und J wohldefiniert sind, was nur der Fall ist, wenn das Russell-Saunderssche Kopplungsschema gültig ist.

[b] Als neue Terme werden diejenigen bezeichnet, die nicht zu den (seinerzeit) bekannten Singulett- und Triplettserien gehörten. In der Tabelle ist jeweils das niedrigste Glied der bekannten S-, P-, D- und F-Serien wiedergegeben (durch ungestrichene Symbole bezeichnet). Bei der hier verwendeten Bezeichnung bedeuten große Buchstaben Singuletterme, kleine Buchstaben Tripletterme.

[c] In diesem Abschnitt kommt das Wesen des Russell-Saundersschen Kopplungsschemas zum Ausdruck. Die Quantenzahlen K, J und R wurden in der Arbeit 7 von Landé definiert (vgl. auch die Anmerkung [a] zu dieser Arbeit, S. 274).

9. Über die Spektren von Atomsystemen mit zwei Elektronen*)

von

W. Heisenberg

Als spezielles Beispiel für die Quantenmechanik der Mehrkörperprobleme, zu deren Behandlung durch das Studium eines charakteristischen Resonanzphänomens die Grundlage gegeben ist, sollen in dieser Arbeit die Atomsysteme mit zwei Elektronen und deren Spektren untersucht werden. Es ergibt sich eine befriedigende Darstellung der wesentlichsten Eigenschaften dieser Spektren.

Das Heliumatom und die ihm verwandten Ionen Li^+ Be^{2+} usw. sind mehrfach Gegenstand eingehender Untersuchungen vom Standpunkt der früheren Quantentheorie aus gewesen.[1]) Die Behandlung dieses Problems nach der neueren Quantenmechanik ist bisher nicht durchgeführt worden. Als Grundlage für diese Behandlung sehen wir die Kenntnis eines für die Mehrkörperprobleme der Quantenmechanik charakteristischen Resonanzphänomens an, das vor kurzem vom Verfasser in dieser Zeitschrift behandelt worden ist.[2]) Die folgenden Rechnungen sollen eine Übersicht über die Bewegungen der Elektronen im genannten Atom geben, soweit man quantenmechanisch von Bewegungen sprechen kann, und sie sollen das Spektrum von He und Li^+ qualitativ und in grober Näherung quantitativ ableiten aus den Gesetzen der Quantenmechanik. Das Verfahren, das bei diesen

---

*) Z. Phys. 39 (1926) 499.

[1]) Landé, A.: Phys. Z. 20 (1919) 228; Bohr, N.: Göttinger Vorträge (unpubliziert); Kramers, H. A.: Z. Phys. 13 (1923) 312; van Vleck, J. H.: Phys. Rev. 21 (1923) 372; Born, M., und W. Heisenberg: Z. Phys. 26 (1924) 216.

[2]) Heisenberg, W.: Mehrkörperproblem und Resonanz in der Quantenmechanik. Z. Phys. 38 (1926) 411.

Rechnungen benutzt wurde, kann als konsequente Anwendung der einfachsten Störungstheorie bezeichnet werden. Die Reihen der Störungstheorie konvergieren jedoch gut nur für die hochangeregten Zustände (D, d, F, f, ...)[a] des Atoms; für die (P, p)-Terme schon wird die hier durchgerechnete erste Näherung dieser Reihen recht ungenau, für die (S, s)-Terme oder den Normalzustand versagt sie ganz. Um zu einer scharfen quantitativen Berechnung des Spektrums zu kommen, wird man verfeinerte Methoden ausbilden müssen, die schnell konvergente Reihen liefern, etwa ähnlich der KRAMERSschen Behandlung des He-Normalzustandes auf Grund der früheren Quantentheorie. Das Ziel dieser Arbeit ist jedoch nur eine Ableitung derjenigen Resultate, die sich bei systematischer Anwendung der gewöhnlichen Störungstheorie gewinnen lassen.

1. Berechnung des Spektrums ohne Berücksichtigung der Elektronenmagnete

§ *1.* Entsprechend den Rechnungen in der oben angeführten Arbeit des Verfassers muß zuerst das Verhalten des „ungestörten" Atoms bekannt sein, bei dem die Wechselwirkung zwischen den Elektronen nicht berücksichtigt ist. Man könnte also, um völlig konsequent zu sein, als ungestörtes System ein Atom mit zwei Elektronen betrachten, bei dem beide Elektronen unter dem Einfluß der Kernladung Z stehen, ohne aufeinander eine Wechselwirkung auszuüben. Ein solches Vorgehen wäre aber sehr unzweckmäßig, denn eben bei den angeregten Zuständen des Atoms wirkt näherungsweise immer auf das eine Elektron die Kernladung Z, auf das andere wegen der Abschirmung die Kernladung $Z - 1$. In der klassisch-mechanischen Rechnung war daher das naturgemäße Ausgangssystem ein Atom, bei dem auf ein *bestimmtes* „inneres" Elektron die Kernladung Z, auf das andere die Kernladung $Z - 1$ wirkte. In der Quantenmechanik würde ein solches Ausgangssystem keine vernünftige Annäherung darstellen, da ja die beiden Elektronen periodisch den Platz tauschen, weshalb einmal das eine, einmal das andere Elektron unter dem Einfluß der Ladung Z oder $Z-1$ steht. Vielmehr scheint für die Quantenmechanik am meisten geeignet ein Ausgangssystem, bei dem für jedes Elektron in der Nähe des Kerns die Ladung Z, in einiger Entfernung die Ladung $Z-1$ für die Kraft maßgebend ist. Man denke sich also um den Kern eine gleichmäßig geladene Kugelschale (Gesamtladung e, Radius r_0) gelegt. Dann ist im ungestörten Atom die potentielle Energie eines Elektrons:

$$-\frac{e^2 Z}{r} + f(r), \quad \text{wo } f(r) = \begin{cases} \dfrac{e^2}{r_0} \text{ von } r = 0 \text{ bis } r = r_0, \\ \dfrac{e^2}{r} \text{ von } r = r_0 \text{ bis } r = \infty. \end{cases} \tag{1}$$

Der hier eingehende Radius r_0 muß nachträglich so bestimmt werden, daß die Reihen der Störungstheorie möglichst gut konvergieren.

Für eine genaue quantitative Rechnung der Termwerte wäre es also jetzt nötig, zu dem durch die potentielle Energie (1) definierten mechanischen System die Energiewerte und die Schrödingerschen Eigenfunktionen genau zu bestimmen, was ohne mathematische Schwierigkeiten durchgeführt werden kann. Für unsere Näherungsrechnung können wir diese Bestimmung aber ganz entbehren, da die Lösung von (1) praktisch genau genug übereinstimmt mit der Lösung des durch die Kernladung Z bzw. $Z-1$ definierten mechanischen Systems, je nach der Lage von r_0 relativ zum „Bahnradius". Denken wir z. B. an eine p-Bahn. Nach der klassischen Theorie wäre die Lösung von (1) *identisch* mit der eines Systems der Ladung $Z-1$, solange $r_0 < 2a/(Z-1)$ ist ($a = h^2/4\pi^2 m e^2$). In der Quantenmechanik besteht diese

Identität nicht mehr, doch sind die Unterschiede zwischen beiden Lösungen in mehrfacher Hinsicht sehr gering. Bei den Lösungen von (1), bei denen — um die einfache aus der früheren Theorie entlehnte Bezeichnungsweise zu gebrauchen — der Bahnradius wesentlich kleiner als r_0 ist, muß beachtet werden, daß die Energie sich um das additive Glied e^2/r_0 von der Energie des durch die Kernladung Z charakterisierten Systems unterscheidet.

Zur Vereinfachung der folgenden Rechnung können wir ferner annehmen, daß im ungestörten System die Projektion des Gesamtimpulses auf eine vorgegebene äußere Richtung und der Gesamtimpuls selbst „gequantelt“, d. h. Diagonalmatrizen seien. Es werden also Zusatzfelder fingiert, die schon im ungestörten System die Entartung von j und m aufheben; dies ist berechtigt, da die Quantelung von j durch die Störungsenergie, die von m durch ein beliebig kleines äußeres Feld doch eintreten wird. Im ungestörten System ist dann noch im allgemeinen eine dreifache Entartung vorhanden, neben der Resonanzentartung die der Elektronenimpulse k_1 und k_2.[1]) In dem speziellen Falle jedoch, in dem das eine Elektron sich in der Grundbahn $n = 1$ befindet, fallen die *beiden* Impulsentartungen fort, und es bleibt nur noch die Resonanzentartung übrig; dies folgt aus einer einfachen Abzählung der ungestörten Zustände mit gleicher Energie. Empirisch sind nur Terme von diesem letztgenannten Typus bekannt. Wir dürfen uns daher auch mit der Berechnung der Terme dieser Art begnügen.

Im ungestörten System (1) befindet sich also das eine Elektron in einer 1S-Bahn. Schließen wir diejenigen Zustände des Gesamtsystems, bei denen das andere Elektron in einer S-Bahn läuft, aus — für solche Zustände ist die hier versuchte Näherungsmethode doch

---

[1]) Tatsächlich führen Lösungen von (1), die gleichen n-, doch verschiedenen k-Werten entsprechen, zu etwas verschiedenen Energien. Diese Energieunterschiede sind aber im allgemeinen so klein, daß es konsequenter erscheint, sie zur Störungsenergie zu rechnen und das ungestörte System als entartet zu betrachten.

nicht brauchbar —, so wird r_0 stets erheblich größer als der „Radius der 1S-Bahn" gewählt werden können. Die Energie dieses einen Elektrons ist also in erster Näherung gegeben durch $-RhZ^2/1^2 + e^2/r_0$, in nächster Näherung durch

$$-\frac{RhZ^2}{1^2} + \frac{e^2}{r_0} + \overline{\left(f(r) - \frac{e^2}{r_0}\right)}. \tag{2}$$

Der Strich bedeutet zeitliche Mittelung, genommen über die ungestörte Bewegung in einer Bahn für $n = 1$ und Ladung Z. Analog wird die Energie des anderen Elektrons im ungestörten System bestimmt durch

$$-\frac{Rh(Z-1)^2}{n^2} + \overline{\left(f(r) - \frac{e^2}{r}\right)}. \tag{3}$$

r_0 ist hier wesentlich kleiner als der Bahnradius. Gemittelt wird über eine durch die Hauptquantenzahl n, einen bestimmten Impuls k und die Ladung $(Z-1)$ charakterisierte Bahn. Vertauschung der beiden Elektronen gibt die gleiche Gesamtenergie.

Die Störungsenergie ist gegeben durch die Coulombsche Abstoßung der beiden Elektronen, vermindert um die Abweichungen des Potentials (1) vom Potential eines Kerns mit der Ladung Z. Dies ergibt

$$H^1 = \frac{e^2}{r_{12}} - f(r_1) - f(r_2). \tag{4}$$

r_{12} bedeutet den Abstand zwischen beiden Elektronen, r_1 bzw. r_2 den Abstand des Elektrons 1 bzw. 2 vom Kern.

§ *2*. Betrachten wir nun einen ganz speziellen Zustand des ungestörten Atoms, charakterisiert durch den Gesamtimpuls j und dessen Projektion m auf eine feste Achse; das eine Elektron befinde sich in einer Bahn $n_1 = 1$, das andere in einer Bahn $n_2 = n \geqq 2$. Der

Drehimpuls k seiner Bahn ist, da das andere Elektron in einer S-Bahn läuft, gleich dem Gesamtimpuls des Atoms:

$$k = j. \tag{5}$$

Das System ist entartet nur noch insofern, als die Vertauschung der beiden Elektronen die gleiche Gesamtenergie ergibt und kann ganz nach der loc. cit. angegebenen Methode behandelt werden. Bezeichnet man den durch die Quantenzahlen $n = 1, k = 0, m = 0$ charakterisierten Zustand mit v, den durch $n = n, k = j$, $m = m$ charakterisierten Zustand mit w und bezeichnet ferner durch den ersten bzw. zweiten Index den Zustand des ersten bzw. zweiten Elektrons, so beruht nach den Überlegungen loc. cit., Gleichungen (10) bis (12), die Berechnung der säkularen Bewegungen im wesentlichen auf der Ausrechnung der Glieder

$$H^1(vw; vw) \text{ und } H^1(vw; wv). \tag{6}$$

Diese beiden Glieder werden von m nicht abhängen, da ja ohne äußeres Feld keine Richtung im Raum ausgezeichnet sein kann. Also spaltet jeder Term des ungestörten Systems auf in *zwei* Terme; nur diejenigen Terme des ungestörten Systems, bei denen die Elektronen in äquivalenten Bahnen waren, bleiben einfach. Wir nennen die beiden Termsysteme, in die das Termspektrum zerfällt, O(rtho)-System und P(ara)-System und bezeichnen mit diesem letzten Namen dasjenige System, das Zustände mit äquivalenten Bahnen enthält. Durch Berechnung der Werte (6) müssen wir zeigen, daß die Energiewerte des P-Systems größer sind als die des O-Systems und daß der berechnete Abstand zwischen beiden dem empirischen Abstand von Ortho- und Parheliumtermen bzw. Ortho- und Paralithiumtermen näherungsweise entspricht. Daß die beiden Termsysteme nicht kombinieren, wurde loc. cit. bewiesen.

Die Berechnung der Größen (6) geschieht am einfachsten nach der SCHRÖDINGERschen Methode der Eigenfunktionen.[1]). Bei einem wasserstoffähnlichen Atom der Kernladung Z läßt sich die zu den Quantenzahlen n, k, m gehörige SCHRÖDINGERsche Eigenfunktion ψ darstellen als Produkt dreier Funktionen, von denen jede nur von einer der drei Variabeln r, ϑ, φ abhängt:

$$\psi_{n,k,m} = X_{nk}(r)\, Y_{km}(\vartheta)\, Z_m(\varphi). \tag{7}$$

Bezeichnet man mit $\mathrm{d}\Omega$ das Raumelement $d r r^2 \mathrm{d}\vartheta \times \sin\vartheta \mathrm{d}\varphi$, mit s, t irgend zwei „stationäre Zustände" oder Eigenwerte, so gilt bei geeigneter Normierung von ψ die Orthogonalitätsrelation:

$$\int \psi_s \overline{\psi}_t \,\mathrm{d}\Omega = \delta_{st} = \begin{cases} 1 \text{ für } s = t, \\ 0 \text{ für } s \neq t. \end{cases} \tag{7a}$$

Der Strich über ψ_t bedeutet: konjugiert komplexer Wert. Die Funktionen X, Y, Z lauten nach SCHRÖDINGER[2]):

$$\left.\begin{aligned}
X_{n,k}(r) &= \sqrt{\left(\frac{2Z}{na}\right)^3 \frac{(n-k-1)!}{(n+k)!\,2n}} \\
&\quad \times \mathrm{e}^{-\xi/2}\,\xi^k \sum_0^\infty \frac{(-\xi)^s}{s!} \binom{n+k}{n-k-1-s}, \\
\text{wo}\quad a &= \frac{h^2}{4\pi^2 m e^2}, \quad \xi = \frac{2Z}{na} r; \\
Y_{k,m}(\vartheta) &= \sqrt{\left(k+\frac{1}{2}\right)\frac{(k-m)!}{(k+m)!}}\, P_{km}(\cos\vartheta), \\
&\text{wo in bekannter Weise} \\
P_{km}(t) &= \sqrt{(1-t^2)^m}\, \frac{\mathrm{d}^m}{\mathrm{d}t^m} P_k(t), \\
P_k(t) &= \frac{1}{2^k\, k!} \frac{\mathrm{d}^k}{\mathrm{d}t^k} (1-t^2)^k; \\
Z_m(\varphi) &= \frac{\mathrm{e}^{im\varphi}}{\sqrt{2\pi}}.
\end{aligned}\right\} \tag{8}$$

[1]) SCHRÖDINGER, E.: Ann. Physik 79 (1926) 361, 489 und 734.

[2]) SCHRÖDINGER, E.: Ann. Phys. 79 (1926) 361. Die Normierungskonstanten entnehme ich einer Arbeit von WALLER, I.: Z. Phys. 38 (1926) 635.

Die Berechnung der Größen (6) geschieht jetzt nach den Formeln:

$$\left.\begin{aligned} a)\ H^1(vw, vw) &= \int\cdots\int H^1\psi_{v,Z}(r_1, \vartheta_1, \varphi_1) \\ &\quad\times \psi_{w,Z-1}(r_2, \vartheta_2, \varphi_2)\ \overline{\psi}_{v,Z}(r_1, \vartheta_1, \varphi_1) \\ &\quad\times \overline{\psi}_{w,Z-1}(r_2, \vartheta_2, \varphi_2)\, d\Omega_1\, d\Omega_2, \\ b)\ H^1(vw, wv) &= \int\cdots\int H^1\psi_{v,Z}(r_1, \vartheta_1, \varphi_1) \\ &\quad\times \psi_{w,Z-1}(r_2, \vartheta_2, \varphi_2)\, \overline{\psi}_{w,Z-1}(r_1, \vartheta_1, \varphi_1) \\ &\quad\times \overline{\psi}_{v,Z}(r_2, \vartheta_2, \varphi_2)\, d\Omega_1\, d\Omega_2. \end{aligned}\right\} \quad (9)$$

Hierbei wird also angenommen, daß die Eigenfunktionen des Problems (1) von den wasserstoffähnlichen Eigenfunktionen nicht sehr verschieden seien. Von diesen beiden Werten gibt der zweite: $H^1(vw, wv)$ nach den loc. cit. ausgeführten Überlegungen den halben Termabstand zwischen *O*- und *P*-System im „gestörten" System an. Der erste Wert: $H^1(vw, vw)$ gibt den Abstand der Mitte zwischen Ortho- und Paraterm vom Termwert des ungestörten Systems an. Es scheint zweckmäßig, zu diesem Abstand die Abweichung der Energie des ungestörten Atoms (2) und (3) vom Wert $-RhZ^2/1^2 - Rh(Z-1)^2/n^2$ zu addieren. Dann erhält man den Abstand der genannten Termmitte von $-RhZ^2/1^2 - Rh(Z-1)^2/n^2$ als

$$H^{1\prime}(vw, vw) = \int\cdots\int\left(\frac{e^2}{r_{12}} - \frac{e^2}{r_2}\right)|\psi^2_{v,Z}(r_1, \vartheta_1, \varphi_1)| \times |\psi^2_{w,Z-1}(r_2, \vartheta_2, \varphi_2)|\, d\Omega_1\, d\Omega_2. \quad (10)$$

In dieser Formel kommt r_0 nicht mehr vor. Die Energieänderung des gestörten Systems erster Ordnung ist also von der Wahl von r_0 unabhängig. Allerdings kann die Formel (10) für den Abstand der genannten Termmitte von $-(RhZ^2/1^2 + Rh(Z-1)^2/n^2)$ keinen auch nur näherungsweise richtigen Wert liefern. Wegen der Symmetrie der 1S-Bahn verschwindet nämlich dieser Wert (10) nahezu, und die quadratischen Glieder der nächsten Ordnung der Störungsrechnung, die der Wirkung der sogenannten „Polarisation“ entsprechen, geben einen größeren Beitrag zu dem genannten Abstand als das Glied (10). Dagegen stellt für den Abstand zwischen O- und P-System die Formel (9) wirklich die erste Approximation dar.

Bei der numerischen Ausrechnung der Größen (6) wird es zweckmäßig sein, in (9) zuerst die Integration über die Winkel und dann die über die Radien auszuführen. Es ergibt sich zunächst nach (8):

$$\iint \left(\frac{e^2}{r_{12}} - \frac{e^2}{r_2}\right) Y_{0,0}^2(\vartheta_1)\, Z_{0,0}^2(\varphi_1)\, d\varphi_1\, d\vartheta_1 \sin\vartheta_1$$

$$= \iint \left(\frac{e^2}{\sqrt{r_1^2 + r_2^2 - 2 r_1 r_2 \cos(1,2)}} - \frac{e^2}{r_2}\right) \frac{1}{4\pi} \sin\vartheta_1\, d\vartheta_1\, d\varphi_1$$

$$= \frac{e^2}{r_{(1,2)}} - \frac{e^2}{r_2}, \tag{11}$$

wo für $r_{(1,2)}$ gilt:

$$r_{(1,2)} = \begin{cases} r_1 \text{ für } r_1 > r_2, \\ r_2 \text{ für } r_2 > r_1. \end{cases}$$

Die Integration über die Winkel ϑ_2, φ_2 ergibt den Faktor 1, und es bleibt

$$H^{1\prime}(vw, vw)$$

$$= \iint d r_1 r_1^2 d r_2 r_2^2 X_{1,0;Z}^2(r_1) X_{n,k;Z-1}^2(r_2) \left(\frac{e^2}{r_{(1,2)}} - \frac{e^2}{r_2}\right). \tag{12}$$

Bei Einführung der Abkürzung $\xi = (2Z/a)\, r$ ergibt

sich

$$H^{1'}(vw, vw) = \int_0^\infty \mathrm{d}r_2 r_2^2 X_{n,k;Z-1}^2(r_2)$$

$$\times \frac{1}{2}\int_0^\infty \mathrm{e}^{-\xi_1}\xi_1^2 \,\mathrm{d}\,\xi_1 \left(\frac{e^2}{\xi_{(1,2)}} - \frac{e^2}{\xi_2}\right)\frac{2Z}{a}$$

$$= -\frac{Ze^2}{a}\int_0^\infty \mathrm{d}r_2 r_2^2 \,\frac{\mathrm{e}^{-\xi_2}(2+\xi_2)}{\xi_2} X_{n,k;Z-1}^2(r_2). \tag{13}$$

In den folgenden Rechnungen sollen die gesuchten Mittelwerte nicht für alle n und k exakt ausgerechnet werden; es läßt sich nämlich leicht zeigen, daß die gesuchten Mittelwerte stets zu Energieformeln vom Rydberg-Ritzschen Typus (näherungsweise) Anlaß geben. Es genügt daher, bei einem gegebenen Werte von k den Mittelwert für die beiden kleinsten Werte von $n (k+1$ und $k+2)$ auszurechnen und die übrigen Mittelwerte nach der Rydberg-Ritzschen Formel zu extrapolieren. Es seien daher die aus (8) hervorgehenden Formeln angeführt:

$$\left.\begin{aligned} X_{k+1,k} &= \sqrt{\left(\frac{2Z}{(k+1)a}\right)^3 \frac{1}{(2k+2)!}}\,\mathrm{e}^{-\xi/2}\xi^k, \\ &\text{wo} \\ \xi &= \frac{2Z}{(k+1)a}\,r, \\ X_{k+2,k} &= \sqrt{\left(\frac{2Z}{(k+2)a}\right)^3 \frac{1}{(2k+2)!\,(2k+4)}} \\ &\quad\times \mathrm{e}^{-\xi/2}\xi^k(2k+2-\xi), \quad \xi = \frac{2Z}{(k+2)a}\,r. \end{aligned}\right\} \tag{14}$$

Beachtet man, daß für den Zustand n, k die Ladung $Z - 1$ maßgebend ist, und setzt man $\varepsilon = (Z-1)/Zn$, so ergibt sich

$$\begin{aligned} H^{1'}_{n=k+1}(vw, vw) &= -\frac{Ze^2}{a}\,\varepsilon^{3+2k}\,\frac{1}{(2k+2)!} \\ &\quad\times\int\limits_0^\infty d\xi_2\, e^{-\xi_2(1+\varepsilon)}\,\xi_2^{2k+1}(2+\xi_2) \\ &= -2RhZ\,\frac{(Z-1)^{2k+3}}{(Z(k+2)-1)^{2k+3}} \\ &\quad\times\left(1+\frac{Z(k+2)-1}{Z(k+1)^2}\right) \end{aligned} \tag{15}$$

und

$$\begin{aligned} H^{1'}_{n=k+2}(vw, vw) &= -\frac{Ze^2}{a}\,\varepsilon^{3+2k} \\ &\quad\times\frac{1}{(2k+2)!\,(2k+4)}\int\limits_0^\infty d\xi_2\, e^{-\xi_2(1+\varepsilon)}\,\xi_2^{2k+1} \\ &\quad\times(2+\xi_2)\,(2k+2-\xi_2\varepsilon)^2 \\ &= -2ZRh\,\frac{(Z-1)^{2k+3}}{(Z(k+3)-1)^{2k+3}} \\ &\quad\times\frac{4(k+1)(k+2)+(2k+6)\,\varepsilon^2+2\,\varepsilon^3}{(1+\varepsilon)^2\,(2k+4)}. \end{aligned} \tag{16}$$

Die numerische Rechnung ergibt für $H^{1'}(vw, vw)/Rh$:

Tab. 9.1

		$k = 1$	$k = 2$
$Z = 2$	$n = k + 1$	$-0{,}0020$	$-6{,}7 \cdot 10^{-6}$
	$n = k + 2$	$-0{,}00070$	–
$Z = 3$	$n = k + 1$	$-0{,}0098$	$-5{,}5 \cdot 10^{-5}$
	$n = k + 2$	$-0{,}0032$	–

Von den Mittelwerten für $k = 2$ ist nur je einer angegeben, da sich herausstellt, daß die zum Wert $k = 2$ gehörigen Änderungen von $H^{1'}$ durch die RITZ-Korrektion in der hier angestrebten Approximation vernachlässigt werden können. Für Werte von $k \geqq 3$ gibt $H^{1'}$ keinen merklichen Beitrag zur RYDBERG-Korrektion. Der von $H^{1'}$ herrührende Beitrag zur Termkorrektion δ, definiert durch $E = -RhZ^2/1^2 - Rh(Z-1)^2/(n+\delta)^2$, wird:

Tab. 9.2

		$k = 1$	$k = 2$
$Z = 2$	$n = 2$	$-0{,}0080$	$-9 \cdot 10^{-5}$
	$n = 3$	$-0{,}0095$	–
$Z = 3$	$n = 2$	$-0{,}0098$	$-1{,}9 \cdot 10^{-4}$
	$n = 3$	$-0{,}0108$	–

Das RITZsche Glied ist sehr klein im Verhältnis zur ganzen Korrektion.

Wir gehen nun zur Berechnung der Größe $H^1(vw, wv)$ über und nehmen zuerst die Integration über die Winkel vor. H^1 kann bei dieser Integration ersetzt werden durch das Glied e^2/r_{12}, da alle anderen Glieder nur von den Koordinaten je *eines* Elektrons abhängen, also zu einem FOURIER-Glied, das Übergängen *beider* Elektronen entspricht, keinen Beitrag geben können.

Sei x eine Größe <1, so handelt es sich also zunächst um das Integral

$$\frac{1}{4\pi}\oint\oint$$

$$\times \frac{Y_{km}(\vartheta_1)\, Y_{km}(\vartheta_2)\, Z_m(\varphi_1)\, Z_m(\varphi_2)\, d\vartheta_1 \sin\vartheta_1\, d\varphi_1 d\vartheta_2 \sin\vartheta_2 d\varphi_2}{\sqrt{1 - 2x(\cos\vartheta_1 \cos\vartheta_2 + \sin\vartheta_1 \sin\vartheta_2 \cos(\varphi_1 - \varphi_2) + x^2}}. \qquad (17)$$

Dieses Integral ist wegen (8) zurückführbar auf das bei Kugelfunktionentwicklungen bekannte POISSONsche Integral[1]) und hat den Wert

$$\frac{x^k}{2k+1}. \tag{18}$$

Bezeichnet man wieder mit $r_{(1,2)}$ den größeren, mit $r_{(2,1)}$ den kleineren der beiden Werte r_1 und r_2, so wird also

$$H^1(vw, wv)$$

$$= \int_0^\infty \int_0^\infty \mathrm{d} r_1 r_1^2 \mathrm{d} r_2 r_2^2 \frac{e^2 r_{(2,1)}^k}{r_{(1,2)}^{k+1}}$$

$$\times X_{nk}(r_1) X_{10}(r_1) X_{nk}(r_2) X_{10}(r_2). \tag{19}$$

Für den Spezialfall $n = k + 1$ ergibt sich, wenn wieder $\xi = (2Z/a)r$ und $\varepsilon = (Z-1)/Z(k+1)$ gesetzt wird:

$$H^1(vw, wv)$$

$$= \frac{2e^2 Z}{a} \frac{\varepsilon^{2k+3}}{2(2k+2)!} \frac{1}{(2k+1)} \int_0^\infty \int_0^\infty \frac{\xi_{(2,1)}^k}{\xi_{(1,2)}^{k+1}}$$

$$\times \xi_1^k \mathrm{e}^{-\xi_1(1+\varepsilon)/2} \xi_2^k \mathrm{e}^{-\xi_2(1+\varepsilon)/2} \mathrm{d}\xi_1 \xi_1^2 \mathrm{d}\xi_2 \xi_2^2$$

$$= \frac{e^2 Z}{a} \frac{\varepsilon^{2k+3}}{(2k+2)!\,(2k+1)} \int_0^\infty \mathrm{d}\xi_1 \xi_1 \mathrm{e}^{-\xi_1(1+\varepsilon)/2}$$

$$\times \left\{ \int_0^{\xi_1} \mathrm{d}\xi_2 \xi_2^{2k+2} \mathrm{e}^{-\xi_2(1+\varepsilon)/2} + \xi_1^{2k+1} \int_{\xi_1}^\infty \mathrm{d}\xi_2 \xi_2 \mathrm{e}^{-\xi_2(1+\varepsilon)/2} \right\}. \tag{20}$$

---

[1]) Vgl. z. B. COURANT, HILBERT: Methoden der mathematischen Physik, Bd. 1. Berlin 1924, S. 423.

Die Ausführung dieses Integrals ergibt $\left(\varepsilon = (Z-1)/[(k+1)/Z]\right)$:

$$H^1_{n=k+1}(vw, wv) = RhZ \frac{8\varepsilon^{2k+3}}{(1+\varepsilon^{2k+5})} \frac{2k+5}{2k+1}. \quad (21)$$

Analog folgt für $n = k+2$ $\left(\varepsilon = (Z-1)/[Z(k+2)]\right)$:

$$H^1_{n=k+2}(vw, wv) = \frac{e^2 Z}{a} \frac{\varepsilon^{2k+3}}{(2k+2)!\,(2k+4)} \int_0^\infty d\xi_1 \xi_1^{2+k}$$

$$\times (2k+2-\xi_1\varepsilon) e^{-\xi_1(1+\varepsilon)/2} \int_0^\infty d\xi_2 \xi_2^{2+k}$$

$$\times \frac{\xi^k_{(2,1)}}{\xi^{k+1}_{(1,2)}} (2k+2-\xi_2\varepsilon)\, \varepsilon^{-\xi_2(1+\varepsilon)/2}$$

und

$$H^1_{n=k+2}(vw, wv) = ZRh \frac{8\varepsilon^{2k+3}}{(1+\varepsilon)^{2k+5}} \frac{1}{(2k+4)(2k+1)}$$

$$\times \left\{(2k+2)^2(2k+5) - 2\left(\frac{\varepsilon}{1+\varepsilon}\right)(2k+2)\right.$$

$$\left.\times (4k^2+20k+25) + \left(\frac{\varepsilon}{1+\varepsilon}\right)^2 (2k+3)(4k^2+26k+44)\right\}. \quad (22)$$

Aus diesen Rechnungen folgt zunächst, daß $H^1(vw, wv)$ stets positiv ist. Nach den loc. cit. angestellten Überlegungen bedeutet dies, daß das P-System, also jenes Termsystem, das Zustände mit äquivalenten Elektronen enthält, stets die höher liegenden Termwerte besitzt.

Die numerischen Werte für $H^1(vw, wv)/Rh$ sind:

Tab. 9.3

		$k = 1$	$k = 2$	$k = 3$
$Z = 2$	$n = k+1$	0,00765	0,0000257	$5{,}25 \cdot 10^{-8}$
	$n = k+2$	0,00246	0,0000150	$4{,}31 \cdot 10^{-8}$
$Z = 3$	$n = k+1$	0,0307	0,000189	$6{,}95 \cdot 10^{-7}$
	$n = k+2$	0,00935	0,000108	$5{,}72 \cdot 10^{-7}$

Der Unterschied zwischen Ortho- und Paraterm ist in dieser Näherung nach den loc. cit. angestellten Überlegungen gleich $2H^1(vw, wv)$.

Aus den oben angegebenen Zahlen ist in der folgenden Tabelle die Differenz der RYDBERG-RITZ-Korrektionen von Para- und Orthotermen nach der Formel $\left(n^3/(Z-1)^2\right)\left(H^1(vw, wv)/Rh\right) = \Delta\delta$ berechnet und mit den empirischen Werten verglichen. Die empirischen Werte für den Abstand zwischen Ortho- und Paralithium entnehme ich Messungen von S. WERNER[1]):

Tab. 9.4

		$\Delta\delta$ für					
		2p – 2P	3p – 3P	3d – 3D	4d – 4D	4f – 4F	5f – 5F
He	berechnet	0,061	0,067	0,00069	0,00096	$3{,}4\cdot10^{-6}$	$5{,}4\cdot10^{-6}$
	gemessen	0,075	0,079	0,00044	0,00063	–	–
Li^+	berechnet	0,061	0,063	0,0013	0,0017	$1{,}1\cdot10^{-5}$	$1{,}8\cdot10^{-5}$
	gemessen	0,067	0,069	0,0010	0,0014	–	–

Bei den P-Termen kann man nicht erwarten, daß die Formeln (21) und (22) ein recht genaues Resultat geben. Bei den D-Termen mag ein Teil der schlechten Übereinstimmung daran liegen, daß es sich um Größen handelt, die nahe an der Grenze der Meßgenauigkeit liegen; es mag aber der theoretische Wert auch noch durch die quadratischen Glieder, d. h. in der zweiten Näherung des Störungsverfahrens, erhebliche Änderungen erfahren. Es handelt sich bei den hier durchgeführten Rechnungen eben um eine Abschätzung. Das qualitative Verhalten der RYDBERG-RITZ-Korrektion als Funktion

[1]) Herr S. WERNER hat mir die Resultate dieser Messungen freundlicherweise noch vor der Publikation mitgeteilt. Siehe auch die inzwischen erschienene Arbeit von SCHÜLER, H.: Z. Phys. **37** (1926) 568. Das Spektrum von Ortholithium+ wurde angegeben von SCHÜLER, H.: Naturwiss. **12** (1924) 579; Ann. Physik **76** (1925) 292 und WERNER, S.: Nature [London], Febr. 1924; Nature [London], Okt. 1925.

der Quantenzahlen wird durch die Theorie wohl befriedigend wiedergegeben.

§ *3.* Um neben dem relativen Abstand des *O*- und *P*-Systems auch die absolute Lage der Terme etwa relativ zu den Wasserstofftermen zu errechnen, muß man zur zweiten Näherung in der Störungsenergie übergehen. Eine exakte Durchführung dieser zweiten Näherung wäre aber sehr mühsam, daher habe ich mich auch hier mit einer rohen Abschätzung der Glieder zweiter Ordnung begnügt. Für große Werte von k ist es anschaulich ohne weiteres einleuchtend, daß der größte Beitrag zum Gliede zweiter Ordnung von der sogenannten „Polarisation" des Atominneren herrührt. Neben der Polarisationswirkung sind noch andere Glieder vorhanden — höheren induzierten Polen (Quadrupolen usw.) entsprechend —, die sowohl die absolute Lage der Terme wie die relative Lage von *O*- und *P*-Systemtermen merklich beeinflussen. Die Wirkung des induzierten Dipols jedoch beeinflußt die *relative* Lage der beiden Termsysteme nicht. Näherungsweise gibt also das Polarisationsglied (nach Hinzufügung des in den Tabellen 9.1 und 9.2 berechneten Gliedes erster Ordnung) direkt den Abstand der *Mitte* zwischen den Termen des *O*- und *P*-Systems und dem betreffenden Wasserstoffterm an. Für große Werte von k kann man das Polarisationsglied den Rechnungen von I. Waller (loc. cit.) entnehmen. Für kleine Werte von k jedoch stellen, wie Waller bemerkt, seine Rechnungen keine Näherung für das gesuchte Glied dar. Man kann sich dies wieder anschaulich klarmachen. Waller berechnet die polarisierende Wirkung eines *homogenen* elektrischen Feldes auf das Atominnere. Solange das induzierende Elektron weit vom Kern entfernt ist, mag die von ihm auf das Atominnere wirkende Kraft als homogenes elektrisches Feld angesehen werden. Wird sein Abstand vom Kern jedoch von der gleichen Größenordnung wie der des inneren Elektrons, so ist eine solche Approximation durch ein homogenes Feld unrichtig, der induzierte Dipol wird wesentlich *kleiner* als der durch Wirkung eines homogenen Kraftfeldes berechnete. Wenn man diese Abnahme der Polarisierbarkeit mit abnehmendem k näher studiert auf Grund der Glieder zweiter Ordnung, so kommt man zu dem Resultat, daß schon für d-, D-, f-, F-, ... Terme die Werte Wallers eine sehr gute Annäherung darstellen, daß aber für die P-Terme das Polarisationsglied in Wirklichkeit nur etwa den dritten Teil des aus der Wallerschen Rechnung folgenden Wertes beträgt. Die zu diesem Resultat führende Rechnung will ich hier nicht angeben. Als Beitrag der Polarisationswirkung zur Rydberg-Ritz-Korrektion entnehmen wir also aus der Arbeit von Waller (loc. cit., S. 646) die Werte (die Werte für P-Terme haben wir durch 3 dividiert):

	P	D	F
He	≈ −0,018	−0,0025	−0,00043
Li^+	≈ −0,014	−0,0021	−0,00034

Wir addieren hierzu den von den Gliedern $H^{1'}(vw, vw)$ herrührenden Beitrag erster Ordnung und vergleichen dies mit der gemessenen Rydberg-Korrektion der Mitte zwischen Ortho- und Paraterm.

Tab. 9.5

		P	D	F
He	berechnet	≈ −0,028	−0,0026	−0,00043
	gemessen	−0,029	−0,0025	–
Li^+	berechnet	≈ −0,025	−0,0023	−0,00034
	gemessen	−0,020	−0,0022	≈ −0,0002

Die theoretischen Werte für P-Terme sind auf Grund der Abschätzung, durch die sie gewonnen sind, erheblich ungenauer, als es bei der guten Übereinstimmung zwischen Theorie und Beobachtung den Anschein hat.

Durch die vorhergehenden Rechnungen sind wir zu einer allgemeinen Übersicht über die Lage der Terme des gesuchten Spektrums gekommen. Bei diesen Abschätzungen mußten die S-Terme sowie diejenigen Terme, die angeregten Zuständen beider Elektronen entsprechen, ausgeschlossen werden. Für die Übergangswahrscheinlichkeiten folgt aus den loc. cit. ausgeführten Rechnungen, daß bei dem in diesem 1. Teil behandelten Atommodell, das aus Punktladungen aufgebaut ist, Interkombinationen zwischen O- und P-System nicht vorkommen; die Übergangswahrscheinlichkeiten innerhalb des einzelnen Systems weichen (ausgenommen die Übergänge zum 1 S-Term!) von denen des Wasserstoffs nicht mehr ab als die Energie der betreffenden stationären Zustände von der entsprechenden Wasserstoffenergie. Die Behandlung des aus Punktladungen aufgebauten Atoms ist deshalb für uns zu einem vorläufigen Abschluß gebracht, und wir gehen zur Behandlung des aus magnetischen Elektronen gebauten Modells und zur Diskussion der Feinstruktur über.

2. Das Spektrum bei Berücksichtigung der Elektronenmagnete

§ *1.* Zur ersten Orientierung sei das folgende Problem behandelt: Der Schwerpunkt der beiden Elektronen sei fest, die Drehimpulse $\mathbf{s}_1$, $\mathbf{s}_2$ der Elektronen („Quantenzahl“ $s_1 = s_2 = 1/2$) jedoch der Richtung nach unbestimmt. Zwischen jedem der beiden Elektronenmagnete und irgendeiner festen äußeren Kraft $\boldsymbol{K}$ bestehe eine Wechselwirkung, die durch das Glied $H_1(\boldsymbol{K}, \mathbf{s})$ in der HAMILTONschen Funktion beschrieben werde. Ferner soll die Wechselwirkung zwischen beiden Magneten durch $H_2(\mathbf{s}_1, \mathbf{s}_2)$ gegeben sein. Wesentlich ist, daß sich die beiden Elektronenmagnete in jeder Beziehung *gleich* verhalten. Die Lösung dieses Problems nach der früheren Quantentheorie würde offenbar so lauten: die beiden Elektronenmagnete stellen sich *parallel* oder *antiparallel* — *unabhängig* vom Verhältnis der Größenordnung von H_1 und H_2, da die Wirkung der äußeren Kraft auf beide Magnete die *gleiche* ist —, die Orientierung des Gesamtsystems im äußeren Felde $\boldsymbol{K}$ gibt wegen $|\boldsymbol{s}_1| = |\boldsymbol{s}_2| = (1/2)h/2\pi$ zu einem „Triplett" und einem „Singlett" Anlaß.

Ein ganz analoges Resultat ergibt sich aus der quantenmechanischen Behandlung. Die Projektionen von $\boldsymbol{s}_1$, $\boldsymbol{s}_2$ auf die Richtung der äußeren Kraft $\boldsymbol{K}$ sollen mit m_1, m_2 bezeichnet werden. Die Größe $m_1 + m_2 = m$ kann wieder von vornherein als *Diagonalmatrix* angesehen werden. Es gibt also im ungestörten System vier Zustände, die wir mit a, b, c, d numerieren wollen.

m_1	m_2	m	
$\frac{1}{2}$	$\frac{1}{2}$	1	a
$\frac{1}{2}$	$-\frac{1}{2}$	0	b
$-\frac{1}{2}$	$\frac{1}{2}$	0	c
$-\frac{1}{2}$	$-\frac{1}{2}$	-1	d

Die Zustände a und d sind wegen der Quantisierung von m offenbar schon im ungestörten System festgelegt und haben die Energie $H_1(aa) + H_2(aa)$ bzw. $H_1(dd) + H_2(dd)$, wobei $H_2(aa) = H_2(dd)$. Zwischen den Zuständen b und c jedoch besteht die *Resonanzentartung*, wie sie loc. cit. beschrieben worden ist. Von diesem Gesichtspunkt aus sind a und d Zustände mit *äquivalenten* Teilsystemen. Sie kombinieren daher auch nur mit *einer* der beiden Lösungen des Resonanzproblems bc, und die Teilung der vier Zustände in zwei Systeme von ein und drei Zuständen erscheint hier als Analogon zur Einteilung in O- und P-System in Teil 1. Die Energie der Zustände „b, c" des *gestörten* Systems wird wieder nach loc. cit., Gl. (12) [hierbei ist zu beachten, das $H_1(bc) = 0$]

$$\left.\begin{aligned} &\text{„}b\text{“}: H_1(bb) + H_2(bb) + H_2(bc), \\ \text{bzw. } &\text{„}c\text{“}: H_1(bb) + H_2(bb) - H_2(bc). \end{aligned}\right\} \tag{23}$$

Wesentlich dafür, daß die Resonanzeinteilung mit der Einteilung in „Multipletts“ (Singlett—Triplett) übereinstimmt, ist der Umstand, daß für die Elektronen $s = 1/2$ ist.

Denken wir uns nun wieder nach loc. cit., Gl. (16), die SCHRÖDINGERschen Eigenfunktionen dieses Problems aufgeschrieben, so werden die zu den „Triplett“-Zuständen a, b, d gehörigen Eigenfunktionen in den Koordinaten der beiden Elektronenmagnete *symmetrisch* sein, die zum „Singlett“ c gehörige Eigenfunktion wird bei Vertauschung der Elektronen das Vorzeichen wechseln, sagen wir „*antisymmetrisch*“ sein.

An diesen Betrachtungen ändert sich prinzipiell nichts, wenn man zum eigentlichen Problem, dem Heliumatom mit magnetischen Elektronen, übergeht. Solange die durch H_1 und H_2 charakterisierten Wechselwirkungsenergien erheblich kleiner sind als die Energien und Energiedifferenzen des im 1. Teile behandelten Modells, so kann die eben durchgeführte Rechnung direkt als Lösung der Gleichung der säkularen Bewegungen für das gestörte System angesehen werden, wobei als ungestörtes System eben *jeder* beliebige Zustand des Modells im 1. Teile in Betracht kommt. Nur die Orientierung der (parallelen oder antiparallelen) Vektoren $\mathbf{s}_1$ und $\mathbf{s}_2$ erfolgt nicht nach einer äußeren Kraft $\boldsymbol{K}$, sondern durch Impulszusammensetzung mit dem Impulsmoment des Modells vom 1. Teile nach der gewöhnlichen Strukturregel.

Der Grund, weshalb sich die Vektoren $\mathbf{s}_1$ und $\mathbf{s}_2$ parallel bzw. antiparallel stellen, wie es die gewöhnliche Strukturregel fordert, ist also *nicht* etwa eine große Wechselwirkung zwischen $\mathbf{s}_1$ und $\mathbf{s}_2$, sondern es ist der Umstand, daß auf beide Magnete durchaus die *gleiche* Kraft wirkt; denn die beiden Elektronen des im ersten Teil behandelten

Modells führen ja im Laufe der Zeit genau die *gleichen* Bewegungen (in verschiedener Phase) aus.

Auch die Einteilung des ganzen Termsystems in die beiden Teilsysteme, die nicht kombinieren, ergibt sich jetzt ohne Schwierigkeit. Die SCHRÖDINGERsche Eigenfunktion eines Zustandes des ganzen Atoms ist gleich dem Produkt der Eigenfunktionen des Modells vom Teil 1 und der des eben besprochenen „Singlett-Triplett-Modells“. Da die Eigenfunktionen des O-Systems antisymmetrisch, die des P-Systems symmetrisch waren, werden die Eigenfunktionen des *ganzen Atoms*

symmetrisch für die Tripletts des P-Systems und die Singletts des O-Systems,

antisymmetrisch für die Singletts des P-Systems und die Tripletts des O-Systems.

Dadurch ist die Einteilung in die nichtkombinierenden Termsysteme gegeben; wählt man insbesondere dasjenige Teilsystem aus, das keine äquivalenten Bahnen enthält, so werden die Paraterme Singletts, die Orthoterme Tripletts. Diese Einteilung in nichtkombinierende Teilsysteme bleibt (vgl. loc. cit.) auch dann noch bestehen, wenn die Voraussetzung der oben angedeuteten Rechnungen nicht mehr erfüllt ist, d. h., wenn z. B. der O—P-Abstand nicht mehr groß gegenüber den Werten H_1 und H_2 ist. In diesem Falle hört aber die einfache Einteilung des Spektrums in Singletts und Tripletts auf.

Dieses Verhalten hat eine große Ähnlichkeit mit dem Verhalten eines Atoms *ohne* Resonanz und *mit* einer Wechselwirkung von der Größenordnung des Singlett-Triplett-Abstandes zwischen den Elektronenmagneten, und es ist durchaus verständlich, daß die meisten charakteristischen Struktureigenschaften auf dieses letztere Modell zurückgeführt werden konnten.

Umgekehrt gibt auch das hier diskutierte Zweielektronenmodell alle feineren Züge in der Struktur z. B. der Erdalkalispektren wieder. Für die Tripletts wird das bekannte „Kosinusgesetz" immer dann gelten, wenn die magnetische Wechselwirkung zwischen Kern und Elektronen größer ist als die Wirkung der beiden Elektronenmagnete aufeinander. In einem äußeren Magnetfeld werden die Tripletts sich verhalten wie in den sonst zur Ableitung der ZEEMAN-Effekte diskutierten Modellen.

§ *2*. Man kann sich die Frage stellen, weshalb gerade He und Li^+ aus der Reihe der Erdalkalien insofern herausfallen, als für sie die Feinstruktur nicht dem gewöhnlichen Triplettschema entspricht. Der Grund dafür muß in der relativ großen Wechselwirkung der Elektronenmagnete aufeinander zu suchen sein.[1]) Um die Feinstruktur von He und Li^+ näher zu untersuchen, schreiben wir denjenigen Teil der HAMILTONschen Funktion des ganzen Modells, der der Wirkung der Magnete entspricht, in derselben Näherung, wie es beim Wasserstoff üblich ist, an ($\boldsymbol{r}_1, \boldsymbol{v}_1$ bzw. $\boldsymbol{r}_2, \boldsymbol{v}_2$ seien Radius und Geschwindigkeit der Elektronen):

$$\begin{aligned}
\Delta H = & \frac{e^2 Z}{m c^2} \frac{([\boldsymbol{r}_1 \times \boldsymbol{v}_1] \cdot \mathbf{s}_1)}{r_1^3} - \frac{e^2}{m c^2} \frac{\left([(\boldsymbol{r}_1 - \boldsymbol{r}_2) \times (\boldsymbol{v}_1 - \boldsymbol{v}_2)] \cdot \mathbf{s}_1\right)}{r_{12}^3} \\
& + \frac{e^2 Z}{m c^2} \frac{([\boldsymbol{r}_2 \times \boldsymbol{v}_2] \cdot \mathbf{s}_2)}{r_2^3} - \frac{e^2}{m c^2} \frac{\left([(\boldsymbol{r}_2 - \boldsymbol{r}_1) \times (\boldsymbol{v}_2 - \boldsymbol{v}_1)] \cdot \mathbf{s}_2\right)}{r_{12}^3} \\
& - \frac{e^2 Z}{2 m c^2} \frac{([\boldsymbol{r}_1 \times \boldsymbol{v}_1] \cdot \mathbf{s}_1)}{r_1^3} + \frac{e^2}{2 m c^2} \frac{\left([(\boldsymbol{r}_1 - \boldsymbol{r}_2) \times \boldsymbol{v}_1] \cdot \mathbf{s}_1\right)}{r_{12}^3} \\
& - \frac{e^2 Z}{2 m c^2} \frac{([\boldsymbol{r}_2 \times \boldsymbol{v}_2] \cdot \mathbf{s}_2)}{r_2^3} + \frac{e^2}{2 m c^2} \frac{\left([(\boldsymbol{r}_2 - \boldsymbol{r}_1) \times \boldsymbol{v}_2] \cdot \mathbf{s}_2\right)}{r_{12}^3} \\
& + \frac{e^2}{m^2 c^2} \frac{-3\left(\mathbf{s}_1 \cdot (\boldsymbol{r}_2 - \boldsymbol{r}_1)\right)\left(\mathbf{s}_2 \cdot (\boldsymbol{r}_2 - \boldsymbol{r}_1)\right) + (\mathbf{s}_1 \cdot \mathbf{s}_2)\, r_{12}^2}{r_{12}^5}.
\end{aligned} \tag{24}$$

Die erste und zweite Zeile entsprechen der magnetischen Wechselwirkung in demjenigen Bezugssystem,

---

[1]) Den Hinweis hierauf sowie viele wertvolle Anregungen in gemeinsamen Diskussionen verdanke ich Herrn N. BOHR.

in dem das betreffende Elektron ruht. Zeile 3 und 4 geben die nach THOMAS[1]) von der LORENTZ-Transformation herrührenden Glieder [die hier direkt verwendet werden können, da uns nur der zeitliche Mittelwert von (24) interessiert]. Zeile 5 gibt die Wechselwirkung zwischen beiden Magneten an. Es muß jetzt der Mittelwert von (24) über die ungestörte Bewegung gebildet werden:

$$\Delta \overline{H} = \int \cdots \int \mathrm{d}\Omega_1\, \mathrm{d}\Omega_2\, \frac{1}{2}\, [\varphi_1(v)\,\varphi_2(w) - \varphi_1(w)\,\varphi_2(v)]^2\, \Delta H\,.$$

Dieser Mittelwert zerfällt wieder in zwei und zwei Glieder vom Typus (9*a*) und (9*b*). Die letzteren zwei Glieder entsprechen der Resonanzwirkung und dürften nur einen Bruchteil der ersten Glieder ausmachen. Zur groben Abschätzung begnügen wir uns mit der Berechnung der ersten Glieder, die der zweiten scheint auch rechnerisch recht kompliziert. Bei den ersten Gliedern ist zunächst der Mittelwert für das Elektron 1 in einer 1S-Bahn vorzunehmen, für das andere in einer n, k-Bahn, dann sind die beiden Elektronen zu vertauschen, und man muß zwischen beiden Werten das arithmetische Mittel nehmen. Es mag in dieser Näherung erlaubt sein, den *kleineren* Radius, z. B. $\boldsymbol{r}_1$ gegen $\boldsymbol{r}_2$ bzw. umgekehrt, zu streichen. Mittelt man ferner in der fünften Zeile von (24) zunächst nach der klassischen Theorie über die „k-Präzession" des äußeren Elektrons, so kann man $\overline{(-3(\boldsymbol{s}_1 \cdot \boldsymbol{r}_1)(\boldsymbol{s}_2 \cdot \boldsymbol{r}_1) + (\boldsymbol{s}_1 \cdot \boldsymbol{s}_2)\, r_1^2)/r_1^5}$ ersetzen durch $\overline{((3/2)(\boldsymbol{s}_1 \cdot \overline{\boldsymbol{k}}_1)(\boldsymbol{s}_2 \cdot \overline{\boldsymbol{k}}_1) - (1/2)(\boldsymbol{s}_1 \cdot \boldsymbol{s}_2))/r_1^3}$ (bzw. mit $\boldsymbol{k}_2$), wo $\overline{\boldsymbol{k}}_1$ bzw. $\overline{\boldsymbol{k}}_2$ den Einheitsvektor in der Richtung $\boldsymbol{k}_1$ bzw. $\boldsymbol{k}_2$ bezeichnet. Wir nehmen an, daß die quantenmechanische Mittelung zum gleichen Resultat führt. Dann entsteht aus (24) wegen $k_{1S} = 0$:

$$\Delta H = \frac{e^2}{2m^2c^2} \left(\frac{1}{r^3}\right)_{n,k} \left\{ (Z-3)\, \frac{(\boldsymbol{k} \cdot (\boldsymbol{s}_1 + \boldsymbol{s}_2))}{2} \right.$$
$$\left. + 3\, |\boldsymbol{s}_1| \cos(\boldsymbol{s}_1, \boldsymbol{k})\, |\boldsymbol{s}_2| \cos(\boldsymbol{s}_2, \boldsymbol{k}) - (\boldsymbol{s}_1 \cdot \boldsymbol{s}_2) \right\}. \quad (25)$$

[1]) THOMAS, L. H.: Nature [London] 117 (1926) 514.

Das letzte Glied der Klammer gibt zur Feinstruktur innerhalb des Tripletts keinen Beitrag, da es nur von der relativen Lage von $\boldsymbol{s}_1$ und $\boldsymbol{s}_2$ abhängt.

Um das zweite Glied der Klammer auszurechnen, bemerken wir, daß klassisch:

$$|\boldsymbol{s}_1| \cos(\boldsymbol{s}_1, \boldsymbol{k}) = |\boldsymbol{s}_1| \{\cos(\boldsymbol{k}, \boldsymbol{s}) \cos(\boldsymbol{s}_1, \boldsymbol{s}) - \sin(\boldsymbol{k}, \boldsymbol{s}) \sin(\boldsymbol{s}_1, \boldsymbol{s}) \cos\psi\}, \tag{26}$$

wo $\boldsymbol{s} = \boldsymbol{s}_1 + \boldsymbol{s}_2$ und ψ der zu diesem $\boldsymbol{s}$ kanonisch konjugierte Winkel[1]) ist. Analog

$$|\boldsymbol{s}_2| \cos(\boldsymbol{s}_2, \boldsymbol{k}) = |\boldsymbol{s}_2| \{\cos(\boldsymbol{k}, \boldsymbol{s}) \cos(\boldsymbol{s}_2, \boldsymbol{s}) + \sin(\boldsymbol{k}, \boldsymbol{s}) \sin(\boldsymbol{s}_2, \boldsymbol{s}) \cos\psi\}. \tag{27}$$

Also

$$|\boldsymbol{s}_1| \cos(\boldsymbol{s}_1, \boldsymbol{k}) \, |\boldsymbol{s}_2| \cos(\boldsymbol{s}_2, \boldsymbol{k}) = |\boldsymbol{s}_1| \, |\boldsymbol{s}_2| \Big\{\cos^2(\boldsymbol{k}, \boldsymbol{s}) \times \cos(\boldsymbol{s}_1, \boldsymbol{s}) \cos(\boldsymbol{s}_2, \boldsymbol{s}) - \frac{1}{2} \sin^2(\boldsymbol{k}, \boldsymbol{s}) \sin(\boldsymbol{s}_1, \boldsymbol{s}) \sin(\boldsymbol{s}_2, \boldsymbol{s})\Big\}. \tag{28}$$

Diese Rechnung läßt sich auf Grund der KRONIGschen[2]) Formeln in die Quantenmechanik übertragen.

Es ist zu diesem Zwecke am einfachsten, unter Beachtung der Normierung unsere Vektoren $\boldsymbol{s}_1$, $\boldsymbol{s}_2$ mit KRONIGS *Vektoren* K_1 und K_0, unser $\boldsymbol{s}$ mit KRONIGS L, unser $\boldsymbol{k}$ mit KRONIGS J(!), unser j mit KRONIGS R zu identifizieren. Dann gibt eine naheliegende Erweiterung der KRONIGschen Tabelle 2 (loc. cit., S. 265) die gesuchten

[1]) Vgl. z. B. HEISENBERG, W.: Z. Phys. **26** (1924) 291.

[2]) KRONIG, R. DE L.: Z. Phys. **33** (1925) 261. Der Beweis dieser Formeln auf Grund der Quantenmechanik wurde gegeben von DIRAC, P.: Proc. roy. Soc. [London] **111** (1926) 281.

Mittelwerte. Das Resultat ist für $s_1 = s_2 = 1/2, s = 1$:

$$\overline{|\mathbf{s}_1| \cos(\mathbf{s}_1, \boldsymbol{k}) \, |\mathbf{s}_2| \cos(\mathbf{s}_2, \boldsymbol{k})}$$

$$= \left(\frac{h}{2\pi}\right)^2 \left\{\frac{[j(j+1) - k(k+1) - s(s+1)]^2}{16k(k+1)}\right.$$

$$\left. - \frac{\left[-\left(k+\frac{1}{2}\right)^2 + \left(j+s+\frac{1}{2}\right)^2\right]\left[\left(k+\frac{1}{2}\right)^2 - \left(j-s+\frac{1}{2}\right)^2\right]}{16k(k+1)}\right\}. \tag{29}$$

Daraus wieder für $s_1 = s_2 = 1/2, s = 1$:

$$\Delta H = \left(\frac{h}{2\pi}\right)^2 \frac{e^2}{2m^2c^2} \overline{\left(\frac{1}{r^3}\right)}_{n,k} \left\{\frac{Z-3}{4}[j(j+1) - k(k+1) - 2]\right.$$

$$+ \frac{3}{16k\,(k+1)}\left\{[j(j+1) - k(k+1) - 2]^2\right.$$

$$- \left[\left(j+\frac{3}{2}\right)^2 - \left(k+\frac{1}{2}\right)^2\right]\left[\left(k+\frac{1}{2}\right)^2\right.$$

$$\left.\left. - \left(j-\frac{1}{2}\right)^2\right]\right\} - \left.\frac{1}{4}\right\}. \tag{30}$$

Da die Feinstruktur nur für den Term 2p hinreichend bekannt ist, setzen wir ein $k = 1, j = 2, 1, 0$ und erhalten

$$\Delta H_{2p} = \left(\frac{h}{2\pi}\right)^2 \frac{e^2}{2m^2c^2} \overline{\left(\frac{1}{r^3}\right)}_{2p} \left\{(Z-3)\left(\frac{1}{2}, -\frac{1}{2}, -1\right)\right.$$

$$\left. + \left(\frac{3}{8}, -\frac{3}{8}, \frac{3}{2}\right) - \frac{1}{4}\right\}. \tag{31}$$

Als Spezialfall ergibt sich für

$$Z = 2;\ \Delta H_{2p} = \left(\frac{h}{2\pi}\right)^2 \frac{e^2}{2m^2c^2} \overline{\left(\frac{1}{r^3}\right)}_{2p} \left(-\frac{3}{8}, -\frac{1}{8}, \frac{9}{4}\right),$$

$$Z = 3;\ \Delta H_{2p} = \left(\frac{h}{2\pi}\right)^2 \frac{e^2}{2m^2c^2} \overline{\left(\frac{1}{r^3}\right)}_{2p} \left(\frac{1}{8}, -\frac{5}{8}, \frac{5}{4}\right).$$

Aus (31) schließt man zunächst: Für große Werte von Z gilt das „Kosinusgesetz", wie es erwartet werden muß. Für kleine Werte von Z jedoch überwiegen die anderen Glieder. Wenn wir auf die bekannten Intensitätsverhältnisse 5 : 3 : 1 beim 2p-Triplett achten, erhalten wir die folgenden Aufspaltungsbilder, etwa für 2p—2s[1]):

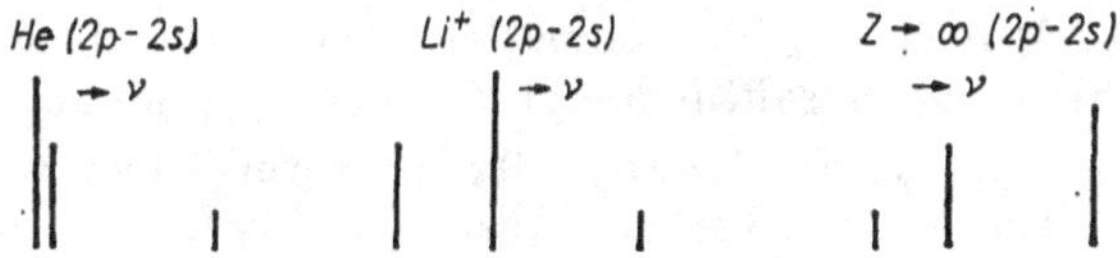

Wenn man zunächst von den absoluten Werten absieht, gibt die Figur links wohl die empirische Feinstruktur beim He vollständig wieder. Die beiden starken Linien links schmelzen bei der Messung zu einer zusammen und geben mit der Komponente rechts das Orthoheliumdublett mit der bekannten Intensitätsanomalie. Auch die zweite Figur steht mit der empirischen Feinstruktur der Li^+-Linie 5485 nach SCHÜLER (loc. cit.) in befriedigender

[1]) Auf die Möglichkeit, das Heliumdublett als verzerrtes Triplett zu deuten, hat schon SLATER, T. C.: Proc. nat. Acad. Amer. 11 (1925) 732, hingewiesen. Vgl. insbesondere auch die Intensitätsmessungen von ORNSTEIN, L. S., und H. C. BURGER: Z. Phys. 26 (1924) 57 und BURGER, D.: Z. Phys. 38 (1926) 437.

Übereinstimmung, wenn man zum Vergleich das allgemeine Verhalten des empirischen Aufspaltungsbildes heranzieht. Von Schüler werden jedoch noch eine Reihe weiterer Komponenten dieser Linie angegeben. Es mag dies damit in Verbindung gebracht werden, daß MacLennan und Ainslie[1]) auch bei der roten Lithiumlinie des Bogenspektrums eine kompliziertere Feinstruktur als bei gewöhnlichen Dublettlinien beobachtet haben. Ob diese besonderen Feinstrukturen, wie MacLennan annimmt, als Isotopeneffekte gedeutet werden können, scheint wohl zweifelhaft. Man wird eher, wie Schüler, an eine wirkliche Kernstruktur denken. In der Tat würde ein magnetisches Moment des Kernes von derselben Größenordnung wie das Moment des Elektrons einen Effekt der entsprechenden Größenordnung ergeben. Jedenfalls aber wird man annehmen dürfen, daß das unserer Theorie zugrunde gelegte Modell keine solche besondere Feinstruktur zeigen würde.

Die Berechnung der absoluten Größe der oben angegebenen Feinstruktur hängt von der Bestimmung des Wertes $\overline{(1/r^3)}_{2p}$ ab. Obwohl der 2p-Term selbst wenig von dem entsprechenden Wasserstoffterm abweicht, kann sich diese Abweichung bei einem Mittelwert von $1/r$ in der dritten Potenz schon sehr stark bemerkbar machen, denn für $k = 0$ wird $\overline{1/r^3} = \infty$. Der für wasserstoffähnliche Atome gültige Wert von $\overline{1/r^3}$ ist also sicher eine sehr schlechte Annäherung. Andererseits ist eine genaue Berechnung von $\overline{1/r^3}$ recht kompliziert. Zur vorläufigen Abschätzung setzen wir daher doch die dem wasserstoffähnlichen Atom entsprechenden Werte ein — wir erwarten dann, daß die so gewonnenen theoretischen Werte erheblich zu klein werden — und vergleichen den Abstand der äußersten Komponenten mit dem gemessenen Werte:

[1]) MacLennan, T. C., und D. S. Ainslie: Proc. roy. Soc. [London] **101** (1922) 342.

Für wasserstoffähnliche Spektren ist

$$\left(\frac{1}{r^3}\right)_{2p} = Rh\alpha^2 Z^3/24 \quad (\alpha = \text{Sommerfelds Feinstrukturkonstante}). \qquad (32)$$

Der Abstand zwischen den *äußersten* Komponenten des Feinstrukturbildes wird also für

$$\text{He:}\ Rh\alpha^2 \frac{(Z-1)^3}{24}\frac{21}{8} = 0{,}62\,\text{cm}^{-1};\ \text{beobachtet}\ 1{,}07\,\text{cm}^{-1},$$

$$\text{Li}^+\text{:}\ Rh\alpha^2 \frac{(Z-1)^3}{24}\frac{15}{8} = 3{,}65\,\text{cm}^{-1};\ \text{beobachtet}\ 4{,}4\,\text{cm}^{-1}.$$

Ein Teil der Diskrepanz mag auch auf die Vernachlässigung des Resonanzgliedes bei der Mittelung von (24) zurückzuführen sein.

Durch die hier durchgeführten Rechnungen sollte gezeigt werden, daß die Quantenmechanik auch für Atome mit zwei Elektronen eine qualitative Beschreibung des Spektrums bis in die feineren Einzelheiten ermöglicht und daß sie das Verhalten der Terme als Funktion der Quantenzahlen näherungsweise zu bestimmen gestattet. Diese Betrachtungen bedürfen nach zwei Richtungen hin noch sehr dringend einer Ergänzung. Für die Auswahl des einen Termsystems, das keine Zustände mit äquivalenten Bahnen der Elektronen enthält, fehlt bis jetzt eine klare Begründung. Man kann hoffen, daß man beim Versuch zur Beseitigung dieses Mangels auf tieferliegende Zusammenhänge stoßen wird. Die andere Lücke der hier durchgeführten Überlegungen besteht in dem Mangel an Genauigkeit. Man wird verlangen müssen, daß die theoretischen Termwerte so genau berechnet werden, daß die Übereinstimmung dieser Termwerte mit den experimentellen bis in die letzten Dezimalen geprüft werden kann. Die Methoden der quantenmechanischen

Störungstheorie müssen also nach und nach verfeinert werden, bis man zu Verfahren kommt, die, wie die Verfahren der Astronomie, ohne allzu große Rechenarbeit eine wirklich quantitative Bestimmung der gesuchten Konstanten ermöglichen.

Kopenhagen, Institut for teoretisk Fysik, Juli 1926

Anmerkung

[a] Wie viele Autoren dieser Zeit verwendet HEISENBERG große Buchstaben (S, P, ...) zur Bezeichnung von Singulettermen und kleine Buchstaben (s, p, ...) für Tripletterme.

10. Beziehung zwischen inneren Quantenzahlen und Intensitäten von Mehrfachlinien*)

von

H. C. Burger und H. B. Dorgelo

Man kann für das Intensitätsverhältnis der Komponenten einer Mehrfachlinie einige empirische Regeln angeben, welche dieses Verhältnis eindeutig bestimmen. Die in der Weise berechneten Intensitäten werden von den bisher ausgeführten Messungen ohne Ausnahme bestätigt.

1. Die kürzlich in dieser Zeitschrift veröffentlichte Untersuchung[1]) des Intensitätsverhältnisses der Komponenten von mehrfachen Spektrallinien hat gezeigt, daß eine Gesetzmäßigkeit besteht, welche für die Quantentheorie des Atommodells bedeutend werden kann. Wir werden in dieser Arbeit den dort eingeschlagenen Gedankengang weiter verfolgen und dabei zeigen, daß sich für die Intensitäten der Komponenten ein einfaches Zahlenschema angeben läßt. Die Messung der Intensitäten von Spektrallinien muß also als völlig gleichwertig neben die Wellenlängenmessung gestellt werden. Zwar ist die Messung eines Intensitätsverhältnisses schwieriger und umständlicher als die einer Wellenlänge und die bei der Intensitätsmessung erreichte Genauigkeit ist daher viel kleiner als die Genauigkeit der Wellenlängenmessung, aber die Messung von Intensitäten von Spektrallinien ist erst seit kurzem in Angriff genommen, und die Methoden, welche im Utrechter Institut ausgearbeitet sind, versprechen noch zahlreiche interessante Resultate.

Im folgenden werden wir uns vom Atom keine modellmäßige Vorstellung bilden und nur annehmen, daß bei einem Übergang des Atoms von einem energiereicheren

---

*) Z. Phys. **23** (1924) 258.

[1]) Z. Phys. **22** (1924) 170.

zu einem energieärmeren Zustand der Energieüberschuß gemäß der BOHRschen Frequenzbedingung als monochromatische Strahlung emittiert wird. Die Intensität einer Spektrallinie ist also proportional dem Produkt aus der Konzentration des Atoms im Anfangszustand und der Wahrscheinlichkeit des Sprunges vom Anfangs- zum Endzustand. Wie schon früher bemerkt,[1]) sind zuerst diejenigen Spektrallinien untersucht worden, für die der Anfangszustand des Atoms derselbe ist, weil man dann erwarten kann, daß das Intensitätsverhältnis von äußeren Umständen unabhängig und für die Linien charakteristisch ist.

In der Tat haben die Messungen diese Erwartung bestätigt; das Intensitätsverhältnis von Komponenten einer Mehrfachlinie, bei dem das Atom denselben Anfangszustand hat, ist von den Anregungsbedingungen innerhalb der Meßgenauigkeit unabhängig. Man begegnet diesem Fall bei der zweiten Nebenserie, wo das Anfangsniveau s einfach und das Endniveau p mehrfach ist. Bei den Dubletts der Alkalien wurde für das Intensitätsverhältnis gefunden 2 : 1, bei den Tripletts der Erdalkalien 5 : 3 : 1, bei einem Triplett des Sextettsystems von Mn 4 : 3 : 2 und bei einem Triplett des Oktettsystems von Mn 5 : 4 : 3. Daraus wurde geschlossen:

Das Intensitätsverhältnis der Komponenten von Dubletts und Tripletts der zweiten Nebenserie ist gleich dem Verhältnis der LANDÉschen inneren Quantenzahlen J[2])[(a)] der Endniveaus (Regel I)

Nun ist es sehr merkwürdig, daß Regel I auch gültig in den Fällen ist, wo das Anfangsniveau mehrfach, aber so wenig getrennt ist, daß das Spektroskop die betreffende Multiplizität nicht aufzulösen vermag. So hat die Messung

---

[1]) Z. Phys. **13** (1923) 206.

[2]) Z. Phys. **22** (1924) 177 wurde schon bemerkt, daß das Intensitätsverhältnis auch mit den SOMMERFELDschen inneren Quantenzahlen zu beschreiben ist. Eine Entscheidung zwischen beiden Ansichten ist nur auf Grund von modellmäßigen Betrachtungen möglich; nur einfachheitshalber werden hier die LANDÉschen Zahlen gewählt.

ergeben, daß das Intensitätsverhältnis der Komponenten in der ersten Nebenserie der Alkalien 2 : 1 ist, wenn die Trennung des d-Niveaus zu gering ist, um aufgelöst zu werden. Wenn man das d-Niveau als einfach betrachtet, gibt die Duplizität des p-Niveaus zwei Komponenten, deren Intensitäten sich in Übereinstimmung mit Regel I verhalten wie 2 : 1, d. h. wie die inneren Quantenzahlen der beiden Endniveaus.

Auch bei einer Linie der BERGMANN-Serie[(b)] des Calciums wurde Regel I bestätigt. Da das b-Niveau nicht getrennt war, bestand die Linie aus drei Komponenten, deren Intensitäten sich verhalten wie die inneren Quantenzahlen der Endniveaus d, d. h., das Verhältnis der Komponenten ist 7 : 5 : 3.

In diesen Fällen sind einige der Komponenten mehrfach, aber nicht aufgelöst; deren Intensität ist also die Summe der Intensitäten der Komponenten mit gemeinsamem Endniveau. Die zuletzt genannte Gesetzmäßigkeit für den Fall des ungetrennten oberen Niveaus läßt also erwarten, daß auch in dem Fall der Trennung eine ähnliche Regelmäßigkeit bestehen muß. Die Summen der Intensitäten der Komponenten einer Mehrfachlinie, welche mit Sprüngen des Atoms in einem gleichen Endzustand korrespondieren, verhalten sich wie die inneren Quantenzahlen J dieser Endzustände (Regel II).

Diese Regel, welche eine Verallgemeinerung von Regel I ist, wird bestätigt durch die Beobachtung eines zusammengesetzten Dubletts (pd) von Cäsium.[1]) Nachher ist das Intensitätsverhältnis der Komponenten des zusammengesetzten Tripletts 1p — 2d von Ca gemessen worden und war in vorzüglicher Übereinstimmung mit Regel II. Die Resultate der Messungen, die wir im folgenden noch gebrauchen werden, stellen wir hier zusammen. Die Intensität der stärksten Linie ist willkürlich gleich 100 gesetzt.

---

[1]) loc. cit., S. 173.

Tab. 10.1

	$1p_1-2d_3$	$1p_1-2d_2$	$1p_1-2d_1$	$1p_2-2d_3$	$1p_2-2d_2$	$1p_3-2d_3$
Wellenlänge	4456,61	4455,88	4454,77	4435,67	4434,95	4425,43
Intensität	1	18	100	19	54	25

Die Endniveaus sind $1p_1$, $1p_2$ und $1p_3$; die Summe der Intensitäten der Komponenten, die bei Sprüngen emittiert werden, welche in $1p_1$ enden, ist $1 + 18 + 100 = 119$; die betreffenden Summen für die Endniveaus $1p_2$ und $1p_3$ sind $19 + 54 = 73$ und 25. Nun besteht annähernd das Verhältnis:

$$119 : 73 : 25 = 5 : 3 : 1,$$ [1]

und die inneren Quantenzahlen J der Niveaus $1p_1$, $1p_2$ und $1p_3$ sind 5/2, 3/2 und 1/2, so daß man auch hier sieht, wie die Intensitäten nach Regel II mit den inneren Quantenzahlen zusammenhängen.

2. Es ist sehr wichtig zu bemerken, daß es möglich ist, ein Intensitätsverhältnis für die Komponenten des zusammengesetzten Dubletts und Tripletts anzugeben; bedeutet das doch, daß dieses Verhältnis auch dann eine für die betreffenden Komponenten charakteristische Zahl ist, wenn das Anfangsniveau der zu vergleichenden Komponenten verschieden ist. Schon Regel II deutet auf dieselbe Tatsache hin, welche besagt, daß das Verhältnis der Konzentrationen der Anfangsniveaus der Komponenten eine für diese Komponenten charakteristische Zahl ist, die nicht oder nur sehr wenig von den Anregungsbedingungen abhängt. Obwohl wir dieses Gesetz nur als ein Näherungsgesetz betrachten, das gültig ist, wenn die Energiedifferenz der betreffenden Niveaus genügend klein ist, werden wir es als streng gültig ansehen.

---

[1]) Zwar ist die Summe 119 etwas zu klein, aber die Selbstumkehrung der stärkeren Linie erklärt das leicht.

Aus dieser Überlegung folgt, daß es Sinn hat, nach den Intensitäten der Komponenten einer Mehrfachlinie der Hauptserie zu fragen. Diese Komponenten haben verschiedene Anfangsniveaus p, aber ein gemeinsames Endniveau s. Als erstes Beispiel nennen wir die Dubletts der Hauptserie der Alkalien. Für die D-Linien des Na ist von verschiedenen Forschern das Verhältnis 2 : 1 gefunden, und zwar ist die Linie D_2, deren innere Quantenzahl 2 ist, die stärkere. Das Verhältnis 2 : 1, das nach neuen hiesigen Messungen auch in der Hauptserie von Cs annähernd zutrifft (100 : 55), wird oft durch die Selbstumkehrung ziemlich stark gedrückt, da die Konzentration der absorbierenden Atome im Endzustande so groß ist. Je mehr aber die Dichte des leuchtenden Stoffes verringert wird, desto mehr nähert sich das Verhältnis der Komponenten dem Werte 2 : 1. Die inneren Quantenzahlen der Anfangsniveaus p sind 2 und 1, und es scheint also, daß in der Hauptserie die inneren Quantenzahlen des Anfangsniveaus die Intensitäten der Komponenten bestimmen. Diese Vermutung wird durch die Intensitäten vom Triplett 1 s — 2 p von Quecksilber bestätigt. Für die drei Komponenten wird von F. PASCHEN[1]) das Intensitätsverhältnis 10 : 6 : 2 = 5 : 3 : 1 angegeben, welche Zahlen sich verhalten wie die inneren Quantenzahlen J der Anfangsniveaus $2p_1$, $2p_2$ und $2p_3$. Da die Linie 1s—2p im Ultraroten liegt und der Abstand der Komponenten klein ist, liefert die Untersuchung das Verhältnis der Intensitäten sofort als Verhältnis der Ausschläge des Galvanometers.

Eine Messung der Intensitäten der drei Komponenten $\lambda = 5208{,}42$, $5206{,}15$ und $5204{,}51$ von Cr hat ergeben, daß diese Intensitäten sich verhalten wie

$$100 : 72 : 45.$$

Diese Linie gehört zum Quintettsystem und hat als Symbol $1s^a - 2p^a$. Die J-Werte der Anfangsniveaus sind

[1]) PASCHEN, F.: Ann. Physik 27 (1908) 558.

7/2, 5/2 und 3/2, und die Intensitäten der drei Komponenten sind also auch bei dieser Hauptserienlinie den inneren Quantenzahlen J proportional.

Wir haben also als Gegenstück zu Regel I: Das Intensitätsverhältnis der Komponenten von Mehrfachlinien der Hauptserie ist gleich dem Verhältnis der inneren Quantenzahlen J der Anfangsniveaus (Regel III).

Da die Anfangsniveaus eine ähnliche Rolle spielen wie die Endniveaus, versuchen wir, Regel III verallgemeinernd, folgende Intensitätsregel für zusammengesetzte Multipletts aufzustellen:

Die Summen der Intensitäten der Komponenten einer Mehrfachlinie, welche mit Sprüngen des Atoms von demselben Anfangszustande korrespondieren, verhalten sich wie die inneren Quantenzahlen J dieser Anfangszustände (Regel IV).

Diese Regel ist das Gegenstück zu Regel II, und wir behaupten, daß die Intensitäten der Komponenten jeder Mehrfachlinie beide Regeln befriedigen müssen.

Wir wollen beide Regeln prüfen an den auf S. 308 gegebenen Zahlen für die Linie 1p—2d von Ca. Diese Zahlen stellen wir übersichtlich in der nachfolgenden Tabelle zusammen:

Tab. 10.2

$1p_1\left(\frac{5}{2}\right)$	1	18	100
$1p_2\left(\frac{3}{2}\right)$	19	54	0
$1p_3\left(\frac{1}{2}\right)$	25	0	0
	$2d_3\left(\frac{3}{2}\right)$	$2d_2\left(\frac{5}{2}\right)$	$2d_1\left(\frac{7}{2}\right)$

Die Landéschen J-Werte sind hinter den Niveausymbolen zugefügt. Regel II sagt nun aus, daß die Summen der Horizontalreihen proportional den J-Werten der p-Niveaus sind, während nach Regel IV die Summen der Vertikalreihen sich verhalten müssen wie die J-Werte 3/2, 5/2, 7/2 der Anfangsniveaus d. Ersteres haben wir schon früher geprüft, das zweite besagt, daß die Proportionalität bestehen muß:

$$(1 + 19 + 25) : (18 + 54) : 100 = 3 : 5 : 7.$$

Zwar sind die stärkeren Linien etwas zu schwach, aber in Anbetracht der sicher nicht zu vernachlässigenden Selbstumkehrung ist das zu erwarten und ist die Übereinstimmung genügend.

Es erübrigt sich hier, auf die weiteren Messungsergebnisse einzugehen, weil wir diese später noch prüfen wollen. Nur sei hervorgehoben, daß die Regeln II und IV (und Regel I und III als Spezialfälle) ausnahmslos gültig sind.

3. Die Regeln II und IV, zusammen mit dem Auswahlprinzip, das gewisse Linien ausschließt, genügen nicht zur eindeutigen Bestimmung der Intensitäten der betrachteten Linien. Im letztgenannten Beispiel des vollständigen Tripletts muß man das Intensitätsverhältnis von sechs Komponenten bestimmen, d. h., die Zahl der unbekannten Größen ist fünf. Die Regeln II und IV geben jede eine Proportionalität für die drei genannten Summen und liefern also zusammen vier Gleichungen. Hieraus erhellt, daß noch eine Gleichung fehlt, um die Intensitäten dem Verhältnis nach festzulegen. Um diese fehlende Gleichung zu finden, beschränken wir uns zunächst auf den einfacheren Fall des zusammengesetzten Dubletts. Die Regeln II und IV geben hier jede eine Gleichung, und diese zwei Gleichungen genügen zur Bestimmung des Verhältnisses der Intensitäten der drei Komponenten des zusammengesetzten Dubletts. Wir schreiben das Resultat der einfachen Berechnung gleich hin für eine willkürliche Azimutalquantenzahl k des Endniveaus; das Anfangsniveau hat die Azimutalquantenzahl $k + 1$. Nimmt man $k = 1, 2, 3, \ldots$, so bekommt man die Intensitäten für die Serien sp, pd, db, ... In der folgenden Tabelle ist die Summe der drei Intensitäten gleich Eins gesetzt:

Tab. 10.3

$\frac{k}{2k-1}$	$\frac{1}{(2k-1)(2k+1)}$	$\frac{2k^2+k-1}{(2k-1)(2k+1)}$
$\frac{k-1}{2k-1}$	$\frac{2k^2-k-1}{(2k-1)(2k+1)}$	0
	$\frac{k}{2k+1}$	$\frac{k+1}{2k+1}$

Die J-Werte der beiden Anfangsniveaus sind k und $k + 1$, die der Endniveaus $k - 1$ und k. Es ist zweckmäßig, statt der inneren Quantenzahlen J Brüche einzuführen, welche J zum Zähler haben und deren Nenner die Summe der J-Werte aller Anfangs- bzw. Endniveaus ist. Diese Brüche sind in der Tabelle angegeben und werden in der Folge als „relative" Quantenzahlen bezeichnet werden. In einer Tabelle von der Art der Tabelle 10.3 müssen nun die Summen der Intensitäten in jeder Horizontal- bzw. Vertikalreihe gleich der betreffenden beigeschriebenen relativen Quantenzahl sein. Wir wenden Tab. 10.3 für die erste Nebenserie (pd) der Alkalien an. Das Intensitätsverhältnis der drei Komponenten gibt dann die Tabelle 10.3 für $k = 2$.

Tab. 10.4

$\frac{2}{3}$ (p_1)	1	9
$\frac{1}{3}$ (p_2)	5	0
	$\frac{2}{5}$ (d_2)	$\frac{3}{5}$ (d_1)

Nur die Zähler der Intensitätsbrüche sind angegeben, der gemeinsame Nenner $(2k - 1)(2k + 1) = 3 \times 5 = 15$ ist fortgelassen. Nach Regeln II und IV muß also das Verhältnis der Intensitäten sein

$$9 : 5 : 1 = 100 : 55{,}5 : 11 .$$

Die Beobachtung des zusammengesetzten Dubletts 1p — 5d von Cs hat ergeben:

$$100 : 60 : 12 .$$

Wie man sieht, ist die Übereinstimmung genügend und eine nochmalige Bestätigung der Regeln II und IV.

Um für das zusammengesetzte Triplett, und auch für verwickeltere Fälle, die Intensitäten vollständig zu bestimmen, generalisieren wir die Tabelle 10.3. Dazu bemerken wir, daß es eine Komponente gibt, deren Zähler, unabhängig von der Azimutalquantenzahl, gleich 1 ist. Es ist dies gerade die Komponente, welche nach der Sommerfeldschen Intensitätsregel[1]) die kleinste Intensität haben muß, da der Sprung der inneren Quantenzahl am meisten von dem Sprung der azimutalen Quantenzahl differiert. Verallgemeinernd wollen wir daher die Gültigkeit folgender Regel annehmen:

Die Intensität einer Komponente einer Mehrfachlinie, ausgedrückt in der Summe aller Komponenten als Einheit, ist ein rationeller Bruch, dessen Nenner das Produkt der Summen der inneren Quantenzahlen J[2]) von den Anfangs- bzw. Endniveaus ist. Der Zähler ist gleich 1 für diejenigen Kombinationen, bei denen der Sprung der inneren Quantenzahl am meisten vom Sprung der azimutalen Quantenzahl k abweicht (Regel V).

In allen Fällen genügen Regel II, IV und V, um ohne weiteres die Intensitätsverhältnisse aller Komponenten

---

[1]) Sommerfeld, A.: Atombau und Spektrallinien, 3. Aufl. Leipzig, S. 447 und 448.

[2]) Bei dem Triplett, Quintett usw. wird, um Brüche zu vermeiden, statt J die ganze Zahl $2J$ genommen.

einer Mehrfachlinie zu berechnen. Nach dem Auswahlprinzip sind gerade so viele Linien unterdrückt, daß die drei Regeln die genügende Zahl Gleichungen liefern.

In Tab. 10.5 findet man für das zusammengesetzte Triplett die in der angegebenen Weise berechneten Intensitäten für beliebige k.

Die Intensitätsbrüche lassen sich nach den Regeln II, IV und V sehr leicht aus den beigeschriebenen relativen Quantenzahlen ableiten; so ist z. B. der Intensitätsbruch $(12k^2 - 12k - 9)/(6k - 3)(6k + 3)$ sofort gleich der relativen Quantenzahl $(2k - 3)/(6k - 3)$, weil in der Horizontalreihe dieses Bruches keine anderen Zahlen mehr vorkommen.

Tab. 10.5

$\frac{2k+1}{6k-3}$	$\frac{1}{(6k-3)(6k+3)}$	$\frac{11}{(6k-3)(6k+3)}$	$\frac{12k^2+12k-9}{(6k-3)(6k+3)}$
$\frac{2k-1}{6k-3}$	$\frac{11}{(6k-3)(6k+3)}$	$\frac{12k^2-14}{(6k-3)(6k+3)}$	0
$\frac{2k-3}{6k-3}$	$\frac{12k^2-12k-9}{(6k-3)(6k+3)}$	0	0
	$\frac{2k-1}{6k+3}$	$\frac{2k+1}{6k+3}$	$\frac{2k+3}{6k+3}$

Wir prüfen die Tabelle 10.5 zuerst für die (pd)-Linie des Calciums, deren Intensitätsverhältnisse in Tab. 10.2 gegeben sind. Die nach Tab. 10.5 gefundenen Intensitäten für $k = 2$ rechnen wir um, so daß die stärkste Linie durch die Zahl 100 dargestellt wird, und bekommen in der Weise:

Tab. 10.6

p_1	1,6	17,5	100
p_2	17,5	54,0	0
p_3	22,2	0	0
	d_3	d_2	d_1

Interessant ist auch die Linie 1d—3b von Sr. Es war bei dieser Linie gerade noch möglich, die sechs Komponenten zu trennen und deren Intensitäten zu messen. In der folgenden Tabelle sind die berechneten Intensitäten und die Meßergebnisse (diese in Parenthese) zusammengestellt:

Tab. 10.7

0,7 (< 1)	8,1 (9)	100 (100)
8,1 (9)	69,5 (69)	0
46,7 (48)	0	0

Für beide Mehrfachlinien geben die Regeln II, IV und V eine treffend gute Beschreibung der gemessenen Intensitäten.

Es liegen leider keine Messungen von Intensitäten der Komponenten von zusammengesetzten Quartetts, Quintetts usw. vor. Man kann aber in der angegebenen Weise die Intensitätsverhältnisse in allen diesen Fällen vorhersagen; wir geben das Resultat nur für das Quartett in der folgenden Tabelle, in der auch die relativen Quantenzahlen gegeben sind und der gemeinsame Nenner $(4k - 2)(4k + 2)$ aller Intensitätsbrüche fortgelassen ist.

Tab. 10.8

$\frac{k+1}{4k-2}$	0	1	5	$4k^2 + 6k - 4$
$\frac{k}{4k-2}$	1	6	$4k^2 + 2k - 7$	0
$\frac{k-1}{4k-2}$	5	$4k^2 - 2k - 7$	0	0
$\frac{k-2}{4k-2}$	$4k^2 - 6k - 4$	0	0	0
	$\frac{k-1}{4k+2}$	$\frac{k}{4k+2}$	$\frac{k+1}{4k+2}$	$\frac{k+2}{4k+2}$

4. Die Messungen betreffen bisher nur Linien, deren Komponenten ziemlich kleine Unterschiede in der Wellenlänge aufweisen. Das Verhältnis der Intensitäten der Komponenten ist dann annähernd gleich dem Verhältnis der Anzahl der entsprechenden Sprünge des Atoms, da das Energiequant $h\nu$, das bei jedem Sprung emittiert wird, für die Komponenten ungefähr gleich ist. Prinzipiell macht es aber einen bedeutenden Unterschied, ob unsere Regeln für die Intensitäten oder für die Sprungzahlen gelten. Das läßt sich nur durch die Messung der Intensitäten von weit entfernten Komponenten entscheiden, deren $h\nu$ sehr verschieden ist. Noch nicht veröffentlichte Messungen von Herrn W. J. H. MOLL und einem von uns deuten darauf hin, daß beim Triplett 1 p — 1 s von Quecksilber die Anzahl der Sprünge und nicht die Intensität den inneren Quantenzahlen proportional ist.

Es ist bemerkenswert, daß die Intensitäten nach den gegebenen Regeln bei wachsendem Wert der Azimutalquantenzahl k sich alle der Null nähern, ausgenommen die der SOMMERFELDschen „starken" Übergänge, wo die Sprünge von J und k gleich sind. Die Komponenten, die den starken Übergängen entsprechen, nähern sich bei wachsendem k demselben Grenzwert. Die korrespondenzmäßige Bedeutung dieser Extrapolation möge dahingestellt bleiben.

Physikalisches Institut der Universität Utrecht, 8. März 1924.

Anmerkungen

(a) Die innere Quantenzahl J bei LANDÉ ist mit der heute verwendeten Gesamtdrehimpulsquantenzahl J durch die Relation

$$J \text{ (heute)} = J \text{ (LANDÉ)} - 1/2$$

verknüpft. Es gilt also $2J$ (heute) $+ 1 = 2J$ (LANDÉ).

(b) Die BERGMANN-Serie wird heute üblicherweise als Fundamentalserie bezeichnet.

11. Rotierende Elektronen und die Struktur der Spektren*)

von

G. E. Uhlenbeck und S. Goudsmit

Soweit uns bekannt ist, wurde der Gedanke einer gequantelten Rotation des Elektrons zum ersten Mal von A. K. Compton ausgesprochen (J. Franklin Inst., Aug. 1921, S. 145), der den möglichen Zusammenhang dieser Überlegungen mit dem Ursprung der natürlichen Einheit des Magnetismus andeutete. Ohne die Vermutung Comptons zu kennen, haben wir kürzlich in einer Mitteilung (Naturwiss. vom 20. Nov. 1925) auf die Möglichkeit hingewiesen, das rotierende Elektron zur Interpretation einer Reihe von Besonderheiten in der Quantentheorie des Zeeman-Effekts heranzuziehen, die sich insbesondere bei den Arbeiten von van Lohuizen, Sommerfeld, Landé und Pauli sowie bei der Analyse komplexer Spektren ganz allgemein gezeigt hatten. In der vorliegenden Mitteilung wollen wir versuchen, zu zeigen, wie sich mit Hilfe unserer Hypothese gewisse fundamentale Schwierigkeiten überwinden lassen, die einer Interpretation der Resultate der genannten Autoren bisher im Wege standen.

Zunächst werden wir die Wirkung des Spins auf die Menge der stationären Zustände betrachten, die der Bewegung des Elektrons um einen Kern entspricht. Auf Grund seines magnetischen Moments wird auf das Elektron ein Kraftmoment ausgeübt derart, als ruhe es in einem Magnetfeld, dessen Stärke gleich dem Vektorprodukt aus elektrischem Feld des Kerns und Relativgeschwindigkeit des Elektrons in bezug auf den Kern, dividiert durch die Lichtgeschwindigkeit, ist. Dieses

*) Nature [London] 117 (1926) 264.

Kraftmoment verursacht eine langsame Präzession der Spinachse, wobei der Drehimpuls des Atoms durch eine kompensierende Präzession der Bahnebene des Elektrons erhalten bleibt. Eine solche komplexe Bewegung erfordert, daß entsprechend jedem stationären Zustand eines gedachten Atoms, in dem das Elektron keinen Spin besitzt, im allgemeinen eine Anzahl von Zuständen existiert, die sich in der Orientierung der Spinachse hinsichtlich der Bahnebene unterscheiden, die Bewegung aber im übrigen die gleichen Parameter hat. Entspricht der Spin einer Einquantenrotation, so werden im allgemeinen zwei solche Zustände existieren. Ferner wird der Energieunterschied dieser Zustände, wie eine einfache Rechnung zeigt, proportional der vierten Potenz der Kernladung sein und von den den Bewegungszustand des spinfreien Elektrons definierenden Quantenzahlen auf sehr ähnliche Weise abhängen wie die Energieunterschiede, die sich aus der Rotation der Bahn in ihrer Ebene infolge der relativistischen Massenänderung des Elektrons ergeben. Wir sind Herrn Dr. Heisenberg für einen Brief zu Dank verpflichtet, in dem er uns einige Rechnungen zur quantitativen Seite des Problems mitteilte.

Dieses Resultat führt zu einer wesentlichen Modifizierung der Erklärung, die der Feinstruktur der wasserstoffähnlichen Spektren gegeben wurde. Zur Veranschaulichung betrachten wir die Energieniveaus, die den Elektronenbahnen mit der Hauptquantenzahl 3 entsprechen. Das Schema auf der linken Seite von Abb. 11.1 entspricht den nach der Sommerfeldschen Theorie zu erwartenden Resultaten. Die sogenannte azimutale Quantenzahl k ist durch den Betrag des Drehimpulses des Elektrons in bezug auf den Kern, $kh/2\pi$, definiert; dabei ist $k = 1, 2, 3$. Nach der neuen Theorie, die im Schema auf der rechten Seite der Abbildung wiedergegeben ist, wird der Drehimpuls durch $Kh/2\pi$ mit

$K = 1/2, 3/2, 5/2$ gegeben.[1]) Der Gesamtdrehimpuls des Atoms ist $Jh/2\pi$ mit $J = 1, 2, 3$. Die Symbole K und J sind die gleichen, die LANDÉ[(a)] in seiner Klassifikation der ZEEMAN-Effekte der optischen Multipletts verwendet. Die Buchstaben S, P, D beziehen sich ebenfalls auf die

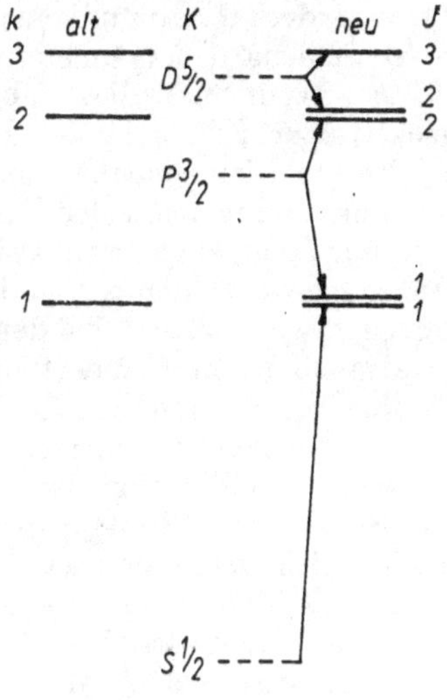

Abb. 11.1

Analogie mit der Struktur der optischen Spektren, auf die wir weiter unten noch eingehen werden. Die gestrichelten Linien bezeichnen die Lage der Energieniveaus, wie sie sich bei fehlendem Elektronenspin ergeben würde. Den Pfeilen entsprechend, spaltet der Spin jedes Niveau mit Ausnahme desjenigen mit $K = 1/2$, das lediglich verschoben wird, in zwei Niveaus auf.

---

[1]) Völlig unabhängig von den hier betrachteten Überlegungen wurde kürzlich von den Autoren (Physica 5 (1925) 266) auf Grund der formalen Analogie zwischen den Spektralstrukturen ein Niveauschema vorgeschlagen, das dieser Abbildung entspricht. Das gleiche Schema erhielt unlängst auch J. C. SLATER (Proc. Washington Acad., Dez. 1925) aus ähnlichen formalen Betrachtungen.

Um die experimentellen Fakten zu erklären, müssen sich die resultierenden Niveaus an der gleichen Stelle befinden wie die Niveaus nach der älteren Theorie. Dennoch unterscheiden sich die beiden Schemata grundsätzlich. Insbesondere erklärt die neue Theorie unmittelbar das Auftreten gewisser Feinstrukturkomponenten des Wasserstoffspektrums sowie des Heliumfunkenspektrums, die nach dem älteren Schema Übergängen mit festem K entsprechen müßten. Wenn man diese Übergänge nicht der Wirkung elektrischer Kräfte in der Entladung zuschreiben kann, die die Elektronenbewegung stören, so wäre ihr Auftreten unvereinbar mit dem Korrespondenzprinzip, nach dem nur Übergänge erlaubt sind, bei denen sich die azimutale Quantenzahl um 1 ändert. Aus dem neuen Schema ersehen wir, daß sich bei den betreffenden Übergängen K tatsächlich um 1 ändert und nur J ungeändert bleibt. Ihr Auftreten steht also hier völlig im Einklang mit dem Korrespondenzprinzip.

Die vorgeschlagene Modifikation ist besonders für die Erklärung der Struktur der Röntgenspektren wichtig. Diese unterscheiden sich von den wasserstoffähnlichen Spektren dadurch, daß hier sogenannte Abschirmungsdubletts auftreten, die man der Wechselwirkung der Elektronen im Innern des Atoms zuschreibt, die sich hauptsächlich in einer Reduzierung des Anziehungseffekts durch den Kern bemerkbar macht. Aus unserer Sicht entsprechen sie Niveaupaaren mit dem gleichen Drehimpuls J, aber verschiedenen azimutalen Quantenzahlen K. Infolgedessen dringen die Bahnen in verschiedene Entfernungen vom Kern vor, so daß sich eine unterschiedliche Abschirmung der Kernladung durch die übrigen Elektronen ergibt. Dagegen wird der Abschirmungseffekt für ein Niveaupaar mit dem gleichen K, aber verschiedenem J, das derselben Bahnform entspricht, gleich sein. Derartige Niveaupaare wurden in der älteren Theorie durch um Eins verschiedene Zahlen k charakterisiert, und es war völlig unverständlich, warum diese sogenannten relativistischen Dubletts getrennt von den Abschirmungsdubletts auftreten sollten. In unserer Sicht würde man sie zweckmäßigerweise als „Spin"dubletts bezeichnen, da der einzige Grund für ihr Auftreten die unterschiedliche Orientierung der Spinachse in bezug auf die Bahnebene ist. Wir bemerken noch, daß unsere Interpretation in voller Übereinstimmung mit dem Korrespondenzprinzip steht, soweit es die Kombinationsregeln von Röntgenniveaus betrifft.

Die Annahme des rotierenden Elektrons führt auch zu neuen Erkenntnissen in bezug auf die bemerkenswerte Analogie zwischen der Multiplettstruktur der optischen Spektren und der Struktur der Röntgenspektren, auf die besonders Landé und Millikan hingewiesen haben. Während der Versuch, diese Analogie auf einen allen Strukturen gemeinsamen relativistischen Effekt zurückzuführen, außerordentlich unbefriedigend verlief, erklärte sie sich auf der Grundlage der Hypothese des rotierenden Elektrons ganz zwanglos. Betrachten wir z. B. die alkaliähnlichen Spektren, so erkennen wir in den bekannten Dubletts reguläre Spindubletts der oben beschriebenen Art. Das ermöglicht es uns in der Tat, die Abhängigkeit der Dublettbreite von der effektiven Kernladung und den Quantenzahlen, die die Bahn beschreiben, aber auch die Kombinationsregeln zu erklären.

Die Einfachheit der Alkalispektren ergibt sich daraus, daß das Atom aus einem um einen Atomrumpf kreisenden Elektron besteht, der nur vollbesetzte und damit magnetisch träge Elektronengruppen enthält. Gehen wir zu Atomen über, bei denen mehrere Elektronen um einen Atomrumpf dieser Art kreisen, so erhalten wir neue Gesichtspunkte, da wir neben dem Kraftmoment, das auf Grund seiner eigenen Bewegung im elektrischen Feld entsteht, weitere Einflüsse auf die Richtung der Spinachse jedes Elektrons zu berücksichtigen haben. Das gestattet nicht nur, das Auftreten von komplexeren Multipletts zu erklären, sondern wirft auch neues Licht auf die sogenannte „Verzweigung" der Spektren, die bei der Hinzufügung eines weiteren Elektrons zum Atom gewöhnlich beobachtet wird und wofür bisher keine befriedigende Erklärung gegeben werden konnte. In der Tat erscheint es durchaus möglich, mit Hilfe des Begriffs des rotierenden Elektrons das Aufbauprinzip, wie es Bohr bei seiner allgemeinen Diskussion der Beziehungen zwischen den Spektren des natürlichen Systems der Elemente verwendet hat, aufrechtzuerhalten. Vor allem lassen sich damit die wichtigen, von Pauli erhaltenen Resultate erklären, ohne daß es notwendig wird, eine nichtmechanische „Dualität" bei der Bindung des Elektrons anzunehmen.

Wir haben bisher den Zeeman-Effekt nicht erwähnt, obwohl das rotierende Elektron ursprünglich gerade auf Grund der Analyse der bei den Komponenten der Multiplettstrukturen beobachteten anomalen Zeeman-Effekte in die Theorie eingeführt worden ist. Vom Standpunkt des Korrespondenzprinzips zeigt dieser Effekt, daß der Einfluß eines Magnetfeldes auf die Bewegung des Atoms erheblich verschieden davon ist, was wir zu erwarten haben, wenn das Elektron keinen Spin besitzt. In der Tat wäre auf Grund des bekannten Theorems von Larmor zu erwarten, daß die Wirkung auf irgendeine Spektrallinie, unabhängig von der Art der Multiplettstruktur, vom einfachen Lorentz-Typ ist. Das Auftreten der anomalen Zeeman-Effekte hat deshalb bisher sehr große Schwierigkeiten bereitet. Diese werden aber sofort ausgeräumt, wenn man annimmt, daß das Elektron einen Spin besitzt und das Verhältnis des magnetischen Moments zum Drehimpuls dieses Spins verschieden von demjenigen ist, das dem Umlauf des Elektrons auf einer Bahn mit linearen Abmessungen groß gegen die des Elektrons entspricht. Unter dieser Voraussetzung wird die Spinachse des Elektrons, auf das keine anderen Kräfte wirken, mit einer von der Larmor-Rotation verschiedenen Frequenz präzessieren. Man kann leicht zeigen, daß die resultierende Bewegung des Atoms dann für schwache Magnetfelder gerade von der Art ist, die Landé bei seiner Analyse gefunden hat.

Wird das Feld so stark, daß sein Einfluß auf die Präzession der Spinachse vergleichbar mit dem von der Bahnbewegung im Atom hervorgerufenen Einfluß wird, so wird sich die Bewegung auf eine Weise ändern, die die als Paschen-Back-Effekt bekannte stufenweise Umwandlung der Multiplettstruktur mit stärker werdendem Feld unmittelbar erklärt.

Es erscheint möglich, an Hand dieser Linien eine quantitative Theorie des Zeeman-Effekts zu entwickeln, wenn man annimmt, daß das Verhältnis von magnetischem Moment zu Spindrehimpuls gleich dem Doppelten des Verhältnisses ist, das einem Bahnumlauf entspricht. Zur Zeit scheint es aber noch schwierig zu sein, diese Vermutung mit einer quantitativen Analyse unserer Erklärung der Niveaufeinstruktur in Einklang zu bringen; denn dabei ergaben sich — nach vorläufigen Berechnungen — gerade doppelt so große Breiten der Spindubletts, wie sie auf Grund der Beobachtungen gefordert werden. Man muß allerdings berücksichtigen, daß wir es hier mit Problemen zu tun haben, für deren endgültige Lösung eine genauere Untersuchung der Quantenmechanik und eventuell auch von Fragen erforderlich ist, die mit der Struktur des Elektrons zusammenhängen.

Abschließend drücken wir Herrn Prof. Niels Bohr unseren Dank für eine klärende Diskussion sowie seine kritischen Bemerkungen aus, die uns halfen, zwischen den wesentlichen Punkten und den mehr technischen Details der neuen Interpretation zu unterscheiden.

Anmerkung

[a] Vgl. Anmerkung [a] zur Arbeit 7 von Landé.

12. Über die Theorie der Hyperfeinstrukturen*)

von

E. Fermi und E. Segrè

In der Arbeit werden die Hyperfeinstrukturen der Elemente Li, Na, Cu, Ga, Rb, In, Cs, Ba, Au, Hg, Tl, Pb und Bi untersucht, die experimentell gut bekannt und der Theorie relativ leicht zugänglich sind. Insbesondere wird diskutiert, inwieweit man die beobachteten Hyperfeinstrukturaufspaltungen theoretisch interpretieren kann, wenn man allein von der Hypothese eines magnetischen Moments des Kerns ausgeht. Zieht man die zahlreichen Störungen sogar zwischen verschiedenen Elektronenkonfigurationen in Betracht, so ergibt sich, daß die Hypothese der magnetischen Kopplung den experimentell ermittelten Werten in keinem Fall widerspricht und das gesamte Beobachtungsmaterial — wenigstens, soweit es die allgemeinen Charakteristiken betrifft — befriedigend erklären kann, obwohl es nicht unmöglich erscheint, daß auch andere Effekte zu kleinen Störungen führen können. Abschließend werden die Konsequenzen in bezug auf die magnetischen Momente der Kerne untersucht, die sich aus den experimentellen Daten ergeben.

1. Einleitung

Die Hyperfeinstrukturen der Spektrallinien wurden eine Zeitlang der Wechselwirkung zwischen Kern und Elektronen zugeschrieben [1]. Die nächstliegende Hypothese, diese Wechselwirkung zu erklären, ist es, dem Kern ein inneres magnetisches Moment zuzuordnen, das mit dessen Drehimpuls zusammenhängt. Die um den Kern kreisenden Elektronen erzeugen ein Magnetfeld, in dem der Kern verschiedene Orientierungen und damit verschiedene magnetische Energie haben kann. Das führt

---

*) Mem. Accad. Italia, Fis. 4 (1933) 131.

zu einer Aufspaltung der Energieniveaus. Auf diese Weise liefert jeder Elektronenterm ein Hyperfeinstrukturmultiplett exakt analog einem gewöhnlichen Multiplett in der idealen Russell-Saunders-Kopplung, wenn man folgende Zuordnung der Drehimpulsvektoren der verschiedenen Teile des Atoms vornimmt:

Gewöhnliches Multiplett		Hyperfeinstrukturmultiplett
L	entspricht	J
S	entspricht	I
J	entspricht	F

In Übereinstimmung mit den üblichen Bezeichnungen bedeuten I und F den inneren Drehimpuls des Kerns bzw. den Gesamtdrehimpuls des Atoms (Resultierende von J und I).

Wie zuerst Goudsmit und Back [2] experimentell gezeigt haben, sind insbesondere die Intervallregel und die üblichen Regeln für die Berechnung der Zeeman-Effekte auf die Hyperfeinstrukturmultipletts anwendbar. Dadurch ist es möglich, zur Charakterisierung des gesamten Hyperfeinstrukturmultipletts eine einzige Konstante A zu verwenden. Die Lagen der einzelnen Hyperfeinstrukturniveaus in bezug auf den Schwerpunkt des Multipletts werden durch die Gleichung

$$A(J, I) = \frac{1}{2} A[F(F+1) - J(J+1) - I(I+1)] \quad (1)$$

mit $I + J \geqq F \geqq |I - J|$ gegeben.

Wenn wir annehmen, daß die Hyperfeinstruktur allein durch ein magnetisches Moment des Kerns bedingt ist, erhalten wir für A den klassischen Wert

$$A = \frac{\mu H}{IJ}, \quad (2)$$

wobei μ das magnetische Moment des Kerns und H das mittlere Magnetfeld bedeuten, das auf Grund der Bewegung der Elektronen auf den Kern wirkt. Bei der quantentheoretischen Behandlung erhält man ebenfalls Gl. (2), wenn man μ und H folgendermaßen definiert: μ ist der Betrag der z-Komponente des magnetischen Moments des Kerns bei $I_z = I$ (was in der klassischen Sprache bedeutet, daß das Kernmoment parallel zur z-Achse gerichtet ist); analog ist H der Mittelwert der z-Komponente des Magnetfeldes am Kern infolge der Elektronenbewegung für den Zustand mit $M = J$.

Das Feld H kann berechnet werden, wenn die Elektroneneigenfunktionen bekannt sind. Wir können dann Gl. (2) verwenden, um das magnetische Moment des Kerns aus den experimentell gefundenen Werten für A zu bestimmen. Die Theorie ist als befriedigend anzusehen, wenn man für μ bei der Berechnung aus verschiedenen Termen der neutralen oder ionisierten Atome mit demselben Kern den gleichen Wert erhält.

Verschiedene Autoren [3] haben derartige Rechnungen für ein Elektron im Zentralfeld in nichtrelativistischer Näherung durchgeführt. Später wurden dann auch die relativistischen Korrektionen berücksichtigt [4], wobei sich besonders für die schweren Elemente merkliche Effekte ergaben; endlich haben Goudsmit et al. [5] den Fall mehrerer Elektronen diskutiert. Der quantitative Vergleich der Resultate dieser Rechnungen mit dem Experiment führte zu ernsthaften Schwierigkeiten [6], da die μ-Werte bei der Berechnung der magnetischen Momente der Kerne aus der Hyperfeinstruktur verschiedener Terme erheblich voneinander abzuweichen schienen. Daraus resultierte die Ansicht, daß neben einem möglichen magnetischen Moment der Kerne andere Effekte der gleichen Größenordnung auf die Termstruktur wirken müssen.

Gegenstand der vorliegenden Arbeit war eine völlig neue Untersuchung des Problems sowie der Versuch, die verschiedenen, durch ungeeignete Näherungen entstandenen Unsicherheiten zu beseitigen. Dabei fanden wir, daß sich die scheinbaren Widersprüche auf natürliche Weise durch Störungen erklären lassen, die bei den bisherigen Rechnungen vernachlässigt worden sind. Derartige Störungen lassen sich gewöhnlich nicht mit quantitativer Genauigkeit abschätzen, sind aber größenordnungsmäßig mit den Unterschieden zwischen der elementaren Theorie und den experimentell ermittelten Daten vergleichbar und ergeben sich im allgemeinen daraus, daß die Elektronenkonfigurationen verschieden sind von derjenigen, die dem betrachteten Term entspricht. Ihre Effekte sind nachweisbar, weil entweder die Störniveaus dicht beieinander liegen oder ihre Kopplungskonstanten A relativ groß gegen die der gestörten Terme sind.

In Abschnitt 2 werden wir die Probleme untersuchen, die die numerische Berechnung der einzelnen Eigenfunktionen der an der Hyperfeinstruktur beteiligten Elektronen aufwirft. Für s-Terme spielt nur $\psi(0)$ eine Rolle, und wir werden zeigen, daß man es in befriedigender Näherung aus einer halbempirischen Formel von Landé und Goudsmit bestimmen kann, wenn man gewisse Korrektionen einführt, die meist relativistischer, aber auch anderer Art sind und ausführlich beschrieben werden. Damit verschwinden viele der Unsicherheiten, die die bisher zur Abschätzung der Hyperfeinstruktur durch die s-Elektronen verwendeten numerischen Methoden mit unzureichender Genauigkeit mit sich brachten.

Für die p- und d-Elektronen wird die Kopplung mit dem Kern durch den Mittelwert von $1/r^3$ bestimmt. Um diese Größe zu berechnen, braucht man die Eigenfunktionen nicht exakt zu kennen, da man sie aus den Termabständen der gewöhnlichen Multipletts mit Hilfe von Korrektionsfaktoren herleiten kann, die der Tatsache Rechnung tragen, daß die Aufspaltung der gewöhnlichen Multipletts durch $\overline{(1/r)\,\partial V/\partial r}$ und nicht wie die der Hyperfeinstrukturmultipletts durch $\overline{1/r^3}$ bestimmt wird.

Die Korrektionen sind in manchen Fällen relativ groß (bis zu 30%), ihre numerische Berechnung ist aber völlig exakt; denn sie sind hauptsächlich durch den inneren Anteil der Eigenfunktionen bestimmt, für den die statistische Methode eine befriedigende Näherung liefert.

In den Abschnitten 3 und 4 werden wir die möglichen Störungen diskutieren und an Hand einiger Beispiele ihre Wirkung zeigen, sowohl wenn die gestörten Terme zur selben wie auch wenn sie zu verschiedenen Konfigurationen gehören. Abschließend werden wir Kriterien dafür angeben, wann ein Term als nicht hochgradig gestört angesehen werden kann und wann man seine Hyperfeinstrukturkonstante benutzen kann, um einen zuverlässigen Wert für das magnetische Moment des Kerns zu erhalten.

Abschließend wird sich Abschnitt 5 mit einer allgemeinen Untersuchung der Hyperfeinstruktur aller Elemente, für die gesichertes Beobachtungsmaterial zur Verfügung steht und die vom theoretischen Standpunkt einfach genug sind, daß man sie mit einem vernünftigen Näherungsgrad behandeln kann, befassen.

2. *Numerische Methoden zur Berechnung der Kopplungskonstanten von Einzelelektronen*

a) *Der Fall eines s-Elektrons*

Die Kopplungskonstante für ein einzelnes s-Elektron und den Kern im Zentralfeld wird in nichtrelativistischer Näherung durch die Beziehung

$$a = \frac{16\pi}{3} \frac{1}{J} \mu \mu_0 \psi^2(0) \tag{3}$$

gegeben, wobei μ_0 das Bohrsche Magneton bedeutet.

Im relativistischen Fall ist diese Beziehung natürlich nicht mehr anwendbar, da nach der Diracschen Theorie des Elektrons die Wahrscheinlichkeitsamplitude für das Elektron im Ursprung gegen ∞ geht. Man hat dann $\psi^2(0)$ in (3) durch

$$\frac{8\pi mc}{h}\int_0^\infty FG\,\mathrm{d}r = \psi^2_{\mathrm{eff}}(0) \tag{4}$$

zu ersetzen. Hierin sind F und G die DARWINschen Eigenfunktionen [7], die mit den 4 DIRACschen ψ-Funktionen über

$$\left.\begin{array}{ll} \psi_1 = i\cos\vartheta\cdot F(r), & \psi_1 = i\sin\vartheta\cdot e^{-i\varphi}F(r), \\ \psi_2 = i\sin\vartheta\cdot e^{i\varphi}F(r), & \psi_2 = -i\cos\vartheta\cdot F(r), \\ \psi_3 = G(r), & \psi_3 = 0, \\ \psi_4 = 0, & \psi_4 = G(r) \end{array}\right\} \tag{5}$$

verknüpft sind; dabei gilt die linke oder rechte Spalte, je nachdem, wie der Spin orientiert ist.

Um das Integral (4) zu berechnen, genügt es nicht, die Eigenfunktionen in der Nähe des Ursprungs zu kennen. Wegen des Normierungsfaktors spielen auch die äußeren Anteile dieser Funktionen eine Rolle; denn gerade der äußere Bereich der Eigenfunktionen liefert den Hauptbeitrag zum Normierungsfaktor, und in diesem Bereich machen sich die Unsicherheiten der numerischen Abschätzung besonders stark bemerkbar, so daß die Rechnungen auf der Grundlage der direkten statistischen Methode erheblich ungenau werden.

Manche Autoren [8] verwenden die halbempirische Formel

$$\psi^2(0) = \frac{1}{\pi a^3}\,\frac{Z(1+z)^2}{n^3_{\mathrm{eff}}} \tag{6}$$

(a = BOHRscher Radius, z = Ionisierungsgrad, n_{eff} = effektive Quantenzahl), manchmal mit einem relativistischen Korrektionsfaktor.

Unsere Arbeit hat das Ziel, eine systematische Untersuchung der Anwendbarkeit von Gl. (6) durchzuführen, die — abgesehen davon, daß sie bemerkenswert einfach ist — den weiteren Vorteil hat, unabhängig von allen Fehlern zu sein, die sich aus der statistischen Berechnung des äußeren Anteils der Eigenfunktion ergeben; der letztgenannte wird durch n_{eff} ersetzt, das sich unmittelbar aus den experimentell beobachteten spektroskopischen Daten bestimmen läßt.

Wir konnten zeigen, daß Gl. (6) korrekte Resultate für die leichten Elemente sowie für Terme liefert, die sich gut durch eine Formel vom Rydberg-Typ darstellen lassen.

Allgemeiner, auch unter Berücksichtigung der relativistischen Korrektionen, kann man $\psi^2(0)$ durch die empirische Formel

$$\psi^2_{\text{eff}}(0) = \frac{1}{\pi a^3 (1 - \alpha^2 Z^2)^2} \frac{Z}{2Rh} \frac{\mathrm{d}E}{\mathrm{d}n} \tag{7}$$

ausdrücken, wobei $\alpha = 1/139$[a] ist und E die Energie als Funktion der Quantenzahl n bedeutet. Diese Beziehung wird im Anhang I hergeleitet. Die Funktion $E(n)$ ist natürlich nur für ganzzahlige Werte ihres Arguments definiert, man kann sie aber leicht durch eine differenzierbare Funktion interpolieren, indem man z. B. die Rydberg-Formel oder irgendeine Formel ähnlicher Art anwendet. Die relativistische Korrektion durch den Faktor $1/(1 - \alpha^2 Z^2)^2$ bedeutet eine Interpolation; ihr numerischer Wert ist angenähert gleich dem von Racah und Breit [4] angegebenen Wert. Abgesehen von diesem Faktor ist Gl. (7) identisch mit Gl. (6), wenn die Terme durch eine Rydberg-Formel $E = -Rh/(n - s)^2$ dargestellt werden können. Ist die Rydberg-Korrektion s nicht konstant, so ergibt sich an Stelle von (7)

$$\psi^2_{\text{eff}}(0) = \frac{2{,}16 \cdot 10^{24}}{(1 - \alpha^2 Z^2)^2} \frac{Z(1 + z)^2}{n^3_{\text{eff}}} \left(1 - \frac{\mathrm{d}s}{\mathrm{d}n}\right). \tag{8}$$

Diese Gleichung enthält neben dem relativistischen Faktor noch einen weiteren Korrektionsfaktor, dessen

Beitrag in manchen Fällen bis zu 10% betragen kann. Setzen wir $\psi^2_{\text{eff}}(0)$ aus (8) in (3) ein und drücken die Hyperfeinstrukturkonstante in Wellenzahlen aus, so erhalten wir

$$a = 15{,}5\,\frac{\mu}{\mu_0 I}\,\frac{1}{(1-\alpha^2 Z^2)^2}\,\frac{Z(1+z)^2}{n^3_{\text{eff}}}\left(1-\frac{\mathrm{d}s}{\mathrm{d}n}\right). \tag{9}$$

Das ist für die praktische Anwendung geeignet, und man kann für $\mathrm{d}s/\mathrm{d}n$, wenn hinreichend viele Daten verfügbar sind, die Differenz zwischen den Rydberg-Korrektionen für den betrachteten und den nächstfolgenden Term einsetzen.

b) Der Fall eines p- oder d-Elektrons

Für ein p- oder d-Elektron wird die Hyperfeinstrukturkonstante durch (9) gegeben:

$$a = \frac{2l(l+1)}{Ij(j+1)}\,\mu\mu_0\,\overline{\left(\frac{1}{r^3}\right)}, \tag{10}$$

und hängt damit wesentlich von $\overline{1/r^3}$ ab. Um diese Größe abzuschätzen, ist es bequem, die Grobstrukturdaten zu benutzen; der Gesamtabstand der Terme ist

$$\delta = \frac{\mu_0^2}{hce}\,(2l+1)\,\overline{\left(\frac{1}{r}\,\frac{\mathrm{d}V}{\mathrm{d}r}\right)}\,[\mathrm{cm}^{-1}]. \tag{11}$$

Daraus läßt sich der Mittelwert von $(1/r)\,(\mathrm{d}V/\mathrm{d}r)$ bei bekanntem δ sofort bestimmen. Im Integral für diesen Ausdruck überwiegen die Glieder, zu denen Beiträge aus der unmittelbaren Umgebung des Kerns (r klein) geliefert werden, und V kann mit Hilfe der statistischen Methode hier ganz exakt berechnet werden. Wie gewöhnlich, sind jedoch infolge ihres Einflusses auf den Normierungsfaktor auch die äußeren Anteile der Eigenfunktionen von Bedeutung, und ihre Ungenauigkeit stellt die gesamte Rechnung in Frage. Verwenden wir aber das Verhältnis von $\overline{(1/r)(\mathrm{d}V/\mathrm{d}r)}$ und $\overline{1/r^3}$, so wird der Normierungsfaktor eliminiert, und es ergibt sich offenbar eine wesentliche Verbesserung.

Zu diesem Zweck können wir in einer ersten groben Näherung den Abschirmungseffekt der Elektronen im zentralen Teil des Atoms vernachlässigen und

$$V = \frac{Ze}{r}$$

setzen; dann wird

$$\eta = -\frac{\overline{\left(\frac{1}{r}\frac{\mathrm{d}V}{\mathrm{d}r}\right)}}{\overline{\left(\frac{1}{r^3}\right)}} = Ze. \tag{13}$$

Diese Näherung liefert in einigen Fällen gute Resultate, in anderen ist es aber notwendig, für V den exakteren statistischen Ausdruck

$$V = \frac{e}{r}\left[(Z-1)\,\varphi\left(\frac{r}{\mu}\right) + 1\right] \tag{14}$$

zu benutzen. Hieraus folgt

$$-\frac{1}{r}\frac{\mathrm{d}V}{\mathrm{d}r} = \frac{e}{r^3}\left[(Z-1)(\varphi - x\varphi') + 1\right], \tag{15}$$

wobei x gleich r, dividiert durch die in der statistischen Methode auftretende Längeneinheit μ, ist.

Das Verhältnis η ist gegeben durch

$$\eta = e\left[(Z-1)\frac{\int(\varphi - x\varphi')\left(\frac{\psi^2}{r^3}\right)\mathrm{d}\tau}{\int\left(\frac{\psi^2}{r^3}\right)\mathrm{d}\tau} + 1\right]. \tag{16}$$

Die Integrale in (16) können mit Hilfe der statistischen Methode numerisch berechnet werden; denn der Faktor $1/r^3$ sorgt dafür, daß die überwiegenden Terme in den Integralen von den inneren Teilen des Atoms herstammen. Damit haben wir eine Korrektion zu (13) gefunden, die für p-Elektronen gewöhnlich klein, für d-Elektronen aber schon größer ist, da deren Bahnen weniger tief eintauchen.

Führen wir die Rechnungen aus, so erhalten wir z. B. für ein 3d-Elektron im Kupfer

$$\eta = 19{,}6\, e = Z^* e \tag{17}$$

an Stelle von $\eta = 29e$ nach Gl. (13). Die Korrektion beträgt also hier 30% gegenüber der Näherungsformel.

Nach Breit [9] ist eine weitere Korrektion erforderlich, die besonders groß für die p-Elektronen in schweren Atomen wird, um zu berücksichtigen, daß sich die Energien der beiden Bahnen $p_{1/2}$ und $p_{3/2}$ und damit auch ihre Normierungsfaktoren unterscheiden.

Aus (10), (11) und (17) erhalten wir für praktische Rechnungen die Formel

$$A = \frac{2l(l+1)}{Ij(j+1)(2l+1)} \frac{\mu}{\mu_0} \frac{\delta}{Z^*}. \tag{10'}$$

3. Störeffekte

Wendet man die in Abschnitt 2 beschriebenen Methoden an, so ergibt sich in einigen Fällen, daß die aus verschiedenen Termen desselben Kerns berechneten μ-Werte in sehr guter Übereinstimmung stehen, während andere Terme völlig voneinander verschiedene Werte für μ liefern.

Wie bereits bemerkt, waren Diskrepanzen dieser Art bereits in mehreren Fällen aufgetreten und hatten zu ernsthaften Zweifeln an der Annahme geführt, daß man die Hyperfeinstrukturaufspaltung — wenigstens in allgemeinen Umrissen — als Wirkung eines magnetischen Moments des Kerns erklären kann. Wir werden versuchen zu zeigen, wie man die beschriebenen Abweichungen auf

Störeffekte zwischen den Elektronentermen zurückführen kann.

Wenn die gestörten Terme fast die gleiche Energie besitzen, ist der Effekt ganz augenscheinlich und leicht nachweisbar; aber auch wenn die Störterme größeren Abstand haben, kann die relative Störung groß sein. Das ist besonders der Fall, wenn die Hyperfeinstrukturkonstante des gestörten Terms klein gegen die des Störterms ist.

Wir haben zwei Arten von Störungen zu betrachten: *a*) zwischen Termen derselben Konfiguration und *b*) zwischen Termen verschiedener Konfigurationen.

Die Störungen der ersten Art sind schon von anderen Autoren [10] diskutiert worden und treten in den zahlreichen Fällen auf, die zwischen Russell-Saunders- und *jj*-Kopplung liegen. Wir brauchen auf sie deshalb nicht näher einzugehen; für derartige Fälle ist Tl II ein typisches Beispiel.

Die Störungen zwischen Termen verschiedener Elektronenkonfigurationen sind von größerem Interesse, und diese wollen wir jetzt diskutieren.

Die Eigenfunktion eines Atoms mit mehr als einem Elektron wird gewöhnlich näherungsweise als antisymmetrisiertes Produkt der Eigenfunktionen der getrennten Elektronen geschrieben, und man spricht in diesem Sinne z. B. von einer Konfiguration $6s^27p$, wenn zwei 6s-Elektronen und ein 7p-Elektron gemeint sind. Bei dieser Bezeichnungsweise werden die abgeschlossenen Schalen üblicherweise fortgelassen. Die tatsächlichen Eigenfunktionen sind Linearkombinationen der Eigenfunktionen in der nullten Näherung. Bezeichnen ψ_1 die ungestörte Eigenfunktion eines Terms einer gegebenen Elektronenkonfiguration und ψ_i die Eigenfunktion eines anderen Terms der gleichen oder einer anderen Elektronenkonfiguration, so ist die Eigenfunktion in der ersten Näherung nach der Störungstheorie

$$\Psi_1 = \psi_1 + \sum_i{}' \frac{V_{1i}}{E_1 - E_i} \psi_i, \tag{18}$$

wobei E_1 und E_i die ungestörten Energien und V_{1i} das Störmatrixelement zwischen den Zuständen 1 und i bedeuten. In unserem Fall ist die Störung im wesentlichen die elektrostatische Energie, so daß folgende einfache Auswahlregeln für die sie darstellenden Matrixelemente bestehen:

a) Alle Matrixelemente zwischen Zuständen mit verschiedenem J sind Null.

b) Matrixelemente zwischen Termen mit verschiedener Parität in bezug auf die LAPORTEsche Regel (d. h. für die die algebraischen Summen der azimutalen Quantenzahlen der einzelnen Elektronen entgegengesetzte Parität haben) sind ebenfalls Null.

Besitzen die beiden Terme 1 und i gleiches J und gleiche Parität, so ist V_{1i} im allgemeinen von Null verschieden. Da es eine elektrostatische Energie darstellt, ist somit seine Größenordnung vergleichbar mit den Abständen von Termen verschiedener Multiplizität in der gleichen Konfiguration, d. h. etwa 1 V für die tiefliegenden Terme neutraler Atome.

Vom Standpunkt der Hyperfeinstrukturtheorie ist die Interferenz zwischen verschiedenen Konfigurationen wesentlich, weil es Konfigurationen sogar hoher Energie gibt, die stark mit dem Kern gekoppelt sind, insbesondere solche, die ein relativ tief liegendes isoliertes Elektron in einer s-Bahn enthalten. Ist eine Eigenfunktion ψ_2 dieser Art nach (18) mit einer zweiten, ψ_1, mit kleiner Hyperfeinstruktur gemischt, so kann sie eine ziemlich große relative Störung der Hyperfeinstrukturkonstante hervorrufen, selbst wenn $V_{12}/(E_1 - E_2)$ klein ist.

Nehmen wir z. B. an, daß die Störkonfiguration eine um 5 V von der gestörten Konfiguration verschiedene Energie besitzt und damit in einem völlig anderen Bereich des Spektrums liegt, so erhalten wir für die gestörte Eigenfunktion nach (18), wenn das Matrixelement $V_{12} = 1\,\mathrm{V}$ ist,

$$\Psi_1 = \psi_1 + 0{,}2\psi_2,$$

d. h., dem Zustand 1 sind $(0,2)^2$ oder 4% des Zustandes 2 beigemischt. Wenn die Struktur der Konfiguration 2 mit einem tiefliegenden s-Elektron, wie es manchmal der Fall sein kann, z. B. 50mal so groß ist wie die des Zustandes 1, so kann eine solche Störung von 4% dazu führen, daß die Kopplungskonstante des Zustandes 1 dreimal so groß wird oder das Vorzeichen ändert, auch wenn man den Effekt nichtdiagonaler Terme in der Kopplung mit dem Kern vernachlässigt, der in gewissen Fällen von der gleichen oder sogar von höherer Größenordnung sein kann.

Untersucht man die experimentellen Daten über die Hyperfeinstruktur näher, so wird man viele Beispiele für Störungen dieses Typs finden. Unserer Meinung nach erklären sie die meisten der oben erwähnten Unstimmigkeiten, die Zweifel an der Richtigkeit der gegenwärtigen Begründung der Theorie aufkommen ließen.

Ein augenfälliges Beispiel für den Effekt von Störungen zwischen verschiedenen Konfigurationen stellt das Spektrum des PbII dar. Für das Isotop ^{207}Pb ist $I = 1/2$, und seine Spektralterme haben, nach KOPFERMANN sowie SCHÜLER und JONES, folgende Hyperfeinstrukturabstände:

Term	$\Delta\nu$ [cm^{-1}]
$6s^2 7s\ ^2S_{1/2}$	0,352
$6s^2 7p\ 2P_{1/2}$	0,077
$6s^2 7p\ ^2P_{3/2}$	0,022
$6s^2 6d\ 2D_{5/2}$	0,713
$6s6p^2\ 2D_{5/2}$	0,856

Wie diese Tabelle zeigt, ist die Hyperfeinstrukturaufspaltung für den Term $7^2S_{1/2}$ relativ groß, wie man es bei der Gegenwart eines nichtabgesättigten 7s-Elektrons in diesem Term erwarten muß. Die Aufspaltungen bei den beiden 7^2P-Termen sind dagegen, in qualitativer Übereinstimmung mit der Theorie, kleiner. Andererseits besitzt der Term $6s^2 6d\,^2D_{5/2}$ eine ziemlich große Aufspaltung, was auf den ersten Blick überrascht, da die beiden 6s-Elektronen einander kompensieren und die Bahn des anderen 6d-Elektrons weit außerhalb liegt. Der Grund für dieses etwas anomale Verhalten des Terms liegt darin, daß er durch den anderen Term $6s6p^2\,^2D_{5/2}$ stark gestört wird, der wegen des nichtabgesättigten 6s-Elektrons eine große Aufspaltung besitzt. Die beiden Terme haben einen Abstand von etwa 0,6 V und vermögen einander zu stören, da sie nach den Auswahlregeln gleiches J und gleiche Parität besitzen. Infolge ihres geringen Energieunterschiedes ist zu erwarten, daß die Eigenfunktionen in erster Näherung Linearkombinationen der beiden ungestörten Eigenfunktionen ψ_1 und ψ_2 (entsprechend den Konfigurationen $6s^2 6d$ und $6s6p^2$) mit dem Absolutbetrage nach etwa gleichen Koeffizienten sind:

$$\left.\begin{aligned} \Psi_1 &= \alpha' \psi_1 + \beta' \psi_2, \\ \Psi_2 &= \alpha'' \psi_1 + \beta'' \psi_2, \end{aligned}\right\} \qquad (19)$$

wobei also α und β von der gleichen Größenordnung sind. Setzen wir, entsprechend dem betrachteten Fall, voraus, daß die Kopplung zwischen dem Zustand ψ_1 und dem Kern vernachlässigbar klein ist, so ergibt sich leicht, daß die Hyperfeinstrukturaufspaltungen der beiden Terme durch β'^2 bzw. β''^2 gegeben sind, multipliziert mit der Hyperfeinstruktur, die der Term ψ_2 besäße, wenn er im reinen Zustand vorläge. Es sei jedoch bemerkt, daß die Verhältnisse in Wirklichkeit komplizierter liegen, weil die Konfiguration $6s6p^2$ auch noch den Term $^4P_{5/2}$ enthält, dessen Lage unbekannt ist, der aber wahrscheinlich in nicht sehr großem Abstand von den beiden betrachteten Termen liegt und deshalb ebenfalls merklich stören kann.

Im Spektrum des neutralen Tl liegt andererseits ein typisches Beispiel für eine Konfiguration mit völlig unterschiedlichen Energien vor, die die Hyperfeinstruktur stark beeinflußt, obgleich sie zu den Eigenfunktionen in erster Näherung nur einen sehr kleinen Beitrag liefert. Man fand verschiedentlich wesentliche Abweichungen zwischen der elementaren Hyperfeinstrukturtheorie und den experimentell beobachteten Werten für das Hauptdublett $6^2P_{1/2,3/2}$ des Thalliums. Die beiden Terme $^2P_{1/2}$ und $^2P_{3/2}$, die dieses Dublett bilden, besitzen Hyperfeinstrukturaufspaltungen von 0,707 bzw. 0,008 cm^{-1}. Nach der elementaren Theorie sollte die Struktur des Terms mit $J = 3/2$ etwas kleiner als die des Terms mit $J = 1/2$, das Verhältnis beider aber nicht größer als 10 sein, auch unter Berücksichtigung aller möglichen relativistischen Korrektionen. Somit müßte der Term $^2P_{3/2}$, um mit $^2P_{1/2}$ im Einklang zu stehen, eine Hyperfeinstrukturaufspaltung von der Größenordnung 0,070 cm^{-1} besitzen, während experimentell ein um den Faktor 8 oder 9 kleinerer Wert beobachtet wird. Um Übereinstimmung zu erhalten, müssen wir die Existenz einer Störung nachweisen, die in der Lage ist, die Hyperfeinstrukturaufspaltung des Terms $^2P_{3/2}$ um etwa 0,060 cm^{-1} zu verändern.

Wir wollen deshalb prüfen, ob wir eine Konfiguration finden können, die eine Störung dieser Art hervorrufen kann. Sie muß eine große Hyperfeinstrukturaufspaltung besitzen, d. h., sie muß ungerade sein, wie die ungestörte Konfiguration $6s^26p$, und es muß ein nichtabgesättigtes 6s-Elektron beteiligt sein (die 5s-Konfigurationen sind sehr stabil und könnten erst bei unmöglich hohen Energien gestört werden). Die beiden Konfigurationen, die in Frage kommen, sind also 6s6p7s und 6s6p6d. Davon besitzt die erstgenannte die niedrigere Energie, und ihre Terme liegen nahe oder etwas oberhalb der Ionisierungsschwelle des Atoms, d. h. $6 \cdots 7$ V über dem Grundterm. Die andere Konfiguration kann um einige Volt höher liegen. Beide enthalten Terme mit $J = 3/2$, die Störungen verursachen können. Der größere Effekt wird jedoch von der Konfiguration 6s6p7s herrühren, die überwiegt, weil *1.* ihre Energie näher liegt und *2.* die

Matrixelemente V_{ik}, die von den elektrostatischen Integralen abhängen, größer sind. Eine genauere Abschätzung der Störung auf Grund dieser Konfiguration scheint mit den zur Zeit bekannten numerischen Methoden nicht möglich, da sie lediglich die Größenordnung zu bestimmen gestatten. Der Sachverhalt wird im Anhang II ausführlicher diskutiert werden; hier sei nur noch bemerkt, daß die Konfiguration 6s6p7s Terme enthält, deren Wirkung zur Verkleinerung der Hyperfeinstrukturaufspaltung des Terms $^2P_{3/2}$ neigt, und daß es eine numerische Abschätzung der Störungsintegrale plausibel erscheinen läßt, daß dieser Effekt den des anderen Terms überwiegt und damit insgesamt zu einer Verkleinerung der Hyperfeinstrukturaufspaltung von etwa 0,090 cm^{-1} führt, was größenordnungsmäßig gerade erforderlich ist, um Theorie und Experiment in Übereinstimmung zu bringen.

Untersuchen wir die Hyperfeinstrukturen jedes Elements der Reihe nach, so stoßen wir auf andere Beispiele für solche Störungen; wir werden sie an den entsprechenden Stellen erwähnen, wo sie auftreten.

Um die magnetischen Momente der Kerne zu berechnen, ist es natürlich wesentlich, daß die der Berechnung zugrunde liegenden Terme nicht zu stark gestört sind. Es ist oft schwer, das sicherzustellen. Im allgemeinen sind die Terme mit relativ kleiner Störung solche mit großer eigener Hyperfeinstrukturkonstante und damit insbesondere solche, die von einer Konfiguration mit nichtabgesättigtem s-Elektron herstammen. Unter allen untersuchten Beispielen fand sich keins, bei dem zwei a priori offenbar nur leicht gestörte Terme stark unterschiedliche Werte für das magnetische Moment ergaben.

In Spektren, wo mehrere a priori verläßliche Terme angenähert auf den gleichen Wert des magnetischen Moments des Kerns führten, kann man dieses als weitgehend gesichert ansehen. Größere Vorsicht ist bei der Auswertung der Resultate für Spektren geboten, wo man die Rechnungen, weil experimentelle Daten fehlen, auf der Grundlage eines einzigen Terms durchführen muß, wie z. B. bei den Alkalimetallen, bei denen der einzige Term, von dessen Störung man weiß, daß sie klein ist, der Grundterm des neutralen Atoms ist, so daß keine Nachprüfung möglich ist.

4. Diskussion der experimentell gefundenen Werte

Wir betrachten nun verschiedene Elemente, um die Besonderheiten ihrer Hyperfeinstrukturen zu erkennen und den Wert des magnetischen Moments zu bestimmen. Dazu werden wir das Verhältnis μ_0/μ von Bohrschem Magneton zu magnetischem Moment des Kerns angeben.

Li, $Z = 3$. Für das Isotop ^{7}Li ist $I = 3/2$. Es ist ausführlich von Breit [11] sowie von Güttinger und Pauli [12] untersucht worden. Nach Breit ist $\mu_0/\mu = 575$.

Na, $Z = 11$. Natrium hat nur das eine Isotop mit der Massenzahl 23. Die Hyperfeinstruktur besitzt eine Aufspaltung von 0,061 cm^{-1} im Grundterm $3^2S_{1/2}$ [13]. Der Drehimpuls I des Kerns ist nicht definitiv bekannt. Nach Schüler sind 5/2 und 3/2 die wahrscheinlichsten Werte. Aus (9) ergibt sich

$$\frac{2I}{2I+1}\frac{\mu_0}{\mu} = 660$$

und daraus $\mu_0/\mu = 880$ bei $I = 3/2$ bzw. $\mu_0/\mu = 790$ bei $I = 5/2$.

Cu, $Z = 29$. Die Hyperfeinstruktur dieses Spektrums rührt zum Teil von einer Isotopieverschiebung, zum Teil von einem magnetischen Moment her. Ritschl [14] untersuchte einige Terme des CuI und fand $I = 3/2$ für beide Isotope ^{63}Cu und ^{65}Cu. Die Terme von CuI gehören zwei verschiedenen Systemen an: einem System der normalen Dubletts 3d^{10}ms, 3d^{10}mp, 3d^{10}md usw. und einem Termsystem, bei dem eines der zehn 3d-Elektronen aus dieser Schale in andere Quantenzustände übergegangen ist; der niedrigste Term dieser Art ist $3d^9 4s^2$. Andere niedrige Terme, in denen die 3d-Schale gestört ist, gehören zur Konfiguration a ($3d^9 4s 4p$).

Die niedrigen Terme $3d^{10} 4s\ ^2S_{1/2}$ und $3d^9 4s^2\ ^2D$ haben recht große Hyperfeinstrukturkonstanten und sind wahrscheinlich nur wenig gestört. Wir können μ_0/μ mit Hilfe von (9) und (10′) aus ihnen berechnen, indem wir $Z^* = 19{,}6$ setzen. Es ergibt sich

aus dem Term $4^2S_{1/2}$	$A = 0{,}195\ \mathrm{cm}^{-1}$,	$\mu_0/\mu = 760$,
aus dem Term $3^2D_{3/2}$	$A = 0{,}060\ \mathrm{cm}^{-1}$,	$\mu_0/\mu = 740$,
aus dem Term $3^2D_{5/2}$	$A = 0{,}022\ \mathrm{cm}^{-1}$,	$\mu_0/\mu = 870$.

Die Terme $3d^{10} 4p\ ^2P$ haben wir außer acht gelassen, da sie sicher durch die Konfiguration a gestört werden. Die drei angegebenen Werte befinden sich in mäßig guter Übereinstimmung; man könnte diese weiter verbessern, wenn man die relativistischen Korrektionen für die D-Terme berücksichtigen würde. Wir sehen 780 als wahrscheinlichen Wert von μ_0/μ für die beiden Cu-Isotope an.

Ga, $Z = 31$. Isotope ^{69}Ga und ^{71}Ga; $I = 3/2$. Das Spektrum von Ga I ist von JACKSON [15] untersucht worden. Die Messungen sind nicht sehr genau. Für die Terme $5^2S_{1/2}$ und $4^2P_{1/2}$ fand er Abstände von 0,09 bzw. 0,10 cm^{-1}. JACKSON findet keine Unterschiede zwischen der Struktur beider Isotope. Seine Werte liefern etwa 800 für μ_0/μ.

CAMPBELL [16] hat die Hyperfeinstruktur von Ga II untersucht, die wesentlich größer als die von Ga I ist. Er beobachtete einen Unterschied in der Hyperfeinstruktur der beiden Isotope, der JACKSON nicht aufgefallen war. Die Werte von CAMPBELL beziehen sich auf den Term 5^3S_1. Die Hyperfeinstrukturkonstante dieses Terms für das Isotop ^{69}Ga ist $A = 0{,}259$, für das Isotop ^{71}Ga $A = 0{,}331$. μ_0/μ wird hieraus mittels Methoden abgeschätzt, die wir im Zusammenhang mit dem ähnlichen Spektrum von Tl II beschreiben werden. Für das Isotop ^{69}Ga ergibt sich $\mu_0/\mu = 860$, für das Isotop ^{71}Ga $\mu_0/\mu = 670$. Beide Werte sind etwas unsicher wegen der Unschärfe, mit der die effektive Quantenzahl dem 4s-Elektron zugeschrieben werden kann, stehen aber mit dem oben angegebenen Wert recht gut im Einklang.

Rb, $Z = 37$. Dieses Element besitzt zwei Isotope mit den Massenzahlen 85 ($I = 5/2$) bzw. 87 ($I = 3/2$ oder 5/2). Die I-Werte wurden aus dem zweiten Spektrum [17] bestimmt. Auch für dieses Element ist der einzige bekannte Term, der für die Bestimmung des magnetischen Moments des Kerns verläßlich erscheint, der Grundterm $5^2S_{1/2}$ von Rb I. Die Aufspaltung dieses Terms für die beiden Isotope ist unterschiedlich. Nach Kopfermann ist $\Delta\nu = 0{,}106\,\text{cm}^{-1}$ für ^{85}Rb und $\Delta\nu = 0{,}242\,\text{cm}^{-1}$ für ^{87}Rb. Daraus ergibt sich $\mu_0/\mu = 1350$ für ^{85}Rb bzw. $2I\mu_0/(2I+1)\,\mu = 490$ für ^{87}Rb, d. h. $\mu_0/\mu = 590$ oder 660 für $I = 5/2$ bzw. $I = 3/2$.

Cd, $Z = 48$. Die geradzahligen Isotope mit den Massenzahlen 110, 112, 114 und 116 haben $I = 0$, für die ungeraden (Massenzahlen 111 und 113) ist $I = 1/2$; letztere besitzen dieselbe Hyperfeinstruktur, was darauf hinweist, daß ihre magnetischen Momente des Kerns gleich sind [18]. Der Spektrumtyp ist analog dem von Hg I und Tl II; wir werden im Zusammenhang mit dem letztgenannten, für das umfassende Daten über die Hyperfeinstruktur vorhanden sind, näher auf ihn eingehen. Hier sei lediglich noch erwähnt, daß die für die folgenden Terme beobachteten Aufspaltungen:

	$\Delta\nu$ [cm^{-1}]
5s6s $^3S_1$	−0,395
5s7s $^3S_1$	−0,375
5s8s $^3S_1$	−0,365
5s5p $^3P_2$	−0,300
5s5p $^3P_1$	−0,223

in jedem Fall hauptsächlich auf die Wirkung des nichtabgesättigten 5s-Elektrons zurückgeführt werden müssen. Wie man sieht, haben sie sämtlich verkehrte Ordnung. Man kann abschätzen, daß das 5s-Elektron eine individuelle Kopplungskonstante von etwa 0,4 cm^{-1} besitzt, woraus wir $\mu_0/\mu = -3500$ erhalten. Dieser Wert ist jedoch infolge der Unsicherheit, mit der sich n_{eff} der 5s-Bahn zuordnen läßt, ziemlich unsicher.

In, $Z = 49$. Isotop ^{115}In; $I = 9/2$ nach Jackson [19]. Es sind die Hyperfeinstrukturen folgender Terme von InI bekannt:

$$6^2S_{1/2} \qquad \Delta\nu = 0{,}28\ \mathrm{cm}^{-1},$$

$$5^2P_{1/2} \qquad \Delta\nu = 0{,}38\ \mathrm{cm}^{-1}.$$

Aus dem ersten Wert ergibt sich $\mu_0/\mu = 370$, aus dem zweiten — unter Berücksichtigung einiger relativistischer Korrektionen — $\mu_0/\mu \approx 310$.

Cs, $Z = 55$. Isotop ^{133}Cs; $I = 7/2$ nach Kopfermann [20], der es aus Beobachtungen am CsII erhielt. Im Spektrum von CsI ist nur die Hyperfeinstrukturaufspaltung des Grundterms bekannt:

$$6^2S_{1/2} \qquad \Delta\nu = 0{,}315\ \mathrm{cm}^{-1}.$$

Es sind dieselben Betrachtungen anwendbar wie für die anderen Alkalimetalle, und wir erhalten

$$\mu_0/\mu = 700.$$

Ba, $Z = 56$. Isotope ^{136}Ba, ^{138}Ba, $I = 0$; ^{137}Ba, $I = 5/2$. Es ist die Hyperfeinstruktur des Grundterms von BaII bekannt [21]. Die Resonanzlinien ergeben für den Term $6^2S_{1/2}$ einen Abstand von 0,272 cm^{-1}, woraus $\mu_0/\mu = 1750$ folgt.

Die Strukturen der Terme $6^2P_{1/2,3/2}$, die wegen der unvollständigen Auflösung etwas ungenauer gemessen wurden, führen zu damit vereinbaren Resultaten.

Au, $Z = 79$. Isotop ^{197}Au, $I = 3/2$ (?) [22]. Aus den Resonanzlinien erhält man für den Grundterm den

Abstand

$$6^2S_{1/2} \qquad \Delta\nu = 0{,}221 \text{ bzw. } 0{,}224 \text{ cm}^{-1}.$$

Daraus folgt $2I\mu_0/(2I+1)\mu = 760$ und, bei $I = 3/2$, $\mu_0/\mu = 1010$.

Hg, $Z = 80$. Für die geradzahligen Isotope mit den Massenzahlen 198, 200, 202 und 204 ist $I = 0$, für ^{199}Hg $I = 1/2$ und für ^{201}Hg $I = 3/2$ [23]. Die Hyperfeinstruktur des letztgenannten Isotops hat verkehrte Ordnung, was darauf hindeutet, daß es einen negativen μ_0/μ-Wert besitzt. Die beim Tl II angeführten Betrachtungen gelten auch für das Spektrum von HgI und Cadmium. Für HgI und das Isotop ^{199}Hg wurden die Aufspaltungen folgender Terme beobachtet:

	$\Delta\nu$ [cm^{-1}]
6s7s $^3S_1$	1,070
6s8s $^3S_1$	1,045
6s9s $^3S_1$	1,030
6s6p $^1P_1$	−0,181
6s6p $^3P_1$	0,727
6s6p $^3P_2$	0,758
6s6d $^1D_2$	0,860
6s7d $^1D_2$	0,496
6s6d $^3D_2$	−0,470

Sie werden sämtlich im wesentlichen auf die Wirkung des 6s-Elektrons allein zurückgeführt, für die man eine Kopplungskonstante mit dem Kern von etwa 1,15 cm^{-1} erhalten würde. Damit ergäbe sich ein wahrscheinlicher Wert von $\mu_0/\mu = 4000$ für ^{199}Hg, der aber aus den gleichen Gründen wie beim Cd ein wenig unsicher ist. Für das Isotop ^{201}Hg ergibt sich analog $\mu_0/\mu = -3600$.

Tl, $Z = 81$. Für die Isotope ^{203}Tl und ^{205}Tl ist $I = 1/2$; sie besitzen, abgesehen von einer Isotopieverschiebung, nahezu die gleiche Hyperfeinstruktur. Es sind die Spektren von Tl I, Tl II und Tl III bekannt [24].

Beginnend mit dem letztgenannten, das die Struktur eines Alkalimetallspektrums hat, d. h. eine abgeschlossene

5d-Schale und ein Valenzelektron, haben wir μ_0/μ aus den verschiedenen Termen berechnet. Es ergeben sich folgende Werte:

Term	$\Delta\nu$ [cm^{-1}]	μ_0/μ
7s $^2S_{1/2}$	1,37	1310
8s $^2S_{1/2}$	0,606	1210
6p $^2P_{1/2}$	1,21	1060
7p $^2P_{1/2}$	0,375	1310

Für die P-Terme wurde die Gleichung (10′) mit weiteren Korrektionen nach Racah verwendet, um einen relativistischen Effekt zu erfassen. Der Wert von μ_0/μ, der sich aus dem $7^2P_{3/2}$-Term ergibt, stimmt nicht mit den übrigen überein, wahrscheinlich deshalb, weil dieser Term durch den Term $5d^96s6p\ ^2P_{3/2}$ gestört wird, der ähnliche Energie und eine große Hyperfeinstrukturkonstante besitzt. Wir haben ferner die mit Hilfe der F-Terme berechneten Verhältnisse μ_0/μ außer acht gelassen, die deutlich gestört sind, da sogar ihre Grobstrukturen verkehrte Termordnung besitzen.

Für Tl II bestehen Konfigurationen 6s*m*s, 6s*m*p, 6s*m*d usw., deren Termabstände offenbar meist durch das 6s-Elektron hervorgerufen werden. Das wird durch einen Vergleich der experimentell beobachteten Werte mit der Theorie von Goudsmit und Bacher [25] zur Hyperfeinstruktur von Konfigurationen mit nur einem mit I gekoppelten nichtabgesättigten s-Elektron bestätigt.

In diesem Fall gilt die Beziehung

$$A = a(\mathrm{s}) \frac{1}{4S(S+1)\,J(J+1)} \times \left[\frac{3}{4} + S(S+1) - S'(S'+1)\right] \times [S(S+1) + J(J+1) - L(L+1)], \tag{20}$$

die dazu benutzt werden kann, die Hyperfeinstrukturaufspaltung jedes Terms unter Voraussetzung der

RUSSELL-SAUNDERS-Kopplung mit Hilfe eines einzigen Parameters a(s) zu berechnen, der die Kopplungskonstante des s-Elektrons darstellt, wenn es separat existieren würde; in Gl. (20) ist S' der resultierende Spin aller Elektronen bis auf dasjenige, das die Hyperfeinstruktur liefert, d. h. $S' = S \pm 1/2$. Die übrigen Symbole haben ihre übliche Bedeutung.

Im Spektrum von Tl II wird gefunden, daß die Hyperfeinstruktur vieler Terme etwa dem durch (20) gegebenen Verhältnis entspricht. Eine Ausnahme bilden die Terme mit $L = J$. Für diese gibt es in jeder Konfiguration einen Singulett- und einen Tripletterm mit dem gleichen J, so daß sich beide stören und eine Kopplung zwischen der RUSSELL-SAUNDERS- und der jj-Kopplung besteht. Bei der RUSSEL-SAUNDERS-Kopplung wäre die Hyperfeinstrukturaufspaltung des Singuletterms nach [20] stets Null, und was man beobachtet, ist weitgehend auf die Störung zurückzuführen. Auch in diesem Fall gilt aber die folgende Regel: Die algebraische Summe der Abstände zweier Störterme ist gleich dem durch (20) für den Tripletterm allein gegebenen. Diese Regel wird durch das Experiment recht gut bestätigt.

Die Terme mit $L \neq J$ liefern folgende Werte für a(s):

Term	A	a(s)
6s7s $^3S_1$	3,32	6,64
6s9s $^3S_1$	3,02	6,04
6s6p $^2P_2$	1,29	5,16
6s7p $^3P_2$	1,39	5,56
6s6d $^3D_1$	−1,41	5,64
6s7d $^3D_1$	−1,47	5,88
6s8d $^3D_1$	−1,50	6,00
6s6d $^3D_3$	0,95	5,70
6s7d $^3D_3$	0,97	5,82
6s8d $^3D_3$	0,98	5,88
6s5f $^3F_2$	−0,99	5,94
6s6f $^3F_2$	−1,03	6,18
6s5f $^3F_4$	0,74	5,92
6s6f $^3F_4$	0,74	5,92

Wie man aus dieser Tabelle ersieht, ist a(s) für ungestörte Terme nahezu konstant, was bestätigt, daß die Hyperfeinstruktur hauptsächlich auf das 6s-Elektron zurückgeführt werden kann. Man sieht ferner, daß die Kopplungskonstante in dem Maße allmählich zunimmt, wie das äußerste Elektron in weniger stark gebundene Bahnen eintritt. Das erklärt sich daraus, daß der Abschirmungseffekt des optischen Elektrons auf die 6s-Bahn abnimmt, je weiter es sich vom Kern entfernt, und diese sich deshalb in Richtung auf den Kern hin zusammenzieht, wobei $\psi(0)$ wächst. Die Terme 6s7s $^3S_1$ und 6s9s $^3S_1$ zeigen gerade das entgegengesetzte Verhalten wie soeben beschrieben, was aber darauf zurückzuführen ist, daß das 7s-Elektron selbst die Hyperfeinstrukturaufspaltung um etwa 20% vergrößert, während das 9s-Elektron nur einen Beitrag von 4% liefert, wie man aus (9) abschätzen kann. Im allgekeinen sind die a(s)-Werte der Tabelle sämtlich größer als die tatsächliche Kopplungskonstante des 6s-Elektrons, die sich ergeben würde, wenn es sich in dem der 6s²-Konfiguration entsprechenden Feld bewegte. Man kann diese Konstante nicht unmittelbar aus den obigen Daten ablesen, sie lassen aber durch Extrapolation auf einen Wert bei etwa 5 cm^{-1} schließen. Daraus erhalten wir μ_0/μ mit Hilfe von (9), wenn n_{eff} für die betreffende Bahn bekannt ist. Die effektive Quantenzahl muß ebenfalls durch Extrapolation bestimmt werden, weil der 6s²-Term im Triplettsystem nicht vorkommt; man erhält $n_{\text{eff}} = 1{,}56$. Damit ergibt sich aus (9) $\mu_0/\mu = 1400$ in guter Übereinstimmung mit den für Tl III gefundenen Werten.

Von Tl I sind mehrere Terme einschließlich des Grundterms 6s²6p $^2P_{1/2}$ und der Terme 6s²7p $^2P_{3/2}$ und 6s7s $^2S_{1/2}$ analysiert worden. Die üblichen Formeln liefern $\mu_0/\mu = 1380$ aus dem $7^2S_{1/2}$-Term, während der Wert aus dem $6^2P_{1/2}$-Term ohne Breitsche Korrektion, die ausreicht, um Übereinstimmung sowohl bezüglich der Größenordnung wie auch bezüglich des Vorzeichens herzustellen, 950 beträgt. Andererseits ist der Term

$6^2P_{3/2}$, wie oben gezeigt, stark gestört, kann also nicht zur Berechnung von μ_0/μ verwendet werden.

Aus diesen Werten, die sich in recht guter Übereinstimmung befinden, erhalten wir als wahrscheinlichen Wert für Thallium

$$\mu_0/\mu = 1300. \tag{21}$$

Pb, $Z = 82$. Für die geradzahligen Isotope ^{204}Pb, ^{206}Pb und ^{208}Pb ist $I = 0$, für das Isotop ^{207}Pb $I = 1/2$. Die Hyperfeinstruktur wurde in den Spektren von PbI, PbII und PbIII untersucht [26]. Im zuletzt genannten Spektrum ist nur die Hyperfeinstruktur des Terms 6s7s $^2S_1$ mit einer Aufspaltung von 2,25 cm^{-1} bekannt, die weitgehend auf das 6s-Elektron zurückzuführen ist, wie bei dem entsprechenden Term von Tl II. Der Beitrag des 7s-Elektrons zur Hyperfeinstruktur beträgt nur 1/5 des Gesamtwertes. Damit ergibt sich $\mu_0/\mu \approx 3500$.

Beim PbII sind verschiedene Terme in den Konfigurationen 6s^2*m*s, 6s^2*m*p, 6s^2*m*d und 6s6p^2 untersucht worden. Diese werden durch Terme einer 6s6p7s-Konfiguration stark gestört, deren Hyperfeinstrukturaufspaltung auf Grund der Wirkung des 6s-Elektrons relativ groß ist und die deshalb sogar relativ weit entfernte Terme beeinflußt, wie es auch beim Tl I der Fall ist. Eine exakte Berechnung solcher Effekte ist praktisch unmöglich, so daß die Hyperfeinstrukturen dieser Terme nicht zur Abschätzung des magnetischen Moments des Kerns geeignet sind.

Das Spektrum von PbI ist für quantitative Rechnungen gleichfalls ungeeignet. Wir nehmen schließlich als wahrscheinlichen, wenn auch etwas unsicheren Wert $\mu_0/\mu = 3500$ an.

Bi, $Z = 83$. Isotop ^{209}Bi, $I = 9/2$. Es sind die Strukturen der Spektren von BiI, BiII, BiIII und BiV untersucht [27]. Das letztgenannte hat eine Struktur ähnlich der der Alkalimetalle; es ist die Hyperfeinstrukturaufspaltung des Grundterms $6^2S_{1/2}$ bekannt mit $\Delta\nu = 13{,}2\ \mathrm{cm}^{-1}$. Mit dem Wert $n_{eff} = 2{,}35$ von McLennan folgt daraus $\mu_0/\mu = 510$. Obwohl die Hyperfeinstrukturaufspaltungen des Bi zu den bestbekannten zählen, sind sie für eine exakte Bestimmung des magnetischen Moments des Kerns ungeeignet, da sich die Elektronenkonfigurationen in den Spektren von Bi I und Bi II überlappen. Auch die Hyperfeinstrukturaufspaltung von Bi III eignet sich nicht für eine quantitative Diskussion, da die Konfiguration $6s^27s$ sicher durch die Nachbarkonfiguration $6s6p^2$ gestört ist; die Daten aus der $6s6p^2$-Konfiguration für die Kopplung des 6s-Elektrons sind außerdem wegen unserer fehlenden Kenntnis der intermediären Kopplung dieser Konfiguration zwischen dem Russell-Saunders- und dem jj-Fall nicht sehr zuverlässig. Die Kopplungskonstanten des 6s- und des 7s-Elektrons scheinen den oben angegebenen Wert für μ_0/μ aber zu bestätigen.

In der folgenden Tabelle sind Werte des Verhältnisses μ_0/μ für verschiedene Kerne zusammengestellt. Wenn I nicht definitiv bekannt ist, wurde auch $2I\mu_0/(2I+1)\mu$ mit angegeben, das nicht davon abhängt, ob I bekannt ist. Die Spalte „Gewicht" gibt die Anzahl der Terme an, die hinreichend übereinstimmende Werte für μ_0/μ geliefert haben.

Wir könnten versucht sein, aus der Tabelle gewisse Schlußfolgerungen über die Struktur der Kerne zu ziehen. Die geringe Genauigkeit der Werte und die zahlreichen Lücken scheinen ein endgültiges Resultat dieser Art jedoch noch auszuschließen. Offensichtlich ist aber, daß alle Kerne der Tabelle mit gerader Ordnungszahl und ungerader Massenzahl, die entsprechend der Heisenbergschen Theorie eine gerade Anzahl von Protonen und eine ungerade Anzahl von Neutronen enthalten, ein magnetisches Moment besitzen, das entschieden kleiner ist als das der Kerne mit ungerader Protonenzahl und gerader Anzahl von Neutronen. Das ist allerdings anscheinend keine absolute Regel, da ^{39}K (das in der

Tabelle nicht mit aufgeführt ist) fast sicher eine Ausnahme darstellt; die alternierenden Intensitäten in den Bandenspektren [29] zeigen, daß $I \neq 0$ ist, während die Hyperfeinstruktur, die dann vorhanden sein sollte, unaufgelöst bleibt.

Element	Z	M	I	μ_0/μ	Gewicht	Bemerkung
Li	3	7	3/2	575	–	nach BREIT [28]
Na	11	23	3/2?	880?	1	$2I\mu_0/(2I+1)\mu = 660$
Cu	29	63, 65	3/2	780	3	
Ga	31	69	3/2	860	1	
Ga	31	71	3/2	670	1	
Rb	37	85	5/2	1350	1	
Rb	37	87	5/2?	590?	1	$2I\mu_0/(2I+1)\mu = 490$
Cd	48	111, 113	1/2	−3500	5	
In	49	115	9/2	350	2	
Cs	55	133	7/2	700	1	
Ba	56	137	5/2	1750	1	
Au	79	197	3/2?	1010?	1	$2I\mu_0/(2I+1)\mu = 760$
Hg	80	199	1/2	4000	7	
Hg	80	201	3/2	−3600	7	
Tl	81	203, 205	1/2	1300	20	
Pb	82	207	1/2	3500	1	
Bi	83	209	9/2	510	1	

Anhang I

Beweis von Gleichung (7)

Die Bestimmung von $\psi_{\text{eff}}(0)$ läuft im wesentlichen auf die Berechnung des Integrals

$$\int_0^\infty F G \, \mathrm{d}r \tag{22}$$

hinaus. Integrieren wir die Differentialgleichungen für F und G, so finden wir, daß sich F und G in der Nähe des

Ursprungs, abgesehen von einem Normierungsfaktor, wie $r^{-\beta}$ bzw. $[Z\alpha/(2-\beta)]r^{-\beta}$ mit

$$\beta = 1 - \sqrt{1-\alpha^2 Z^2}, \quad \alpha = \frac{2\pi e^2}{hc}$$

verhalten. Kombinieren wir das mit den oben erwähnten Werten im Ursprung, so erhalten wir nichtnormierte Eigenfunktionen, die mit Φ und Γ bezeichnet werden sollen. F und G sind mit Φ und Γ durch

$$F = \varrho\Phi, \quad G = \varrho\Gamma \tag{23}$$

verknüpft, wobei ϱ so gewählt wird, daß

$$\varrho^2 \int_0^\infty (\Phi^2 + \Gamma^2)\, \mathrm{d}\tau = 1 \tag{24}$$

gilt.

Um das Integral (22) berechnen zu können, müssen wir somit den Normierungsfaktor ϱ kennen. Dazu beachten wir, daß G in großem Abstand vom Kern die SCHRÖDINGERsche Eigenfunktion wird, da die relativistischen Korrektionen dann vernachlässigbar klein sind. Setzen wir $u = \psi r$ (ψ ist die SCHRÖDINGERsche Eigenfunktion), so genügt u der Differentialgleichung

$$\frac{\mathrm{d}^2 u}{\mathrm{d}r^2} + \frac{8\pi^2 m}{h^2}(E - eV)\, u = 0, \tag{25}$$

die nach der Methode von WENTZEL und BRILLOUIN gelöst werden kann, indem man

$$u = kR\sin\vartheta \tag{26}$$

einsetzt. Hierbei bedeutet k einen so gewählten Normierungsfaktor, daß das nach der WENTZEL-BRILLOUINschen Methode berechnete u mit dem aus der Entwicklung in eine Reihe berechneten Γ übereinstimmt, und R und $\mathrm{d}\vartheta/\mathrm{d}r$ sind Funktionen von r, die der Bedingung

$$R^2 \frac{\mathrm{d}\vartheta}{\mathrm{d}r} = 1 \tag{27}$$

genügen. Man erhält R und $\mathrm{d}\vartheta/\mathrm{d}r$ mit Hilfe der WENTZEL-BRILLOUINschen Methode der sukzessiven Näherungen, die nicht konvergieren, sondern nur semikonvergent sind, mit für die vorliegende Rechnung ausreichender Genauigkeit, wenn man eine geeignete Anzahl von Näherungen (in unserem Fall 4) wählt.

Wir betrachten nun die Wirkung einer Störung des Potentials V, die darin bestehe, daß ein Störterm der Form $\lambda\delta(r - \xi)$ zu V addiert wird, wobei δ eine bekannte singuläre Funktion ist, die nur für das Argument 0 nicht verschwindet, und ξ eine hinreichend große Entfernung vom Kern bedeutet, damit die Wirkungen der relativistischen Korrektionen vernachlässigbar klein werden, auf die Eigenwerte von (25).

Die Störenergie ΔE kann auf zweierlei Weise berechnet werden: *a*) nach der gewöhnlichen Störungsmethode und *b*) indem man beachtet, daß ein Sprung im Potential einen Phasensprung $\Delta\vartheta$ in (26) nach sich zieht und damit die Lage der Knoten von u, die mit der Quantenzahl n im Zusammenhang stehen, verschiebt.

Setzen wir die Ergebnisse gleich, so erhalten wir leicht

$$\Delta E = 4\pi\lambda\varrho^2 u^2(\xi) = -\frac{\Delta\vartheta}{\pi}\frac{\mathrm{d}E}{\mathrm{d}n}. \tag{28}$$

Damit diese Gleichung sinnvoll wird, muß natürlich E eine reguläre Funktion von n sein, so daß $\mathrm{d}E/\mathrm{d}n$ definiert werden kann.

Aus (28) erhalten wir ϱ, sofern $\Delta\vartheta$ bekannt ist, das wir jetzt bestimmen werden. Sind Δu und $\Delta u'$ die Unstetigkeiten von u und seiner ersten Ableitung infolge der Störung, so folgt aus (25)

$$\Delta u = 0, \qquad u' = \frac{8\pi^2 m}{h^2}\lambda u(\xi) \tag{29}$$

und damit, wegen (26) und (27),

$$\Delta\vartheta = -\frac{8\pi^2 m}{h}\frac{\sin^2\vartheta}{\mathrm{d}\vartheta/\mathrm{d}r}. \tag{30}$$

Mit diesem Wert für $\Delta\vartheta$ ergibt sich aus (28)

$$\varrho^2 = \frac{2m}{h^2 k^2}\frac{\mathrm{d}E}{\mathrm{d}n}. \tag{31}$$

Der Koeffizient k in dieser Beziehung ergibt sich aus umfangreichen numerischen Tabellen der Eigenfunktionen, die im inneren Bereich des Atoms im wesentlichen gleich den optischen Funktionen sind. Sie liefern k unmittelbar; es wird berechnet, indem man die Eigenfunktionen aus der relativistischen Reihenentwicklung bei $x = 0{,}3$ (wobei x der Abstand vom Kern, ausgedrückt in der in der statistischen Methode verwendeten Einheit μ, ist) an die nach der WENTZEL-BRILLOUIN-Methode berechneten Eigenfunktionen anschließt. Derartige Rechnungen sind für 15 geeignet über das Periodensystem verteilte Atome durchgeführt worden [30].

Bei bekanntem ϱ kann das Integral (20) mit Hilfe der oben erwähnten Reihenentwicklung von Φ und Γ berechnet werden.

Wir haben diese Rechnung für drei Z-Werte durchgeführt und erhielten als Korrektionsfaktoren

3,30 für $Z = 92$,
1,93 für $Z = 74$,
1,18 für $Z = 42$

hinsichtlich der Beziehung

$$\psi^2(0) = \frac{1}{\pi a^3}\frac{Z}{2Rh}\frac{\mathrm{d}E}{\mathrm{d}n},$$

die sich für RYDBERG-Terme auf die Formel (6) von GOUDSMIT und LANDÉ reduziert.

Die obigen Korrektionsfaktoren kann man mit einer den numerischen Rechnungen entsprechenden Genauigkeit durch folgende empirische Formel interpolieren[(b)]:

$$\frac{1}{\left[1-\left(\frac{Z}{139}\right)^2\right]^2}. \tag{32}$$

Diese Korrektion ist relativistischer Natur und würde bei nichtrelativistischer Berechnung nicht auftreten. Sie entspricht im wesentlichen der Korrektion von RACAH und BREIT [4]. Unsere empirische Formel ist der dort angegebenen überlegen, soweit es die Rechengeschwindigkeit betrifft.

Damit erhalten wir schließlich Gl. (7):

$$\psi_{\mathrm{eff}}^2(0) = \frac{1}{\pi a^3} \frac{1}{\left[1-\frac{Z^2}{139^2}\right]^2} \frac{Z}{2Rh} \frac{\mathrm{d}E}{\mathrm{d}n}.$$

Wir danken Herrn Dr. E. MAJORANA für seine Diskussionen der Rechnungen in diesem Anhang.

[Anhang II ist in der vorliegenden Übersetzung fortgelassen worden.]

Literatur

[1] Einen ausgezeichneten Überblick über den gegenwärtigen Stand des Hyperfeinstrukturproblems findet man bei KALLMANN, H., und H. SCHÜLER: Ergebn. exakt. Naturwiss. **11** (1932) 134.

[2] GOUDSMIT, S., und E. BACK: Z. Phys. **43** (1927) 321; ZEEMAN, P., E. BACK und S. GOUDSMIT: Z. Phys. **66** (1930) 1.

[3] FERMI, E.: Z. Phys. **60** (1930) 320; HARGREAVES, J.: Proc. roy. Soc. [London] **A127** (1930) 141 und 407; CASIMIR, H.: unveröff.

[4] RACAH, G.: Z. Phys. **71** (1931) 431; BREIT, G.: Phys. Rev. **38** (1931) 463.

[5] GOUDSMIT, S.: Phys. Rev. **37** (1931) 663; GOUDSMIT, S., und R. BACHER: Phys. Rev. **34** (1929) 1500.
[6] Einen Überblick findet man bei GOUDSMIT, S.: Rendiconto del Convegno di fisica nucleare del Convegno Volta. Rom 1931.
[7] DARWIN, G. C.: Proc. roy. Soc. [London] **A118** (1928) 654.
[8] PAULING, L., und S. GOUDSMIT: Structure of Line Spectra. McGraw-Hill Book Co. Inc., New York; vgl. auch McLENNAN, J. C., A. B. McLAY und M. F. CRAWFORD: Proc. roy. Soc. [London] **A133** (1931) 652.
[9] BREIT, G.: Phys. Rev. **36** (1930) 1732.
[10] GOUDSMIT, S.: Phys. Rev. **34** (1929) 1500; RACAH, G.: Z. Phys. **71** (1931) 431.
[11] BREIT, G.: Phys. Rev. **36** (1930) 1732.
[12] GÜTTINGER, P.: Z. Phys. **64** (1930) 749; GÜTTINGER, P., und W. PAULI: Z. Phys. **67** (1931) 743.
[13] SCHÜLER, H.: Naturwiss. **16** (1928) 512; SCHÜLER, H., und H. BRÜCK: Z. Phys. **58** (1929) 735.
[14] RITSCHL, R.: Z. Phys. **79** (1932) 1.
[15] JACKSON, D. A.: Z. Phys. **75** (1932) 229 (Ga I).
[16] CAMPBELL, J. S.: Nature [London] **131** (1933) 204 (Ga II).
[17] KOPFERMANN, H.: Naturwiss. **21** (1933) 24.
[18] SCHÜLER, H., und J. E. KEYSTON: Z. Phys. **71** (1931) 413.
[19] JACKSON, D. A.: Z. Phys. **80** (1933) 59.
[20] KOPFERMANN, H.: Z. Phys. **73** (1931) 437.
[21] KRUGER, P. G., R. C. GIBBS und R. C. WILLIAMS: Phys. Rev. **41** (1932) 322.
[22] RITSCHL, R.: Naturwiss. **19** (1931) 690.
[23] SCHÜLER, H., und J. E. KEYSTON: Z. Phys. **72** (1931) 423.
[24] SCHÜLER, H., und J. E. KEYSTON: Z. Phys. **70** (1931) 1 (Tl I und Tl II); McLENNAN, J. C., und M. F. CRAWFORD: Proc. roy. Soc. [London] **A132** (1931) 10 (Tl II); McLENNAN, J. C., und J. E. ALLIN: Proc. roy. Soc. [London] **A129** (1930) 43 (Tl III).
[25] GOUDSMIT, S., und R. BACHER: Phys. Rev. **34** (1929) 1500.
[26] KOPFERMANN, H.: Z. Phys. **75** (1932) 363; SCHÜLER, H., und E. G. JONES: Z. Phys. **75** (1932) 563 (Pb I und Pb II); vgl. auch ROSE, J. L., und L. P. GRANATH: Phys. Rev. **40** (1932) 760; McLENNAN, J. C., M. F. CRAWFORD und L. B. LEPPARD: Nature [London] **128** (1931) 301 (Pb III).
[27] BACK, E., und S. GOUDSMIT: Z. Phys. **47** (1928) 174; ZEEMAN, P., E. BACK und S. GOUDSMIT: Z. Phys. **66** (1930)

1 (Bi I); FISHER, R., und S. GOUDSMIT: Phys. Rev. **37** (1931) 1057 und 1674 (Bi II und Bi III); ARVIDSSON: Nature [London] **126** (1930) 565 (Bi V).
[28] BREIT, G.: Phys. Rev. **36** (1930) 1732.
[29] LOOMIS, F. W., und R. W. WARD: Phys. Rev. **38** (1931) 854.
[30] Vgl. eine im Druck befindliche Veröffentlichung von AMALDI, E., und E. FERMI: Mem. Accad. Italia, Fis. (I) **6** (1934) 119.

Anm. bei der Korr.: Von GOUDSMIT, S.: Phys. Rev. **43** (1933) 696 ist jetzt eine Arbeit veröffentlicht worden, deren Ergebnisse in einigen Teilen mit den unsrigen übereinstimmen. Die Tabelle der magnetischen Momente der Kerne bei GOUDSMIT ist ebenfalls im wesentlichen die gleiche wie bei uns.

Anmerkungen

(a) Die Konstante α ist gleich $2\pi e^2/hc$; ihr numerischer Wert wird heute mit etwa 1/137 angenommen.

(b) Die Zahl 139 ist durch 137 zu ersetzen.

13. Isotopieverschiebung und Hyperfeinstruktur*)

von

G. RACAH

Die Analyse der Hyperfeinstruktur von Thallium und Quecksilber [1] hat zur Entdeckung einer Struktur geführt, die nicht dem Spin des Kerns zugeschrieben werden kann, sondern von einer Verschiebung der Atomniveaus in den verschiedenen Isotopen herrührt.

Kürzlich hat BARTLETT [2] Rechnungen über die Größenordnung dieser Verschiebungen durchgeführt, indem er Abweichungen vom COULOMBschen Gesetz in der Nähe des Kerns annahm; er setzte voraus, daß die potentielle Energie für Abstände kleiner als ein gewisser kritischer Radius r_m, den man als Kernradius bezeichnen könnte, einen konstanten Wert V_0 hat. Seine Rechnungen erbrachten Übereinstimmung hinsichtlich der Größenordnung der Atomniveauverschiebung mit der experimentell gefundenen, wenn $r_m = 10^{-12}$ cm und δr_m (für die verschiedenen Isotope) in der Größenordnung 10^{-13} cm gewählt wurden. Diese Werte sind von der gleichen Größenordnung wie diejenigen, welche sich aus der GAMOWschen Theorie des α-Zerfalls [3] ergeben.

Die Rechenmethode von BARTLETT ist jedoch sehr grob, da er die Störenergie mit Hilfe der Eigenfunktionen wasserstoffähnlicher Atome bestimmt, ohne die Abschirmung des Kerns durch die Rumpfelektronen zu berücksichtigen. Das muß natürlich zu einer beträchtlichen Überschätzung der Verschiebung führen, wenn diese nicht durch die Vernachlässigung eines Faktors $\sqrt{Z^3/n^3}$ im Normierungskoeffizienten kompensiert wird. Außerdem vernachlässigt BARTLETT relativistische Kor-

*) Nature [London] 129 (1932) 723.

rektionen, die nach unseren Rechnungen nicht unbedeutend sind, da die Eigenfunktionen im Ursprung unendlich groß werden.

Wir haben die Verschiebungen mit Hilfe der Eigenfunktionen der relativistischen Gleichung berechnet, indem wir diese so normiert haben, daß sie für große r asymptotisch gleich den SCHRÖDINGERschen Eigenfunktionen werden. Für s-Elektronen wird die Elektronendichte in der Nähe des Kerns [4] gleich

$$\frac{2(1+\varrho)\,\psi^2(0)}{[\Gamma(2\varrho+1)]^2}\left(\frac{2Zr}{a_1}\right)^{2\varrho-2};$$

dabei ist

$$\varrho = \sqrt{1-\gamma^2}, \quad \gamma = Z\alpha = \frac{2\pi Z e^2}{hc} \approx \frac{Z}{137}$$

und

$$a_1 = \frac{h^2}{4\pi^2 m e^2}$$

der Radius der BOHRschen Wasserstoffbahn; $\psi(0)$ bezeichnet den Wert der nichtrelativistischen Eigenfunktion im Ursprung, die unter Benutzung des THOMAS-FERMI-Potentials numerisch bestimmt werden muß.

Hieraus ergibt sich für die Verschiebung w eines s-Terms, wenn wir für das Potential innerhalb des Kerns

$$V_0 = -\frac{Ze^2}{r_m}$$

ansetzen,

$$w = \frac{8\pi(1+\varrho)\,\psi^2(0)}{[\Gamma(2\varrho+1)]^2\,hc}\left(\frac{2Z}{a_1}\right)^{2\varrho-2}\int_0^{r_m}\left(\frac{Ze^2}{r}-\frac{Ze^2}{r_m}\right) r^{2\varrho}\,\mathrm{d}r$$

$$= \frac{8\pi(1+\varrho)\,\psi^2(0)}{[\Gamma(2\varrho+1)]^2(2\varrho+1)\,hc}\left(\frac{2Z}{a_1}\right)^{2\varrho-2} Ze^2\,\frac{r_m^{2\varrho}}{2\varrho}.$$

Die relative Verschiebung δw für zwei Isotope mit dem Unterschied δr_m der Radien ihrer Kerne wird dann

$$\delta w = \frac{8\pi(1+\varrho)\,\psi^2(0)}{[\Gamma(2\varrho+1)]^2(2\varrho+1)hc}\left(\frac{2Z}{a_1}\right)^{2\varrho-2} Z e^2 r_m^{2\varrho-1}\delta r_m .$$

Für Quecksilber ist $\varrho = 0{,}81$, $\psi^2(0) \approx 3 \cdot 10^{26}\,\mathrm{cm}^{-3}$ und damit

$$\delta w \approx 2{,}5 \cdot 10^{22} r_m^{0{,}62}\,\delta r_m\,[\mathrm{cm}^{-1}].$$

Nehmen wir wie BARTLETT $r_m = 10^{-12}$ cm und $\delta r_m = 10^{-13}$ cm an, so erhalten wir für das Quecksilber

$$\delta w \approx 100\,\mathrm{cm}^{-1},$$

d. h. einen um mehrere 100mal größeren Wert als experimentell beobachtet.

Nun erscheint es unwahrscheinlich, daß r_m wesentlich kleiner als 10^{-12} cm ist; folglich müßte δr_m, damit sich der experimentelle Wert der Verschiebung ergibt, von der Größenordnung 10^{-16} cm sein, d. h.

$$\frac{\delta r_m}{r_m} = \frac{1}{10000}$$

gelten. Das aber dürfte schwerlich damit vereinbar sein, daß der Massenunterschied von zwei aufeinanderfolgenden Isotopen nur etwa 1/100 ihrer Gesamtmasse ausmacht.

Man könnte in Zweifel ziehen, ob die SCHRÖDINGERsche Störungsmethode hier angewendet werden darf, da in unserem Fall die Störung sehr groß ist, obgleich sie sich nur über einen sehr begrenzten Bereich erstreckt. Diesem Einwand kann man aber auf folgende Weise begegnen: Für den Typ der Potentialkurve in Kernnähe, den wir hier angenommen haben, und ein COULOMB-Feld weiter außerhalb sind die Lösungen der DIRAC-Gleichung exakt angebbar, ohne daß Näherungen verwendet werden müssen; für diesen Fall fanden wir gute Übereinstimmung mit der Näherungsmethode.

Ich danke den Herren Prof. Pauli und Dr. Delbrück für fördernde Diskussionen.

Literatur

[1] Schüler und Keyston: Z. Phys. **70** (1931) 1; **72** (1931) 423.
[2] Nature [London] **128** (1931) 408.
[3] Gamow: Constitution of Atomic Nuclei and Radioactivity. Kap. II, Tab. III.
[4] Vgl. Racah: Nuovo Cim. **8** (1931) 178.

14. Die Isotopieverschiebung in der Hyperfeinstruktur*)

von

G. Breit

Mit Goudsmits Verallgemeinerung der Landéschen Formel für $\overline{(1/r^3)}$ ist es möglich, auf der Grundlage der Hypothese kleiner Änderungen der Kernradien die Größenordnung der Isotopieverschiebungen in den Bogen- und Funkenspektren von Hg, Tl und Pb zu erklären. Dabei wird angenommen, daß der Kernradius proportional der dritten Wurzel aus der relativen Atommasse und die effektive Kernladung mit grob gleichmäßiger Dichte über das Kerninnere verteilt ist. Die Spektren von Hg I, Hg II, Tl I, Tl II und Pb II stimmen mit dieser Theorie gut überein. Die größeren Verschiebungen sind auf die Hinzu- oder Wegnahme eines 6s- oder 7s-Elektrons zur Elektronenkonfiguration zurückzuführen. Die Richtung der Verschiebung steht in Übereinstimmung mit der Annahme, daß der Kernradius mit der relativen Atommasse zunimmt, wobei die schwereren Isotope die lockerer Bindung für die s- und $p_{1/2}$-Elektronen besitzen. Um die Verschiebungen der Konfigurationen $6p^2$, 6p7s, 6p8s, d6p, 6p8p von Pb I zu erklären, wird angenommen, daß die Verschiebungen in diesem Fall hauptsächlich durch Änderungen im Eintauchen der $6s^2$-Untergruppe in Kernnähe hervorgerufen werden. Solche Änderungen werden wahrscheinlich durch Unterschiede in der Abschirmung der beiden 6s-Elektronen vom Kern verursacht, da das Valenzelektron aus dem 6p-Zustand bis zur Ionisierungsgrenze angeregt ist.

In der Hyperfeinstruktur der Elemente Quecksilber, Thallium und Blei tritt eine Reihe von Komponenten auf, die den verschiedenen Isotopen dieser Elemente zugeschrieben werden. Die beobachteten Verschiebungen sind beträchtlich größer, als man sie auf Grund der einfachen Massenkorrektion in der Rydbergschen Serienformel durch den Faktor $(1 + m/M)^{-1}$ erwartet. Man hat an-

---

*) Phys. Rev. 42 (1932) 348.

genommen, daß diese Isotopieverschiebungen auf Abweichungen des elektrischen Kernfeldes vom umgekehrt-quadratischen Abstandsgesetz zurückzuführen seien. Rechnungen von Racah[1]) sowie von Rosenthal und dem Autor[2]) zeigen jedoch, daß nach dieser Hypothese die Verschiebung um ein mehrfaches größer zu erwarten wäre, als es beobachtet wird. Außerdem erscheint es im Falle von Thallium unmöglich,[3]) die beobachtete Richtung der Verschiebung im Funken- und im Bogenspektrum miteinander in Einklang zu bringen.

Seitdem wurde es für möglich gehalten, die störenden Terme von Thallium so zu interpretieren, daß die Richtung der Verschiebung im Bogen- und Funkenspektrum dieses Elements der bei Quecksilber und Blei beobachteten angepaßt ist. Die großen Verschiebungen bei diesen drei Elementen lassen sich folgerichtig Unterschieden in der Bindung des s-Elektrons und insbesondere des tief eintauchenden 6s-Elektrons zuschreiben. Es wurde ferner gefunden, daß eine von Goudsmit[4]) zur Berechnung der Hyperfeinaufspaltung verwendete einfache Formel in diesen Fällen kleinere Werte für die Aufenthaltswahrscheinlichkeit eines Elektrons in Kernnähe liefert als die numerischen Rechnungen von Racah, die auch Rosenthal und der Autor verwendeten. Es erscheint möglich, daß die numerischen Rechnungen mit kumulativen Fehlern behaftet sind, und es ist jedenfalls von Interesse, daß die Anwendung der Landéschen Formel für $\overline{(1/r^3)}$ durch Goudsmit zu einer vernünftigen Übereinstimmung der theoretisch erwarteten und experimentell beobachteten Isotopieverschiebungen führt.

Um einen Ausdruck für das Quadrat der Schrödinger-Funktion bei $r = 0$ zu erhalten, verwenden wir die

---

[1]) Racah, G.: Nature [London] **42** (1932) 348.

[2]) Rosenthal, J. E., und G. Breit: Phys. Rev. **41** (1932) 459.

[3]) Vgl. Fußnote [2]).

[4]) Pauling und Goudsmit: Structure of Line Spectra. Vgl. auch McLennan, A. B. McLay und M. F. Crawford: Proc. roy. Soc. [London] **A 133** (1931) 652.

LANDÉsche Näherungsformel

$$l(l+1)\overline{\left(\frac{1}{r^3}\right)} = \frac{R\alpha^2 Z_i Z_0^2}{\mu_0^2(2l+1)\,n_0^2}, \tag{1}$$

worin l die azimutale Quantenzahl, R die der RYDBERG-Konstante entsprechende Energie, $\alpha = 2\pi e^2/hc$, μ_0 das BOHRsche Magneton, Z_i die effektive Kernladungszahl im inneren Teil der Bahn, Z_0 die effektive Kernladungszahl im äußeren Teil der Bahn und n_0 die effektive Quantenzahl bedeuten, die man erhält, indem man die Energie der Terme gleich $-RZ_0^2/n_0^2$ setzt. Diese Formel wurde von LANDÉ mit Hilfe klassischer Betrachtungen mit Tauchbahnen hergeleitet. Es ist jedoch zu erwarten, daß sie — wenigstens qualitativ — auch in der Quantenmechanik richtig bleibt. Für s-Terme wird die linke Seite von (1)[1])

$$\overline{l(l+1)\,r^{-3}} = 2\pi\psi^2(0) \tag{2}$$

und damit

$$\psi^2(0) = \frac{Z_i Z_0^2}{\pi a_{\mathrm{H}}^3\, n_0^3} = 2{,}16 \cdot 10^{24}\,\frac{Z_i Z_0^2}{n_0^3}\,[\mathrm{cm}^{-3}]; \tag{3}$$

a_{H} bezeichnet den BOHRschen Wasserstoffradius. Es sei bemerkt, daß *Gl. (3) für* COULOMB-*Felder exakt ist.* Daß die linke Seite von (2) für $l = 0$ unbestimmt wird, ist unwesentlich, da dieser Ausdruck in der relativistischen Theorie der Hyperfeinstruktur durch einen anderen Ausdruck mit völlig bestimmter Bedeutung ersetzt wird. Man kann Gl. (3) auch mit Hilfe der LANDÉschen Tauchbahnen interpretieren, indem man annimmt, daß sich die Normierungskonstante im Bereich der effektiven Kernladungszahl Z_i wegen des Vorhandenseins eines Bereichs mit der effektiven Kernladungszahl Z_0 um einen Faktor $(Z_0/Z_i)^2/n_0^3$ verringert. Gl. (3) ist somit eine vernünftige Näherung. Wir haben jedoch nicht die Absicht, sie als

[1]) BREIT, G.: Phys. Rev. 37 (1931) 51.

exakt anzusehen; der endgültige Nachweis ihrer Gültigkeit wird vielmehr darin bestehen, sie mit den exakten numerischen Rechnungen zu vergleichen. Berechnen wir $\psi^2(0)$ für die Grundzustände der Alkalimetalle mit Hilfe von Gl. (3), so erhalten wir folgenden Vergleich (Tab. 14.1) der Werte für $\psi^2(0)$ entsprechend numerischen Berechnungen der Eigenfunktionen:

Tab. 14.1

Element	Na	Cs	Rb
$\psi^2(0)$ aus (3)	$5{,}6 \cdot 10^{24}$	$1{,}8 \cdot 10^{25}$	$1{,}4 \cdot 10^{25}$
$\psi^2(0)$ nach Fermi[1])	$2{,}4 \cdot 10^{24}$	$2{,}7 \cdot 10^{25}$	$0{,}88 \cdot 10^{25}$
$\psi^2(0)$ nach Nile	–	$1{,}7(5) \cdot 10^{25}$	–

Für die leichteren Elemente ergibt sich nach den numerischen Berechnungen ein zu kleiner Wert für $\psi^2(0)$. Für Cs stehen die sehr sorgfältigen, noch unveröffentlichten Berechnungen von Nile mit Gl. (3) sehr gut in Übereinstimmung, während der Wert von Fermi wesentlich zu hoch liegt.

Wie man sehen kann, steht die Größe der Hyperfeinstrukturaufspaltung des 7s-Zustandes beim Thallium viel besser[2]) in Übereinstimmung mit der des $6p_{1/2}$-Zustandes, wenn man Gl. (3) verwendet, als die numerischen Berechnungen von $\psi^2(0)$ für diesen Zustand, die Racah durchgeführt hat. Man kann die Hyperfeinstrukturaufspaltung als empirische Bestimmung von $\psi^2(0)$ auffassen, und es scheint so, als befände sich diese Bestimmung mit der Größe der Isotopieverschiebung und mit dem nach Gl. (3) erhaltenen $\psi^2(0)$-Wert im Einklang.

Beim Quecksilber wurde eine Isotopieverschiebung sowohl für das Funken- wie auch für das Bogenspektrum beobachtet. Für das Funkenspektrum gelangten Schüler und Jones[3]) zu einer Interpretation, nach der die größte

[1]) Fermi, E.: Z. Phys. **60** (1930) 320.

[2]) Dies wurde zuerst von Goudsmit beobachtet, der den Autor freundlicherweise auf diese Tatsache aufmerksam machte.

[3]) Schüler, H., und E. G. Jones: Z. Phys. **76** (1932) 14; vgl. Abb. 1, S. 17.

Verschiebung zum $^2D_{5/2}$-Term der Konfiguration $5d^9 6s^2$ gehört. Die übrigen Terme gehören zu den Konfigurationen $5d^{10}6s$, $5d^{10}6p$ und $5d^{10}7s$. Die Verschiebung zwischen ^{204}Hg und ^{202}Hg beträgt 0,52 cm^{-1}; dabei ist bemerkenswert, daß das Isotop ^{204}Hg eine größere Energie besitzt als ^{202}Hg. Das deutet darauf hin, daß die Energiezunahme durch den Übergang eines Elektrons vom 5d- in den 6s-Zustand von ^{204}Hg größer ist als von ^{202}Hg. Man kann deshalb vermuten, daß das 6s-Elektron in ^{204}Hg weniger fest gebunden ist als in den leichteren Isotopen. Analog wird im Bogenspektrum[1]) des Hg die größte Verschiebung dem $6s^2\,{}^1S_0$-Zustand zugeordnet; die Verschiebung zwischen ^{204}Hg und ^{202}Hg beträgt 0,15 cm^{-1}, zwischen ^{201}Hg und ^{199}Hg aber 0,21 cm^{-1}. Aus der Richtung der Verschiebung ergibt sich wiederum, daß ^{204}Hg die höchste Energie besitzen muß. Die Konfiguration 6s7s zeigt ebenfalls eine Verschiebung in dieser Richtung, aber von einem kleineren Betrage; die Verschiebung zwischen ^{204}Hg und ^{202}Hg beträgt 0,03 cm^{-1} sowohl für den $^1S_0$- wie für den $^3S_1$-Zustand.

Von Shenstone und Russell[2]) wurde beobachtet, daß die große Verschiebung des ^1P-Terms dieses Spektrums ihre natürliche Erklärung dadurch findet, daß diese Terme durch die Konfiguration $5d^9 6s^2 6p$ gestört werden. Insbesondere zeigt sich beim $8\,{}^1P_1$-Term[2]) eine Isotopieverschiebung von praktisch dem gleichen Betrag wie beim $6s^2\,{}^1S_0$-Term. Auch die Richtung dieser Verschiebung ist die gleiche und entspricht einer festeren Bindung des 6s-Elektrons bei den leichteren Isotopen.

Für Tl scheint es zunächst schwierig,[3]) die Verschiebung mit Hilfe des Kernfeldes zu interpretieren, da die Verschiebungen im Funken- und im Bogenspektrum verschiedene Richtungen haben. Eine weitere Untersuchung

---

[1]) Schüler, H., und J. E. Keyston: Z. Phys. **72** (1931) 423; vgl. Abb. 16, S. 438; Schüler, H., und E. G. Jones: Z. Phys. **74** (1932) 631.

[2]) Shenstone, A. G., und H. N. Russell: Phys. Rev. **39** (1932) 415; vgl. S. 427. Der Term „8^1P_1" gehört praktisch zur Konfiguration $5d^9 6s^2 6p$.

[3]) Vgl. Fußnote [2]), S. 362.

der Daten[1]) ergab, daß die Terme mit großen Verschiebungen der Term X_2 und der oben mit $6s7p\,{}^1P_1$ bezeichnete Term sind. Nach McLennan und Crawford[2]) ist die letztgenannte Bezeichnung unkorrekt; sie bezeichneten diesen Term deshalb mit $1_1{}^0$. Bei diesem Term und auch beim X_2-Term hat das leichtere Isotop ^{203}Tl eine festere Bindung zwischen Elektronen und Kern als das Isotop ^{205}Tl. Die Analogie zwischen diesem und Hg läßt vermuten, daß die Terme X_2 und $1_1{}^0$ zu einer Konfiguration gehören, an der zwei 6s-Elektronen beteiligt sind. Prof. Goudsmit hat freundlicherweise die Daten über Tl II und Tl III geprüft, und danach erscheint es in der Tat völlig logisch, die Terme X_2 ($3_2{}^0$ bei McLennan und Crawford) und $1_1{}^0$ von Tl II zur Konfiguration $5d^9 6s^2 6p$ zu rechnen; der Unterschied der Termwerte für $5d^9 6s 6p\,{}^4F^0$ und $5d^{10} 6s$ von Tl III beträgt ≈ 124000 cm^{-1}, der der Termwerte von $1_1{}^0$ und X_2 aus $5d^{10} 6s^2$ von Tl II 126204 bzw. 125437 cm^{-1}. Mit diesen Interpretationen stehen die beobachteten Richtungen der Verschiebungen beim Tl I und Tl II im Einklang, wenn man annimmt, daß die Konfiguration $5d^{10} 6s^2 6p\ {}^2P_{3/2}$ von Tl I unverschoben ist, so daß die größte Verschiebung der Konfiguration $5d^{10} 6s^2 7s\ {}^2S_{1/2}$ und eine etwas kleinere der Konfiguration $5d^{10} 6s^2 6p\ {}^2P_{1/2}$ zugeordnet werden muß. Dies steht aber nicht mit der bekannten Tatsache in Übereinstimmung, daß Kombinationen der höheren ^2P-Terme mit $5d^{10} 6s^2 7s\,{}^2P_{1/2}$ keine Isotopieverschiebung zeigen. Die damit zusammenhängenden experimentellen Schwierigkeiten sind jedoch offensichtlich sehr groß, wie sich aus den unterschiedlichen Ergebnissen von Jackson sowie Schüler und Keyston über die Isotopieverschiebung der Linie mit $\lambda = 3776$ Å folgern läßt. Da die Richtung der Verschiebung beim Tl II die gleiche ist wie beim Hg I, Hg II, Pb I und Pb II, hätte es überrascht, wenn es beim Tl I

[1]) Schüler, H., und J. E. Keyston: Z. Phys. **70** (1931) 1.

[2]) McLennan, J. C., und M. F. Crawford: Proc. roy. Soc. [London] **A 132** (1931) 10.

anders gewesen wäre. (Vgl. die Diskussion über das PbI unten.)

Die Verschiebungen beim PbII haben wir bereits früher diskutiert.[1]) Die Ansicht, daß die großen Verschiebungen den 6s-Elektronen zugeschrieben werden müssen, stehen sowohl hinsichtlich der Richtung wie auch der Größenordnung der Verschiebung offenbar im Einklang mit den ähnlichen Fällen beim Tl und Hg.

Die Isotopieverschiebungen beim PbI passen in diese Theorie nur zum Teil hinein. Nimmt man an, daß das $6p^2\,{}^1D_2$-Niveau keine Verschiebung zeigt, und setzt man $\Delta W = W({}^{208}\mathrm{Pb}) - W({}^{206}\mathrm{Pb})$, so erhält man mit Hilfe der Werte von KOPFERMANN[2]), ROSE und GRANATH[3]) sowie SCHÜLER und JONES[4]) folgende Näherungswerte für ΔW (in cm^{-1}):

$6p^2\,{}^1S_0$	+0,01	$8s6p\,{}^3P_{1,2}$	+0,09
$6p^2\,{}^3P_{0,1,2}$	+0,01	$7s6p\,{}^1P_1$	+0,07
$7s6p\,{}^3P_{0,1}$	+0,09	$6p8p\,{}^3P_1$	+0,08
$d\,{}^3D_{2,1}$	+0,07	$6p8p\,{}^3P_0$	+0,07
$d\,{}^3F_3$	+0,07		

Aus der Tatsache, daß alle Niveaus der $6p^2$-Konfiguration angenähert die gleiche Isotopieverschiebung aufweisen, folgt, daß ΔW für $6p_{1/2}$ klein und von der Größenordnung 0,01 cm^{-1} ist, so daß alle $\Delta W(6p_{3/2})$ vernachlässigt werden können. Die relativ große Verschiebung der d6p-Terme ist deshalb einigermaßen rätselhaft. Sie ist vermutlich auf eine Störung durch die 6p7s-Konfiguration zurückzuführen, es ist aber auch möglich, daß als Folge davon eine Störung mit 6p8s auftritt. Derartige Störungen machen eine Erklärung möglich, warum die Verschiebungen von 6p7s und 6p8s gleiche Größenordnung besitzen. Mit den oben erwähnten gegen-

---

[1]) Vgl. Fußnote [2]), S. 362.

[2]) KOPFERMANN, H.: Z. Phys. 75 (1932) 363; Naturwiss. 19 (1931) 400; 19 (1931) 675.

[3]) ROSE, J. L., und L. P. GRANATH: Phys. Rev. 40 (1932) 760. Mit den späteren Daten $a' = 0{,}012$, $a'' = 0{,}372$ für $6p^2$ von SCHÜLER und JONES.

[4]) SCHÜLER, H., und E. G. JONES: Z. Phys. 75 (1932) 563.

seitigen Störungen von d6p durch 6p7s und von 6p8s durch d6p ist die angenähert gleiche Verschiebung bei den drei Konfigurationen verständlich und kann dann hauptsächlich dem Einfluß des 7s-Elektrons zugeschrieben werden.

Schwieriger ist es, die relativ großen Verschiebungen von 6p8p $^3P_{0,1}$ zu interpretieren, die aus der beobachteten Struktur[1]) der Linien mit $\lambda = 6059$, 6012 und 5896 Å folgt. Auf Grund der vorliegenden Theorie wäre zu erwarten, daß die Verschiebungen die gleiche Größenordnung besitzen wie die von $6p^2\ ^3P_{1,2}$, während sie in Wirklichkeit angenähert gleich der der Verschiebungen der 6p7s-Konfiguration ist. Daß die 6p8p-Konfiguration durch 6p7s oder d6p gestört werden kann, ist nicht möglich, so daß eine andere Erklärung gefunden werden muß.

Es sei in diesem Zusammenhang daran erinnert, daß die Untergruppe $6s^2$ in allen Spektren von Pb I vorkommt. Eine Änderung der Abschirmungskonstante der beiden 6s-Elektronen würde zu einer Isotopieverschiebung führen. Es erscheint möglich, wenn auch nicht sehr sicher, daß die Abschirmung des Kerns durch das 8p-Elektron hinreichend viel schwächer ist als die Abschirmung durch das 6p-Elektron, so daß das 6s-Elektron tiefer vordringt und infolgedessen eine Isotopieverschiebung erfolgt. Die Existenz derartiger Effekte läßt sich auch aus den scheinbar fehlenden Isotopieverschiebungen der Linien 7s*m*p von Tl I vermuten, die andernfalls die volle Verschiebung des 7s-Elektrons zeigen müßten. Wie schon im Zusammenhang mit dem Tl I erwähnt, sind wir nicht sehr überzeugt davon, daß eine Verschiebung der 7s*m*p-Linien mit Gewißheit hätte nachgewiesen werden können, da sich zwischen den verschiedenen Beobachtungen der Linie mit $\lambda = 3776$ Å Widersprüche ergeben haben. Trotzdem scheint es vernünftig anzunehmen, daß die 6s-Elektronen beim Pb I ein kleineres $\psi^2(0)$ besitzen, wenn sich das Valenzelektron in einem niedrigen Energiezustand befindet, da das vom Standpunkt unserer Theorie

---

[1]) Siehe Fußnote [4]), Seite 367.

in das Bild der vorhandenen Isotopieverschiebungen aller höheren Terme im Spektrum von PbI hineinpaßt. Der von HUGHES und ECKART für Lithium betrachtete Masseneffekt kann schwerlich viel mit den beobachteten Verschiebungen beim PbI zu tun haben, da kein Grund dafür besteht, weshalb er für alle fünf Grundniveaus die gleiche Verschiebung liefern sollte, und sich gleiche Aufspaltungen für ^{206}Pb, ^{207}Pb und ^{208}Pb ergeben müßten, was experimentell nicht der Fall ist. Es scheint also, als müßten für die Isotopieverschiebungen beim PbI hauptsächlich Änderungen von $\psi^2(0)$ des 6s-Elektrons verantwortlich gemacht werden. Dagegen haben wir es beim PbII vorwiegend mit Verschiebungen auf Grund der Hinzufügung oder Wegnahme eines 6s-Elektrons zu tun und brauchen somit die kleineren Effekte der Unterschiede im Eintauchen der Bahnen nicht zu berücksichtigen.

Sowohl die Isotopieverschiebungen wie auch die Termaufspaltungen auf Grund des Kernspins hängen vom Vordringen der Elektronen in die Nähe des Kerns ab. Wir wollen uns deshalb kurz der theoretischen Interpretation der Termaufspaltung infolge des Kernspins beim PbI zuwenden, um zu sehen, ob es möglich ist, sie in Übereinstimmung zu bringen.

Gehen wir von der jj-Kopplung aus und nehmen an, daß $^3P_0$ zur Konfiguration $6p_{1/2}8p_{1/2}$ und $^3P_1$ zu $6p_{1/2}8p_{3/2}$ gehört, so erhalten wir aus der beobachteten Niveauaufspaltung von $-0{,}155$ cm^{-1} den Wert[1]) $A = -0{,}103$ cm^{-1} und $a''(6p) = A(6p_{1/2}) = 0{,}41$ cm^{-1}, der sehr gut mit dem mit Hilfe der Summenregel aus den Aufspaltungen der $6p^2$-Konfiguration berechneten[2]) Wert 0,37 cm^{-1} im Einklang steht. Die Interpretation von 6p8p $^3P_1$ als $6p_{1/2}8p_{3/2}$ erscheint natürlich, wenn man bedenkt, daß es in die gleiche Serie fällt wie $6p^2\ ^3P_1$. Auch die Interpretation von 6p7s $^3P_1$ und 6p8s $^3P_1$ als $6p_{1/2}7s$ $(j = 1)$

---

[1]) GOUDSMIT, S.: Phys. Rev. 37 (1931) 663. Für die jj-Kopplung ist $A = \{[j(j+1) + j_1(j_1+1) - j_2(j_2+1)]\,a(j_1) + [j(j+1) + j_2(j_2+1) - j_1(j_1+1)]\,a(j_2)\}/2j(j+1)$.

[2]) Vgl. Fußnote [3]), S. 367.

bzw. $6p_{1/2}\,8s$ $(j = 1)$ führt zu vernünftigen Werten $a''(6p) + a(7s) = 0{,}586$, $a''(6p) + a(8s) = 0{,}386$, woraus sich mit $a''(6p) = 0{,}372$ die Werte $a(7s) = 0{,}214$ und $a(8s) = 0{,}014$ ergeben. Wenn wir die beobachtete[1]) Aufspaltung $-0{,}060\ \mathrm{cm}^{-1}$ für $6p7s\ {}^1P_1$ verwenden und diesen Term als $6p_{3/2}7s\,(j = 1)$ interpretieren, erhalten wir $A = -0{,}040\ \mathrm{cm}^{-1}$, $5a'(6p) - a(7s) = -0{,}160\,\mathrm{cm}^{-1}$ und mit $a(7s) = +0{,}214\ \mathrm{cm}^{-1}$ daraus $a'(6p) = 0{,}011\ \mathrm{cm}^{-1}$ in guter Übereinstimmung mit dem Wert $a'(6p) = 0{,}007\ \mathrm{cm}^{-1}$ aus der $6p^2$-Konfiguration nach den Daten von Rose und Granath[2]) bzw. $0{,}012\ \mathrm{cm}^{-1}$ nach Kopfermann[3]) und den zuletzt veröffentlichten Daten von Schüler und Jones[1]). Das ${}^3F_3$-Niveau der d6p-Konfiguration ist als $d_{5/2}\,6p_{1/2}$ zu interpretieren; denn wenn die beobachtete[3]) Aufspaltung $0{,}250\ \mathrm{cm}^{-1}$ beträgt, wird — wiederum in guter Übereinstimmung mit dem Wert $a''(6p) = 0{,}37\ \mathrm{cm}^{-1}$ aus der $6p^2$-Konfiguration — $A = 0{,}0714\ \mathrm{cm}^{-1}$ und $a''(6p) = 0{,}43\ \mathrm{cm}^{-1}$. Die Hyperfeinstrukturaufspaltungen erfordern also keine Änderungen in der Interpretation der Terme. Wir können somit die großen Verschiebungen der 6p8p-Konfiguration[4])[5]) nur

[1]) Vgl. Fußnote [4]), S. 367. [2]) Vgl. Fußnote [3]), S. 367.

[3]) Vgl. Fußnote [2]), S. 367.

[4]) Die relativen Isotopieverschiebungen, die man für 7s und $6p_{1/2}$ beim PbI zu erwarten hat, sind angenähert die gleichen wie beim TlI, da für PbI $a(7s) \approx 0{,}22$, $a''(6p) \approx 0{,}37$ und für TlI $a(7s) \approx 0{,}40$, $a''(6p) \approx 0{,}71$ ist, so daß das Verhältnis $a(7s)/a''(6p)$ für beide Spektren nahezu gleich ist.

[5]) Die geringen Unstimmigkeiten zwischen Theorie und Experiment beim obigen Vergleich der Hyperfeinstrukturen von PbI sind leicht durch den Einfluß des Eintauchens der Elektronen auf die Kopplung mit dem Kern sowie dadurch zu erklären, daß es sich dabei um eine intermediäre Kopplung zwischen Russell-Saunders- und jj-Fall handelt. Wie sich aus den g-Werten des Zeeman-Effekts ergibt, erweist sich für die $6p^2$-Konfiguration der ${}^1D_2$-Term als $0{,}93\ 6p_{3/2}6p_{3/2} + 0{,}38\cdot 6p_{3/2}6p_{1/2}$, der ${}^3P_2$-Term als $0{,}93\ 6p_{3/2}6p_{1/2} - 0{,}38\ 6p_{3/2}6p_{3/2}$. Die Abweichung von der jj-Kopplung von $(0{,}38)^2 = 0{,}14$ ist durchaus groß genug, um die Differenz zwischen $A({}^1D_2) = 0{,}026$ und $a'(6p) = 0{,}012$ zu erklären. Vernachlässigen wir Matrixelemente vom Typ $(p_{3/2}|H'|p_{1/2})$, so erhalten wir theoretisch $A({}^1D_2) = 0{,}024$, $A({}^3P_2) = 0{,}089$ in ausgezeichneter Übereinstimmung mit dem Experiment. Es ist nicht völlig sicher, daß diese Matrixelemente so klein sind, daß man sie vernachlässigen darf. Trotzdem ist klar, daß die Abweichungen von der jj-Kopplung die verbleibenden Unstimmigkeiten leicht erklären können.

Tab. 14.2

Element und Spektrum	Elektronenzustand	$\psi^2(0)$ $(\times 10^{-26})$	Berechnungsmethode	Verschiebung als Vielfaches von $A\Delta y_0/y_0$	Relative Änderung $\Delta y_0/y_0$ des Kernradius	Erwartete Verschiebung [cm⁻¹]	Beobachtete Verschiebung [cm⁻¹]
Tl I	7s	0,17	GOUDSMIT	–	1/300	0,07	0,06
Tl I	7s	0,49	RACAH	360	1/300	0,2	0,06
Tl I	$7p_{1/2}$	–	–	49	1/300	0,03	0,01 ± 0,005
Tl II	6s	<1,6	GOUDSMIT aus Tl III	–	1/300	<0,8	0,23
	6s	2,8	–	2060	1/300	1,4	0,23
Pb I	7s	–	–	–	1/300	–	0,07
Pb II	6s	–	GOUDSMIT aus Hg II	–	1/300	0,70	0,50
Hg I	6s	–	–	–	1/300	–	0,18
	7s	0,30	GOUDSMIT aus Hg II	–	1/300	–	0,03
Hg II	6s	1,45	GOUDSMIT aus Hg II	1060	1/300	0,70	0,52

als Änderung der effektiven Abschirmung der $6s^2$-Elektronen interpretieren. Weitere experimentelle Daten über die anderen Niveaus der $6pmp$-Serie wären nützlich, um zu einer endgültigen Erklärung zu gelangen.

Tab. 14.2 gibt einen Vergleich der beobachteten und theoretisch zu erwartenden Verschiebungen.

Es sei noch angemerkt, daß die Übereinstimmung mit der Formel von GOUDSMIT für $\psi^2(0)$ bei den Einelektronenspektren von Tl I und Hg II zufriedenstellend ist. Nur in derartigen Fällen ist die Anwendung dieser Formel gesichert, da dann die Abschirmung bei den Berechnungen der effektiven Quantenzahl und bei der Berechnung von $\psi^2(0)$ dieselbe ist. Mit dem GOUDSMITschen Wert[1]) für $\psi^2(0)$ für 7s von Tl I ergibt sich aus der Hyperfeinstrukturaufspaltung dieses Terms ein Verhältnis $\mu_0/\mu = (0{,}17/0{,}49) \cdot 4050 = 1{,}4 \cdot 10^3$, das sehr viel besser mit dem nach RACAH aus der Aufspaltung von $6p_{1/2}$ von Tl I folgenden Wert $\mu_0/\mu = 0{,}92 \cdot 10^3$ übereinstimmt als $\mu_0/\mu = 4{,}0 \cdot 10^3$. Die Isotopieverschiebung und die Hyperfeinstrukturaufspaltung stehen mit der Formel von GOUDSMIT im Einklang.

Zusammenfassung

Aus der obigen Diskussion ersieht man, daß sich die Theorie der Isotopieverschiebung als Folge der Kernradiusänderungen im wesentlichen mit den beobachteten Werten in Übereinstimmung befindet. Die scheinbaren Einwände[2]) gegen eine derartige Theorie konnten widerlegt werden. Die hauptsächlichen Änderungen in bezug auf die vorherigen Arbeiten sind: *1.* Änderungen in den wahrscheinlichen Werten von $\psi^2(0)$, *2.* die Interpretation der Elektronenkonfigurationen von Hg, Tl und Pb. Die Werte der Kernradien und ihre Unterschiede haben

[1]) Vgl. Fußnote [2]), S. 364.

[2]) Vgl. die Fußnoten [1]) und [2]), S. 362.

Bedeutung nur, soweit es die Größenordnung der Effekte betrifft, und zwar infolge der Unsicherheiten der $\psi^2(0)$-Werte.

Wir erwarten, daß unsere Annahme, daß der Kern eine angenähert gleichmäßige Ladungsdichte besitzt, nur in bezug auf seine Wirkung auf die extranuklearen Elektronen anwendbar ist. Dieses Bild dürfte wahrscheinlich der Realität etwa im gleichen Maße entsprechen wie das HARTREEsche Zentralfeld bei der korrekten Behandlung eines Atoms im Konfigurationsraum.

15. Die elektromagnetische Verschiebung der Energieniveaus*)

von

H. A. Bethe

Lamb und Retherford[1]) haben mit sehr schönen Experimenten gezeigt, daß die Feinstruktur des zweiten Quantenzustandes des Wasserstoffs nicht mit der Voraussage der Diracschen Theorie in Übereinstimmung steht. Das 2s-Niveau, das nach der Theorie von Dirac mit dem $2p_{1/2}$-Niveau zusammenfallen müßte, liegt in Wahrheit um etwa 0,033 cm^{-1} oder 1000 MHz höher als das letztgenannte. Diese Unstimmigkeit war aus spektroskopischen Messungen lange Zeit vermutet worden.[2])[3]) Bisher konnte jedoch noch keine befriedigende theoretische Erklärung gegeben werden. Kemble und Present sowie Pasternack[4]) haben gezeigt, daß man die Verschiebung des 2s-Niveaus nicht durch eine Kernwechselwirkung vernünftiger Größe erklären kann, und Uehling[5]) fand bei seiner Untersuchung des Effektes der „Polarisation des Vakuums" in der Diracschen Löchertheorie, daß dieser Effekt ebenfalls viel zu klein ist und zudem noch das falsche Vorzeichen besitzt.

Schwinger und Weisskopf sowie Oppenheimer vermuteten, daß eine mögliche Erklärung die Verschiebung der Energieniveaus infolge der Wechselwirkung des Elektrons mit dem Strahlungsfeld sein könnte. Diese Verschiebung ergibt sich aber bei allen bestehenden Theorien

---

*) Phys. Rev. **72** (1947) 339.

[1]) Phys. Rev. **72** (1947) 241.

[2]) Houston, W. V.: Phys. Rev. **51** (1937) 446.

[3]) Williams, R. C.: Phys. Rev. **54** (1938) 558.

[4]) Kemble, E. C., und R. D. Present: Phys. Rev. **44** (1932) 1031; Pasternack, S.: Phys. Rev. **54** (1938) 1113.

[5]) Uehling, E. A.: Phys. Rev. **48** (1935) 55.

als unendlich groß und wurde deshalb stets übergangen. Es ist jedoch möglich, die am stärksten (linear) divergenten Terme in der Niveauverschiebung mit einem elektromagnetischen Masseneffekt zu identifizieren, der sowohl für ein gebundenes wie auch für ein freies Elektron existieren muß. Diesen Effekt sollte man zweckmäßigerweise als bereits in der beobachteten Masse des Elektrons enthalten ansehen. Wir müssen deshalb von dem theoretischen Ausdruck den entsprechenden Ausdruck für ein freies Elektron mit der gleichen mittleren kinetischen Energie subtrahieren. Das Resultat divergiert dann in der nichtrelativistischen Theorie nur noch logarithmisch (statt linear). Folglich ist zu erwarten, daß das Resultat in der Löchertheorie, in der der Hauptterm (die Selbstenergie des Elektrons) nur logarithmisch divergiert, nach Subtraktion des Ausdrucks für das freie Elektron konvergent wird.[1]) Damit würden wir eine effektive obere Grenze der Größenordnung mc^2 für die Lichtfrequenzen erhalten, die zur Verschiebung des Niveaus eines gebundenen Elektrons effektiv beitragen können. Ich habe die relativistischen Rechnungen nicht durchgeführt, werde aber voraussetzen, daß eine derartige relativistische Grenze existiert.

Nach der herkömmlichen Strahlungstheorie ergibt sich für die Selbstenergie eines Elektrons im Quantenzustand m infolge seiner Wechselwirkung mit transversalen elektromagnetischen Wellen

$$W = -\frac{2e^2}{3\pi\hbar c^3}\int_0^K k\,\mathrm{d}k \sum_n |\boldsymbol{v}_{mn}|^2 \frac{1}{E_n - E_m + k}, \tag{1}$$

wobei $k = \hbar\omega$ die Energie des Quants und $\boldsymbol{v}$ die Geschwindigkeit des Elektrons bedeuten; in der nicht-

[1]) Daß man die Löchertheorie anwenden muß, um bei diesem Problem Konvergenz zu erzwingen, haben zuerst SCHWINGER und WEISSKOPF vermutet.

relativistischen Theorie wird $\boldsymbol{v}$ durch

$$\boldsymbol{v} = \frac{\boldsymbol{p}}{m} = \frac{\hbar}{i m} \nabla \tag{2}$$

gegeben. Bei relativistischer Behandlung müßte $\boldsymbol{v}$ durch $c\boldsymbol{\alpha}$ ersetzt werden, wobei $\boldsymbol{\alpha}$ den Dirac-Operator bezeichnet. Die Retardierung haben wir vernachlässigt; man kann zeigen, daß sie in der Tat zu keinem wesentlichen Unterschied führt. In Gl. (1) wird über alle Zustände n des Atoms summiert und über alle Quantenenergien k von 0 bis zu einem Maximum K integriert, das wir später diskutieren werden.

Für ein freies Elektron besitzt $\boldsymbol{v}$ nur Diagonalelemente, und Gl. (1) kann ersetzt werden durch

$$W_0 = -\frac{2e^2}{3\pi\hbar c^3} \int k \, \mathrm{d}k \, \frac{\boldsymbol{v}^2}{k}. \tag{3}$$

Dieser Ausdruck stellt die Änderung der kinetischen Energie des Elektrons bei festem Impuls dar, die sich daraus ergibt, daß die elektromagnetische Masse zur Masse des Elektrons hinzugenommen wird. Diese elektromagnetische Masse ist bereits in der experimentell bestimmten Masse des Elektrons enthalten; der Beitrag (3) zur Energie soll deshalb außer acht gelassen werden. Für ein gebundenes Elektron muß man $\boldsymbol{v}^2$ durch seinen Erwartungswert $(\boldsymbol{v}^2)_{mm}$ ersetzen. Die Matrixelemente von $\boldsymbol{v}$ genügen aber der Summenregel

$$\sum_n |\boldsymbol{v}_{mn}|^2 = (\boldsymbol{v}^2)_{mm}. \tag{4}$$

Infolgedessen wird der wesentliche Anteil der Selbstenergie

$$W' = W - W_0 = + \frac{2e^2}{3\pi\hbar c^3} \int_0^K \mathrm{d}k \sum_n \frac{|\boldsymbol{v}_{mn}|^2 (E_n - E_m)}{E_n - E_m + k}. \tag{5}$$

Dies werden wir als wahre Verschiebung der Niveaus infolge der Strahlungswechselwirkung ansehen.

Es ist zweckmäßig, Gl. (5) zunächst über k zu integrieren. Nehmen wir an, daß K groß gegen alle Energieunterschiede $E_n - E_m$ im Atom ist, so erhalten wir

$$W' = \frac{2e^2}{3\pi\hbar c^3} \sum_n |\boldsymbol{v}_{mn}|^2 (E_n - E_m) \ln \frac{K}{|E_n - E_m|}. \quad (6)$$

(Man sieht leicht, daß man den Hauptwert des Integrals zu nehmen hat, wie es in (6) geschehen ist, wenn $E_n - E_m$ negativ ist.) Da wir vorausgesetzt haben, daß die Relativitätstheorie eine natürliche Grenze für die Frequenz k liefert, können wir in (6)

$$K \approx mc^2 \quad (7)$$

setzen. (Das bedeutet nicht dieselbe Grenze auch in den Gleichungen (2) und (3).) Deshalb wird das Argument des Logarithmus in (6) sehr groß, und wir können den Logarithmus in erster Näherung als konstant (unabhängig von n) annehmen.

Wir werden deshalb die Summe

$$A = \sum_n A_{nm} = \sum_n |\boldsymbol{p}_{nm}|^2 (E_n - E_m) \quad (8)$$

berechnen; diese Summe ist bekannt, und es gilt

$$A = \sum_n{}' |\boldsymbol{p}_{nm}|^2 (E_n - E_m) = -\hbar^2 \int \psi_m^* (\nabla V \cdot \nabla \psi_m)\, d\tau$$

$$= \frac{1}{2} \hbar^2 \int \nabla^2 V \psi_m^2 \, d\tau = 2\pi\hbar^2 e^2 Z \psi_m^2(0) \quad (9)$$

für eine Kernladungszahl Z. Für irgendein Elektron mit dem Drehimpuls $l \neq 0$ verschwindet die Wellenfunktion im Kern; die Summe ist dann also $A = 0$. Für das 2p-Niveau kompensiert z. B. der negative Beitrag $A_{1s,1p}$ die positiven Beiträge aller anderen Übergänge. Dagegen ist für einen Zustand mit $l = 0$

$$\psi_m^2(0) = \frac{1}{\pi}\left(\frac{Z}{na}\right)^3, \tag{10}$$

wobei n die Hauptquantenzahl und a der BOHRsche Radius sind.

Setzen wir (10) und (9) in (6) ein und benutzen die Relationen zwischen den Atomkonstanten, so erhalten wir für den S-Zustand

$$W'_{ns} = \frac{8}{3\pi}\left(\frac{e^2}{\hbar c}\right)^3 Ry \frac{Z^4}{n^3} \ln \frac{K}{\langle E_n - E_m\rangle_{\text{mittel}}}, \tag{11}$$

wobei Ry die Ionisierungsenergie des Grundzustandes des Wasserstoffs ist. Die Verschiebung für den 2p-Zustand ist vernachlässigbar klein; der Logarithmus in (11) kann durch den Wert —0,04 ersetzt werden. Die mittlere Anregungsenergie $\langle E_n - E_m\rangle_{\text{mittel}}$ für den 2s-Zustand des Wasserstoffs wurde numerisch berechnet[1]) und ergab sich zu 17,8 Ry, einem erstaunlich hohen Wert. Mit diesem Wert und $K = mc^2$ hat der Logarithmus den Wert 7,63, und wir erhalten

$$W'_{ns} = 136 \ln \frac{K}{E_n - E_m} = 1040 \text{ MHz}. \tag{12}$$

Das steht mit dem beobachteten Wert von 1000 MHz in ausgezeichneter Übereinstimmung.

Eine relativistische Berechnung der Grenze K wird zur Zeit vorbereitet. Selbst ohne die exakte Kenntnis von K ist die Übereinstimmung aber hinlänglich gut, um das Vertrauen in unsere zum Ausgangspunkt genommene Theorie zu rechtfertigen. Das zeigt,

1. daß die Niveauverschiebung infolge der Wechselwirkung mit der Strahlung ein realer Effekt endlicher Größe ist,

---

[1]) Ich bin Dr. STEHN und Frl. STEWARD für die numerischen Rechnungen zu Dank verpflichtet.

2. daß man den Effekt der unendlich großen elektromagnetischen Masse eines punktförmigen Elektrons eliminieren kann, indem man die Terme in der DIRACschen Theorie der Strahlung in geeigneter Weise identifiziert.
3. daß eine genauere experimentelle und theoretische Untersuchung der Niveauverschiebung relativistische Effekte aufdecken kann (z. B. die DIRACsche Löchertheorie). Diese Effekte dürften von der Größenordnung 1 in bezug auf den Logarithmus in Gl. (11) sein.

Wenn die vorliegende Theorie richtig ist, sollte die Niveauverschiebung grob wie Z^4, jedoch nicht ganz so schnell zunehmen (wegen der Änderung von $\langle E_n - E_m \rangle_{\text{mittel}}$ im Logarithmus). Die Verschiebung des 2s-Niveaus für He^+ müßte z. B. etwa 13mal so groß sein wie für den Wasserstoff (0,43 cm^{-1}), die des 3s-Niveaus müßte etwa 0,13 cm^{-1} betragen. Für die Röntgenniveaus LI und LII wird der Effekt den Abschirmungseffekt überlagern und diesen zum Teil kompensieren. Um das zu bestätigen, führen wir zur Zeit eine genauere theoretische Berechnung der Abschirmung durch.

Diese Arbeit entstand aus einer umfassenden Diskussion auf der Theoretical Physics Conference auf Shelter Island vom 2. bis 4. Juni 1947. Der Autor drückt der National Academy of Science, dem Veranstalter dieser anregenden Konferenz, seine Wertschätzung aus.

16. Berechnung der natürlichen Linienbreite auf Grund der Diracschen Lichttheorie*)[1]

von

V. WEISSKOPF und E. WIGNER

Es werden die DIRACschen Gleichungen der Wechselwirkung zwischen Atom und Strahlung in einer von der üblichen verschiedenen Art näherungsweise gelöst. Die Lösungen gelten während der ganzen Zeit, die für die Emission praktisch in Betracht kommt, mit der gleichen Näherung und liefern den Intensitätsverlauf in den Emissionslinien des Atoms.

1. In der klassischen Theorie ist die Zeitabhängigkeit eines Wellenzuges, den ein schwingender Oszillator aussendet, durch

$$\mathrm{const} \cdot e^{-(1/2)\gamma t} \cos 2\pi\nu_0 (t - \delta) \tag{1}$$

gegeben. Zerlegt man dies spektral, d. h., bestimmt man die FOURIER-Koeffizienten a_ν dieser Funktion, so erhält man für die Intensität $|a_\nu|^2$ des Lichtes mit der Frequenz ν, wenn man γ und $\nu - \nu_0$ gegen ν und ν_0 vernachlässigt,

$$J(\nu)\, \mathrm{d}\nu = |a_\nu|^2\, \mathrm{d}\nu = \frac{\mathrm{const} \cdot \mathrm{d}\nu}{\left(\frac{1}{2}\gamma\right)^2 + 4\pi^2(\nu - \nu_0)^2}. \tag{2}$$

Die ältere Quantentheorie übernahm im wesentlichen die Formel (2) der klassischen Theorie des Oszillators, das Problem war nur die Bestimmung der Konstante γ, also der doppelten Halbwertsbreite $\gamma/2\pi$.

Entstehe die betrachtete Linie durch den Übergang vom Zustand A in den Zustand B. Die Lebensdauer τ_A des Zustandes A ist der reziproke Wert der Summe γ^A der

---

*) Z. Phys. **63** (1930) 54.

[1]) Proc. roy. Soc. [London] **A 114** (1927) 243 und 710.

Übergangswahrscheinlichkeiten $\gamma_B^A, \gamma_C^A, \ldots$ aller Linien, die von A ausgehen:

$$\tau_A = \frac{1}{\gamma^A} = \frac{1}{\sum\limits_K \gamma_K^A}. \qquad (2a)$$

Nun gibt natürlich τ_A ein Höchstmaß für die Kohärenzlänge aller aus A ausgehenden Linien, so daß die Halbwertsbreite dieser — abgesehen von einem Zahlenfaktor — mindestens $\gamma^A = \sum\limits_K \gamma_K^A$ ist. Ist die betrachtete Linie eine Resonanzlinie, d. h., kann A durch spontane Ausstrahlung nur in B übergehen, so ist $\gamma^A = \gamma_B^A$ die minimale Halbwertsbreite — wieder abgesehen von einem Zahlenfaktor —, und (2) zeigt, daß es für einen klassischen Oszillator auch die wirkliche Halbwertsbreite ist, d. h., das Licht eines Oszillators ist so monochromatisch, wie es bei der Abklingungszeit $1/\gamma$ nur sein kann. Deshalb liegt es nahe,[1]) dies für alle Linien anzunehmen und an Stelle der klassischen Größe γ in (2) das Reziproke der quantentheoretischen mittleren Lebensdauer τ_A, also γ^A einzusetzen. Man erhält

$$J(\nu)\,\mathrm{d}\nu = \frac{\gamma^A\,\mathrm{d}\nu}{\left(\frac{1}{2}\gamma^A\right)^2 + 4\pi^2(\nu - \nu_B^A)^2}, \qquad (3)$$

wo die Konstante im Zähler zu γ^A bestimmt wurde, damit das Integral von (3) über alle Frequenzen 1 ergebe. (3) bedeutet also unmittelbar die Wahrscheinlichkeit dafür, daß die Frequenz des emittierten Lichtquants zwischen den Grenzen ν und $\nu + \mathrm{d}\nu$ liege.

Nach dieser Vorstellung — sie steht mit unseren Rechnungen nicht im Einklang — sind alle von einem Niveau ausgehenden Linien gleich breit, und zwar so schmal, wie sie bei der endlichen Länge τ_A des Wellenzuges nur sein können.

---

[1]) PAULI jr., W.: in GEIGER-SCHEEL: Handbuch der Physik. Bd. 23, S. 68.

Eine andere Vorstellung von der Breite der Linien ergibt sich,[1]) wenn man an der strengen Gültigkeit der Beziehung $E = h\nu$ zwischen Energie E und Frequenz ν des ausgestrahlten Lichtes festhält. Diese enthält — wie hier gleich bemerkt wurde — in allen Fällen, auf die sich unsere Rechnungen beziehen, dieselben Resultate, die man auf Grund der DIRACschen Theorie erhält. Diese Vorstellung führt auf Grund der endlichen Breite aller Linien zu der Annahme, daß auch die Energieniveaus nicht unendlich scharf sein können, daß in der Energieskale nicht einzelne mathematische Punkte endliche Wahrscheinlichkeiten haben, während die dazwischenliegenden Punkte unmöglich sind. Wenn das Atom im Zustand Q ist, so soll vielmehr die Wahrscheinlichkeit, daß seine Energie zwischen E und $E + \Delta E$ liegt, durch

$$W(E)\,\Delta E = \frac{\gamma^Q}{h}\,\frac{\Delta E}{\left(\frac{1}{4}\,\gamma^Q\right)^2 + \frac{4\pi^2}{h^2}\,(E - E_Q)^2} \tag{4}$$

gegeben sein. Diese Wahrscheinlichkeit hat zwar für $E = E_Q$ ein steiles Maximum (was ein scharfes Niveau mit der Energie E_Q vortäuscht), hat aber doch eine endliche Breite $h\gamma_Q/2\pi$, die nur für Zustände, die selber nicht strahlen — z. B. für den Grundzustand —, Null ist. Diese sind also auch nach dieser Auffassung absolut scharf, während alle anderen eine endliche Breite besitzen. Bildet ein solches absolut scharfes Niveau den unteren Zustand einer Linie, so ist die Breite dieser durch den oberen Zustand allein gegeben, so daß (3) gültig bleibt. Ist dagegen auch der untere Zustand nicht stabil, so ist die Linie breiter, als sie nach (3) wäre.

---

[1]) EHRENFEST, P.: Naturwiss. 11 (1923) 543. Verwandte Vorstellungen liegen auch bei den Arbeiten von BECKER, R.: Z. Phys. 27 (1924) 173 und SLATER, C. C.: Phys. Rev. 25 (1925) 395, die von der BOHR-KRAMERS-SLATERschen Theorie ausgehen, zugrunde. Die letzte enthält schon dieselbe Formel für die Linienbreite, die wir erhalten. Siehe auch LANDAU, L.: Z. Phys. 45 (1927) 340, insbesondere die letzten Seiten.

Betrachten wir jetzt ein Atom im Zustand Q. Die Wahrscheinlichkeit, daß es im nächsten Zeitelement $\mathrm{d}t$ etwa in den Zustand U übergehe, ist durch $\gamma_U^Q\,\mathrm{d}t$ gegeben. Die relative Wahrscheinlichkeit, daß seine Energie dann zwischen E' und $E' + \Delta E'$ liege, soll, unabhängig davon, ob seine Energie E vor dem Übergang mehr oder weniger genau E_Q war, durch das statistische Gewicht der Energie E'

$$W(E')\,\Delta E' = \frac{\gamma^U}{h}\,\frac{\Delta E'}{\left(\frac{1}{2}\gamma^U\right)^2 + \frac{4\pi^2}{h^2}(E' - E_U)^2} \tag{4a}$$

bestimmt sein. Im ganzen ist also die Wahrscheinlichkeit, daß ein Atom, das im Zustand Q ist und die Energie E hat, im Zeitelement $\mathrm{d}t$ in den Zustand U derart übergehe, daß seine Energie dort zwischen E' und $E' + \Delta E'$ liegt:

$$S_{UE'}^{QE}\,\Delta E'\,\Delta t = \frac{\gamma^U \gamma_U^Q}{h}\,\frac{\Delta E'\,\Delta t}{\left(\frac{1}{2}\gamma^U\right)^2 + \frac{4\pi^2}{h^2}(E' - E_U)^2}. \tag{5}$$

Die Konstante ist wieder so bestimmt, daß das Integral über E' von (5) $\gamma_U^Q\,\mathrm{d}t$ ergebe. Durch das statistische Gesetz (5) ist das Verhalten des Systems vollkommen bestimmt.

Insbesondere folgt aus (5) für das Atom, daß es seinen Zustand nach dem radioaktiven Gesetz verändert: die Anzahl n_Q der Atome im Zustand Q gehorcht der Differentialgleichung

$$\frac{\mathrm{d}n_Q}{\mathrm{d}t} = \sum_P \gamma_Q^P n_P - \sum_U \gamma_U^Q n_Q. \tag{6}$$

Auf einem etwas anderen Wege, als wir es hier tun werden, haben schon F. Bloch und L. Landau[1]) gezeigt, daß (6) aus der Diracschen Theorie folgt.

[1]) Landau, L.: Z. Phys. **45** (1927) 340; Bloch, F.: Phys. Z. **29** (1928) 58.

Die Aussage von (5) über die Energie des Atoms nach dem Sprung ist dagegen in der Quantenmechanik sinnlos, weil sie nach der Ungenauigkeitsrelation unbeobachtbar ist. Dagegen ist die Frequenz des entstehenden Lichtquants beliebig genau meßbar.

Wir gehen jetzt zur Betrachtung der Farbenverteilung des bei dem Übergang $Q \to U$ entstehenden Lichtes über. Die Wahrscheinlichkeit, daß das Atom vor dem Sprung die Energie E, nach dem Sprung die Energie E' hatte, ist einfach durch das Produkt von (4) und (4a) gegeben:

$$\frac{\gamma^Q \gamma^U}{h^2} \times \frac{\Delta E\, \Delta E'}{\left[\left(\frac{1}{2}\gamma^Q\right)^2 + \frac{4\pi^2}{h^2}(E - E_Q)^2\right]\left[\left(\frac{1}{2}\gamma^U\right)^2 + \frac{4\pi^2}{h^2}(E' - E_U)^2\right]}.$$

Bei diesem Sprung wird ein Lichtquant mit der Frequenz $\nu = (E - E')/h$ emittiert. Daher erhält man für die Wahrscheinlichkeit, daß die Energie anfangs E und die Frequenz des emittierten Lichtquants ν sei, durch Elimination von E'

$$\frac{\gamma^Q \gamma^U}{h^2} \times \frac{\Delta E\, \Delta \nu'}{\left[\left(\frac{1}{2}\gamma^Q\right)^2 + \frac{4\pi^2}{h^2}(E - E_Q)^2\right]\left[\left(\frac{1}{2}\gamma^U\right)^2 + \frac{4\pi^2}{h^2}(E - h\nu - E_U)^2\right]}.$$

Integrieren wir dies noch nach E, so ergibt sich die gesamte Wahrscheinlichkeit für eine zwischen ν und $\nu + \mathrm{d}\nu$ liegende Frequenz des Lichtquants

$$\left.\begin{aligned} J(\nu)\,\mathrm{d}\nu &= \frac{(\gamma^Q + \gamma^U)\,\mathrm{d}\nu}{\left[\frac{1}{2}(\gamma^Q + \gamma^U)\right]^2 + 4\pi^2(\nu - \nu_U^Q)^2}, \\ \nu_U^Q &= \frac{E_Q - E_U}{h}, \end{aligned}\right\} \quad (7)$$

wo also ebenso wie in der entsprechenden SLATERschen Formel an Stelle des γ der klassischen Formel (2) nicht wie in (3) die Summe der Übergangswahrscheinlichkeiten aus dem oberen Zustand allein, sondern die Summe der Übergangswahrscheinlichkeiten aller Linien, die entweder vom oberen oder vom unteren Zustand ausgehen, steht.

Daß die *Gestalt* der Linie wieder durch die klassische Formel gegeben ist, beruht darauf, daß die „Faltung" zweier Wahrscheinlichkeitsverteilungen $W_1 = a_1/\pi(a_1^2 + x^2)$ und $W_2 = a_2/\pi(a_2^2 + x^2)$ wieder eine Wahrscheinlichkeitsverteilung dieser Form $W = (a_1 + a_2)/\pi[(a_1 + a_2)^2 + x^2]$ liefert. (Die Halbwertsbreite der gefalteten Funktion ist die Summe der Halbwertsbreiten der beiden zu faltenden!)

Betrachten wir noch einen ziemlich komplizierten Übergang (Abb. 16.1). Das Atom geht von A mit der Wahr-

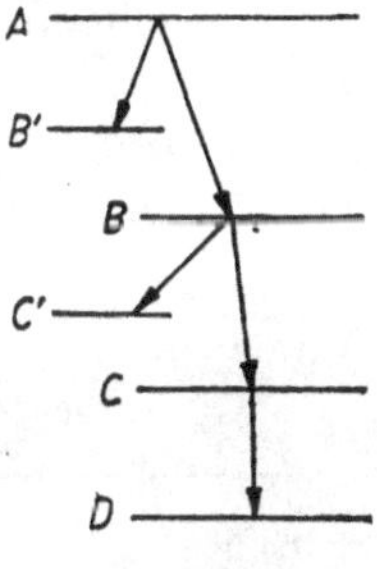

Abb. 16.1

scheinlichkeit $\gamma^A_{B'}/\gamma^A$ nach B', mit der Wahrscheinlichkeit $\gamma^A_B/\gamma^A \cdot \gamma^B_{C'}/\gamma^B$ über B nach C' und schließlich mit der Wahrscheinlichkeit $\gamma^A_B/\gamma^A \cdot \gamma^B_C/\gamma^B \cdot \gamma^C_D/\gamma^C = \gamma^A_B\gamma^B_C/\gamma^A\gamma^B$ über B und C nach D. Wird z. B. der letzte Weg gewählt, so ist die Wahrscheinlichkeit, daß die Energie anfangs E, in den Zwischenstadien bei B und C dagegen E' und E''

gewesen sein soll:

$$W(E, E', E'')\,\Delta E\,\Delta E'\,\Delta E'$$

$$= \frac{\gamma^A}{h}\,\frac{\Delta E}{\left(\frac{1}{2}\gamma^A\right)^2 + \frac{4\pi^2}{h^2}(E - E_A)^2}$$

$$\times \frac{\gamma^B}{h}\,\frac{\Delta E'}{\left(\frac{1}{2}\gamma^B\right)^2 + \frac{4\pi^2}{h}(E' - E_B)^2}$$

$$\times \frac{\gamma^C}{h}\,\frac{\Delta E''}{\left(\frac{1}{2}\gamma^C\right)^2 + \frac{4\pi^2}{h^2}(E'' - E_C)^2}, \qquad (8)$$

und die Wahrscheinlichkeit, daß ein Atom, das vor langer Zeit im Zustand A war, nacheinander drei Lichtquanten mit den Frequenzen $\nu = (E - E')/h \approx \nu^A_B$; $\nu' = (E' - E'')/h \approx \nu^B_C$; $\nu'' = (E'' - E_D)/h = \nu^C_D$ emittiert haben soll, ist das Produkt von (8) mit $\nu^A_B \nu^B_C/\gamma^A\gamma^B$, also

$$J(\nu, \nu', \nu'')\,\mathrm{d}\nu\,\mathrm{d}\nu'\,\mathrm{d}\nu''$$

$$= \frac{\gamma^A_B\,\mathrm{d}\nu}{\left(\frac{1}{2}\gamma^A\right)^2 + 4\pi^2(\nu + \nu' + \nu'' - \nu^A_D)^2}$$

$$\times \frac{\gamma^B_C\,\mathrm{d}\nu'}{\left(\frac{1}{2}\gamma^B\right)^2 + 4\pi^2(\nu' + \nu'' - \nu^B_D)^2}\,\frac{\gamma^C\,\mathrm{d}\nu''}{\left(\frac{1}{2}\gamma^C\right)^2 + 4\pi^2(\nu'' - \nu^C_D)^2}. \qquad (9)$$

Ebenso ergibt sich die Wahrscheinlichkeit, daß zwei Lichtquanten mit den Frequenzen $\nu \approx \nu^A_B$ und $\nu' \approx \nu^B_C$, entstanden sein sollen, zu

$$J(\nu, \nu')\,\mathrm{d}\nu\,\mathrm{d}\nu' = \frac{\gamma_B^A\,\mathrm{d}\nu}{\left(\frac{1}{2}\,\gamma^A\right)^2 + 4\pi^2(\nu + \nu' - \nu_{C'}^A)^2}$$

$$\times \frac{\gamma_{C'}^B\,\mathrm{d}\nu'}{\left(\frac{1}{2}\,\gamma^B\right)^2 + 4\pi^2(\nu' - \nu_{C'}^B)}, \qquad (9a)$$

oder schließlich für ein Lichtquant mit der Frequenz $\nu \approx \nu_{B'}^A$

$$J(\nu)\,\mathrm{d}\nu = \frac{\gamma_{B'}^A\,\mathrm{d}\nu}{\left(\frac{1}{2}\,\gamma^A\right)^2 + 4\pi^2(\nu - \nu_{B'}^A)^2}. \qquad (9b)$$

Weiß man also, daß ein angeregtes Atom ein Lichtquant mit der Frequenz $\nu'' \approx \nu_D^C$ ausgestrahlt hat, so ist auch das Vorhandensein je eines Lichtquants mit den Frequenzen $\nu' \approx \nu_C^B$ und $\nu \approx \nu_B^A$ sicher, während man das Vorhandensein eines Lichtquants $\approx \nu_{C'}^B$ oder $\approx \nu_{B'}^A$ in der Strahlung dieses Atoms als ausgeschlossen erachten kann. Ebenso ist es sicher, daß, wenn etwa ein Quant mit der Frequenz $\nu \approx \nu_{B'}^A$ in der Strahlung eines Atoms gefunden wurde, dies das einzige Quant ist, das dieses Atom ausgestrahlt hat. Diesen statistischen Zusammenhang liefert auch die BOHR-KRAMERS-SLATERsche Theorie.

Es besteht aber nach der DIRACschen Theorie auch ein statistischer Zusammenhang zwischen den Farben der Lichtquanten, die nacheinander ausgestrahlt werden, so daß man aus der Kenntnis der Abweichung der Farbe des ersten Lichtquants von der mittleren Farbe der ersten Linie einen statistischen Schluß auf die Abweichungen der Frequenzen der nachher emittierten Quanten von den mittleren Frequenzen der entsprechenden Linien ziehen kann. Während dieser Zusammenhang aus dem EHRENFESTschen Bilde sofort ersichtlich ist, ist er der BOHR-KRAMERS-SLATERschen Theorie natürlich fremd.

Daß die Abweichungen der Frequenzen ν und ν' von

den entsprechenden mittleren Frequenzen ν_B^A und $\nu_{C'}^B$ voneinander nicht statistisch unabhängig sein können, geht schon daraus hervor, daß sich (9a) nicht als Produkt je einer Funktion von ν und ν' schreiben läßt. Ist insbesondere γ_B^A und $\gamma_{B'}^A$ sehr klein, so ist das A-Niveau fast scharf. Da weiter das Niveau C' ganz scharf ist, darf, wie (9a) zeigt, die Summe der beiden Frequenzen $\nu + \nu'$ nur sehr geringe Abweichungen von $\nu_{C'}^A = (E_A - E_{C'})/h$ zeigen, weil $\gamma^A = \gamma_B^A + \gamma_{B'}^A$ sehr klein ist, während die einzelnen Frequenzen ν und ν' nach (7) bei großem γ^B stark um ihre mittleren Werte streuen können.

Dieser Wahrscheinlichkeitszusammenhang nacheinander ausgestrahlter Frequenzen, wie auch die Tatsache, daß eine Linie auch durch die aus ihrem unteren Niveau ausgehenden Linien verbreitet wird, läßt sich qualitativ auch ganz ohne Rechnung aus den Grundvorstellungen der Diracschen Theorie folgern. Während die erstere Erscheinung, obwohl prinzipiell durchaus nicht unbeobachtbar, experimentell wohl kaum in Evidenz zu setzen ist, sollte die zweite doch einer direkten Prüfung zugänglich sein.

2. Wir wollen nunmehr zur Ableitung der bisher besprochenen Ergebnisse mit Hilfe der Diracschen Theorie[1]) schreiten.

Dirac betrachtet einen Hohlraum, in dem sich außer der Strahlung noch ein Atom befindet. Den Kern dieses Atoms kann man sich der Einfachheit halber an irgendeiner Stelle, etwa in der Mitte des Hohlraumes, fixiert denken. Man geht am besten von einer klassischen Beschreibung des elektromagnetischen Feldes mit Hilfe eines Vektorpotentials $\boldsymbol{A}(x, y, z, t)$ aus, dessen zugehöriges skalares Potential verschwindet, so daß die Ausdrücke für die Feldstärken in der dreidimensionalen Schreibweise

$$\boldsymbol{H} = \operatorname{rot} \boldsymbol{A}; \qquad \boldsymbol{E} = \frac{1}{c} \frac{\partial \boldsymbol{A}}{\partial t} \tag{10}$$

---

[1]) Dirac, P. A. M.: Proc. roy. Soc. [London] **A 114** (1927) 243 und 710.

lauten. Die MAXWELLschen Gleichungen für $\boldsymbol{A}$ sind

$$\Delta \boldsymbol{A} = \frac{1}{c^2} \frac{\partial^2 \boldsymbol{A}}{\partial t^2}; \qquad \operatorname{div} \boldsymbol{A} = 0. \tag{10a}$$

Man kann bekanntlich jedes Feld im Hohlraum aus stehenden Schwingungen aufgebaut denken, die Gleichung für die ϱ-te stehende Schwingung ist, wenn wir ihre Frequenz mit ν_ϱ bezeichnen,

$$\left.\begin{aligned} \Delta \boldsymbol{A}_\varrho(x, y, z) &= -\frac{4\pi^2 \nu_\varrho^2}{c^2} \boldsymbol{A}_\varrho(x, y, z); \\ \operatorname{div} \boldsymbol{A}_\varrho &= 0, \end{aligned}\right\} \tag{11}$$

wo wir noch $\nu_1 \leqq \nu_2 \leqq \nu_3 \leqq \cdots$ annehmen wollen.

DIRAC beschreibt den Zustand des Systems Atom + Strahlungsfeld mit einer Wellenfunktion

$$\psi(Q, N_1, N_2, \ldots, N_\varrho, \ldots),$$

worin Q einen stationären Zustand des Atoms allein mit der Energie E_ϱ, die $N_1, N_2, \ldots, N_\varrho, \ldots$ die Besetzungszahlen der ersten, zweiten, ..., ϱ-ten Hohlraumeigenschwingung bedeuten. Daher ist

$$|\psi(Q, N_1, N_2, \ldots, N_\varrho, \ldots)|^2$$

die Wahrscheinlichkeit dafür, daß das Atom im Zustand Q sei, während gleichzeitig in der ersten Hohlraumschwingung N_1 Lichtquanten, in der zweiten $N_2, \ldots,$ in der ϱ-ten N_ϱ Lichtquanten seien. Wäre keine Wechselwirkung zwischen Atom und Strahlung vorhanden, so wäre der HAMILTONsche Operator einfach das Multiplizieren mit $E_Q + h(\nu_1 N_1 + \nu_2 N_2 + \cdots + \nu_\varrho N_\varrho + \cdots)$, und wir hätten eine SCHRÖDINGER-Gleichung

$$\frac{h}{2\pi i} \frac{\partial \psi}{\partial t} = H_0 \psi = [E_Q + h(\nu_1 N_1 + \nu_2 N_2 + \ldots)] \times \psi(Q, N_1, N_2, \ldots).$$

In Wirklichkeit kommt noch eine Wechselwirkung hinzu, so daß man unter Vernachlässigung relativistischer Glieder

$$\frac{h}{2\pi i}\frac{\partial\psi(Q, N_1, N_2, \ldots, N_\varrho, \ldots)}{\partial t} = H\psi = \left(E_Q + h\sum_\varrho \nu_\varrho N_\varrho\right)\psi$$
$$+ \sum_\varrho \sum_U w_{QU}^{(\varrho)} \left[\sqrt{N_\varrho + 1}\,\psi(U, N_1, N_2, \ldots, N_\varrho + 1, \ldots)\right.$$
$$\left. + \sqrt{N_\varrho}\,\psi(U, N_1, N_2, \ldots, N_\varrho - 1, \ldots)\right] \qquad (12)$$

erhält. Dabei sind die $w_{QU}^{(\varrho)}$ durch

$$w_{QU}^{(\varrho)} = w_{UQ}^{(\varrho)*} = \sqrt{\frac{h}{2\pi\nu_\varrho}} \int \sum_\varkappa \frac{he}{2\pi i m}\, u_Q^* \left[\boldsymbol{A}_{\varrho x}(x_\varkappa, y_\varkappa, z_\varkappa)\right.$$
$$\times \frac{\partial u_U}{\partial x_\varkappa} + \boldsymbol{A}_{\varrho y}(x_\varkappa, y_\varkappa, z_\varkappa)\frac{\partial u_U}{\partial y_\varkappa}$$
$$\left. + \boldsymbol{A}_{\varrho z}(x_\varkappa, y_\varkappa, z_\varkappa)\frac{\partial u_U}{\partial z_\varkappa}\right] d\tau \qquad (12a)$$

definiert. Hier sind wieder u_Q bzw. u_U die zum stationären Zustand Q bzw. U des Atoms gehörigen Eigenfunktionen im Konfigurationsraum, e und m Ladung und Masse des Elektrons, $A_{\varrho x}$, $A_{\varrho y}$, $A_{\varrho z}$ die Komponenten des Vektorpotentials $\boldsymbol{A}_\varrho$ der ϱ-ten Hohlraumschwingung, so normiert, daß

$$\int\int\int [A_{\varrho x}(x, y, z)^2 + A_{\varrho y}(x, y, z)^2 + A_{\varrho z}(x, y, z)^2]\, dx\, dy\, dz = 1 \qquad (12b)$$

sei. Die Summation in (12) über U und ϱ ist über alle stationären Zustände bzw. über alle Hohlraumschwingungen zu erstrecken. In (12a) sind $x_\varkappa$, $y_\varkappa$, $z_\varkappa$ die cartesischen Koordinaten des $\varkappa$-ten Elektrons, und es ist über alle Elektronen zu summieren. Die Integration ist in (12a)

über den ganzen Konfigurationsraum des Atoms, in (12*b*) über den Hohlraum zu erstrecken. Die Gleichung (12) zeigt, daß die Wahrscheinlichkeit eines Zustandes sich *direkt* nur durch jene Zustände ändert, in denen eine einzige Hohlraumschwingung um ein einziges Lichtquant stärker oder schwächer besetzt ist als im betrachteten Zustand.

In allen unseren Rechnungen werden wir von einem Anfangszustand ausgehen, in dem das Atom in einem angeregten Zustand A ist, der Hohlraum dagegen leer; die Wellenfunktion ψ_t ist daher zur Zeit $t = 0$

$$\psi_0(Q, N_1, N_2, \ldots) = \begin{cases} 1 \text{ für } Q = A, N_1 = N_2 \\ \qquad = \cdots = 0, \\ 0 \text{ sonst.} \end{cases} \tag{13}$$

Weiter nehmen wir an, daß auch für spätere Zeiten die Wahrscheinlichkeit jener Zustände, in denen ein Lichtquant da ist, obwohl das Atom seinen Zustand A nicht verlassen hat oder das Atom zwar in einen anderen Zustand B übergegangen ist, aber kein Lichtquant mit der *ungefähren* Frequenz $h\nu \approx E_A - E_B$ entstanden ist, exakt Null ist. Da die Wahrscheinlichkeit dieser Zustände immerfort unter einer sehr niedrigen Grenze liegt, können sie den Ausstrahlungsmechanismus nur dadurch wesentlich beeinflussen, daß über sie Zustände entstehen können, die direkt nicht erreichbar sind. Im Falle einer einfachen Resonanzlinie $A \to B$ z. B. können auf diese Weise anstatt des einen Lichtquants $h\nu \approx E_A - E_B$ *zwei* Lichtquanten entstehen, deren Energien in Summe $\approx E_A - E_B$ ist.[1])

Was wir vernachlässigen, wenn wir die Wellenfunktion an den vorher erwähnten Stellen Null setzen, sind also im wesentlichen die Prozesse, die zu solchem „abnormem" Licht führen.

---

[1]) Den umgekehrten Prozeß dieser Übergänge erwähnt GÖPPERT, M.: Naturwiss. 17 (1929) 932 in einer vor kurzem erschienenen Note.

3. Im Falle einer Resonanzlinie $A \rightarrow B$ hat unsere Annahme zur Folge, daß ψ nur an den Stellen

$$Q = A, N_1 = N_2 = \cdots = N_\varrho = \cdots = 0,$$

$$\left.\begin{array}{r} Q = B, N_1 = N_2 = \cdots = N_{\varrho-1} = N_{\varrho+1} = \cdots = 0, \\ N_\varrho = 1, \end{array}\right\} \quad (*)$$

$$\text{für} \quad E_A - E_B - h\varepsilon < h\nu_\varrho < E_A - E_B + h\varepsilon$$

von Null verschieden ist. Den Wert von ψ an der ersten Stelle bezeichnen wir mit a, die Werte an den in der zweiten Zeile angedeuteten Stellen mit b_ϱ. Das $h\varepsilon$, um das sich die Energie der ausgestrahlten Lichtquanten von der Energiedifferenz $E_A - E_B$ des Sprunges höchstens unterscheiden darf, wählen wir jedenfalls klein gegen $E_A - E_B$, aber doch so groß, daß die b_ϱ am Rande des erlaubten Bereiches schon sehr klein sein sollen.

Die Gleichung (12) lautet nunmehr (wir setzen $E_A = 0, E_B = -h\nu_B^A$)

$$\frac{h}{2\pi i}\frac{\partial a}{\partial t} = \sum_\varrho w_{AB}^{(\varrho)} b_\varrho, \tag{14a}$$

$$\frac{h}{2\pi i}\frac{\partial b_\varrho}{\partial t} = h(\nu_\varrho - \nu_B^A)\, b_\varrho + w_{BA}^{(\varrho)} a. \tag{14b}$$

Für die Anregungswahrscheinlichkeit $|a|^2$ des oberen Zustandes ist von vornherein ein exponentieller Abfall zu erwarten. Wir versuchen daher den Ansatz

$$a = e^{-2\pi\Gamma t}. \tag{15a}$$

Aus (14b) kann man dann — es ist ja eine inhomogene lineare Differentialgleichung ersten Grades — die b_ϱ berechnen. Bestimmt man die Integrationskonstanten so, daß sie für $t = 0$ verschwinden sollen, so ergibt sich

$$b_\varrho = \frac{w_{BA}^{(\varrho)}}{h} \frac{e^{-2\pi\Gamma t} - e^{2\pi i(\nu_\varrho - \nu_B^A)t}}{i\Gamma + \nu_B^A - \nu_\varrho}. \tag{15b}$$

Damit ist (14*b*) befriedigt, und wir müssen nur noch verifizieren, daß auch (14*a*) erfüllt ist. Zu diesem Zwecke müssen wir die Summe

$$\sum_{\varrho} w_{AB}^{(\varrho)} b_\varrho = \sum_{\varrho} \frac{|w_{AB}^{(\varrho)}|^2}{h} \frac{e^{-2\pi\Gamma t} - e^{2\pi i(\nu_\varrho - \nu_B^A)t}}{i\Gamma + \nu_B^A - \nu_\varrho} \tag{16}$$

berechnen. Die beiden Größen Γ und $\nu_B{}^A$, die in (16) vorkommen, sind ganz verschiedener Größenordnung: in allen vorkommenden Fällen ist die Frequenz der Linie ν_B^A mehrere Millionen Male größer als die reziproke Abklingungszeit, was ja Γ im wesentlichen ist. Wir wollen anstatt (16) sogleich die etwas allgemeinere Summe über

$$\sum_{\nu_\varrho = \nu_B^A - \varepsilon}^{\nu_\varrho = \nu_B^A + \varepsilon} \frac{|w_{AB}^{(\varrho)}|^2}{h} \frac{e^{-2\pi\Gamma t} - e^{2\pi i(\nu_\varrho - \nu_B^A)t}}{x + iy - \nu_\varrho} \tag{16a}$$

berechnen, weil wir das Resultat später doch brauchen werden. Dabei sind x und y reell, y ebenso wie Γ in (16*a*) sehr klein gegen ν_B^A, nur x nicht mehr genau, sondern nur bis auf eine Größe von der Ordnung von y gleich ν_B^A.

Wenn der Hohlraum sehr groß ist, liegen die Frequenzen ν_ϱ sehr dicht, so daß man die Summe (16*a*) durch das Integral

$$\int_{\nu_B^A - \varepsilon}^{\nu_B^A + \varepsilon} F_{AB}(\nu) \frac{e^{-2\pi\Gamma t} - e^{2\pi i(\nu - \nu_B^A)t}}{x + iy - \nu} \, d\nu \tag{17}$$

ersetzen kann. Hierin bedeutet $F_{AB}(\nu)\, d\nu$ die Summe über ϱ

$$F_{AB}(\nu)\, d\nu = \frac{1}{h} \sum_{\nu_\varrho = \nu}^{\nu_\varrho = \nu + d\nu} |w_{AB}^{(\varrho)}|^2. \tag{17a}$$

Sie enthält bei sehr großem Hohlraum selbst bei kleinem $d\nu$ schon sehr viele Glieder und ist dann eine stetige, nur langsam veränderliche Funktion von ν.

Der Absolutwert des Nenners von (17) hat für $\nu = x$ ein scharfes Minimum: schon für $\nu = x + ky$ wird er etwa k-mal größer. Da aber y, wie aus (16a) zu ersehen ist, das $1/4\pi$-fache der Übergangswahrscheinlichkeit sein wird und so mehrere Millionen Male kleiner als die Frequenz der ausgestrahlten Linie ist, bedeutet dies prozentisch eine sehr geringe Änderung von ν, also auch von $F_{AB}(\nu)$. Wir können daher in (17) mit hinreichender Genauigkeit $F_{AB}(\nu)$ durch $F_{AB}(x)$ ersetzen und dies vor das Integralzeichen ziehen. Wir haben also $F_{AB}(\nu)$ in der ganzen Linie durch seinen Wert in der Linienmitte ersetzt und erhalten für (17)

$$F_{AB}(x) \int\limits_{\nu_B^A-\varepsilon}^{\nu_B^A+\varepsilon} \left(e^{-2\pi\Gamma t} - e^{2\pi i(\nu-\nu_B^A)t}\right) \frac{d\nu}{x+iy-\nu}. \tag{18}$$

Das Integral über das zweite Glied darf man von $-\infty$ bis $+\infty$ erstrecken, da es konvergent ist und doch nur die Gegend bei x wesentlich dazu beitragen wird. Für $t > 0$ darf man die Integration sogar um die obere komplexe Halbebene ganz herumführen, weil der Integrand an der äußeren Berandung dieser hinreichend stark verschwindet. Man erhält so für das Integral des zweiten Gliedes

$$2\pi i F_{AB}(x)\, e^{2\pi i(x+iy-\nu_B^A)t},$$

weil die einzige Singularität bei $\nu x + iy$ liegt. Das erste Glied in (18) kann man sogar unbestimmt integrieren, es ergibt, wenn man die Grenzen einsetzt:

$$-F_{AB}(x)\, e^{-2\pi\Gamma t} \ln \frac{x-\nu_B^A+iy-\varepsilon}{x-\nu_B^A+iy+\varepsilon}.$$

Wenn man, um die Bedingung zu erfüllen, daß b_ϱ am Rande des erlaubten Gebietes klein ist, ε groß gegen y, also auch gegen $x-\nu_B^A$, annimmt, wird dies

$$-i\pi F_{AB}(x)\, e^{-2\pi\Gamma t}.$$

Das ganze Integral, oder die mit ihr gleichwertige Summe (16*a*), wird also, wenn wir noch der sogleich abzuleitenden Formel (20) den Wert der Größe $F_{AB}(x)$ entnehmen:

$$\sum_{\nu_\varrho=\nu_B^A-\varepsilon}^{\nu_B^A+\varepsilon}{}_{\varrho} \frac{|w_{AB}^\varrho|^2}{h} \frac{e^{-2\pi\Gamma t} - e^{2\pi i(\nu_\varrho-\nu_B^A)t}}{iy + x - \nu_\varrho}$$

$$= \varkappa_{AB} i\pi x \left(2 e^{2\pi i(x+iy-\nu_B^A)t} - e^{-2\pi\Gamma t}\right). \qquad (18)$$

In unserem Falle ist x genau ν_B^A und $y = \Gamma$. Für die Summe (16) ergibt sich daher

$$\sum_\varrho w_{AB}^{(\varrho)} b_\varrho = \varkappa_{AB} i\pi\nu_B^A\, e^{-2\pi\Gamma t}.$$

Dies ist die rechte Seite von (14*a*); sie ist, wenn man

$$\Gamma = \frac{\pi\varkappa_{AB}\nu_B^A}{h} \qquad (18a)$$

setzt, mit der linken tatsächlich identisch, womit der Beweis für die Richtigkeit der Lösung (15) erbracht ist.

Unsere Rechnung soll bis zu Zeiten in der Größenordnung ν_B^A/Γ^2 richtig sein, also für den ganzen Emissionsakt. Unsere Vernachlässigungen[1]) gehen lediglich darauf

---

[1]) Natürlich gilt dies nicht von der Annahme, daß im Laufe der ganzen Zeit nur die Zustände (*) vorhanden sind, deren Bedeutung gar nicht so einfach zu übersehen ist. Zieht man insbesondere noch *alle* Zustände, in denen das Atom in B übergegangen und dafür ein *beliebiges* Lichtquant entstanden ist, mit in Betracht, läßt man also ε unendlich werden, so ändert sich die Rechnung ziemlich weitgehend, weil das Integral (17) mit dem $F_{AB}(\nu)$ aus (20) zunächst divergiert. Berücksichtigt man aber, daß (20) nur solange $c/\nu > D$ gilt und bei weiter wachsendem ν umgekehrt proportional zu diesem abfällt, so kann man die Rechnung – allerdings nur unter der Annahme, daß $\Gamma c/D(\nu_B^A)^2$ klein ist – noch ausführen. Man kommt dabei zum Resultat, daß Γ durch eine komplexe Zahl $\dot{\Gamma} + i\ddot{\Gamma}$ zu ersetzen ist, deren Realteil zwar unser Γ, deren Imaginärteil $\ddot{\Gamma}$ aber noch vom genaueren Verlauf der Funktion $F_{AB}(\nu)$ abhängig ist. Seine Größenordnung ist $\Gamma c/D\nu_B^A$, er ist also viel größer als Γ, wenn auch kleiner als ν_B^A. Die Abklingungszeit, der zeitliche Verlauf des Vorganges wie auch die Gestalt und Breite der Linie bleiben also ungeändert, die Linie wird nur etwas verschoben, und zwar um eine Frequenz von der Größenordnung $\Gamma c/D\nu_B^A$. (Zu demselben Resultat kommt DIRAC, P. A. M.: Z. Phys. 44 (1927) 585.) Außerdem wird die Dauer der Gültigkeit unserer Formeln etwas herabgesetzt, was aber praktisch noch belanglos ist.

hinaus, daß wir Γ gegen ν_B^A als klein vorausgesetzt haben: Die gewonnenen Formeln können als die ersten Glieder einer Potenzreihenentwicklung nach Γ/ν_B^A angesehen werden. Da Γ/ν_B^A sehr klein ist, werden sie mit für alle Zwecke hinreichender Genauigkeit gelten.

Wir müssen auch noch $F_{AB}(\nu)$ berechnen. Betrachten wir zuerst die Integrale $w_{AB}^{(\varrho)}$ in (12a). Ist die Wellenlänge c/ν_ϱ der ϱ-ten Hohlraumschwingung größer als die Abmessung D des Atoms (was für die Linienmitte immer zutrifft), so ist $\boldsymbol{A}$ überall, wo u_A und u_B noch wesentliche Werte haben, gleich groß, etwa so groß wie im Mittelpunkt x_0, y_0, z_0 des Atoms. Wir können daher in (12a) $\boldsymbol{A}(x_\varkappa, y_\varkappa, z_\varkappa)$ durch $\boldsymbol{A}(x_0, y_0, z_0)$ ersetzen und dies vor das Integralzeichen herausziehen. Dadurch geht (12a) in

$$w_{AB}^{(\varrho)} = \sqrt{\frac{h}{2\pi\nu_\varrho}}\,\frac{e}{m}\left(A_{\varrho x}(x_0, y_0, z_0)\,X_{AB} + A_{\varrho y}(x_0, y_0, z_0)\,Y_{AB} + A_{\varrho z}(x_0, y_0, z_0)\,Z_{AB}\right) \tag{19}$$

über, wo X_{AB}, Y_{AB}, Z_{AB} die AB-Koeffizienten der HEISENBERGschen Matrizen für die x-, y-, z-Komponenten des Gesamtimpulses des Atoms

$$X_{AB} = \int u_A^*\,\frac{h}{2\pi i}\left(\frac{\partial u_B}{\partial x_1} + \frac{\partial u_B}{\partial x_2} + \cdots \text{usw.}\right) d\tau \tag{19a}$$

sind. Der mittlere Wert von $|w_{AB}^{(\varrho)}|^2$ ist

$$\overline{|w_{AB}^{(\varrho)}|^2} = \frac{h}{2\pi\nu_\varrho}\,\frac{e^2}{m^2}\left(\overline{A_{\varrho x}^2}\,|X_{AB}|^2 + \overline{A_{\varrho y}^2}\,|Y_{AB}|^2 + \overline{A_{\varrho z}^2}\,|Z_{AB}|^2\right), \tag{19b}$$

weil der Mittelwert der gemischten Glieder Null ist. Nach (12b) ist aber der Mittelwert $\overline{A_{\varrho x}^2} = \overline{A_{\varrho y}^2} = \overline{A_{\varrho z}^2} = (1/3)\,V$, wo V das Volumen des Hohlraumes ist, so daß

mit

$$|X_{AB}|^2 + |Y_{AB}|^2 + |Z_{AB}|^2 = |P_{AB}|^2$$

$$|w_{AB}^{(\varrho)}|^2 = \frac{h e^2}{6\pi\nu_\varrho m^2 V}(|X_{AB}|^2 + |Y_{AB}|^2 + |Z_{AB}|^2)$$

$$= \frac{h e^2 |P_{AB}|^2}{6\pi\nu_\varrho m^2 V} \tag{19c}$$

wird. Die Anzahl der Glieder in (17*a*) ist nach der bekannten JEANSschen Formel $8\pi\nu^2 V \mathrm{d}\nu/c^3$, und wir erhalten daher

$$F_{AB}(\nu) = \frac{4e^2}{3m^2c^3}|P_{AB}|^2\nu = \varkappa_{AB}\,\nu \text{ (für } c/\nu \gg D). \tag{20}$$

Aus (15*a*) ergibt sich $n_A = |a|^2$ zu $e^{-4\pi\Gamma t}$. Die Formel für die Abklingungskonstante γ ist also nach (18*a*)

$$\gamma = 4\pi\Gamma = \frac{4\pi^2\varkappa_{AB}\nu_B^A}{h} = \frac{16\pi^2e^2}{3m^2c^3h}|P_{AB}|^2\nu_B^A \tag{21}$$

in Übereinstimmung mit DIRAC und BLOCH.

Die Gleichungen (6) sind also tatsächlich befriedigt, und zwar unter unseren Voraussetzungen mit einer viel größeren Genauigkeit, als es eigentlich zu erwarten war. Um noch die Intensitätsverteilung $J(\nu)$ des emittierten Lichtes zu berechnen, gehen wir in (15*b*) zu $t = \infty$ über und summieren $|b_\varrho|^2$ über ϱ von ν_ϱ bis $\nu_\varrho = \nu + \mathrm{d}\nu$. Mit Hilfe von (17*a*), (20) und (21) erhalten wir in der Tat

$$J(\nu)\,\mathrm{d}\nu = \frac{1}{h}\frac{F_{AB}(\nu)\mathrm{d}\nu}{\Gamma^2 + (\nu - \nu_B^A)^2} = \frac{\nu}{\nu_B^A}\frac{\gamma\,\mathrm{d}\nu}{\left(\frac{1}{2}\gamma\right)^2 + 4\pi^2(\nu - \nu_B^A)^2}, \tag{22}$$

was für $\nu \approx \nu_B^A$ praktisch mit (3) gleichbedeutend ist.

Man kann die in den Gleichungen (15) gegebene Lösung, deren Richtigkeit wir nachträglich verifiziert haben, auch durch direkte Auflösung der Differentialgleichungen (14) erhalten. Da diese sich bloß auf die nächste Umgebung der Linie beschränken, kann man dort die Frequenzen ν_ϱ des Hohlraumes äquidistant $\nu_{\varrho+1} - \nu_\varrho = \varDelta$ und auch $w = w_{AB}^{(\varrho)}$ unabhängig von ϱ annehmen. Vom physikalischen Standpunkt ist es ja klar, daß diese Voraussetzungen das Resultat nicht beeinträchtigen können. Wenn man noch ϱ von der Linienmitte aus zählt, d. h. $h\nu_\varrho = -E_B + \varrho\varDelta$ setzt, so geht (14) in

$$\frac{h}{2\pi i}\frac{\partial a}{\partial t} = w\sum_\varrho b_\varrho; \quad \frac{h}{2\pi i}\frac{\partial b_\varrho}{\partial t} = \varrho\varDelta b_\varrho + wa \tag{14c}$$

über. Die stationären Lösungen dieses Gleichungssystems kann man aber leicht bestimmen, wenn man $a = \alpha e^{(2\pi i/h)Wt}$, $b_\varrho = \beta_\varrho e^{(2\pi i/h)Wt}$ in (14c) einsetzt:

$$W\alpha = w\sum_\varrho \beta_\varrho, \quad W\beta_\varrho = \varrho\varDelta\beta_\varrho + w\alpha.$$

Insbesondere ergeben die letzteren Gleichungen

$$\beta_\varrho = \frac{w\alpha}{W - \varrho\varDelta}, \tag{†}$$

und dies in die erste eingesetzt:

$$W\alpha = w^2\alpha\sum_\varrho\frac{1}{W-\varrho\varDelta} = \frac{\pi w^2\alpha}{\varDelta}\sum_\varrho\frac{1}{\frac{\pi W}{\varDelta} - \pi\varrho} \approx \frac{\pi w^2\alpha}{\varDelta}\cot\frac{\pi W}{\varDelta},$$

nach der bekannten Formel für die Partialbruchzerlegung des cot. Die Gleichung für W ist transzendent; wenn man ihre rechte und linke Seite in bekannter Weise aufträgt, so sieht man, daß sie unendlich viele Wurzeln hat: je eine zwischen $n\varDelta$ und $(n+1)\varDelta$. Bezeichnen wir die zwischen $n\varDelta$ und $(n+1)\varDelta$ liegende Wurzel mit W_n, so können wir für die W_n, welche die Eigenwerte des Systems Atom + Hohlraum sind,

$$W_n = n\varDelta + \Theta_n$$

setzen[1]), wobei $0 < \Theta_n < \Delta$, also Θ_n bei genügend großem Hohlraum beliebig klein ist. Gehen wir mit diesem Ansatz in die Gleichung für W ein, so erhalten wir

$$n\Delta + \Theta_n = \frac{\pi w^2}{\Delta} \cot \frac{\pi \Theta_n}{\Delta}.$$

Hierin können wir links das kleine Θ_n gegen $n\Theta$ vernachlässigen:

$$\pi\Theta = \Delta \operatorname{arccot} \frac{\Delta}{\pi w^2} n\Delta; \quad W_n = \Delta \left(n + \frac{1}{\pi} \operatorname{arccot} \frac{\Delta}{\pi w^2} n\Delta\right).$$

Damit haben wir die Perioden und die Eigenwerte der stationären Lösungen von (14c) berechnet. Die dazugehörigen Eigenvektoren sind durch (†) gegeben.

Aus den stationären Lösungen von (14) kann man aber jede Lösung von (14) zusammensetzen und diese Gleichungen vollkommen beherrschen. In dieser Weise ergeben sich die Formeln (15), die uns auch für kompliziertere Verhältnisse den unseres Erachtens richtigen Ansatz nahegelegt haben.

4. Wir wollen jetzt den Fall der Abb. 16.2 durchrechnen. Die Betrachtung noch komplizierterer Fälle ergibt nichts Neues mehr, und die Rechnung läßt sich in

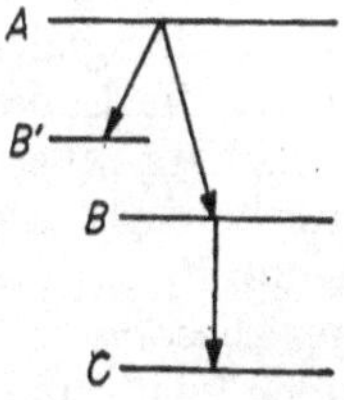

Abb. 16.2

allen Fällen, in denen dieselbe Konfiguration nicht auf zwei oder verschiedenen Wegen erreichen läßt, ebenso durchführen, wie es hier geschehen wird. Ausgeschlossen bleiben dagegen jene Fälle, in denen das Atom entweder

[1]) Auf diesen Ansatz hat uns Herr J. VON NEUMANN freundlichst hingewiesen.

zweimal nacheinander Lichtquanten gleicher Frequenz (innerhalb der der Linienbreite!) emittiert oder in denen derselbe Atomzustand über mehrere verschiedene Wege durch Emission gleicher Lichtquanten in verschiedener Reihenfolge erreicht werden kann. Der erste Fall tritt z. B. in Abb. 16.1 ein, wenn $E_A - E_B = E_B - E_C$ oder wenn $E_A - E_B = E_C - E_D$ ist (nicht aber, wenn $E_A - E_{B'} = E_B - E_{C'}$, weil diese nicht nacheinander, sondern entweder das eine oder das andere emittiert werden): Der zweite Fall würde eintreten, wenn von B' ein Übergang nach C führen würde und $E_A - E_{B'} = E_B - E_C$ wäre, weil C dann sowohl über B' wie auch über B von A erreicht werden könnte, beide Male durch Emission zweier gleicher Lichtquanten.

Die Voraussetzung, daß solche Koinzidenzen nicht auftreten, ist notwendig, um die Einflüsse, die die Bose-Statistik für die Lichtquanten mit sich bringt, vernachlässigen zu können. In den vorher erwähnten Fällen — Oszillator, viele andere Probleme bei hohen Quantenzahlen — muß dagegen unsere Rechnung modifiziert werden, wobei sich voraussichtlich auch das Resultat ändern wird.

Wie nämlich schon Pauli[1]) vorausgesagt hat, gelten im Falle aufeinanderfolgender gleicher Frequenzen nicht die normalen Formeln für die Linienbreite. Insbesondere betonte er auch, daß die Ehrenfestsche Vorstellung für den Oszillator eine unrichtige, der klassischen Theorie widersprechende Linienbreite ergibt. Auf diese, wegen des Korrespondenzprinzips besonders interessanten, Verhältnisse sei hier jedoch nicht näher eingegangen, nur bemerkt, daß unsere Formel (7) der Bose-Statistik der Lichtquanten, die hierbei eine wesentliche Rolle spielt, nicht Rechnung trägt.

Wegen der Vernachlässigung des „abnormen Lichtes" wird die Wellenfunktion $\psi(Q, N_1, N_2, \ldots)$ nur an folgen-

---

[1]) Pauli, W.: loc. cit.

den Stellen von Null verschiedene Werte annehmen:

$$\left.\begin{array}{l}
Q = A\text{, alle } N = 0, \\[1em]
Q = B', \\
\text{nur ein } N\text{, etwa } N_{\varrho'} = 1\text{, alle anderen } N = 0, \\
\text{für } \nu_{B'}^{A} - \varepsilon < \nu_{\varrho'} < \nu_{B'}^{A} + \varepsilon, \\[1em]
Q = B, \\
\text{nur ein } N\text{, etwa } N_{\varrho} = 1\text{, alle anderen } N = 0, \\
\text{für } \nu_{B}^{A} - \varepsilon < \nu_{\varrho} < \nu_{B}^{A} + \varepsilon, \\[1em]
Q = C, \\
\text{nur zwei } N\text{, etwa } N_{\varrho} = N_{\sigma} = 1\text{, alle anderen} \\
N = 0, \\
\text{für } \nu_{B}^{A} - \varepsilon < \nu_{\varrho} < \nu_{B}^{A} + \varepsilon;\ \nu_{C}^{B} - \varepsilon < \nu_{\sigma} < \nu_{C}^{B} + \varepsilon.
\end{array}\right\} \quad (**)$$

Alle diese Zustände entstehen aus dem ersten durch lauter normale Emissionsprozesse. Das ε, um das sich die Frequenz eines Lichtquants, das wir eben noch berücksichtigen, von der Sprungfrequenz unterscheidet, wählen wir so klein,[1]) daß sich die beiden letzten der drei Gebiete

$$\overline{AB'} \text{ von } \nu_{B'}^{A} - \varepsilon \text{ bis } \nu_{B'}^{A} + \varepsilon, \quad \overline{AB} \text{ von } \nu_{B}^{A} - \varepsilon \text{ bis } \nu_{B}^{A} + \varepsilon,$$

$$\overline{BC} \text{ von } \nu_{C}^{B} - \varepsilon \text{ bis } \nu_{C}^{B} + \varepsilon$$

nirgends überlappen sollen, andererseits natürlich so groß, daß praktisch noch die ganze Linie erfaßt werde. Dann wiederholt sich sicher keine Stelle, die in einer Zeile von (**) schon angegeben ist, in einer anderen Zeile, so daß wir für die Werte von ψ an den verschiedenen in (**) angegebenen Stellen verschiedene Buchstaben einführen können, zwischen denen keine Beziehungen bestehen.

Wir bezeichnen ψ an der Stelle der ersten Zeile mit a,

---

[1]) Hierzu sind die oben angegebenen Voraussetzungen notwendig.

der zweiten Zeile mit $b'_{\varrho'}$, der dritten Zeile mit b_ϱ, der vierten Zeile mit $c_{\varrho\sigma}$. Die DIRACsche Gleichung (12) lautet, für diese Variable aufgeschrieben, wenn man die abnormalen Übergänge weiter vernachlässigt und wieder $E_A = 0$ setzt:

$$\frac{h}{2\pi i}\frac{\partial a}{\partial t} = \sum_{\varrho'} w^{(\varrho')}_{AB'} b_{\varrho'}' + \sum_{\varrho} w^{(\varrho)}_{AB} b_\varrho, \tag{23a}$$

$$\frac{h}{2\pi i}\frac{\partial b'_{\varrho'}}{\partial t} = (E_{B'} + h\nu_{\varrho'})\, b'_{\varrho'} + w^{(\varrho')}_{B'A}\, a, \tag{23b'}$$

$$\frac{h}{2\pi i}\frac{\partial b_\varrho}{\partial t} = (E_B + h\nu_\varrho)\, b_\varrho + w^{(\varrho)}_{BA} a + \sum_\sigma w^{(\sigma)}_{BC} c_{\varrho\sigma}, \tag{23b}$$

$$\frac{h}{2\pi i}\frac{\partial c_{\varrho\sigma}}{\partial t} = \big(E_C + h(\nu_\varrho + \nu_\sigma)\big)\, c_{\varrho\sigma} + w^{(\sigma)}_{CB} b_\varrho. \tag{23c}$$

Die Summation ist dabei immer über dasjenige Gebiet zu erstrecken, dessen Zeichen im entsprechenden w als unterer Index vorkommt.

Um die Formeln etwas abzukürzen, führen wir die Bezeichnung $\dot{z}$ bzw. $\ddot{z}$ für Real- und Imaginärteil einer Größe z ein:

$$z = \dot{z} + i\ddot{z}.$$

Zur Auflösung des Gleichungssystems (23) versuchen wir folgenden Ansatz: Für a setzen wir wieder

$$a = e^{-2\pi \Gamma^A t}, \tag{24a}$$

für die übrigen Größen eine Summe von Exponentialfunktionen. Der Exponent eines Gliedes — des letzten — ist dabei zunächst frei gelassen, sein Koeffizient aber so bestimmt, daß der ganze Ausdruck für $t = 0$ verschwinden soll. In den übrigen Gliedern sind die Koeffizienten frei gelassen und die Exponenten dieselben, die in demjenigen Zustand vorkommen, aus dem dieser entsteht. Es sei also

$$b'_{\varrho'} = \beta'_{\varrho'}\left(e^{-2\pi\Gamma^A t} - e^{-2\pi\Gamma^{B'}_{\varrho'} t}\right), \tag{24b'}$$

$$b_\varrho = \beta_\varrho\left(e^{-2\pi\Gamma^A t} - e^{-2\pi\Gamma^B_\varrho t}\right), \tag{24b}$$

$$c_{\varrho\sigma} = \xi_{\varrho\sigma} e^{-2\pi\Gamma^A t} + \eta_{\varrho\sigma} e^{-2\pi\Gamma^B_\varrho t} - (\xi_{\varrho\sigma} + \eta_{\varrho\sigma}) e^{-2\pi\Gamma^C_{\varrho\sigma} t}. \tag{24c}$$

Die Anzahl der Glieder ist immer um Eins größer als die Anzahl der Indizes.

Setzt man diese Ausdrücke in die Gleichungen (23) ein, so kann man alle frei gelassenen Größen durch Koeffizientenvergleich gleicher Exponentialfunktionen bestimmen, wobei gleichzeitig alle Gleichungen erfüllt werden. Man geht dabei am besten von der letzten Gleichung aus und geht die Gleichungen von unten nach oben durch.

Aus (23c) erhält man drei Gleichungen, weil in $c_{\varrho\sigma}$ drei verschiedene Exponenten vorkommen:

$$\zeta_{\varrho\sigma} = \frac{w^{(\sigma)}_{CB}\beta_\varrho}{h(i\Gamma^A + \nu^A_C - \nu_\varrho - \nu_\sigma)}, \tag{25ζ}$$

$$\eta_{\varrho\sigma} = -\frac{w^{(\sigma)}_{CB}\beta_\varrho}{h(i\Gamma^B_\varrho + \nu^A_C - \nu_\varrho - \nu_\sigma)}, \tag{25η}$$

$$\Gamma^C_{\varrho\sigma} = i\ddot{\Gamma}^C_{\varrho\sigma} = i(\nu^A_C - \nu_\varrho - \nu_\sigma); \quad \dot{\Gamma}^C_{\varrho\sigma} = 0. \tag{26c}$$

Um dies in (23b) einzusetzen, müssen wir die Summe

$$\sum_\sigma w^{(\sigma)}_{BC}\, c_{\varrho\sigma} = \sum_\sigma \frac{\beta_\varrho\,|w^\sigma_{BC}|^2}{h}\left(\frac{e^{-2\pi\Gamma^A t} - e^{2\pi i(\nu_\sigma+\nu_\varrho-\nu^A_C)t}}{i\Gamma^A + \nu^A_C - \nu_\varrho - \nu_\sigma}\right.$$
$$\left. - \frac{e^{-2\pi\Gamma^B_\varrho t} - e^{(2\pi i\nu_\varrho+\nu_\sigma-\nu^A_C)t}}{i\Gamma^B_\varrho + \nu^A_C - \nu_\varrho - \nu_\sigma}\right)$$

berechnen. Nach (18) ist dies

$$\sum_\sigma w^{(\sigma)}_{BC}\, c_{\varrho\sigma} = \beta_\varrho \varkappa_{BC}\, i\pi\left[\left(\nu^A_C - \nu_\varrho - \ddot{\Gamma}^A\right) e^{-2\pi\Gamma^A t}\right.$$
$$\left. - \left(\nu^A_C - \nu_\varrho - \ddot{\Gamma}^B_\varrho\right) e^{-2\pi\Gamma^B_\varrho t}\right]. \tag{27c}$$

Es kommen also in dieser Summe nur noch Glieder mit solchen Exponenten vor, die in b_ϱ auch schon vorhanden sind.

Wenn wir jetzt zu (23*b*) übergehen, erhalten wir die beiden Gleichungen:

$$\beta_\varrho = \frac{w^{(\varrho)}_{AB}}{h\left(i\Gamma^A + \nu^A_B - \nu_\varrho\right) - i\pi\varkappa_{BC}\left(\nu^A_B - \nu_\varrho - \ddot{\Gamma}^A\right)}, \qquad (25b)$$

$$\left.\begin{aligned} h\left(i\Gamma^B_\varrho + \nu^A_B - \nu_\varrho\right) + i\pi\varkappa_{BC}\left(\nu^A_C - \nu_\varrho - \ddot{\Gamma}^B_\varrho\right) = 0, \\ \Gamma^B_\varrho = \dot{\Gamma}^B + i\ddot{\Gamma}^B_\varrho = -\frac{\pi\varkappa_{BC}\nu^B_C}{h} + i\left(\nu^A_B - \nu_\varrho\right). \end{aligned}\right\} \qquad (26b)$$

Für (23*a*) werden wir wieder die Summe

$$\sum_\varrho w^{(\varrho)}_{AB} b_\varrho = \sum_\varrho \frac{|w^{(\varrho)}_{AB}|^2}{h} \times \frac{e^{-2\pi\Gamma^A t} - e^{2\pi i(\nu_\varrho - \nu^A_B + i\Gamma^B)t}}{i\Gamma^A + \nu^A_B - \nu_\varrho - i\pi\varkappa_{BC}\dfrac{\left(\nu^A_C - \nu_\varrho - \ddot{\Gamma}^A\right)}{h}}$$

brauchen, wo wir zur Abkürzung (26*b*) schon mit verwendet haben. Dieser Ausdruck hat noch nicht genau die Form (18). Wenn wir aber beachten, daß doch nur jene Werte von ϱ einen wesentlichen Beitrag geben werden, für die $\nu_\varrho \approx \nu^A_B - \ddot{\Gamma}^A$ ist, so können wir in derselben Näherung, in der (18) gilt, im letzten Gliede des Nenners ν_ϱ durch $\nu^A_B - \dot{\Gamma}^A$ ersetzen und erhalten dafür einfach $-\pi\varkappa_{BC}\nu^B_C/h = \dot{\Gamma}^B$. Jetzt kann man die Summation nach (18) ausführen:

$$\sum_\varrho w^{(\varrho)}_{AB} b_\varrho = \varkappa_{AB} i\pi\left(\nu^A_B - \ddot{\Gamma}^A\right) e^{-2\pi\Gamma^A t}. \qquad (27b)$$

Wieder enthält die Summe, die wir in (23*a*) einzusetzen haben, nur den Exponenten, der in (23*a*) ohnehin schon vorkommt. Es ist indessen zu bemerken, daß dies auch nur bis auf Größen von der Ordnung γ/ν richtig ist, was aber selbst im Exponenten nichts ausmacht, da es sich erst nach so langer Zeit äußert, in der schon lange keine Lichtemission mehr stattfindet.

Aus (23b) erhalten wir

$$\beta'_{\varrho'} = \frac{w^{(\varrho')}_{AB'}}{h(i\Gamma^A + \nu^A_{B'} - \nu_{\varrho'})}, \tag{25b'}$$

$$\Gamma^{B'}_{\varrho'} = i(\nu^A_{B'} - \nu_{\varrho'}), \tag{26b'}$$

und die Summe ist nach (18)

$$\sum_{\varrho'} w^{(\varrho')}_{AB'} b'_{\varrho'} = \varkappa_{AB'} i\pi\left(\nu^A_{B'} - \ddot{\Gamma}^A\right) e^{-2\pi\Gamma^A t}. \tag{27b'}$$

Setzen wir schließlich noch (27b) und (27b') in (23a) ein, so erhalten wir

$$\left.\begin{aligned} hi\Gamma^A &= \varkappa_{AB} i\pi\left(\nu^A_B - \ddot{\Gamma}^A\right) + \varkappa_{AB'} i\pi\left(\nu^A_B - \dot{\Gamma}^A\right),\\ \Gamma^A = \dot{\Gamma}^A &= \frac{\pi}{h}\left(\varkappa_{AB}\nu^A_B + \varkappa_{AB'}\nu^A_{B'}\right)\\ &= \frac{(\gamma^A_B + \gamma^A_{B'})}{4\pi} = \frac{\gamma^A}{4\pi}. \end{aligned}\right\} \tag{26a}$$

Damit sind alle Konstanten bestimmt und alle Gleichungen befriedigt.

Wir vergleichen noch die Ergebnisse mit der Zusammenstellung in 1.

Um zunächst (6), das „radioaktive Gesetz", zu verifizieren, könnte man $|a|^2 = n_A$ und $n_{B'}$, n_B, n_C explizite berechnen und dann die Formel (6) verifizieren. Wir wählen aber einen etwas anderen Weg, weil er uns in die Konstitution der Lösung besser einzuleuchten scheint. Aus den Gleichungen (27) ergibt sich nämlich, daß bis auf Größen höherer Ordnung

$$\left.\begin{aligned} \sum_{\varrho} w^{(\varrho)}_{AB} b_{\varrho} &= i\pi\varkappa_{AB}\nu^A_B a,\\ \sum_{\varrho'} w^{(\varrho')}_{AB'} b'_{\varrho'} &= i\pi\varkappa_{AB'}\nu^A_{B'} a,\\ \sum_{\sigma} w^{(\sigma)}_{BC} c_{\varrho\sigma} &= i\pi\varkappa_{BC}\nu^B_C b_{\varrho} \end{aligned}\right\} \tag{28}$$

gilt. Setzt man dies in (23) ein und berechnet z. B.

$$\frac{\partial}{\partial t} n_B = \frac{\partial}{\partial t} \sum_\varrho |b_\varrho|^2,$$

so ergibt sich

$$\begin{aligned}\frac{h}{2\pi i}\frac{\partial n_B}{\partial t} &= \sum_\varrho - b_\varrho \left(\frac{h}{2\pi i}\frac{\partial b_\varrho}{\partial t}\right)^* + b_\varrho^* \frac{h}{2\pi i}\frac{\partial b_\varrho}{\partial t} \\ &= \sum_\varrho - b_\varrho w_{AB}^{(\varrho)} a^* + b_\varrho^* w_{BA}^{(\varrho)} a + b_\varrho i\pi\varkappa_{BC}\nu_C^B b_\varrho^* \\ &\quad + b_\varrho^* i\pi\varkappa_{BC}\nu_C^B b_\varrho \\ &= 2i\pi\varkappa_{AB}\nu_B^A a^* a + 2i\pi\varkappa_{BC}\nu_C^B \sum_\varrho b_\varrho^* b_\varrho,\end{aligned}$$

also nach (21) direkt die Gleichung (6).

Um die Gestalt der Linien zu bestimmen, berechnen wir zuerst $|b'_{\varrho'}|^2$ für $t = \infty$:

$$|b'_{\varrho'}|^2 = \frac{|w_{AB'}^{(\varrho)'}|^2}{h^2} \frac{1}{(\Gamma^A)^2 + (\nu_{\varrho'} - \nu_{B'}^A)^2}.$$

Durch Summation über ein kleines Frequenzintervall erhalten wir ebenso wie in (22)

$$\begin{aligned}J(\nu)\,\mathrm{d}\nu &= \frac{1}{h}\frac{F_{AB'}(\nu)\,\mathrm{d}\nu}{(\Gamma^A)^2 + (\nu_{\varrho'} - \nu_{B'}^A)^2} \\ &= \frac{\nu}{\nu_{B'}^A}\frac{\gamma^A\,\mathrm{d}\nu}{\left(\frac{1}{2}\gamma^A\right)^2 + 4\pi^2(\nu - \nu_B^A)^2},\end{aligned} \tag{29b}$$

also die Formel, die schon in (9b) steht: die Breite des Zustandes A ist die Summe $\gamma^A/4\pi = (\gamma_B^A + \gamma_{B'}^A)/4\pi$.

Wenn das Atom am Ende in C ist, sind sicher zwei Lichtquanten emittiert; die Wahrscheinlichkeit, daß die Frequenz des ersten zwischen ν und $\nu + \mathrm{d}\nu$, die des zweiten zwischen ν' und $\nu' + \mathrm{d}\nu'$ liege, ergibt sich, wenn man in $c_{\varrho\sigma}$ $t = \infty$ setzt und

$$J(\nu, \nu')\,\mathrm{d}\nu\,\mathrm{d}\nu' = \sum_{\nu_\sigma=\nu'}^{\nu'+\mathrm{d}\nu'}{}_{\sigma} \sum_{\nu_\varrho=\nu}^{\nu+\mathrm{d}\nu}{}_{\varrho} |c_{\varrho\sigma}|^2 = \sum_{\nu_\sigma=\nu'}^{\nu'+\mathrm{d}\nu'}{}_{\sigma} \sum_{\nu_\varrho=\nu}^{\nu+\mathrm{d}\nu}{}_{\varrho} |\zeta_{\varrho\sigma} + \eta_{\varrho\sigma}|^2$$

berechnet. Nach (25ζ), (26η) ist

$$|\zeta_{\varrho\sigma} + \eta_{\varrho\sigma}|^2 = \frac{|w_{CB}^{(\sigma)}|^2\,|\beta_\varrho|^2}{\hbar^2}$$

$$\times \frac{|i\Gamma_\varrho^B - i\Gamma^A|^2}{|(i\Gamma^A + \nu_C^A - \nu_\varrho - \nu_\sigma)\,(i\Gamma_\varrho^B + \nu_C^A - \nu_\varrho - \nu_\sigma)|^2}$$

oder, mit (26b), (25b),

$$|\zeta_{\varrho\sigma} + \eta_{\varrho\sigma}|^2 = \frac{|w_{CB}^\sigma|^2\,|w_{AB}^\varrho|^2}{\hbar^2\,|hi\Gamma^A - hi\Gamma_\varrho^B|^2}$$

$$\times \frac{|i\Gamma_\varrho^B - i\Gamma^A|^2}{[(\Gamma^A)^2 + (\nu_C^A - \nu_\varrho - \nu_\sigma)^2]\,[(\Gamma^B)^2 + (\nu_C^B - \nu_\sigma)^2]}.$$

Die Summation kann man nach (16) ausführen. Wenn man noch (21) beachtet, ergibt sie

$$J(\nu, \nu')\,\mathrm{d}\nu\,\mathrm{d}\nu' = \frac{\nu}{\nu_B^A}\,\frac{\nu'}{\nu_C^B}\,\frac{\gamma_B^A\,\mathrm{d}\nu}{\left(\frac{1}{2}\,\gamma^A\right)^2 + 4\pi^2(\nu_C^A - \nu - \nu')^2}$$

$$\times \frac{\gamma_C^B\,\mathrm{d}\nu'}{(\gamma^B)^2 + 4\pi^2(\nu_C^B - \nu')^2}, \tag{29a}$$

was praktisch mit (9a) gleichbedeutend ist, wenn man darin C' durch C ersetzt. Durch Integration über ν bzw. ν' erhält man die Breite der Linie $B \to C$ bzw. $A \to B$. Die erste ist $\gamma^B/2\pi$, also so groß, wie wenn die anderen Niveaus gar nicht da wären; die zweite Breite beträgt $(\gamma^A + \gamma^B)/2\pi$, sie ist also so groß, wie die Summe der Breiten der beiden Niveaus.

5. Die Formel (29a) zeigt die statistische Abhängigkeit der Frequenzen ν, ν' der beiden nacheinander emittierten Lichtquanten und ergibt eine Verbreiterung der ersten Linie auch durch die Übergänge, die von ihrem unteren Niveau ausgehen. Daß so etwas in der DIRACschen Theorie herauskommen muß, läßt sich qualitativ sehr leicht einsehen.

Betrachten wir das Niveauschema der Abb. 16.3. Die Übergangswahrscheinlichkeit von B nach C sei sehr groß, dann ist die Linie $B \to C$ sicher sehr breit.

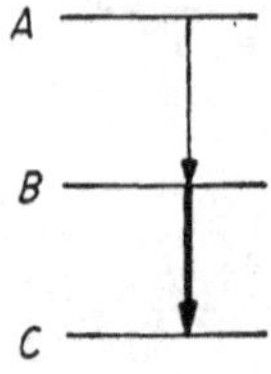

Abb. 16.3

Wenn jetzt die Übergangswahrscheinlichkeit $A \to B$ sehr klein ist, so hat der Anfangszustand (13) eine fast scharfe Energie, d. h., die Wahrscheinlichkeiten für von E_A wesentlich abweichende Gesamtenergien sind für diesen Zustand sehr klein. Da aber die Wahrscheinlichkeiten für die verschiedenen Gesamtenergien zeitlich konstant sind, ist dies auch am Ende des Prozesses, nachdem sich beide Lichtquanten schon weit vom Atom entfernt haben, der Fall. Jetzt ist aber die Gesamtenergie des Systems *genau* $h\nu + h\nu'$, weil das Atom in einem absolut stationären Zustand ist — dessen Energie wir zum Nullpunkt der Energieskale machen können —, und die Wechselwirkungsenergie verschwindet. Die Fälle, in denen $h\nu + h\nu'$ wesentlich von E_A abweicht, müssen also sehr selten sein. Da aber ν' beträchtliche Schwankungen aufweist, müssen diese durch ν kompensiert werden, was eine statistische Kopplung der beiden Frequenzen und eine Verbreiterung der $A \to B$-Linie bedeutet.

Göttingen und Berlin, 2. Mai 1930

17. Die Breite der Spektrallinien in Gasen*)

von

V. Weisskopf

1. Allgemeines

Im vorliegenden Bericht sollen die wichtigsten Faktoren, die zu einer Verbreiterung der Spektrallinien in Gasen führen, in möglichst einheitlicher Weise zusammengestellt werden. Das Hauptgewicht ist auf die Darstellung der Theorien gelegt, das experimentelle Material wurde im allgemeinen nur im Hinblick auf die Theorie behandelt; es wird daher in dieser Hinsicht keine Vollständigkeit beansprucht. Es zeigt sich, daß man fast alle Linienverbreiterungen in Gasen zwanglos und in einheitlicher Weise den heutigen theoretischen Vorstellungen eingliedern kann.

Als Ursachen für die Verbreiterung der Spektrallinien, die nach der Bohrschen Frequenzbedingung unendlich scharf sein müßten, werden im allgemeinen angegeben:

1. die Dämpfung des virtuellen Oszillators durch seine eigene Ausstrahlung; sie ruft die natürliche Linienbreite hervor;

2. die Frequenzverschiebung durch die Bewegung des strahlenden Atoms auf Grund des Doppler-Effekts;

3. die gegenseitigen Beeinflussungen der Atome; man unterscheidet hier:

   a) die Lorentzsche Stoßdämpfung,

   b) die Verbreiterung und Verschiebung der Linien durch die Kraftfelder der Nachbaratome. Hierbei unterscheidet man wesentlich, ob die Nachbar-

*) Phys. Z. 34 (1933) 1. [Einige im Text gekennzeichnete Abschnitte sind in diesem Nachdruck fortgelassen worden.]

atome Fremdatome oder gleichartige sind. Im letzteren Fall spricht man von

c) der Kopplungsbreite.

Die angeführten Verbreiterungen treten meist gleichzeitig auf. Man kann jedoch fast immer Bedingungen herstellen, unter denen eine einzige Verbreiterungsart allein maßgebend ist, oder zumindest Frequenzgebiete innerhalb der Linie angeben, in denen im wesentlichen nur eine der Ursachen wirksam ist.

Es ist meistens notwendig, Absorptionslinien und Emissionslinien getrennt zu behandeln. In beiden Fällen hat die Dicke der betrachteten Gasschicht einen entscheidenden Einfluß auf die Linienform. Die Stärke der Absorption ist bestimmt durch den Absorptionskoeffizienten $\varkappa$, der eine Funktion der Frequenz ω ist (wir verwenden stets die Kreisfrequenz, die Anzahl der Schwingungen in 2π Sekunden): Beim Durchlaufen einer Wellenlänge λ wird die Amplitude einer Welle der Frequenz ω auf den $e^{-2\pi\varkappa}$-ten Teil geschwächt. (Man muß beachten, daß die Größe $\lambda = c/\omega n$ noch vom Brechungsindex n abhängt, es ist daher angebracht, als Maß für die Absorption das Produkt $n\varkappa$ zu verwenden.) Die Absorption (Verhältnis von absorbierter zu einfallender Energie) einer Schicht der Dicke l im Frequenzintervall zwischen ω und $\omega + d\omega$ ist bei senkrechter Inzidenz:

$$A(\omega)\,d\omega = (1 - e^{-4\pi n\varkappa l/\lambda_0})\,d\omega; \qquad \lambda_0 = \frac{c}{\omega}. \tag{1}$$

Für kleine l, also für unendlich dünne Schicht, ist die Absorption proportional zu $n\varkappa$.

Es ist praktisch, auch die Emissionslinienform auf unendlich dünne Schichten zu reduzieren, da endliche Schichtdicken die Linienform durch Reabsorption ändern. Wir schreiben dann die ausgestrahlte Intensität im Frequenzintervall zwischen ω und $\omega + d\omega$: $J_E(\omega)\,d\omega$. Im folgenden sei unter der Absorptions- oder Emissionslinienform, wenn nicht anders angegeben, stets die Form bei unendlich dünner Schicht verstanden. Oft ist für die Theorie der Linienbreiten der absolute Wert der Intensität nicht so wichtig wie das Verhältnis der Intensitäten in verschiedenen Frequenzen. Wir verstehen dann unter relativer Intensitätsverteilung in Absorption oder Emission eine Funktion von ω, die bis auf eine Konstante den Verlauf von $n\varkappa$ bzw. J_E wiedergibt. Man wählt die Konstante meistens so, daß die Gesamtintensität, das Integral über alle Frequenzen, gleich Eins wird. Da die meisten Verbreiterungen keinen Einfluß auf die Gesamtintensität der Linie haben, kann man diese stets aus den EINSTEINschen Koeffizienten entnehmen.

Die Emissionslinienform J_E hängt von den Anregungsbedingungen ab. Geschieht die Anregung z. B. durch Lichteinstrahlung, so hängt bei Fortfall aller Störungen (DOPPLER-Effekt, Stöße) die Emissionslinie ganz von der Form der eingestrahlten Linie ab. Interessant ist daher nur die Form J_E, die bei thermischer Anregung entsteht, oder bei solcher, die der thermischen Anregung äquivalent ist, wie z. B. die Anregung durch ein im Frequenzintervall der Linie gleichmäßig kontinuierliches Spektrum oder in der Gasentladung usw.

In sehr vielen Fällen ist die Frequenzabhängigkeit von $n\varkappa$ und J_E dieselbe, beide Funktionen sind proportional zueinander. Man kann dies aus dem KIRCHHOFFschen Gesetz begründen, wenn man zeigen kann, daß die Herstellung des thermischen Gleichgewichts an dem Verlauf der Funktionen nichts ändert. Für gewöhnliche Absorptionsversuche ist das thermische Gleichgewicht sicher nicht vorhanden, so daß das KIRCHHOFFsche Gesetz nicht direkt anwendbar ist.

Wir setzen voraus, daß sich in der nächsten Nachbarschaft der Spektrallinie keine andere Linie befindet, so daß die Probleme, die bei eng aneinanderliegenden Linien entstehen, aus der Betrachtung ausgeschlossen werden. Die Funktionen J_E und $n\varkappa$ oder kurz $J(\omega)$ haben an der Stelle ω_0 ein ausgeprägtes Maximum und fallen auf beiden Seiten rasch ab. Man definiert die Halbwertsbreite einer Linie durch die Gleichung

$$J(\omega_0 \pm \delta) = \frac{1}{2} J(\omega_0). \tag{2}$$

Bei einer unsymmetrischen Linie erhält man zwei Halbwertsbreiten, eine violette und eine rote, je nach dem Vorzeichen + oder − in (2). Wenn man die Halbwertsbreite im Wellenlängenmaß ausdrückt, erhält man

$$\delta^\lambda = \frac{2\pi c}{\omega_0^2} \delta. \tag{3}$$

Die wirkliche Breite der beobachteten Linie kann bedeutend größer sein als δ, da die Halbwertsbreite ausdrücklich nur für die auf unendlich dünne Schicht reduzierte Linienform definiert ist. Viele Autoren verstehen unter Halbwertsbreite den Abstand δ' der beiden Frequenzen, für die die Intensität J auf die Hälfte gesunken ist. Für eine symmetrische Linie gilt dann $\delta' = 2\delta$.

Die beiden häufigsten Linienformen sind die sog. *Dispersionsform*

$$J(\omega) = \frac{C\delta}{(\omega_0 - \omega)^2 + \delta^2} \tag{4}$$

und die DOPPLER-Form (s. Abb. 17.1)

$$J(\omega) = \frac{C'}{\delta} \mathrm{e}^{-(\omega_0-\omega)^2 \ln 2/\delta^2}. \tag{5}$$

Die Konstanten C und C' sind so gewählt, daß die Gesamtintensität nicht mehr explizit von der Halbwertsbreite δ abhängt.

Die experimentelle Messung der Linienform läßt sich auf zwei Weisen durchführen. Die erste Methode ist die unmittelbare photometrische Ausmessung am Linienbild eines Spektrographen von hoher Dispersion. Wir nennen sie die *direkte* Methode. Die zweite — die *indirekte* Methode — kann angewendet werden, wenn der Verlauf der Linienform im allgemeinen theoretisch bekannt ist und es sich nur darum handelt, die Konstanten des Verlaufs festzustellen. In diesem Fall genügt die Messung

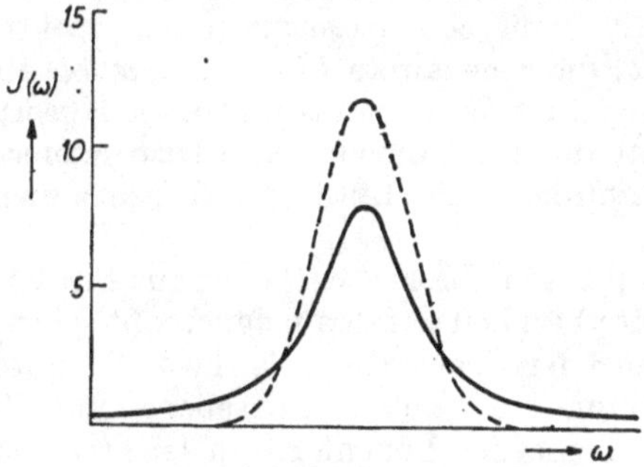

Abb. 17.1. Dispersions- (———) und DOPPLER-Verteilung (– – –) bei gleicher Halbwertsbreite und Gesamtintensität

der Gesamtabsorption des Lichtes einer Lichtquelle mit bekannter Intensitätsverteilung in einer Schicht des zu untersuchenden Gases. Es sei $J_E(\omega)$ der Intensitätsverlauf in der Lichtquelle, $\varkappa(\omega)$ der Absorptionskoeffizient des absorbierenden Gases und l die Dicke der Schicht. Dann ist die gesamte Absorption — das Verhältnis der absorbierten zur auftreffenden Intensität —:

$$A = \frac{\int J_E(\omega)\,(1 - e^{-4\pi n \varkappa(\omega) l/\lambda_0})\,d\omega}{\int J_E(\omega)\,d\omega}. \tag{6}$$

Die Größe A wird eine Funktion von l und den Konstanten sein, die den Verlauf von J_E und $n\varkappa$ bestimmen. Ist ein Teil der Konstanten bekannt, so kann man die anderen durch Messung von A bei verschiedenen Schichtdicken bestimmen [36, 50, 77, 59].[1]

[1] Die Zahlen beziehen sich auf das Literaturverzeichnis am Ende des Berichts.

Wenn die Lichtquelle kontinuierliches Spektrum hat, so daß man im Frequenzgebiet der Absorptionslinie $J_E = \text{const}$ setzen darf, nennt man A die *Gesamtabsorption* der Spektrallinie (LADENBURG und REICHE [36]). Andererseits kann man als Lichtquelle eine leuchtende Schicht desselben Mediums, das absorbiert, nehmen; man erhält dann eine Absorption der Spektrallinie in sich selbst: die sogenannte *Linienabsorption*. Man findet die Abhängigkeit der Gesamt- und Linienabsorption von den Konstanten für DOPPLER- und Dispersionsverteilung bei LADENBURG und LEVY [36a] sehr übersichtlich tabelliert.

Andere ebenso indirekte Methoden zur Bestimmung der Linienbreite beruhen auf den magnetooptischen Effekten in der Nähe der Spektrallinie (siehe z. B. SCHÜTZ [56]). Die Drehung der Polarisationsebene im Magnetfeld hängt bei gegebener Linienform in leicht berechenbarer Weise von deren Breite ab. Da die Annahmen über die Linienform der Emissionslinien und Absorptionslinien nie ganz genau zutreffen können, haften diesen indirekten Methoden von vornherein Fehlerquellen an, die das Resultat stark verfälschen können.

Man kann zwei Gruppen von Linienverbreiterungen unterscheiden. Im Abschnitt 2 werden die Breiten behandelt, die bereits an der Strahlung eines isolierten Atoms auftreten; sie sind daher von der Gasdichte unabhängig. Abschnitt 3 enthält die dichteabhängigen Breiten, die durch die gegenseitigen Beeinflussungen der Atome entstehen.

2. *Linienbreiten am isolierten Atom*

2.1. *Die natürliche Linienbreite*

Auf Grund der klassischen Theorie erfährt ein harmonisch schwingender elektrischer Dipol eine Dämpfung durch Energieausstrahlung. Die Energie des Oszillators nimmt mit einer e-Potenz ab:

$$E = E_0 e^{-\gamma t}, \tag{1}$$

wobei

$$\gamma = \frac{2}{3} \frac{e^2}{m c^3} \omega_0^2, \tag{2}$$

ω_0 ist die Eigenfrequenz des Oszillators. Diese Dämpfung hat zur Folge, daß die Ausstrahlung nicht rein monochromatisch ist. Die FOURIER-Analyse der Amplitude

$$A(t) = A_0 e^{-\gamma t/2} \cos(\omega_0 t + \varphi)$$

ergibt als FOURIER-Koeffizienten

$$A(t) = \int_{-\infty}^{+\infty} a(\omega)\, e^{i\omega t}\, d\omega,$$

$$a(\omega) = \frac{A_0}{4\pi} \left[\frac{e^{i\varphi}}{i(\omega - \omega_0) - \frac{\gamma}{2}} - \frac{e^{-i\varphi}}{i(\omega + \omega_0) + \frac{\gamma}{2}} \right].$$

In der Nähe der Linienmitte darf man den zweiten Faktor gegen den ersten streichen, so daß man als relativen Intensitätsverlauf in der Strahlung eines Oszillators

$$J_E(\omega) = \frac{\gamma}{2\pi} \frac{1}{(\omega_0 - \omega)^2 + \left(\frac{\gamma}{2}\right)^2} \tag{3}$$

erhält.

Um die Form der natürlichen Absorptionslinie zu berechnen, betrachten wir eine Anzahl gleichartiger Oszillatoren mit der Dichte N pro Kubikzentimeter. Die Dichte muß selbstverständlich so gering sein, daß die gegenseitigen Beeinflussungen der Oszillatoren zu vernachlässigen sind.

Die Oszillatoren werden dann durch die einfallende Lichtwelle der Frequenz ω zu erzwungenen Schwingungen angeregt, deren Amplitude durch

$$A_\varkappa(t) = \frac{e\,\dfrac{F}{m}}{\omega_0^2 - \omega^2 + i\gamma\omega}\sin(\omega t + \varphi_k)$$

$$\approx \frac{\dfrac{eF}{2m\omega_0}}{\omega_0 - \omega + i\,\dfrac{\gamma}{2}}\sin(\omega t + \varphi_k)$$

gegeben ist, wobei $F\sin(\omega t + \varphi_k)$ die Feldstärke am Ort des k-ten Oszillators ist. Wir verwenden stets Näherungen, die nur in der Umgebung von ω_0 gültig sind. Für die in einer Sekunde geleistete Arbeit W der erzwingenden Kraft erhält man im Mittel

$$W = \frac{\dfrac{e^2F^2}{2\omega_0 m}\,\omega\,\dfrac{\gamma}{2}}{(\omega_0 - \omega)^2 + \left(\dfrac{\gamma}{2}\right)^2}.$$

Mit $N\mathrm{d}x$ multipliziert, ergibt dies die pro Sekunde in einem Flächenelement der Fläche 1 und der Dicke $\mathrm{d}x$ entnommene Energie. Diese muß gleich der Abnahme des Energieflusses S durch dieses Element sein:

$$-\frac{\mathrm{d}S}{\mathrm{d}x} = NW$$

Es ist nun

$$S = \frac{F^2c}{8\pi}, \quad \text{wobei} \quad F = F_0\mathrm{e}^{-2\pi n\varkappa x/\lambda_0},$$

für eine in der x-Richtung fortschreitende Welle mit dem Absorptionskoeffizienten $\varkappa(\omega)$, der sich daraus zu

$$n\varkappa = \frac{\frac{2\pi e^2}{\omega_0 m} N \frac{\gamma}{2}}{(\omega_0 - \omega)^2 + \left(\frac{\gamma}{2}\right)^2} \tag{4}$$

ergibt. $n\varkappa$ ist proportional zu $J_E(\omega)$.

Die natürliche Halbwertsbreite δ_n ist somit nach der klassischen Theorie gleich $\gamma/2$. Da γ nach (1) für die Stärke der Energieabgabe an das Strahlungsfeld maßgebend ist, wird die klassische natürliche Linienbreite proportional zur Linienintensität. Drückt man die Halbwertsbreite im Wellenlängenmaß aus,

$$\delta_n^\lambda = \frac{2\pi c}{\omega^2} \frac{\gamma}{2} = 0{,}6 \cdot 10^{-4}\ \text{Å}, \tag{5}$$

so wird sie unabhängig von λ und hat somit für alle Spektrallinien denselben Wert.

Um die natürliche Linienbreite in die Quantentheorie einzugliedern, wurden zwei verschiedene Wege gegangen. Die ältere Quantentheorie versuchte die Abklingung des Oszillators korrespondenzmäßig mit der Übergangswahrscheinlichkeit in Verbindung zu bringen. Die klassische Abklingungszeit beträgt nach (1) $\tau = 1/\gamma$. Sie soll der mittleren Lebensdauer des Atoms im oberen Niveau der Spektrallinie entsprechen. Deshalb liegt es nahe, die Formeln (3) und (4) für die Linienformen zu übernehmen und an Stelle der klassischen Größe γ den reziproken Wert der mittleren Lebensdauer zu setzen.

Dieses Resultat steht aber im Widerspruch mit den quantenmechanischen Überlegungen auf Grund der Diracschen Lichttheorie. Diese liefert eine Breite, die sich aus folgendem Bild ergibt (Slater [60], Weisskopf und Wigner [71]): Die Energieniveaus eines Atoms werden nicht als unendlich scharf angenommen. Das diskrete Termspektrum soll als ein kontinuierliches

Spektrum aufgefaßt werden, dessen Gewichtsverteilung so beschaffen ist, daß das Hauptgewicht auf die nächste Umgebung der Termschwerpunkte konzentriert ist (s. [11]). Dann wird einem Übergang zwischen zwei Termen kein scharfer Frequenzwert mehr entsprechen, wir erhalten eine endliche Linienbreite.

Die Unschärfe der Terme ist durch die HEISENBERGsche Unbestimmtheitsrelation zwischen Energie und Zeit sehr verständlich geworden. Die mittlere Lebensdauer τ eines Terms T muß eine Unbestimmtheit im Frequenzmaß von der mittleren Größe $\Delta T \approx 1/\tau$ zur Folge haben. Es ist daher naheliegend, die Gewichtsverteilung der Termwerte T (im Frequenzmaß) in der Umgebung des n-ten Termschwerpunktes T_n analog zu (3) und (4) folgendermaßen anzusetzen:

$$G_n(T) = \frac{\gamma_n}{2\pi} \frac{1}{(T_n - T)^2 + \left(\frac{\gamma_n}{2}\right)^2}.$$

Der Faktor $\gamma_n/2\pi$ ist so gewählt, daß die Summe der Gewichte über ein Niveau 1 ergibt. γ_n soll gleich dem reziproken Wert $1/\tau_n$ der mittleren Lebensdauer des n-ten Terms sein. Es wird daher gelten

$$\gamma_n = 3 \sum_m f_{nm} \frac{g_m}{g_n} \frac{2}{3} \frac{e^2 \omega_{nm}^2}{m c^3}, \quad \omega_{nm} = T_n - T_m, \tag{6}$$

wenn f_{nm} die Zahl der Dispersionselektronen für den Übergang $n \to m$ ist und g_n, g_m die Vielfachheiten der Niveaus n und m sind. Die Summe ist über alle Niveaus m zu erstrecken, die tiefer als n liegen. Die Angabe des Niveaus bestimmt somit die Energie des Atoms nicht genau, $G_n(T)\,\mathrm{d}T$ gibt dann die Wahrscheinlichkeit an, daß der Term zwischen T und $T + \mathrm{d}T$ liegt.

Wenn nun bei einem Sprung vom Niveau n zum Niveau n' genau die Energiedifferenz vor und nach dem Sprung ausgesendet wird, so wird für die Breite der Spektrallinie $n \to n'$ die Breite beider Niveaus maßgebend sein.

Eine einfache Überlegung zeigt, daß die Wahrscheinlichkeit für die Emission der Frequenz ω beim Sprung $n \to n'$ durch

$$J(\omega) = \int_0^\infty G_n(T)\, G_{n'}(\dot{T} - \omega)\, \mathrm{d}T$$

$$= \frac{\gamma_n + \gamma_{n'}}{2\pi} \frac{1}{(\omega_{nn'} - \omega)^2 + \left(\frac{\gamma_n + \gamma'_n}{2}\right)^2}$$

gegeben ist, wobei $\omega_{nn'}$ die BOHRsche Frequenz des Überganges $n \to n'$ ist. Wir erhalten also wieder Dispersionsverteilung als Linienform mit der Halbwertsbreite

$$\delta_n = \frac{\gamma_n + \gamma_{n'}}{2}. \tag{7}$$

Sie ist die Summe der Breiten des Anfangs- und des Endniveaus und läßt sich mit Hilfe von (6) aus den Atomdaten berechnen. Eine Linie mit schwacher Übergangswahrscheinlichkeit kann somit im Gegensatz zur klassischen Theorie relativ sehr breit sein, wenn nur von einem ihrer Niveaus starke Übergänge möglich sind.

Haben wir eine Resonanzlinie vor uns, deren unteres Niveau n' — der Grundzustand — wegen seiner unendlichen Lebensdauer keine Breite besitzt und von deren oberem Niveau n nur der betrachtete Resonanzübergang möglich ist, so können wir nach (6) schreiben

$$\delta_n = C\,\frac{\gamma}{2}, \quad C = 3 f_{nn'}\,\frac{g_{n'}}{g_n}, \tag{8}$$

wobei C ein Faktor ist, mit dem man die klassische Linienbreite multiplizieren muß, um die quantentheoretische zu erhalten. Für beide Natrium-D-Linien wird er gerade fast gleich 1.

Die vorhergehenden Betrachtungen sind nur dann

richtig, wenn die Strahlungsdichte an der Stelle des Atoms nicht zu hoch ist. Dadurch, daß die Strahlung Absorption und erzwungene Emission hervorbringt, verkürzt sie die mittleren Lebensdauern der Niveaus und vergrößert somit ihre Breite. Auch der Grundzustand hat dann nicht mehr unendliche Lebensdauer. Jedoch sind diese Effekte bei normalen Strahlungsdichten im sichtbaren Gebiet sehr klein. Sie verhalten sich zu der natürlichen Linienbreite im strahlungslosen Raum wie die durch die Strahlung erzwungenen Übergangswahrscheinlichkeiten zu den spontanen. Man kann sie somit vernachlässigen, solange die Anzahl der angeregten Atome klein ist, gegen die der unangeregten, oder solange eine Proportionalität zwischen Strahlungsdichte und absorbierter Energie besteht. Die Strahlungsdichte müßte den Wert $\sigma(\omega) = 2h\omega^3/\pi c^3$ haben, um Verbreiterungen derselben Größe wie die natürliche Dämpfung hervorzubringen. Das würde für sichtbares Licht einer schwarzen Strahlung bei 30000 °C entsprechen.

Das hier verwendete Bild läßt noch nähere Schlüsse über die Frequenzen aufeinanderfolgender Sprünge eines Atoms zu. Das Atom möge sich in einem Niveau befinden, von dem es den Grundzustand in zwei Sprüngen erreichen kann (Abb. 17.2). Wenn bei dem ersten Sprung AB eine so hohe Frequenz emittiert wird, daß es auf einen Energie-

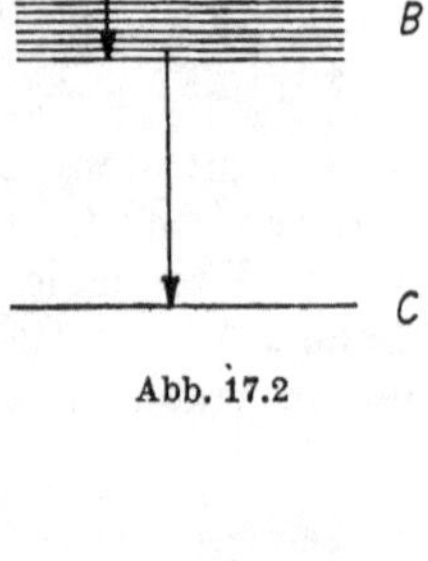

Abb. 17.2

wert gelangt, der tiefer liegt als der Schwerpunkt des Terms B, so muß die darauf folgende Frequenz BC entsprechend kleiner sein als die im Mittel zu erwartende, da das Atom seine Energie innerhalb des Terms nicht ändern kann. Die Frequenzen aufeinanderfolgender Sprünge sind also nicht unabhängig voneinander; sie sind, wie man leicht sehen kann, so miteinander gekoppelt, daß die Unschärfe der Summe aller hintereinander ausgesendeten Frequenzen bloß bestimmt ist durch die Unschärfe des Ausgangsniveaus A. Dieses Ergebnis folgt im übrigen zwangsläufig aus dem Energiesatz, welcher verlangt, daß die Energieunschärfe am Anfang und am Schluß des Prozesses gleich sein muß. Am Anfang ist sie durch die Breite des Anfangszustandes gegeben, am Schluß ist die Energie des Atoms scharf — es befindet sich im Grundzustand —, daher muß die Energie der Strahlung — die Summe der emittierten Frequenzen — die Unschärfe des Anfangszustandes haben.

Der Beweis, daß diese Überlegungen mit der Quantenmechanik in Übereinstimmung sind, kann mit Hilfe der Diracschen Theorie der Strahlung geführt werden [71]. Es soll hier nur in kurzen Zügen das Wesen der Methode wiedergegeben werden. Die Theorie betrachtet das Atom und das Strahlungsfeld als zwei quantenmechanische Systeme, die miteinander in schwacher Kopplung stehen, deren Form aus der Maxwellschen Theorie entnommen ist. Das Strahlungsfeld wird dargestellt durch unendlich viele unabhängige Oszillatoren, die die elektromagnetischen Eigenschwingungen des Hohlraums repräsentieren, in dem man sich das Atom eingeschlossen denkt. Durch das Vorhandensein der Kopplung sind die Energieniveaus des Atoms nicht mehr stationäre Zustände, die Wahrscheinlichkeit, das Atom in einem seiner Niveaus zu finden, ist dann eine Funktion der Zeit, und zwar eine abklingende e-Potenz der Form $e^{-\gamma t}$. Dann kann man mit einigen Vereinfachungen auf Grund der Störungstheorie berechnen, mit welcher Wahrscheinlichkeit nach vollendeter Abklingung die einzelnen Hohlraumoszillatoren angeregt sein werden, in welchem Zustand also sich das Strahlungsfeld nach der Emission befindet. Diese Wahrscheinlichkeitsverteilung auf die Oszillatoren verschiedener Frequenzen ergibt die natürliche Linienbreite in Übereinstimmung mit den abgeleiteten Resultaten.

Eine Ausnahme bilden jene Fälle, wo sich unter den aufeinanderfolgenden Energiestufen gleich große befinden (die Abweichungen dürfen nicht größer als die natürliche Linienbreite sein). Dann führt die Theorie zu anderen Resultaten als das Bild der unscharfen Niveaus. Dies trifft gerade beim harmonischen Oszillator zu[1]) (s. [72]). Bei gewöhnlichen Atomen werden kaum zwei Energiestufen mit dieser Genauigkeit übereinstimmen. Nach dem anschaulichen Bild würde man beim Oszillator eine um so größere Halbwertsbreite erwarten, je höher das Ausgangsniveau ist, da die Übergangswahrscheinlichkeiten proportional zur Termnummer sind. Die Rechnung zeigt aber, daß die Halbwertsbreite überall dieselbe ist und mit der klassischen übereinstimmt.

Die Abweichungen entstehen in der Rechnung dadurch, daß man in diesen Ausnahmefällen nicht mehr jedes emittierte Quant einem bestimmten Atomsprung zuordnen kann; ein bestimmtes Lichtquant kann bei allen jenen Sprüngen entstanden sein, deren Energiedifferenz innerhalb der Linienbreite mit seiner Frequenz übereinstimmt. Die durch diese Unbestimmtheit entstehende Resonanz erfordert eine andere rechnerische Behandlung und führt zu den abweichenden Resultaten.

Es ist bemerkenswert, daß schon bei einem ganz schwach unharmonischen Oszillator das alte Bild wieder in Kraft tritt und daher die Linienbreite bei Übergängen von höheren Niveaus bedeutend größer ist als die des harmonischen Oszillators. Dieser Punkt wäre vielleicht einer experimentellen Prüfung zugänglich.

---

[1]) Hier vermutete schon PAULI im Jahre 1926 eine Abweichung. S. GEIGER-SCHEEL: Handbuch der Physik, Bd. 23, S. 73.

2.2. *Doppler-Breite*

Wenn ein Atom sich geradlinig mit der Geschwindigkeit $\boldsymbol{v}$ relativ zum Beobachter bewegt und dabei Licht der Frequenz ω_0 emittiert, erscheint die Frequenz um

$$\Delta\omega = -\omega_0 \frac{\xi}{c}$$

verschoben, wobei ξ die Komponente von $\boldsymbol{v}$ in der Beobachtungsrichtung ist. Nehmen wir an, daß die Atome eines Gases sämtlich genau monochromatisches Licht der Frequenz ω_0 aussenden, so werden wir infolge der thermischen Bewegung eine breite Linie beobachten. Nach dem MAXWELLschen Verteilungssatz ist die Wahrscheinlichkeit, daß die Komponente ξ zwischen ξ und $\xi + \mathrm{d}\xi$ liegt:

$$\sqrt{\frac{\mu}{2\pi R T}}\, \mathrm{e}^{-(\mu/2RT)\xi^2}\, \mathrm{d}\xi, \tag{10}$$

wobei R die Gaskonstante und m das Molekulargewicht ist. Die relative Intensitätsverteilung in der Linie wird dann durch

$$J(\omega) = \mathrm{const} \cdot \mathrm{e}^{-(\mu/2RT)(c^2/\omega_0^2)(\omega_0-\omega)^2} \tag{11}$$

gegeben sein. Wir erhalten eine DOPPLER-Verteilung, deren Halbwertsbreite durch

$$\delta_\mathrm{d} = \sqrt{\ln 2}\, \frac{\omega_0}{c} \sqrt{\frac{2RT}{\mu}} \tag{12}$$

gegeben ist.

Genau dieselbe Linienform bekommt man selbstverständlich auch in Absorption, wenn man annimmt, daß die Atome nur auf eine scharfe Frequenz ω_0 ansprechen. In Wirklichkeit ist die Absorption und Emission der Atome wegen der natürlichen Linienbreite nicht streng monochromatisch, jedoch gibt (11) die Tatsachen angenähert wieder, da die DOPPLER-Breite bis tief ins ultraviolette Gebiet sehr viel größer ist als die natürliche Linienbreite. So ist für das schwere Quecksilberatom die DOPPLER-Breite der Linie $\lambda = 2537$ Å für 300 K $\delta_d = 1{,}34 \cdot 10^{-3}$ Å, also noch über 20mal größer als die natürliche Linienbreite. Sie erreicht erst bei der praktisch nicht herstellbaren Temperatur von 0,75 K die Größenordnung der Dämpfungsbreite.

Drücken wir die DOPPLER-Breite im Wellenlängenmaß aus:

$$\delta_d^\lambda = \sqrt{\ln 2}\, \frac{\lambda}{c} \sqrt{\frac{2RT}{\mu}},$$

so sieht man, daß sie gegen kürzere Wellen abnimmt. Da die natürliche Linienbreite im Wellenlängenmaß konstant bleibt, kann unsere Voraussetzung für sehr kurze Wellen nicht mehr zutreffen. Benützen wir wieder die Daten für das Hg-Atom, so ist der DOPPLER-Effekt bei Zimmertemperatur bereits für eine Wellenlänge von 100 Å gleich der natürlichen Linienbreite $\delta_n^\lambda = 0{,}6 \cdot 10^{-4}$ Å. Wir dürfen daher umgekehrt im Röntgengebiet den DOPPLER-Effekt neben der Dämpfungsbreite vernachlässigen. Auf dieser Grundlage versuchten auch EHRENBERG, MARK und SUSICH [9, 10] die natürliche Linienbreite an Röntgenstrahlen zu messen, jedoch ohne wesentlichen Erfolg, da unaufgelöste Feinstrukturen der Röntgenlinien eine scheinbare Breite vortäuschten.

Die genaue DOPPLER-verbreiterte Linienform unter Berücksichtigung der natürlichen Linienbreite ergibt sich auf folgende Weise: Die natürliche Intensitätsverteilung (3) eines emittierenden Atoms erscheint bei Bewegung des Atoms um $\Delta = (\xi/c)\,\omega$ verschoben, so daß die Mitte der Linie nicht mehr bei ω_0, sondern bei $\omega_0 + \Delta$ liegt. Wir erhalten dann für die relative Intensität:

$$\left.\begin{aligned} J(\omega) &= \frac{\delta_n}{b\pi^{3/2}} \int_{-\infty}^{+\infty} \frac{e^{-\Delta^2/b^2}}{(\omega-\omega_0-\Delta)^2+\delta_n^2}\, d\Delta, \\ b &= \frac{\omega_0}{c}\sqrt{\frac{2RT}{\mu}} = \frac{1}{\sqrt{\ln 2}}\,\delta_d. \end{aligned}\right\} \quad (13)$$

Die Konstanten sind so gewählt, daß die Gesamtintensität den Wert 1 hat. Die Absorptionslinie hat dieselbe Form. Δ ist dann jener Betrag, um den die eingestrahlte Frequenz ω für das Gasatom verschoben erscheint.

Ausdruck (13) stellt allgemein die Modifizierung einer Dispersionsverteilung durch den DOPPLER-Effekt dar und ist daher von Bedeutung für die Kombination von Stoßdämpfung und DOPPLER-Breite, die auch im sichtbaren Gebiet gleiche Größenordnung haben können. Leider läßt sich das Integral nicht in einfacher Weise explizit auswerten. Für den Grenzfall $\delta_n \ll b$ bzw. $\delta_n \gg b$ geht $J(\omega)$ selbstverständlich in die reine DOPPLER-Verteilung bzw. in die reine Dispersionsverteilung über. Wichtig ist noch der Grenzfall $|\omega - \omega_0| \gg b$, also der Rand der Linie, für den das Integral sich in eine gut konvergente Reihe entwickeln läßt. Wir nennen $\omega - \omega_0 = \Delta\omega$ und erhalten bis auf eine Konstante:

$$J(\Delta\omega) = \frac{\text{const}}{(\Delta\omega)^2+\delta_n^2} \int_0^{\infty} \left(1 + \frac{3\Delta^2}{(\Delta\omega)^2+\delta_n^2} + \cdots\right) e^{-\Delta^2/b^2}\, d\Delta$$

und nach durchgeführter Integration

$$J(\Delta\omega) = \frac{\text{const}}{(\Delta\omega)^2+\delta_n^2} \left(1 + \frac{3}{2}\,\frac{b^2}{(\Delta\omega)^2+\delta_n^2} + \cdots\right). \quad (14)$$

Für Frequenzgebiete, die von der Linienmitte so weit entfernt sind, daß $(\Delta\omega)^2 + \delta_n^2 \gg b^2$ ist, hat die Intensität Dispersionsverteilung und ist unabhängig von der DOPPLER-Breite. Die Abweichung von der Dispersionsverteilung sinkt schon bei $\Delta\omega \approx 12b$ unter 1%.

Die Zusammensetzung von DOPPLER- und Dispersionsverteilung ist zuerst von VOIGT behandelt worden [67]. Obwohl VOIGT recht umständliche Methoden verwendet, wird auch meist in der neuen Literatur auf seine Formeln zurückgegriffen.[(a)] Er rechnet den komplexen Brechungsindex eines Gases aus, muß sich aber, um zu expliziten Resultaten zu kommen, auf geringe Dichten beschränken. Gerade unter diesen Umständen ist es aber erlaubt, Absorption und Emission additiv aus den Beiträgen der einzelnen Atome zu berechnen. Diese einfachere Rechnung führten MANDERSLOOT [41] und REICHE [53] und auch ZEMANSKI [77] durch. Eine sehr eingehende Diskussion des Integrals (13)[1]) findet man bei VON DER HELD [22] und bei PANNEKOEK [52].

2.3. Messung der natürlichen Breite und der Doppler-Verbreiterung

[*Im vorliegenden Nachdruck fortgelassen.*]

3. Interatomare Wechselwirkungen

3.1. Einleitung

Im folgenden Kapitel werden die Verbreiterungen behandelt, die durch die gegenseitige Beeinflussung der Atome hervorgerufen werden; sie sind im Gegensatz zu den bisher behandelten Breiten sämtlich dichteabhängig.

---

[1]) Eine sehr übersichtliche Tabellierung des Integrals befindet sich in BORN, M.: Optik. Berlin 1933, S. 486.

Die *Emissions*strahlung eines Atoms wird durch die Kraftfelder der Nachbaratome verändert; Frequenz und Amplitude sind infolgedessen nicht mehr zeitlich konstant. Es seien $A(t)$ und $\omega_0(t)$ die Amplitude und die Eigenfrequenz des Atoms als Funktionen der Zeit, dann ist die Schwingung des Oszillators im Atom, der diese Strahlung erzeugt, durch

$$A(t) \exp\left\{i \int_0^t \omega_0(\tau)\, \mathrm{d}\tau\right\} \tag{1}$$

gegeben. Die relative Intensitätsverteilung $J_{\mathrm{E}}(\omega)$ in der Strahlung ist dann durch die FOURIER-Analyse dieser Schwingung bestimmt:

$$J_{\mathrm{E}}(\omega) = \mathrm{const} \cdot \left| \int_0^T A(t) \exp\left\{i \int_0^t \omega_0(\tau)\, \mathrm{d}\tau\right\} \mathrm{e}^{-i\omega t}\, \mathrm{d}t \right|^2 . \tag{2}$$

Wählen wir die Zeitspanne T, in der wir die Funktionen $A(t)$ und $\omega_0(t)$ verfolgen, genügend groß, so daß das Atom fast alle in diesem Gase möglichen Beeinflussungen erleidet, so wird die Intensitätsverteilung (2) im Mittel bei allen Atomen die gleiche sein und somit den allgemeinsten Ausdruck für die Emissionslinienform darstellen.

Wir behaupten, daß die *Absorptions*linie die gleiche Form (2) hat, wenn die Wirkungen der Atome aufeinander dieselben sind wie bei der Emission. Denken wir uns nämlich diese Wirkungen durch irgendwelche äußere Kräfte auf die Oszillatoren ersetzt, deren Einfluß temperaturunabhängig ist, und stellen dann ein thermodynamisches Gleichgewicht her, so muß die durch diese äußeren Kräfte hervorgerufene Linienform bei Absorption und Emission die gleiche sein. Es läßt sich somit die Absorptionslinienform stets auf eine Emissionslinienform zurückführen, wenn man sich die Atome unter der Wirkung der gleichen Kraftfelder vorstellt.

Zur Feststellung der Linienform ist es also notwendig, die Veränderung der Eigenfrequenz ω_0 und der Amplitude A durch die Kraftfelder der Nachbaratome zu bestimmen. Es ist hier wichtig zu bemerken, daß die Linienform nicht nur durch die verschiedenen Werte gegeben ist, die die Eigenfrequenz ω_0 im Laufe der Zeit annimmt, etwa in der Weise, daß die Intensität $J(\omega)\,d\omega$ proportional zu der Häufigkeit ist, mit der ω_0 zwischen ω und $\omega + d\omega$ liegt, und noch proportional zum Quadrat der Amplitude ist, die die Schwingung in jenem Frequenzgebiet hatte. Die wirkliche Linienform, die man auf Grund der FOURIER-Analyse (2) des Schwingungsvorgangs (1) erhält, kann Frequenzen enthalten, die niemals Eigenfrequenz des strahlenden Oszillators waren.

Wenn sich jedoch ω_0 so langsam ändert, daß das Produkt aus den Änderungen $\Delta\omega_0$ und der Zeit $\Delta\tau$, in der sie vor sich gehen, klein gegen 1 ist, liefert die FOURIER-Analyse im wesentlichen nur solche Frequenzwerte, die ω_0 angenommen hat, mit einer Intensität, die ihrer Häufigkeit und dem Quadrat ihrer Amplitude entspricht. Wir definieren daher neben der Intensitätsverteilung (2) noch eine Häufigkeitsverteilung $H(\omega_0)$. $H(\omega_0)\,d\omega_0$ ist die relative Wahrscheinlichkeit, daß die Eigenfrequenz zwischen ω_0 und $\omega_0 + d\omega_0$ liegt, multipliziert mit dem mittleren Amplitudenquadrat in jenem Frequenzgebiet. Im allgemeinen ist die tatsächliche Linienform $J(\omega)$ ganz verschieden von $H(\omega_0)$, nur wenn die Bedingung $\Delta\omega_0 \Delta\tau \ll 1$ erfüllt ist, gilt $J(\omega) \approx H(\omega)$.

$H(\omega_0)$ gibt also die wirkliche Intensitätsverteilung bei unendlich langsamer Atombewegung an. $H(\omega_0)$ ist im wesentlichen nicht temperaturabhängig, da es für $H(\omega_0)$ keine Rolle spielt, ob die verschiedenen Werte von ω_0 schnell oder langsam aufeinanderfolgen. Eine schwache Temperaturabhängigkeit kann nur insofern entstehen, als durch die höheren Impulse während der Zusammenstöße stärkere Frequenzverschiebungen auftreten.

$J(\omega)$ ist hingegen offensichtlich im allgemeinen stark temperaturabhängig. Je rascher die Änderungen von

ω_0 verlaufen, desto breiter wird die Intensitätsverteilung.

Es ist in den meisten Fällen leichter, $H(\omega_0)$ theoretisch zu bestimmen. Man hilft sich dann, indem man die Änderungen, die die Atombewegung hervorruft, abschätzt und hinzufügt.

Die Intensitätsverteilung (2) ist unter der Voraussetzung der klassischen Lichttheorie gewonnen. Wir zeigen im folgenden, daß auch die Quantenmechanik unter gewissen Voraussetzungen zu derselben FOURIER-Zerlegung führt [69]: Bei Bewegung eines Atoms in den Wirkungsbereichen anderer Atome verändern die Energieterme ihre Werte. Die Eigenfrequenz ω_0 des Atoms zur Zeit t ist dann durch die Differenz der beiden Terme, die der Spektrallinie entsprechen, gegeben, unter der Voraussetzung, daß die Termänderung im Vergleich zu den Lichtschwingungen genügend langsam vor sich geht, was bei normalen Temperaturen zutrifft. Weiter setzen wir voraus, daß bei genügend schwacher Termänderung die Amplitude A nicht oder nur adiabatisch geändert wird, daß also keine Übertragungen der Anregungsenergie oder andere nichtadiabatische Prozesse stattfinden.

Wir müssen dann zeigen, daß das Atom die Intensitätsverteilung (2) emittiert. Die SCHRÖDINGER-Gleichung der Atomtranslation im Wirkungsfeld der Nachbaratome ist durch

$$\Delta\psi_n(E,\boldsymbol{r}) + \frac{8\pi^2 m}{h^2}\left(E - V_n(\boldsymbol{r})\right)\psi_n(E,\boldsymbol{r}) = 0 \tag{3}$$

gegeben, wenn man sich die anderen Atome festgehalten denkt. $\psi_n(E,\boldsymbol{r})$ hängt von den Schwerpunktskoordinaten $\boldsymbol{r}$, von der Translationsenergie E und vom Elektronenanregungszustand n ab. Ebenso hängt das Potential $V(\boldsymbol{r})$ von n ab. Die Lichtintensität des Übergangs $n \to n'$ unter gleichzeitiger Änderung der Translationsenergie von E auf E' ist proportional zu

$$\left| \int q\varphi_n(q)\,\psi_n(E,\boldsymbol{r})\,\overline{\varphi_{n'}(q)\,\psi_{n'}(E',\boldsymbol{r})}\,\mathrm{d}q\,\mathrm{d}\boldsymbol{r} \right|^2,$$

wo $\varphi_n(q)$ die Elektroneneigenfunktion des Atoms im n-ten Zustand ist und q die Elektronenkoordinaten sind. Die emittierte Frequenz bei diesem Übergang ist

$$\omega = \omega_{nn'} + \frac{2\pi}{h}(E - E'), \tag{4}$$

wobei $\omega_{nn'}$ die Bohrsche Frequenz des Atomüberganges $n \rightarrow n'$ ist. Wir nehmen an, daß das Matrixelement

$$A_{nn'} = \int q \varphi_n(q)\, \varphi_{n'}(q)\, \mathrm{d}q$$

unabhängig von $\boldsymbol{r}$ ist, auch an den Stellen veränderten Potentials. Diese Abnahme ist gleichbedeutend mit der vorhin gemachten über die Konstanz der Amplitude A. Dann ist die Intensität durch

$$J(\omega) = \mathrm{const} \cdot \left| A_{nn'} \int \psi_n(E, \boldsymbol{r})\, \overline{\psi_{n'}(E', \boldsymbol{r})}\, \mathrm{d}\boldsymbol{r} \right|^2 \qquad (5)$$

gegeben, wobei ω durch (4) bestimmt ist. Wir zeigen nun, daß (5) mit (2) identisch ist. Zur Vereinfachung betrachten wir die Schrödinger-Gleichung (3) als eindimensional und nehmen außerdem an, daß das Atom nur durch die äußersten Schichten der Nachbaratome dringt. Gerade diese Passagen sind ja am häufigsten. Man kann dann (3) mit der Wentzel-Brillouinschen Näherungsmethode lösen und erhält:

$$\psi_n(E, x) = \frac{\mathrm{const}}{\sqrt{p_n}} \exp\left\{-\frac{2\pi i}{h} \int_0^x p_n\, \mathrm{d}x\right\}, \quad p_n = \sqrt{2m(E - V_n(x))};$$

x sei die Koordinate des Atomschwerpunktes. Gl. (5) wird dann zu

$$J(\omega) = \mathrm{const} \cdot \left| \int \frac{1}{\sqrt{p_n p_{n'}}} \exp\left\{\frac{2\pi i}{h} \int_0^x (p_{n'} - p_n)\, \mathrm{d}x\right\} \mathrm{d}x \right|^2.$$

Dies ist identisch mit (2), wenn man setzt: $\mathrm{d}x = v\,\mathrm{d}t$, $(p_{n'} - p_n)\, v \approx T_{n'} - T_n$ und $\sqrt{p_n p_{n'}} \approx mv$, was unter unsern Voraussetzungen gültig ist, wobei $T_n = E - V_n, v = p/m$, und außerdem beachtet, daß $\omega_0(t) = \omega_{nn'} + (2\pi/h)\left(V_n(x) - V_{n'}(x)\right)$ ist, wenn x der Ort ist, wo sich das Atom zur Zeit t befindet.

Man sieht an dieser Rechnung, daß die Abweichung vom Bohrschen Frequenzprinzip, die in der Intensitätsverteilung (2) enthalten ist, einer Umwandlung von Lichtenergie in Translationsenergie entspricht. Nach Emission oder Absorption einer Frequenz, die nicht der Differenz der Atomterme gleich ist, befindet sich das

Atom in einem andern Translationszustand. Dieser Prozeß ist durchaus analog zu den Bandenspektren zweiatomiger Moleküle, wenn sich Elektronen- und Schwingungszustand zugleich ändern. Das Termspektrum besteht dort aus dem Elektronenterm, an dem sich auf beiden Seiten das diskrete Spektrum der Kernschwingungen anlagert. Ebenso ist die auf Grund von (2) erhaltene Linienverbreiterung, z. B. die Stoßdämpfung, dadurch entstanden, daß sich an beiden Seiten der Elektronenterme das kontinuierliche Spektrum der Atomtranslationsbewegung anlagert. Dem Abfall der Intensität in der verbreiterten Linie auf beiden Seiten der Bohrschen Frequenz entspricht im analogen Bandenspektrum die aus dem Franck-Condonschen Prinzip [12, 6] folgende Tatsache, daß die Intensitäten der Bandenlinien um so schwächer werden, je größer der Quantensprung der Kernschwingung ist, je größer also die Energieübertragung zwischen Licht und Kernbewegung ist.

Es sei darauf hingewiesen, daß Oldenberg [49] die Möglichkeit einer Linienbreite durch Abgabe oder Aufnahme von Energie aus der kinetischen Energie eines vorbeifliegenden Atoms diskutierte. Er belegte dies mit den von ihm beobachteten kontinuierlichen Streifen, die sich auf beiden Seiten einer Absorptionslinie zeigten, wenn man Fremdgas genügenden Druckes hinzufügte. Bei manchen Edelgasen zeigte dieses Spektrum sogar Bandenstruktur, was Oldenberg auf die Bildung von Quecksilber-Edelgas-Molekülen zurückführte. Nach den vorhergehenden Betrachtungen gehören die hier behandelten Breiten (vor allem die Stoßdämpfung) auch in die von Oldenberg diskutierte Kategorie.

Die von ihm beobachteten Erscheinungen stellen gewissermaßen einen Übergang zwischen der Verbreiterung durch die Nachbarfelder (Stoßdämpfung) und den Elektronenschwingungsbanden dar. Bei der Stoßdämpfung ist das Atom nur kurze Zeit unter dem Einfluß des Nachbars, bei den Oldenbergschen Versuchen wird es zum Teil festgehalten und vollführt einige Schwingungen, die zu einer Bandenstruktur führen, im zweiatomigen Molekül endlich ist die Bindung ganz fest und das Spektrum daher streng diskret.

Wir behandeln im folgenden zuerst die Stoßdämpfung, die bereits aus ganz allgemeinen Aussagen über die Art der Wechselwirkung zwischen den Atomen abzuleiten ist; dann die Modifikationen, die durch die genaue Kenntnis der Potentialfelder folgen (Asymmetrien und Verschiebungen), ferner die Wirkung gleichartiger Atome aufeinander, die die Kopplungsverbreiterung hervorruft und schließlich die Beeinflussungen auf Grund der molekularen elektrischen Felder, die zur STARK-Effekt-Verbreiterung führen.

3.2. Stoßdämpfung

Die stärkste Wirkung der Atome eines Gases aufeinander findet während eines Zusammenstoßes statt. Es ist bekanntlich nicht möglich, den Stoß unmittelbar zeitlich abzugrenzen, da die Beeinflussungen schon in größerer Entfernung langsam einsetzen. Wir wollen aber für die folgenden Betrachtungen voraussetzen, die Gasdichte sei so gering, daß die Zeit, in der ein Atom frei und unbeeinflußt fliegt, bedeutend länger ist als jene, in der es sich unter der Wirkung eines Nachbarn befindet. Die Stoßzeit soll klein gegen die Flugzeit, der Stoßradius klein gegen die freie Weglänge sein.

Die Wirkungen der Zusammenstöße auf die Strahlung der Atome sind verschiedenartig: es kann vorkommen, daß ein Stoß die Strahlung des Atoms zum Abbruch bringt. Der experimentelle Nachweis hierfür ist die Auslöschung der Resonanzfluoreszenz durch Gaszusatz, wo unmittelbar sichtbar wird, wie die zugesetzten Atome beim Zusammenstoß mit den leuchtenden Atomen die Schwingung abbrechen. Hierdurch entsteht, wie schon H. A. LORENTZ [40] zeigte, eine Verbreiterung der Linie. Die FOURIER-Analyse einer Schwingung der Frequenz ω_0, die nach τ

Sekunden abgebrochen wird, ergibt eine Intensitätsverteilung:

$$J(\omega) = \text{const} \cdot \left| \int_{t_0}^{t_0+\tau} e^{i(\omega_0-\omega)t} \, dt \right|^2$$

$$= \frac{2 \, \text{const}}{\tau (\omega_0 - \omega)^2} \bigl(1 - \cos(\omega_0 - \omega)\tau\bigr).$$

τ ist die Flugzeit des Atoms; die Wahrscheinlichkeit, daß ihr Wert zwischen τ und $\tau + d\tau$ liegt, ist $(1/\tau_0) e^{-\tau/\tau_0} d\tau$, wobei τ_0 die mittlere Flugzeit ist. Die mittlere Intensitätsverteilung wird dann

$$J(\omega) = \text{const} \cdot \int_0^\infty \frac{e^{-\tau/\tau_0}}{(\omega_0 - \omega)^2} \bigl(1 - \cos(\omega_0 - \omega)\tau\bigr) \, d\tau$$

$$= \text{const} \cdot \frac{1}{(\omega_0 - \omega)^2 + \left(\frac{1}{\tau_0}\right)^2}. \tag{6}$$

Wir erhalten also Dispersionsverteilung mit der Halbwertsbreite

$$\delta_{st} = \frac{1}{\tau_0}.$$

Die Breite ist somit im Kreisfrequenzmaß direkt gleich der Stoßzahl pro Sekunde.

Die Rechnung wäre noch genauer, wenn man in (6) berücksichtigt hätte, daß die Amplitude der Schwingung wegen der natürlichen Dämpfung nicht konstant bleibt, sondern abklingt. Man erhält dann für die relative Intensitätsverteilung:

$$J(\omega) = \frac{(\delta_n + \delta_{st})}{\pi} \frac{1}{(\omega - \omega_0)^2 + (\delta_{st} + \delta_n)^2}.$$

Die natürliche Breite und die Stoßdämpfung setzen sich somit additiv zusammen.

Die Zusammensetzung mit dem Doppler-Effekt wurde schon im vorigen Kapitel diskutiert. Für die Intensitätsverteilung ist das Integral[1])

$$J(\omega) = \text{const} \cdot \int \frac{e^{-\Delta^2/b^2}}{(\omega - \omega_0 - \Delta)^2 + (\delta_{st} + \delta_n)^2} \, d\Delta \qquad (7)$$

maßgebend, wobei

$$b = \frac{\omega_0}{c} \sqrt{\frac{2RT}{m}}.$$

Für $|\omega - \omega_0| \gg b$ ist die Stoßdämpfungslinienform allein ausschlaggebend (s. Abschnitt 2.2.).

Die mittlere Stoßzahl $1/\tau_0$ pro Sekunde berechnen wir aus der kinetischen Gastheorie unter der Annahme, daß der Fremdgasdruck bedeutend höher ist als der Eigengasdruck, so daß bei Fremdgaszusatz die Stöße zwischen zwei gleichen leuchtenden Atomen zu vernachlässigen sind:

$$\frac{1}{\tau_0} = \pi \varrho^2 N \bar{v} = 2 \varrho^2 N \sqrt{2\pi k T \frac{m_1 + m_2}{m_1 m_2}}. \qquad (8)$$

Hierbei ist $\bar{v}$ die Relativgeschwindigkeit der Stoßpartner, m_1 die Masse des leuchtenden Atoms, m_2 die Masse der Fremdatome. Ist kein Fremdgas zugesetzt, so setze man $m_1 = m_2$. N ist die Anzahl der Atome in Kubikzenti-

---

[1]) Genaugenommen müßte man den Doppler-Effekt schon in der Funktion $\omega_0(t)$ in (2) berücksichtigen, da die Eigenfrequenz nach jedem Stoß bei veränderter Bewegungsrichtung scheinbar ihre Größe verändert. Diese Frequenzsprünge müssen in der Fourier-Analyse eine zusätzliche Breite zur Doppler-Breite liefern. (Auf diese Möglichkeit machte mich F. G. Houtermans aufmerksam.) Die Rechnung zeigt, daß diese Zusatzbreite immer klein gegen die Stoßdämpfung ist. Der Doppler-Effekt verändert nämlich nur die Frequenz und nicht die Phase nach dem Stoß. Die Zusatzbreite hat daher nur theoretisches Interesse, da die Phase jedenfalls bei einem richtungsändernden Stoß gestört wird, was eine wesentlich größere Breite hervorruft.

meter und ϱ der für diesen Vorgang maßgebende Stoßdurchmesser, den man den optischen Durchmesser nennt. Er ist die Entfernung der beiden Atommittelpunkte während des Stoßes, also die Summe der Radien der Stoßpartner.

Über den Stoßdurchmesser läßt sich theoretisch wenig voraussagen, da wir den Mechanismus der Auslöschung nicht kennen. Jedenfalls muß er mindestens so groß sein, wie der Wirkungsdurchmesser für die betreffende Auslöschung der Resonanzfluoreszenz. Er kann größer sein als dieser, da, wie wir gleich sehen werden, noch andere stoßdämpfende Wirkungen eintreten können. In den meisten Fällen ist er jedenfalls wesentlich größer als der gaskinetische Durchmesser, was nach STERN und VOLMER [63] schon daran liegen muß, daß der Stoßdämpfungsquerschnitt durch die Dimensionen des angeregten Zustandes bestimmt ist, die stets größer sind als die des Grundzustandes.

Daß die Stoßdämpfungsverbreiterung nicht nur durch den Schwingungsabbruch beim Zusammenstoß hervorgerufen wird, war von dem Moment an klar, als man sie auch bei Zusatz von Gasen finden konnte, die die Resonanzfluoreszenz nicht auslöschten. So werden z. B. die Natrium-D-Linien in gleicher Weise durch Zusatz von Stickstoff und von Helium verbreitert, während Stickstoff die D-Linienresonanzfluoreszenz stark, Helium gar nicht auslöscht.

Man kann sich den Stoßdämpfungsmechanismus bei nicht auslöschenden Gasen folgendermaßen vorstellen (LENZ [38], KALLMANN und LONDON [34], quantentheoretische Berechnung s. WEISSKOPF [69]): Die Eigenfrequenz des Atoms, die im unbeeinflußten Zustand den Wert $\overline{\omega}_0$ hat, wird während der Zeit $\Delta\tau$ des Zusammenstoßes verändert, nimmt aber nach dem Stoß wieder den alten Wert $\overline{\omega}_0$ an. Die Veränderung ist aber so stark, daß die Phase nach dem Stoß nicht mehr mit der Phase übereinstimmt, die die Schwingung haben würde, wenn keine Störung stattgefunden hätte. Die eingetretene Phasenverschiebung ist durch

$$\Theta = \int_{\Delta\tau} \Delta\omega_0(t)\, \mathrm{d}t$$

gegeben Die Änderung von $\Delta\omega_0$ als Funktion der Zeit muß über die Stoßzeit integriert werden. Wenn man nun diese während der Stoßzeiten gestörte Schwingung nach FOURIER analysiert, wird die Art und die Größe der Verschiebung während der kurzen Zeit $\Delta\tau$ nicht wesentlich sein, wenn die Flugzeit $\tau \gg \Delta\tau$ ist; hingegen wird die Phasenverschiebung eine große Rolle spielen. Das Resultat der FOURIER-Zerlegung wird dann dasselbe sein wie bei Analyse einer rein monochromatischen Schwingung der Frequenz $\overline{\omega}_0$, die nach jeder Flugzeit ihre Phase sprunghaft ändert. Diese Analyse liefert aber, wie man leicht sehen kann, genau dasselbe Resultat, dieselbe Breite und Linienform wie die früher dargestellte abgebrochene Schwingung.

Daß die Phase trotz der kurzen Stoßzeit genügend stark verändert werden kann, sieht man an folgender Überschlagsrechnung. Die Stoßzeiten betragen bei normalen Temperaturen und Wirkungsquerschnitten etwa einige 10^{-13} s. Da die sichtbaren Frequenzen etwa $10^{15}\,\mathrm{s}^{-1}$ betragen, genügt schon eine mittlere Frequenzverschiebung von 1%, um die Phase um π zu ändern.

Der für diesen Mechanismus maßgebende Stoßradius ist dann durch jene Distanz gegeben, in der zwei Atome aneinander vorbeifliegen müssen, um gerade noch eine merkliche Phasenverschiebung zu erleiden. Auch hier ist es leicht verständlich, daß die Radien größer als die gaskinetischen sein werden. Wenn die Frequenzänderung $\Delta\omega_0$ als Funktion der Entfernung r der beiden Stoßpartner gegeben ist und wir annehmen, daß die Richtungsänderung beim Durchfliegen der äußersten Partien der Wirkungssphäre zu vernachlässigen ist, so ist der optische Stoßdurchmesser ϱ durch die Bedingung gegeben, daß die Phase beim Durchfliegen einer Geraden, die die

Entfernung ϱ vom Stoßpartner hat, um einen Betrag ≈ 1 geändert wird. Es muß also

$$\Theta = \int_{-\infty}^{+\infty} \Delta\omega_0(r)\,\mathrm{d}t \approx 1, \qquad r = \sqrt{\bar{v}^2 t^2 + \varrho^2}$$

sein, wobei $\bar{v}$ die mittlere relative Geschwindigkeit der Stoßpartner gegeneinander ist. Die Grenzen des Integrals dürfen ins Unendliche erstreckt werden, da die Beiträge außerhalb der Stoßzeit nichts mehr ausmachen. Um ϱ zu berechnen, muß also bloß die Funktion $\Delta\omega_0(r)$ bekannt sein, deren Verlauf man leicht abschätzen kann.

Wir betrachten zuerst den Stoß zweier gleichartiger Atome. Hier kann man nach der klassischen Theorie die mittlere Frequenzverschiebung berechnen, die die Eigenfrequenzen zweier gleicher Oszillatoren erleiden, die nur durch ihre Dipolwechselwirkung gekoppelt sind. Es ist

$$|\Delta\omega_0| = \frac{K}{r^3}, \quad K = \frac{1}{4}\,\frac{e^2}{m\omega_0}\,f.$$

Zur Korrektion der klassischen Rechnung ist noch sinngemäß mit dem f-Wert der betreffenden Linie multipliziert (m = Elektronenmasse).

Man erhält dann aus

$$\Theta = \int \frac{K\,\mathrm{d}t}{\sqrt{(\bar{v}^2 t^2 + \varrho^2)^3}} \approx 1$$

leicht

$$\varrho \approx \sqrt{\frac{2K}{\bar{v}}}. \tag{9}$$

Setzt man hier z. B. die Werte für die Na-D_1-Linie bei 500 °C ein, so erhält man einen optischen Stoßdurchmesser von $3{,}5 \cdot 10^{-7}$ cm. Die Hg-Linie 2537 Å liefert bei Zimmertemperatur $1{,}43 \cdot 10^{-7}$ cm. Diese großen Wirkungsquerschnitte beruhen auf der Resonanzwirkung gleichartiger Atome.

Der Wirkungsquerschnitt $\pi\varrho^2$ ist umgekehrt proportional zur Geschwindigkeit. Die Stoßdämpfungsbreite ist aber nach (8) proportional zum Produkt $\pi\varrho^2\overline{v}$, so daß die Linienbreite selbst unabhängig von der Temperatur wird und nur von der Dichte abhängt, sofern die Dämpfung tatsächlich nur durch die Dipolwechselwirkung gleichartiger Atome hervorgerufen wird. Wir erhalten dann nach (8) und (9) für die Halbwertsbreite der Eigengasverbreiterung

$$\delta_{\text{st}} = \frac{\pi}{2} \frac{e^2}{m\omega_0} f N. \tag{10}$$

Da wir in 3.4. zeigen werden, daß die sogenannte Kopplungsbreite zwischen gleichartigen Atomen die Stoßdämpfungsbreite nur unwesentlich modifiziert, dürfen wir den Ausdruck (10) als die tatsächliche Breite bei der Eigengasdichte N ansehen, solange die Dipolkräfte allein für die Wechselwirkung maßgebend sind. Bei nicht zu kleinen f-Werten werden sie wohl alle anderen Wirkungen übertreffen.

Die Stoßwirkung eines *fremden* Atoms läßt sich nicht mehr so genau abschätzen. Über den Verlauf von $\Delta\omega_0(r)$ kann sich in übersichtlicher Weise nach JABLONSKI [32] ein Bild machen, wenn man die „FRANCKschen Potentialkurven" des leuchtenden Atoms aufzeichnet; das sind die Termwerte des Atoms als Funktion der Entfernung r vom störenden Fremdatom (Abb. 17.3). Die Differenz der beiden Potentiale bestimmt dann die Eigenfrequenz ω_0, wenn man den Stoß als einen adiabatischen Prozeß betrachten kann, was bei nichtauslöschenden Stößen der Fall sein wird. Da der obere Term sicher stärker beeinflußt wird als der untere, dürfen wir speziell für die äußeren Gebiete der Wirkungssphäre nur den Verlauf der oberen Kurve als ausschlaggebend für $\Delta\omega_0$ betrachten. Im äußeren Gebiet wird die Kurve durch die Polarisationswirkungen gesenkt oder gehoben, die man näherungsweise nach LONDON [39] abschätzen kann.

Betrachten wir zwei verschiedene Atome I und II, von denen das erste angeregt sei. Die Änderung ΔE des Potentials ist dann:

$$\Delta E = -\frac{C}{r^6}. \tag{11}$$

Unter der Voraussetzung, daß vom angeregten Zustand des Atoms I nur ein einziger Übergang, nämlich der zum

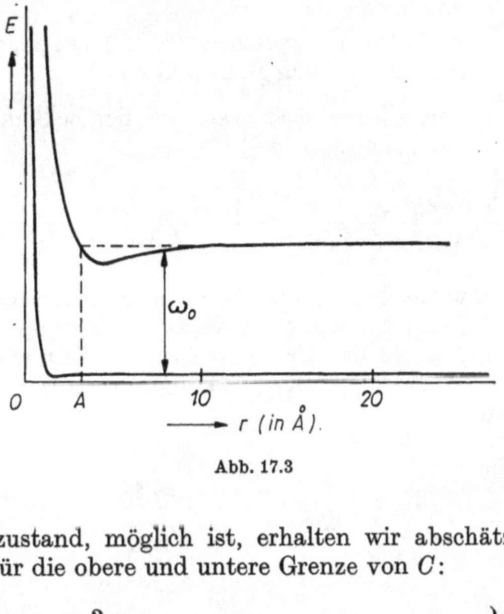

Abb. 17.3

Grundzustand, möglich ist, erhalten wir abschätzungsweise für die obere und untere Grenze von C:

$$\left.\begin{aligned} C_{\max} &= \frac{3}{2}\,\alpha_2 \Delta F(\alpha_1 + \alpha'), \\ C_{\min} &= \frac{3}{2}\,\alpha_2 \Delta F\left(\alpha_1 \frac{\Delta E'}{\Delta F + \Delta E''} + \alpha'\right), \\ \alpha' &= \frac{e^2}{m}\left(\frac{h}{2\pi}\right)^2 \frac{f_0 \Delta F}{(\Delta F - \Delta E_0)(\Delta E_0)^2}. \end{aligned}\right\} \tag{11a}$$

Es bedeuten:

α_1 die Polarisierbarkeit des angeregten Atoms I,

α_2 die Polarisierbarkeit des unangeregten Atoms II,

f_0 bzw. ΔE_0 den f-Wert bzw. die Energiedifferenz der im Atom I angeregten Linie,

ΔF eine mittlere Anregungsenergie von II,

$-\Delta E'$ die Energiedifferenz zwischen dem Anregungszustand von I und dem nächsthöheren mit ihm kombinierenden Term,

$\Delta E''$ die Differenz zwischen der Ionisierungsenergie und dem Anregungszustand von I.

Die Ausdrücke lassen sich leicht aus der bekannten genauen Formel (LONDON [39])

$$C = \frac{3}{2m^2}\left(\frac{he}{2\pi}\right)^4 \sum_{k',e'} \frac{f_{kk'} f_{ee'}}{(E_{k'}-E_k)(F_{e'}-F_e)(E_{k'}+F_{e'}-E_k-F_e)}$$

ableiten, in welcher E_k bzw. F_k die Energie des Zustandes ist, in der sich das Atom I bzw. II befindet. $f_{kk'}$ und $f_{ee'}$ sind die f-Werte der Übergänge zu den Zuständen der Energie $E_{k'}$ bzw. $F_{e'}$. Der Wirkungsdurchmesser ϱ folgt dann aus

$$C \int_{-\infty}^{+\infty} \frac{dt}{(\bar{v}^2 t^2 + \varrho^2)^3} \approx 1$$

zu

$$\varrho \approx \sqrt[5]{\frac{C}{\bar{v}}}. \tag{12}$$

Die Berechnungen von ϱ für verschiedene Fremdgase auf Grund dieser Formel sind im nächsten Abschnitt zum Vergleich mit dem experimentellen Material zusammengestellt. Sie liegen zwischen 4 und 10 Å, haben also eine durchaus plausible Größe, die im übrigen wegen der 5. Wurzel nur schwach von der genauen Wahl der Konstanten abhängt. Der Hauptmangel dieser Abschätzung liegt vor allem darin, daß die LONDONsche Näherung hier nurmehr qualitativ stimmt. Bei diesen kleinen Distanzen überschneiden sich bereits die Elektronenwolken merklich und bringen sicher noch Termverschiebungen hervor, die ϱ wesentlich ändern (vergrößern) können. Trotzdem zeigt die Zusammenstellung im nächsten Abschnitt, daß die qualitativen Beziehungen gut wiedergegeben werden.

Man wird auch bei den auslöschenden Stößen annehmen müssen, daß die Frequenz des strahlenden Atoms noch vor dem Abbruch der Schwingung geändert wird. Über die Größe der Änderung kann man allerdings sehr wenig aussagen. Die LONDONsche Formel gilt hier nicht, da der Vorgang sicher nicht adiabatisch ist. Der auslöschende Wirkungsdurchmesser kann daher nur eine untere Grenze für den optischen Durchmesser darstellen, was auch mit den experimentellen Ergebnissen übereinstimmt.

3.3. Experimentelles Material zur Stoßdämpfung

[*Im vorliegenden Nachdruck fortgelassen.*]

3.4. Asymmetrien und Verschiebungen

Im vorigen Paragraphen wurde nur die Phasenänderung oder der Schwingungsabbruch berücksichtigt, die durch den Zusammenstoß hervorgerufen werden und die symmetrische Stoßdämpfungsbreite verursachen. Im folgenden soll untersucht werden, wie die während des Stoßes veränderten Frequenzen die Linienform beeinflussen.

Im allgemeinen können diese Frequenzen nur dann merkbar werden, wenn die Stoßzeit $\Delta\tau$ nicht zu klein gegen die Flugzeit τ ist, da sonst die Intensität der während $\Delta\tau$ emittierten Frequenzen zu klein im Vergleich zur Gesamtintensität ist, so daß sie sich nur durch die Phasenänderung bemerkbar machen. Wir behandeln in diesem Paragraphen nur die Wirkungen von Fremdgasatomen. Die Einflüsse gleichartiger Atome werden im nächsten Paragraphen als Kopplungsbreite diskutiert werden.

Wenn man in der LONDONschen Formel (11) mittlere Größenordnungen abschätzungsweise einsetzt, so tritt ungefähr bei einem Atomabstand von einigen 10^{-7} cm eine bereits meßbare Frequenzverschiebung von etwa $10^9\,s^{-1}$ ein. Damit sich diese in der Linienform bemerkbar macht, muß die freie Weglänge von der Größenordnung $10^{-7} \cdots 10^{-6}$ cm sein. Für Temperaturen von etwa 300 °C ist dies bereits bei Drücken über 1000 Torr der Fall. Wir müssen also bei einigen Atmosphären Fremdgasdruck Abweichungen von der Stoßdämpfungslinienform erwarten.

Um die richtige Linienform theoretisch zu berechnen, müßte man *1.* die genaue Art der Beeinflussung der Atome kennen und *2.* die so erhaltene Schwingung nach (2) analysieren. Da dies unmöglich ist, begnügen wir uns damit, qualitativ die Frequenzen zu bestimmen, die während des Stoßes emittiert werden, und nehmen an, daß sie mit einer Intensität im Spektrum erscheinen, die proportional zu der Zeitdauer ihres Auftretens ist, und mit einer Unschärfe, die von ihrer kurzen Leuchtdauer herrührt (wir bestimmen also bloß die Funktion $H(\omega_0)$ statt $J(\omega)$; s. 3.1.).

Wir betrachten zu diesem Zweck mit JABLONSKI [32][1]) Abb. 17.3 (S. 439), die den qualitativen Verlauf der Potentialkurven für Na oder Hg gegen Fremdatome darstellt.

---

[1]) In der zitierten Arbeit glaubt JABLONSKI, daß die auf diese Weise bestimmte Linienform bereits die gesamte Stoßbreite ausmacht. Wir sahen jedoch in 3.2., daß die reine Stoßdämpfung hierin noch nicht enthalten sein kann.

Die Polarisationswirkungen rufen hier sicher eine Senkung des angeregten Terms hervor, wie man aus dem Vorzeichen von C in (11a) ablesen kann. Man liest aus der Abbildung ab, daß alle Begegnungen, deren Minimalabstand r_0 die in der Abbildung eingezeichnete Strecke $O-A$ nicht unterschreitet, eine Rotverschiebung der Frequenz hervorrufen. Da Passagen mit großem r_0 häufiger sind als solche mit kleinem r_0, werden bei einer einigermaßen ausgeprägten Senkung der Potentialkurve die Rotverschiebungen stärker auftreten als die Violettverschiebungen.

Die Abweichungen gegen Rot können höchstens so groß sein wie die Tiefe der Polarisationsmulde in der oberen Potentialkurve. Sie ist von der Größenordnung einiger Millivolt. Eine Schranke für die Abweichungen gegen Violett ist für die Emissionslinie durch $^3/_2 kT$ gegeben; höher kann das Atom auf der Potentialkurve nicht hinauf. Für die Absorptionslinie ist die Abweichung theoretisch unbegrenzt, da die obere Kurve früher ansteigt als die untere und eventuell sehr rasch zu recht hohen Werten gelangen kann. Beide Abweichungen werden aber stets von sehr schwacher Intensität sein, da sie nur bei ganz starker Annäherung auftreten; sie werden neben den langwelligen Abweichungen, falls diese einigermaßen ausgeprägt sind, sicher zu vernachlässigen sein.

Wegen unserer geringen Kenntnis der Potentialkurven ist es unmöglich, Genaueres über die Entstehung der Linienform auszusagen. Es sei daher im folgenden nur gezeigt, wie man die vorhandenen experimentellen Ergebnisse mit plausiblen Annahmen deuten kann. Margenau [78] versuchte, die Verschiebungen durch genauere Abschätzung der Polarisationskräfte quantitativ zu bestimmen und kommt zu denselben Resultaten.

[Der restliche Teil dieses Abschnitts diskutiert hauptsächlich experimentelles Material und ist im vorliegenden Nachdruck fortgelassen.]

3.5. Kopplungsbreite

[*Im vorliegenden Nachdruck fortgelassen.*]

3.6. Stark-Effekt-Verbreiterung

Die Ladungen, Dipol- oder Quadrupolmomente der Gasatome erzeugen zwischen den Atomen ein elektrisches Feld, das infolge des STARK-Effektes die Terme verschieben und auf diese Weise eine Breite hervorrufen kann. Es ist unmöglich, den zeitlichen Verlauf der Frequenzstörungen zu verfolgen; man kann nur die Häufigkeit des Auftretens bestimmter Feldstärken und der damit verbundenen Frequenzverschiebungen berechnen. Man bestimmt somit wieder bloß $H(\omega_0)$ und nicht $J(\omega)$. Der Unterschied zwischen $H(\omega_0)$ und der wahren Intensitätsverteilung $J(\omega)$ wird von der Größenordnung der Stoßdämpfungsbreite sein, da die Zusatzbreite zu $H(\omega_0)$ im wesentlichen von der FOURIER-Analyse der bei den Zusammenstößen erfolgenden starken Frequenzstörungen herrührt. Ist daher die Stoßdämpfung schmal gegen die Breite von $H(\omega_0)$, so kann man $H(\omega_0)$ als sie maßgebende Linienform betrachten.

Es besteht die Frage, ob man bei den zeitlich und räumlich stark schwankenden Feldern überhaupt noch Termverschiebungen erhält, die den Werten des STARK-Effektes in konstanten Feldern entsprechen. Da die zeitlichen Schwankungen im Vergleich zu den Lichtfrequenzen noch immer als langsam zu betrachten sind, liegt das Hauptproblem in den räumlichen Inhomogenitäten, die sicher von der Größe der Atomdimensionen sind. Da der STARK-Effekt in inhomogenen Feldern bisher noch nicht behandelt werden konnte (s. [62]), nehmen wir mit HOLTSMARK an, daß die Feldstärke im Mittelpunkt des Atoms für die Aufspaltung der Terme maßgebend ist.

DEBYE [7] hat eine einfache Methode angegeben, wie

man die mittleren intermolekularen Feldstärken $\bar{F}$ und speziell ihre Druckabhängigkeiten abschätzen kann. Wir unterscheiden drei Fälle: *1.* die Moleküle sind geladen (Ionen), *2.* sie tragen Dipolmomente μ, *3.* sie haben ein Quadrupolmoment Θ. Die zu berechnende mittlere Feldstärke hat die Dimension $g^{1/2}cm^{-1/2}s^{-1}$. Im Fall *1* muß F aus der Ladung e des Ions mit der Dimension $g^{1/2}cm^{3/2}s^{-1}$ und aus der Zahl N der Gasatome im Kubikzentimeter berechnet werden. Aus diesen Größen läßt sich eine Feldstärke nur in der Kombination $eN^{2/3}$ zusammensetzen. Wir dürfen daher annehmen, daß die mittlere Feldstärke in elektrostatischen Einheiten folgende Gestalt hat:

$$\bar{F} = C_1 e N^{2/3}.$$

Für Fall *2* erhalten wir ebenso

$$\bar{F} = C_2 \mu N$$

und für Quadrupolmomente

$$\bar{F} = C_3 \Theta N^{4/3}.$$

Die Werte der Konstanten kann nur eine genaue Rechnung liefern, die von Holtsmark durchgeführt worden ist [25—27]. Er erhält:

$$C_1 = 2{,}60, \qquad C_2 = 4{,}54, \qquad C_3 = 8{,}26.$$

Die Wahrscheinlichkeit $W(f)\,\mathrm{d}f$, die reduzierte Feldstärke $f = F/\bar{F}$ vom Betrage $|f|$ im Gase anzutreffen, ist durch

$$W(f) = \frac{2}{\pi f} \int_0^\infty v \,\mathrm{d}v \sin v \, e^{-(v/f)^{3/k}}$$

gegeben; $k = 2, 3, 4$ für Ionen, Dipole bzw. Quadrupole. Das Integral ist nur für Dipole explizit auswertbar, und zwar ist

$$W(f) = \frac{4}{\pi} \frac{f^2}{(f^2+1)^2}. \tag{21}$$

Man findet für die beiden andern Fälle die Kurven bei HOLTSMARK [27] graphisch dargestellt.

Die Form der verbreiterten Linie hängt von der Art ab, wie die Frequenzen durch die Feldstärken beeinflußt werden. Der lineare STARK-Effekt liefert symmetrische, der quadratische einseitig verbreiterte Linien. Nehmen wir an, die Feldstärke F erzeuge ein Aufspaltungsbild mit der Intensitätsverteilung $I(F,\omega)$, so wird die entstehende Linienform durch

$$J(\omega) = \int_0^\infty I(F,\omega)\, W(F)\, \mathrm{d}F \tag{22}$$

gegeben sein. Wir diskutieren im folgenden nur die Linienform durch den symmetrischen STARK-Effekt. Die asymmetrischen Verbreiterungen sind experimentell nicht direkt gemessen worden.

HOLTSMARK nimmt für den linearen STARK-Effekt der Einfachheit halber an, daß die Linie durch das Feld F symmetrisch in ein breites Band ausgezogen wird, wobei die gesamte Lichtmenge konstant bleiben soll. Die Breite des Bandes soll gleich der maximalen STARK-Aufspaltung Δ sein: $\Delta = sF$. Wir erhalten damit eine rohe Mittelung über die tatsächlichen Aufspaltungsbilder. Aus (21) und (22) entsteht dann für die Verbreiterung durch Dipole eine Dispersionsverteilung:

$$J(\omega) = \frac{\delta_{\mathrm{el}}}{\pi} \frac{1}{(\omega-\omega_0)^2+\delta_{\mathrm{el}}^2},$$

wobei die Halbwertsbreite δ_{el} die maximale STARK-Aufspaltung beim mittleren Feld $\overline{F}$ ist:

$$\delta_{\mathrm{el}} = s\overline{F} = 4{,}54\, s\mu N.$$

Ionen erzeugen eine ähnliche Linienform, die nicht explizit darstellbar ist, deren Halbwertsbreite der STARK-Aufspaltung bei $1{,}25\bar{F}$ entspricht:

$$\delta_{\mathrm{el}} = 3{,}25 s e N^{2/3}.$$

Für Quadrupole gilt:

$$\delta_{\mathrm{el}} = 5{,}52 s \Theta N^{4/3}.$$

Zum experimentellen Nachweis der STARK-Effekt-Verbreiterung eignet sich am besten Wasserstoff, wegen seines großen linearen STARK-Effektes. Die Aufspaltung der H-Linie beträgt 1 Å bei 15 esE. Die meisten Linien anderer Elemente haben keinen linearen STARK-Effekt. Nur jene Terme, die stark wasserstoffähnlich sind, zeigen bei den leichten Elementen lineare Aufspaltung. Es sind dies die Terme mit höherer Rotationsquantenzahl, etwa von den D-Termen angefangen. Da bei normalen Feldstärken die Effekte höherer Ordnung gegen den linearen zu vernachlässigen sind, werden die Linien, die von D- oder höheren Termen ausgehen, stärker verbreitert sein, als etwa die Übergänge P—S. Daher der Ausdruck „diffuse Serie" für die Serien D—S und D—P.

HOLTSMARK berechnete die Verbreiterung der H_α-Linie, die durch das Quadrupolmoment des H_2-Moleküls ($3{,}2 \cdot 10^{-26}$) hervorgerufen wird [25, 26], und fand die Halbwertsbreite bei verschiedenen Drücken in guter Übereinstimmung mit den Messungen von MICHELSON [45]. Sie beträgt 0,1 Å bei 200 Torr Druck und 300 K. Sehr starke Verbreiterungen entstehen an Emissionslinien im Lichtbogen, wo das molekularelektrische Feld durch die Ionen im Bogen erzeugt wird. Auf diese Weise erhält HULBURT [31] an den BALMER-Linien Breiten bis zu 60 Å.

HOLTSMARK und TRUMPY [29] untersuchten auf die gleiche Art Linien anderer Elemente, die auch linearen STARK-Effekt zeigen, und zwar an He, Li, Ag, Cu und Ni. Die Größe des STARK-Effektes der Linien war bekannt, so daß sie aus der gemessenen Breite auf das mittlere molekularelektrische Feld schließen konnten. Es ergab sich aus der Breite der verschiedensten Linien stets in guter Übereinstimmung die gleiche Feldstärke, die zwischen 10000 und 50000 V/cm bei 10 ⋯ 20 A lag, was ungefähr 10^{16} Ionen/cm^3 entspricht. Die Breiten waren von der Größenordnung 1 Å.

Wenn auch die molekularelektrische Verbreiterung in den erwähnten Fällen durch den linearen STARK-Effekt recht beträchtlich werden kann, so kann man doch sicher sein, daß die molekularelektrischen Felder auf die Resonanzlinien höherer Elemente fast keinen Einfluß haben. Sowohl die D-Linien als auch die Hg-Linie 2537 Å haben z. B. keinen linearen STARK-Effekt, der quadratische beträgt in Å (F in V/cm) $1{,}06 \cdot 10^{-12} F^2$ bei Na und $5{,}4 \cdot 10^{-14} F^2$ bzw. $1{,}9 \cdot 10^{-14} F^2$ bei Hg $\lambda = 2537$ Å (σ bzw. π-Komponente). Dies ergibt selbst bei einem starken Dipolgas ($\mu = 2 \cdot 10^{-18}$) unter Atmosphärendruck ($F \approx 0{,}5 \cdot 10^5$ V/cm) erst eine Verbreiterung und Verschiebung, die nicht viel größer als die natürliche Linienbreite ist.

Literatur

[1] BAHR, E. VON: Ann. Physik **29** (1909) 780.
[2] BECKER, H.: Z. Phys. **59** (1930) 583.
[3] BLACKETT, P. M. S., und J. FRANCK: Z. Phys. **34** (1925) 389.
[4] BRAZDIUNAS, P.: Ann. Physik **6** (1930) 739.
[5] BUISSON, H., und C. FABRY: C. R. hebd. Séances Acad. Sci. **154** (1912) 1224 und 1500.
[6] CONDON, E. U.: Phys. Rev. **32** (1928) 858.
[7] DEBYE, P.: Phys. Z. **20** (1919) 160.
[8] DUFOUR, W.: C. R. hebd. Séances Acad. Sci. **145** (1907) 173 und 757.
[9] EHRENBERG, W., und H. MARK: Z. Phys. **42** (1927) 807.
[10] EHRENBERG, W., und G. SUSICH: Z. Phys. **42** (1927) 823.
[11] EHRENFEST, P.: Naturwiss. **11** (1923) 543.
[12] FRANCK, J.: Trans. Faraday Soc. **21** (1925) Part 3.
[13] FRENKEL, J.: Z. Phys. **59** (1930) 198.
[14] FÜCHTBAUER, C., und W. HOFFMANN: Ann. Physik **43** (1914) 96.

[15] Füchtbauer, C., G. Joos und O. Dinckelacker: Ann. Physik **71** (1923) 204.
[16] Füchtbauer, C., und H. Meier: Phys. Z. **27** (1926) 853.
[17] Füchtbauer, C., und C. Schell: Phys. Z. **14** (1913) 1164.
[18] Gans, R.: Ann. Physik **66** (1921) 396.
[19] Gerlach, W., und W. Schütz: Naturwiss. **11** (1923) 637.
[20] Harrison, G. R., und J. C. Slater: Phys. Rev. **26** (1925) 176.
[21] Hasche, R. L., M. Polanyi und E. Vogt: Z. Phys. **41** (1926) 587.
[22] Held, E. F. M. von der: Z. Phys. **70** (1931) 508.
[23] Hertz, G.: Verh. Dtsch. phys. Ges. **13** (1911) 617.
[24] Hopfield, L.: Astrophys. J. **72** (1930) 133.
[25] Holtsmark, J.: Ann. Physik **58** (1919) 577.
[26] Holtsmark, J.: Phys. Z. **20** (1919) 160.
[27] Holtsmark, J.: Phys. Z. **25** (1924) 73.
[28] Holtsmark, J.: Z. Phys. **34** (1925) 722.
[29] Holtsmark, J., und Trumpy, B.: Z. Phys. **31** (1925) 803.
[30] Hogness, T. R., und J. Franck: Z. Phys. **44** (1927) 26.
[31] Hulburt, E.: Phys. Rev. **22** (1923) 24.
[32] Jablonski, A.: Z. Phys. **70** (1931) 723.
[32a] Kunze, P.: Ann. Physik **8** (1931) 500.
[33] Kussmann, W.: Z. Phys. **48** (1928) 831.
[34] Kallmann, H., und F. London: Z. phys. Chem. **B2** (1929) 207.
[35] Ladenburg, R.: Phys. Z. **30** (1929) 369.
[36] Ladenburg, R., und F. Reiche: Ann. Phys. **42** (1914) 181.
[36a] Ladenburg, R., und S. Levy: Z. Phys. **65** (1930) 189.
[37] Lasareff, W.: Z. Phys. **64** (1930) 598.
[38] Lenz, W.: Z. Phys. **25** (1924) 299.
[39] London, F.: Z. Phys. **63** (1930) 245.
[40] Lorentz, H. A.: Amsterdam Proc. **8** (1906) 591.
[41] Mandersloot, W. C.: Jb. Radioaktivität **13** (1916) 1.
[42] Mannkopff, R.: Z. Phys. **36** (1926) 315.
[43] Mensing, L.: Z. Phys. **34** (1925) 611.
[44] Mensing, L.: Z. Phys. **61** (1930) 655.
[45] Michelson, A. A.: Philos. Mag. **34** (1892) 208.
[46] Minkowski, R.: Phys. Z. **23** (1922) 72.
[47] Minkowski, R.: Z. Phys. **36** (1926) 839.
[48] Minkowski, R.: Z. Phys. **55** (1929) 18.
[49] Oldenberg, O.: Z. Phys. **47** (1928) 184; **51** (1928) 605.
[50] Orthmann, W.: Ann. Physik **78** (1925) 601.

[51] Orthmann, W., und P. Pringsheim: Z. Phys. **46** (1927) 106.
[52] Pannekoek, A.: Monthly Notices roy. astronom. Soc. **91** (1930) 139.
[53] Reiche, F.: Verh. Dtsch. phys. Ges. **15** (1913) 3.
[54] Schönrock, O.: Ann. Physik **20** (1906) 995.
[55] Schütz, W.: Z. Phys. **35** (1925) 259 und 864.
[56] Schütz, W.: Z. Phys. **45** (1927) 30.
[57] Schütz, W.: Z. Phys. **64** (1930) 682.
[58] Schütz, W.: Naturwiss. **20** (1932) 64.
[59] Schütz, W.: Z. Phys. **71** (1931) 301.
[60] Slater, J. C.: Phys. Rev. **25** (1925) 395.
[61] Stark, J.: Verh. Dtsch. phys. Ges. **8** (1900) 109; Ann. Physik **21** (1906) 422.
[62] Stern, O.: Phys. Z. **23** (1922) 476.
[63] Stern, O., und M. Volmer: Phys. Z. **20** (1919) 183.
[64] Stuart, H. A.: Z. Phys. **32** (1925) 262.
[65] Trumpy, B.: Z. Phys. **34** (1925) 715; **40** (1926) 594.
[66] Unsöld, A.: Z. Astrophys. **2** (1931) 199.
[67] Voigt, W.: Münchner Ber. (1912) 683.
[68] Weisskopf, V.: Verh. Dtsch. phys. Ges. (3) **12** (1931) 36.
[69] Weisskopf, V.: Z. Phys. **75** (1932) 287.
[70] Weisskopf, V.: Z. Phys. **77** (1932) 398.
[71] Weisskopf, V., und E. Wigner: Z. Phys. **63** (1930) 54.
[72] Weisskopf, V., und E. Wigner :Z. Phys. **65** (1931) 18.
[73] Weizel, W.: Phys. Rev. **38** (1931) 642.
[74] Weingeroff, M.: Z. Phys. **67** (1931) 679.
[75] Waibel, F.: Z. Phys. **53** (1929) 459.
[76] Wimmer, M.: Ann. Physik **81** (1926) 1091.
[77] Zemanski, M. W.: Phys. Rev. **36** (1930) 219.
[78] Margenau, H.: Phys. Rev. **40** (1932) 387.
[79] Mrowka, B.: Ann. Physik **12** (1932) 754.

Institut für theoretische Physik, Berlin, 25. Juni 1932

Anmerkung

[a] Die Voigtsche Funktion wird heute noch verbreitet zur Darstellung von Linienprofilen benutzt. Nützliche Tabellenwerte zu dieser Funktion findet man bei Davies, J. T., und J. M. Vaughan: Astrophys. J. **137** (1963) 1302; Elste, G.: Z. Astrophys. **33** (1953) 157; Hummer, D. G.: Mem. roy. astronom. Soc. **70** (1965) Part 1.

Sachverzeichnis

Abschirmungseffekte 88, 357ff.
Absorption 172ff., 410, 413f.
—, Selbst- 111, 126f.
Alkalimetallspektren 26f.
Atom, Schalenstruktur 30f.
Atomzustände, Lebensdauer 119, 380ff.
Aufspaltungsfaktor, Feinstruktur- 58, 79
—, Hyperfeinstruktur- 79, 325
Ausschließungsprinzip, PAULIsches 30, 39, 42f., 322
Austauschintegral 47f., 288f.
Auswahlregeln 28, 106ff., 199ff., 217ff., 239ff., 243f., 251f.
Autoionisation 120
Autokorrelationsfunktion 118

Bahndrehimpulsquantenzahl 30, 35, 44f., 63, 205
Bahnen, elliptische 29f., 157, 180
—, Tauch- 31ff.
BALMERsche Serienformel 19, 135ff., 151f., 161, 163, 169
BALMER-Serie 19, 135ff., 164f.
BERGMANN-Serie 26, 28, 188ff., 204
BOHRsche Theorie 20ff., 154ff.
BOHRscher Radius 24
BOHRsches Magneton 75, 97
BRACKETT-Serie 19, 28
Breite der Spektrallinien 117ff., 380ff., 409ff.
—, DOPPLER- 117, 118f., 423ff.
—, natürliche 117, 119f., 380ff., 414ff.
s. auch Verbreiterung

Dämpfung, Schwingungs- 119, 414f.
—, Stoß- 120
Dämpfungskonstante, natürliche 415
—, Stoß- 121, 434
Deformation des Kerns 88
DIRACsche Theorie 64f., 81f., 329, 350ff., 374
DOPPLER-Breite 117, 118f., 423ff.
Drehimpuls 24, 29f., 72, 74f., 76f., 171f., 181, 185, 248ff., 269ff.
—, Addition 36, 44, 248ff., 269ff.
Drehimpulsquantenzahl, Bahn- 30, 35, 44f., 63, 205
—, Gesamt- 36, 44, 319
s. auch Quantenzahl, innere
—, Spin- 35
Druckverbreiterung *s.* Stoßverbreiterung
Druckverschiebung 123f.
Dublett, irreguläres 207ff., 225, 320f.

Dublett, reguläres 207ff., 214ff., 225, 321
Dublettformel, LANDÉsche 58, 363
Dublettstruktur 34, 192ff., 200f., 305ff.
Dublettzustände 34, 190ff.

Einelektronenspektren, Hyperfeinstruktur 73ff., 325
Elektron, anomales magnetisches Moment 53f., 94
—, magnetisches Moment 53f., 293ff., 317ff.
—, rotierendes 35, 293ff., 317ff.
—, Spin 34f., 233ff., 317ff.
Erdalkalimetallspektren 26, 38ff., 260ff.

Feinstruktur 49ff., 110ff., 297ff., 305ff., 317ff.
—, magnetische Wechselwirkung bei 35, 53ff.
— der Multipletts 58ff., 110ff., 238ff., 297ff., 305ff.
— im Röntgenspektrum 206ff. 225, 320f.
— im Wasserstoffspektrum 61ff., 65, 318, 320
Feinstruktur-Aufspaltungsfaktor 58, 79
Feinstrukturkonstante 56, 303, 330, 356
FOURIER-Integral 117f., 415, 427, 433
FRANCK-CONDONsches Prinzip 431, 438
f-Summenregel 106
Fundamentalserie 26, 28, 188ff., 204
f-Werte
s. Oszillatorstärke

Gesamtdrehimpulsquantenzahl 36, 44, 319
s. auch Quantenzahl, innere
g-Faktor, Kern- 75, 100
—, LANDÉscher 97, 241, 252ff.
GOUDSMIT-FERMI-SEGRÈ, Ausdruck von 87, 330, 350ff.

Hauptquantenzahl 30, 204, 239, 259
Hauptserie 26f., 145, 188ff.
Helium, Ortho- 281
—, Para- 281
—, Spektrum 24f., 39, 276ff.
Hyperfeinstruktur 71ff., 99f., 324ff.
—, magnetische Wechselwirkung bei 72f.
—, Störeffekte bei 333
—, ZEEMANN-Effekt bei 99ff., 325
— der Multipletts 72ff., 113, 325
— im Einelektronenspektrum 73ff., 325
— im Zweielektronenspektrum 80f.
Hyperfeinstruktur-Aufspaltungsfaktor 79, 325
Hyperfeinstrukturmultipletts, Intensitätsverhältnisse 113

Identität von Teilchen 40
Intensität der Strahlung 104f.
— — — beim ZEEMAN-Effekt 113ff., 232ff., 244
Intensitätsverhältnisse, Summenregeln 110ff., 113ff., 307ff.
— bei Hyperfeinstruktur 113
— bei Mutipletts 110ff., 305ff.
—, bei ZEEMAN-Komponenten 113ff.

Interkombinationslinien 110
Intervallregel, LANDÉsche 58ff., 72, 77, 244ff., 251, 270
Isotopieverschiebung 82f., 357ff., 361ff.
—, Abschirmungseffekte 88, 357ff.
—, Störungen 367

jj-Kopplung 48, 370

Kern, Deformation 88
—, magnetisches Moment 72ff., 325f., 350
—, Spin 325f.
Kern-g-Faktor 75, 100
Kernmagneton 75, 100
Kernmasseneffekt 25
—, Linienverschiebung infolge 25, 82f.
Kernvolumeneffekt 325f.
Kombinationsprinzip, RITZsches 28, 167
Konfigurationswechselwirkung 331ff., 367f.
Kopplung, jj- 48, 370
—, LS- 43ff., 48, 96, 269ff., 275
—, RUSSELL-SAUNDERS- s. Kopplung, LS-
Kopplungsverbreiterung 126
Korrektion, relativistische 62f.
Korrespondenzprinzip 23f., 168ff., 274, 320
K-Schale 202, 207ff.

LAMB-Verschiebung 66ff., 374ff.
LANDÉsche Dublettformel 58, 363
— Intervallregel 58ff., 72, 77, 244ff., 251, 270
LANDÉscher g-Faktor 97, 241, 252ff.
LARMOR, Satz von 91
Lebensdauer von Atomzuständen 119, 380ff.
Linien s. Spektrallinien
Linienbreite s. Breite der Spektrallinien
Linienverschiebung s. Verschiebung
LORENTZsche Theorie der Stoßverbreiterung 121, 432
— — des ZEEMAN-Effekts 91ff.
L-Schale 207ff.
LS-Kopplung 43ff., 48, 96, 269ff., 275
LYMAN-Serie 19, 28

Magnesium, Termschema
Magneton, BOHRsches 75, 97
—, Kern- 75, 100
Moment, magnetisches, des Elektrons 53f., 94, 293ff., 317ff.
— —, des Kerns 72ff., 325f., 350
MOSELEYsches Gesetz 214
M-Schale 207ff.
Multipletts, Feinstruktur 58ff. 110ff., 238ff., 297ff., 305ff.
—, Hyperfeinstruktur 72ff., 113, 325
—, Intensitätsverhältnisse 110ff., 113, 305ff.
—, Strukturregel 240f.
—, Summenregel für die Intensitätsverhältnisse 110ff., 307ff.
Multiplizitäten, Permanenz der 191ff., 238

Natrium, Termschema 33
Nebenserie, erste 26

Nebenserie, zweite 26
NICHOLSONsche Theorie der Atomstruktur 160f., 172, 181f.

Orthohelium 281
Oszillatorstärke 105f.

Parahelium 281
Parität 71, 109f.
PASCHEN-BACK-Effekt s. ZEEMAN-Effekt in starken Feldern
PASCHEN-Serie 19, 28, 164
PAULIsches Ausschließungsprinzip 30, 39, 42f., 322
Permanenz der Multiplizitäten 191ff., 238
PFUND-Serie 19, 28
PICKERING-Serie 19f., 25, 166
Polarisation der ZEEMAN-Komponenten 113ff., 232ff., 244
Präionisation 120
Prinzipalserie 26

Quantendefekt 32
s. auch RYDBERGsche Serienformel, RYDBERG-RITZsche Serienformel
Quantentheorie der Strahlung 103f., 374ff., 380ff.
— des ZEEMAN-Effekts 93ff., 236, 253ff.
Quantenzahl 24
—, azimutale 29f., 63, 189, 199f., 218, 239, 259, 311ff., 318f.
—, Bahndrehimpuls- 30, 35, 44f., 63, 205
—, effektive 32
s. auch RYDBERGsche Serienformel, RYDBERG-RITZsche Serienformel
—, Gesamtdrehimpuls- 36, 44, 319
s. auch Quantenzahl, innere
—, Haupt- 30, 204, 239, 259
—, innere 34, 36, 200, 202, 205, 225, 227, 239, 259, 305ff., 316
s. auch Quantenzahl, Gesamtdrehimpuls-
—, magnetische 35, 44, 243f.
—, radiale 189, 205
—, Spindrehimpuls- 35

relativistische Korrektion 62f.
Resonanzverbreiterung 126ff., 438
RITZsches Kombinationsprinzip 28, 167
Röntgenspektrum 30, 177, 206ff., 321
—, Feinstruktur 206ff., 225, 320f.
RUNGEsche Regel 241, 259
RUSSELL-SAUNDERS-Kopplung 43ff., 48, 96, 269ff., 275
RYDBERG-Konstante 19, 27f., 135, 142, 152, 164, 167, 189
RYDBERG-RITZsche Serienformel 34, 189f., 285, 290
RYDBERGsche Serienformel 26ff., 32, 152, 161, 167, 286, 330
RYDBERG-SCHUSTERsche Relationen 27

Säkulargleichung 45
s. auch Störungstheorie
Schalenstruktur der Atome 30f.
s. auch K-Schale
Schwingungen, gedämpfe 119, 414f.
Selbstabsorption 111, 126f.

Selbstumkehr 127
Selbstverbreiterung 126
Serie 19f., 38ff., 143ff.
—, BALMER- 19, 135ff., 164f.
—, BERGMANN- 26, 28, 188ff., 204
—, BRACKETT- 19, 28
—, diffuse 26ff., 143f., 188ff.
—, Fundamental- 26, 28, 188ff., 204
—, Haupt- 26f., 145, 188ff.
—, LYMAN- 19, 28
—, Neben- 26
—, PASCHEN- 19, 28, 164
—, PFUND- 19, 28
—, PICKERING- 19f., 25, 166
—, Prinzipal- 26
—, scharfe 26ff., 143f., 188ff.
—, Singulett- 38f., 260ff., 276ff.
—, Triplett- 38f., 260ff.
Serienformel, BALMERsche 19, 135ff., 151f., 161, 163, 169
—, RYDBERG-RITZsche 34, 189f., 285, 290
—, RYDBERGsche 26ff., 32, 152, 161, 167, 286, 330
Singulettserie 38f., 260ff., 276ff.
Singulettzustände 42f., 260ff., 276ff., 296
Spektrallinien, Breite s. Breite der Spektrallinien
—, Selbstabsorption 111, 126f.
—, Verschiebung s. Verschiebung
—, Versetzung 87, 368f.
Spektralserie s. Serie
Spektralterme s. Terme
Spektrum, Alkalimetall- 26f.
—, Einelektronen- 73ff., 325
—, Erdalkalimetall- 26, 38ff., 260ff.
—, Helium- 24f., 39, 276ff.
—, Röntgen- 30, 177, 206ff., 320f.
—, Wasserstoff- 19ff., 61ff., 65ff., 135ff., 318, 320, 374ff.
—, Zweielektronen- 80f.
Spin des Elektrons 34f., 233ff., 317ff.
— des Kerns 325f.
Spin-Bahn-Wechselwirkung 35, 53ff., 65, 297ff., 317ff.
Spindrehimpulsquantenzahl 35
Spinwellenfunktion 41
STARK-Effekt-Verbreiterung 124f., 444ff.
Störungen bei der Hyperfeinstruktur 333
— bei der Isotopieverschiebung 367
Störungstheorie 45f., 280, 333ff.
Stoßdämpfung 120
Stoßdämpfungskonstante 121, 434
Stoßparameter 121
Stoßverbreiterung 117, 120ff., 426ff., 432ff.
—, LORENTZsche Theorie 121, 432
—, statistische Theorie 124f., 444, 446ff.
Stoßverschiebung 123f.
Strahlung 102ff., 172ff., 374ff.
—, Absorption 172ff., 410, 413f.
—, Intensität 104f.
—, klassische Theorie 104f.

Strahlung, Quantentheorie 103f., 374ff., 380ff.
Strukturregel für Multipletts 240f.
Summenregel, f- 106
— für Intensitätsverhältnisse 110ff., 113ff., 307ff.

Tauchbahnen 31ff.
Terme 28
—, verschobene 38, 260ff., 266ff.
Termschema des Magnesiums 39
— des Natriums 33
Termverschiebung s. Verschiebung
Triplettserie 38f., 260ff.
Triplettzustände 43f., 58ff., 190ff., 200f., 260ff., 296f., 305ff.

Übergangswahrscheinlichkeit 103ff., 380ff.

VAN-DER-WAALS-Kräfte 124, 438ff.
Verbreiterung, Druck-, 117, 120ff, 124f., 426ff., 432ff., 444, 446ff.
—, Kopplungs- 126
—, Resonanz- 126ff., 438
—, Selbst- 126
—, STARK-Effekt- 124f., 444ff.
—, Stoß- 117, 120ff., 124f., 426ff., 432ff., 444, 446ff.
Verschiebung, elektromagnetische 66ff., 374ff.
—, Isotopie- 82f., 88, 357ff., 361ff., 367
—, LAMB- 66ff., 374ff.
— infolge Kernmasseneffekt 25, 82f.
— infolge Kernvolumeneffekt 82ff., 356ff., 360ff.
— infolge Stoß 123f.
— von Termen 38, 260ff. 266ff.
Versetzung von Spektrallinien 87, 368f.

Wasserstoffspektrum 19ff., 135ff.
—, Feinstruktur 61ff., 65, 318, 320
—, LAMB-Verschiebung 66ff., 374ff.
Wechselwirkung, elektrostatische 45ff., 280ff.
—, Konfigurations- 334ff., 367f.
—, magnetische 35, 53ff., 72f.
—, Spin-Bahn- 35, 53ff., 65, 297ff., 317ff.
Wellenfunktion, antisymmetrische 40, 42, 295ff.
—, Spin- 41
—, symmetrische 40, 42, 295
Wellenzahl 19

ZEEMAN-Effekt 90ff., 228ff., 237ff., 319, 322f., 370
—, anomaler 91ff., 96ff., 236 s. auch ZEEMAN-Effekt, Quantentheorie
—, Intensitäten der Komponenten 113ff., 232ff., 244
—, Intensitätsverhältnisse der Komponenten 113ff.
—, klassische Theorie 90ff., 229ff.
—, LORENTZsche Theorie 91ff.
—, normaler s. ZEEMAN-Effekt, klassische Theorie

ZEEMAN-Effekt, Polarisation der Komponenten 113ff., 232ff., 244
—, Quantentheorie 93ff., 236, 253ff.
— bei der Hyperfeinstruktur 99ff., 325
— in schwachen Feldern 96f., 99f.
— in starken Feldern 97f., 100f., 237, 255ff., 323
Zustand, antisymmetrischer 40, 42, 295ff.
Zustand, Dublett- 34, 90ff.
—, Lebensdauer 119, 380ff.
—, Singulett- 42f., 260ff., 276ff., 296
—, stationärer 21f., 157ff.
—, symmetrischer 40, 42, 295
—, Triplett- 43f., 58ff., 190ff., 200f., 260ff., 296f., 305ff.
Zweielektronenspektrum, Hyperfeinstruktur 80f.

Der Autor

- **führt den Leser in die moderne Theorie der Atomspektren ein**

- **gibt an Hand wichtiger Originalarbeiten einen Überblick über die historische Entwicklung der Atomhüllenphysik**

- **läßt den Leser durch die Originalarbeiten Einblick in die Methodik der wissenschaftlichen Arbeit nehmen**

Kolibri 360 GmbH
Ferdinand-Jühlke-Straße 7
99095 Erfurt, Deutschland
produktsicherheit@kolibri360.de